建设工程质量检测人员岗位培训教材

建筑地基基础工程检测

（第二版）

贵州省建设工程质量检测协会　组织编写

中国建筑工业出版社

图书在版编目（CIP）数据

建筑地基基础工程检测／贵州省建设工程质量检测
协会组织编写. —2 版. —北京：中国建筑工业出版社，
2023.3
建设工程质量检测人员岗位培训教材
ISBN 978-7-112-28428-3

Ⅰ.①建… Ⅱ.①贵… Ⅲ.①地基-基础（工程）-质
量检验-岗位培训-教材 Ⅳ.①TU47

中国国家版本馆 CIP 数据核字（2023）第 037079 号

本书是建设工程质量检测人员岗位培训丛书的一个分册，按照国家《建设工程质量检测管理办法》的要求，依据相关国家技术法规、技术规范及标准等编写完成。主要内容有：土力学与地基基础基本知识、地基及复合地基承载力检测、基桩检测基本规定、基桩承载力静载试验、基桩承载力高应变检测、基桩完整性检测、锚杆承载力检测、建筑基坑工程监测和土工试验等。

本书为建设工程质量检测人员培训教材，也可供从事建设工程设计、施工、质监、监理等工程技术人员参考，还可作为高等职业院校、高等专科院校教学参考用书。

责任编辑：杨　杰
责任校对：党　蕾

建设工程质量检测人员岗位培训教材
建筑地基基础工程检测（第二版）
贵州省建设工程质量检测协会　组织编写

*

中国建筑工业出版社出版、发行（北京海淀三里河路 9 号）
各地新华书店、建筑书店经销
霸州市顺浩图文科技发展有限公司制版
建工社（河北）印刷有限公司印刷

*

开本：787 毫米×1092 毫米　1/16　印张：21　字数：523 千字
2023 年 5 月第二版　　2023 年 5 月第一次印刷
定价：**55.00** 元
ISBN 978-7-112-28428-3
（38942）

建设工程质量检测人员岗位培训教材
编写委员会委员名单

主 任 委 员：李泽晖

副主任委员：周平忠　江一舟　蒲名品　宫毓敏　谢雪梅　梁　余

　　　　　　李雪鹏　王林枫　朱焰煌　田　涌　陈纪山　符祥平

　　　　　　姚家惠　黎　刚

委　　　员：（按姓氏笔画排序）

　　　　　　王　转　王　霖　龙建旭　卢云祥　冉　群　朱　孜

　　　　　　李荣巧　李家华　周元敬　黄质宏　詹黔花　潘金和

本 书 主 编

黄质宏　詹黔花

丛 书 前 言

建设工程质量检测是指依据国家有关法律、法规、工程建设强制性标准和设计文件，对建设工程材料质量、工程实体施工质量以及使用功能等进行检验检测，客观、准确、及时的检测数据是指导、控制和评定工程质量的科学依据。

随着我国城镇化政策推进和国民经济的快速发展，各类建设规模日益增大，与此同时，建设工程领域内的有关法律、法规和标准规范逐步完善，人们对建筑工程质量的要求也在不断提高，建设工程质量检测随着全社会质量意识的不断提高而日益受到关注。因此，加强建设工程质量的检验检测工作管理，充分发挥其在质量控制、评定中的重要作用，已成为建设工程质量管理的重要手段。

工程质量检测是一项技术性很强的工作，为了满足建设工程检测行业发展的需求，提高工程质量检测技术水平和从业人员的素质，加强检测技术业务培训，规范建设工程质量检测行为，依据《建设工程质量检测管理办法》《建筑工程检测试验技术管理规范》JGJ 190—2010 和《房屋建筑和市政基础设施工程质量检测技术管理规范》GB 50618—2011等相关标准、规范，按照科学性、实用性和可操作性的原则，结合检测行业的特点编写本套教材。

本套教材共分 6 个分册，分别为：《建筑材料检测》（第二版）、《建筑地基基础工程检测》（第二版）、《建筑主体结构工程检测》（第二版）、《建筑钢结构工程检测》《民用建筑工程室内环境污染检测》（第二版）和《建筑幕墙工程检测》（第二版）。全书内容丰富、系统、涵盖面广，每本用书内容相对独立、完整、自成体系，并结合我国目前建设工程质量检测的新技术和相关标准、规范，系统介绍了建设工程质量检测的概论、检测基本知识、基本理论和操作技术，具有较强的实用性和可操作性，基本能够满足建设工程质量检测的实际需求。

本套教材为建设工程质量检测人员岗位培训教材，也可供从事建设工程设计、施工、质监、监理等工程技术人员参考，还可作为高等职业院校、高等专科院校教学参考用书。

本套教材在编写过程中参阅、学习了许多文献和有关资料，但错漏之处在所难免，敬请谅解。关于本教材的错误或不足之处，诚挚希望广大读者在学习使用过程中及时发现的问题函告我们，以便进一步修改、补充。该培训教材在编写过程中得到了贵州省住房和城乡建设厅、中国建筑工业出版社及有关专家的大力支持，在此一并致谢。

前　言

基础工程是建筑工程的重要组成部分，万丈高楼从地起，地基基础的工程质量直接关系到整个建筑物的结构安全，与人民生命财产安全。

由于受地形、地质条件的影响，建筑地基基础形式多样，且具有高度的隐蔽性，从而使得地基基础工程的施工比上部结构更为复杂，更容易存在安全隐患。大量事实表明，建筑工程质量问题和重大质量事故多与地基基础工程质量有关，地基基础工程质量一直倍受建设、设计、施工、勘察、监理各方及建设行政主管部门的关注，而地基基础工程检测在工程质量控制、评定中将起到重要作用。

本教材为建设工程质量检测人员岗位培训丛书的一个分册，在编写过程中结合行业特点，依据相应的检测标准、规范及规程等，较全面、系统地阐述了土力学、地基基础的基本概念、基本理论、地基基础的检测内容、检测方法及评价原则等内容，读者通过本教材的学习，提高对建筑地基基础工程检测的认识，掌握地基基础工程检测的基本理论、基本知识和基本方法。

本教材的主要内容为：第 1、2 章简述土力学、地基基础基本知识；第 3 章介绍地基及复合地基承载力检测；第 4 章介绍基桩检测基本规定；第 5 章介绍基桩承载力静载试验；第 6 章介绍基桩承载力高应变检测；第 7 章介绍基桩完整性检测；第 8 章介绍锚杆承载力检测；第 9 章介绍建筑基坑工程监测；第 10 章介绍土工试验。

本教材内容丰富、资料翔实，具有较好的实用性和可操作性，可供建筑地基基础工程检测鉴定及与此相关的设计、施工、科研、监理、大专院校等单位人员使用。

本书的编写、修订工作主要由黄质宏、詹黔花、李利丹（第 1 章）、王玉震（第 2 章）、韩力（第 3 章）、汪玉容（第 4 章）、谭祖彪（第 5 章）、戴自然（第 6 章）、宋勇（第 7 章）、汪太珩（第 8 章）、黄彦森、常娟娟（第 9 章）和张克利（第 10 章）等完成。

本教材的编写过程中尽管参阅、学习了许多文献和有关资料，但错漏之处在所难免，敬请谅解。关于本教材的错误或不足之处，欢迎专家及同行们指正。

目　　录

第1章　土力学基本知识

1.1　地基土的物理力学指标

1.1.1　土的组成

土是由岩石经过风化（物理风化、化学风化和生物风化）剥蚀、搬运、沉积后，形成的各种矿物颗粒的集合体。是由固体土颗粒、水、空气组成的三相体，这三种成分混合分布。为了研究方便，将三相指标分别集中起来考虑，如图 1-1 所示。

图 1-1 中：

V—土的总体积；

V_v—土中孔隙体积；

V_w—土中水的体积；

V_a—土中气体的体积；

V_s—土中固体土粒的体积；

m—土的总质量；

m_w—土中水的质量；

m_a—土中气体的质量，$m_a \approx 0$；

m_s—土中固体土颗粒的质量。

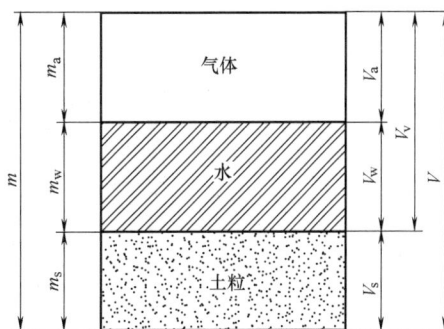

图 1-1　三相草图

固体土颗粒一般由矿物质组成，分为无机矿物颗粒和有机质，其中矿物颗粒的又分为由岩浆在冷凝过程中形成的原生矿物和原岩经过风化作用而形成的次生矿物，土颗粒构成土体骨架，称为土骨架。土骨架间布满相互贯通的孔隙。孔隙中会存在一定量的水，按照存在形态分为液态水、固态水和气态水三大类。

1.1.2　土的颗粒级配

自然界中存在的土，都是由大小不同的土粒组成。绝大多数土粒，大小悬殊、性质各异，粒径变化幅度很大，土粒的粒径由粗到细逐渐变化时，土的性质相应地发生变化。为研究土中各种大小土粒的相对含量及其与土的工程地质性质的关系，就有必要将工程地质性质相似的土粒归并成组，按其粒径的大小分为若干组别，这种组别称为粒组，划分粒组的分界尺寸称为界限粒径。目前土的粒组划分方法并不完全一致，我国根据界限粒径 200、60、2、0.075 和 0.005mm 把土粒分为六大粒组：①漂石或块石颗粒组，②卵石或碎石颗粒组，③圆砾或角砾颗粒组，④砂粒组，⑤粉粒组，⑥黏粒组。

工程上常以土中各个粒组的相对含量（即各粒组占土粒总重的百分数）表示土中颗粒的组成情况，这种相对含量称为土的颗粒级配，土的颗粒级配是通过土的颗粒大小分析试验测定的，用级配曲线表示，如图 1-2 所示，利用级配曲线可以求得不均匀系数 C_u、曲率系数 C_c 以判断土的级配情况。

不均匀系数：粒径级配曲线上，纵坐标 10% 所对应的粒径称为有效粒径；纵坐标为 60% 所对应的粒径 d_{60} 称为限定粒径；d_{60} 与 d_{10} 的比值称为不均匀系数 C_u，即

$$C_u = \frac{d_{60}}{d_{10}} \tag{1-1}$$

不均匀系数 C_u 为表示土颗粒组成的重要特征。当 C_u 很小时曲线很陡，表示土均匀；当 C_u 很大时曲线平缓，表示土的级配良好。

曲率系数 C_c 为表示土颗粒组成的又一特征，它描述了级配曲线分布的整体形态，表示某粒组是否有缺失的情况。C_c 按式（1-2）计算：

$$C_c = \frac{d_{30}^2}{d_{10} \times d_{60}} \tag{1-2}$$

式中 d_{30} 为粒径级配曲线上纵坐标为 30% 所对应的粒径。

砾石和砂土级配 $C_u \geqslant 5$ 且 $C_c = 1 \sim 3$ 为级配良好；级配不同时满足这两个要求则为级配不良。

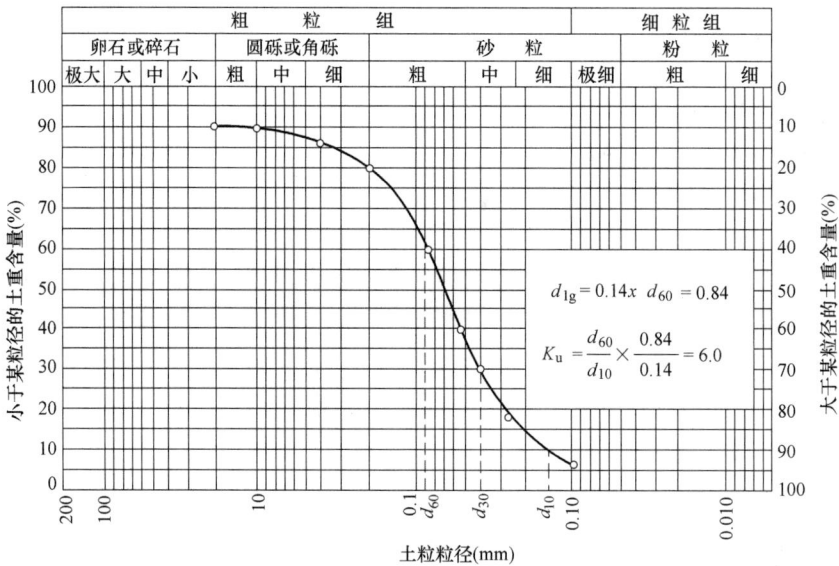

图 1-2　土的颗粒级配曲线

1.1.3　土的三相基本指标

1. 直测指标

土的基本物理指标指土的密度、土粒比重和土的含水量，需要通过试验测定。通常做 3 个基本物理性质试验，即土的密度试验、土粒比重或相对密度试验和土的含水量试验。

（1）土的密度和重度

土的密度定义为单位体积土的质量，通常用"环刀法"测定该指标，用 ρ（mg/m³ 或 g/cm³）表示，即：

$$\rho = \frac{m}{V} \tag{1-3}$$

天然状态下土的密度变化范围较大。一般黏性土和粉土 $\rho = 1.8 \sim 2.0\text{g/cm}^3$；砂土 $\rho = 1.6 \sim 2.0\text{g/cm}^3$；腐殖土 $\rho = 1.5 \sim 1.7\text{g/cm}^3$。

土的重度定义为单位体积土的重量，是重力的函数，用 γ 表示，以 kN/m^3 计：

$$\gamma = \frac{G}{V} = \frac{mg}{V} = \rho \cdot g \tag{1-4}$$

式中 G 为土的重量，g 为重力加速度，$g = 9.80665\text{m/s}^2$，工程上为了计算方便，有时取 $g = 10\text{m/s}^2$。

（2）土粒相对密度

土粒密度（单位体积土粒的质量）与 4℃时纯水密度之比，称为土粒相对密度（过去习惯上叫比重），用 d_s 表示，为无量纲量，即：

$$d_s = \frac{m_s}{V} \cdot \frac{1}{\rho_{w_1}} = \rho_s / \rho_{w_1} \tag{1-5}$$

式中 ρ_{w_1} 为 4℃时纯水的密度，$\rho_{w_1} = 1\text{g/cm}^3$；$\rho_s$ 为土粒的密度，即单位体积土粒的质量。实际上，土粒相对密度在数值上等于土粒的密度。

土粒相对密度（或比重）可在试验室内用比重瓶法测定。由于土粒相对密度变化不大，通常可按经验数值选用。

（3）土的含水量

土的含水量定义为土中水的质量与土粒质量之比，一般用"烘干法"测定，用 w 表示，以百分数计，即：

$$w = \frac{m_w}{m_s} \times 100\% = \frac{m - m_s}{m_s} \times 100\% \tag{1-6}$$

含水量 w 是标志土的湿度的一个重要物理指标。天然土层的含水量变化范围很大，它与土的种类、埋藏条件及其所处的自然地理环境等有关。一般说来，对同一类土，当其含水量增大时，则其强度就降低。

2. 间接换算指标

在测定土的密度 ρ、土粒相对密度 d_s 和土的含水量 w 这 3 个基本指标后，间接指标就可以通过直测指标换算出来，几种间接换算指标定义如下。

（1）表示土中孔隙含量的指标

工程上常用孔隙比 e 或孔隙率 n 表示土中孔隙的含量。孔隙比 e 定义为土中孔隙体积 V_v 与土粒体积 V_s 之比，即：

$$e = \frac{V_v}{V_s} \tag{1-7}$$

孔隙比用小数表示，它是一个重要的物理性能指标，可用来评价天然土层的密实程度。一般地，$e < 0.6$ 的土是密实的低压缩性土，$e > 1.0$ 的土是疏松的高压缩性土。孔隙率 n 定义为土中孔隙体积与土总体积之比，以百分数计，即：

$$n = \frac{V_v}{V} \times 100\% \tag{1-8}$$

（2）表示土中含水程度的指标

含水量 w 是表示土中含水程度的一个重要指标。此外，工程上往往需要知道孔隙中充满水的程度，这可用饱和度 S_r 表示。土的饱和度 S_r 定义为土中被水充满的孔隙体积与孔隙总体积之比，即：

$$S_r = \frac{V_w}{V_v} \times 100\%$$ （1-9）

砂土根据饱和度 S_r 的指标值分为稍湿、很湿和饱和三种湿度状态，干土的饱和度 $S_r = 0$，而完全饱和土的饱和度 $S_r = 100\%$。

（3）表示土的密度和重度的几种指标

除了天然密度 ρ（有时也叫湿密度）以外，工程计算中还常用如下两种土的密度：饱和密度 ρ_{sat} 和干密度 ρ_d。土的饱和密度定义为土中孔隙被水充满时土的密度，表示为：

$$\rho_{sat} = \frac{m_s + V_v \rho_w}{V}$$ （1-10）

土的干密度定义为单位土体积中土粒的质量，表示为：

$$\rho_d = \frac{m_s}{V}$$ （1-11）

在计算土中自重应力时，须采用土的重力密度，简称重度。与上述几种土的密度相应的有土的天然重度 γ、饱和重度 γ_{sat}、干重度 γ_d。在数值上，它们等于相应的密度乘以重力加速度 g，即 $\gamma = \rho \cdot g$，$\gamma_{sat} = \rho_{sat} \cdot g$，$\gamma_d = \rho_d \cdot g$。另外，对于地下水位以下的土体，由于受到水的浮力作用，将扣除水浮力后单位体积土所受的重力称为土的有效重度。

3. 无黏性土的物理指标

砂土、碎石土统称无黏性土。无黏性土的密度对其工程性质有重要影响。土粒排列越紧密，在外荷载作用下，其变形越小，强度越大，工程性质越好。反映这类土工程性质的主要指标是密实度。砂土的密实状态可以分别用孔隙比 e、相对密度 D_r 和标准贯入锤击数 N 进行评价。

工程上为了更好地表明砂土所处的密实状态，采用将现场土的孔隙比 e 与该种土所能达到最密实时的孔隙比 e_{min} 和最松散时的孔隙比 e_{max} 相比较的办法，来表示孔隙比 e 时土的密实度。这种度量密实度的指标称为相对密度 D_r，定义为：

$$D_r = \frac{e_{max} - e}{e_{max} - e_{min}}$$ （1-12）

当砂土的天然孔隙比 e 接近最小孔隙比 e_{min} 时，则其相对密度 D_r 较大，砂土处于较密实状态。当 e 接近最大孔隙比 e_{max} 时，则其 D_r 较小，砂土处于较疏松状态。判断标准为

$$0 \leqslant D_r \leqslant 1/3 \qquad 松散$$
$$1/3 < D_r \leqslant 2/3 \qquad 中密$$
$$2/3 < D_r \leqslant 1 \qquad 密实$$

4. 黏性土的物理特征

（1）黏性土的稠度

黏性土最主要的物理状态特征是它的稠度。所谓稠度是指黏性土在某一含水量下对外

力引起的变形或破坏的抵抗能力。黏性土在含水量发生变化时，它的稠度也随之而变，通常用坚硬、硬塑、可塑、软塑和流塑等术语来描述黏性土的 5 种状态。

黏性土从一种状态转变为另一状态，可用某一界限含水量来区分。这种界限含水量称为稠度界限。工程上常用的稠度界限有：液限 w_L、塑限 w_p 和缩限 w_s。

液限又称液性界限、流限，它是流动状态与可塑状态的界限含水量，也就是可塑状态的上限含水量。塑限又称塑性界限，它是可塑状态与半固体状态的界限含水量，也就是可塑状态的下限含水量。缩限是半固体状态与固体状态的界限含水量，也就是黏性土随着含水量的减小体积开始不变时的含水量。

塑限采用"搓条法"和液、塑限联合测定法，液限采用液、塑限联合测定法和碟式仪法。

（2）黏性土的塑性指数和液性指数

塑性指数是指液限 w_L 与塑限 w_p 的差值（省去%符号），用符号 I_p 表示，即

$$I_p = w_L - w_p \tag{1-13}$$

I_p 表示土处于可塑状态时含水量变化的范围，是衡量土的可塑性大小的重要指标，工程上常用该指标对黏性土进行分类。

液性指数是指黏性土的天然含水量 w 与塑限含水量 w_p 的差值与塑性指数 I_p 之比值，表征土的天然含水量与界限含水量之间的相对关系，用符号 I_L 表示，即

$$I_L = \frac{w - w_p}{I_p} = \frac{w - w_p}{w_L - w_p} \tag{1-14}$$

显然，当 $I_L = 0$ 时 $w = w_p$，土从半固态进入可塑状态；当 $I_L = 1$ 时 $w = w_L$，土从可塑状态进入流动状态。因此，根据 I_L 值可以直接判定土的稠度（软硬）状态。工程上按液性指数 I_L 的大小，把黏性土分成五种稠度（软硬）状态，如表 1-1。

黏性土稠度状态的划分　　　　　　　　　表 1-1

状态	坚硬	硬塑	可塑	软塑	流塑
液性指数 I_L	$I_L \leqslant 0$	$0 < I_L \leqslant 0.25$	$0.25 < I_L \leqslant 0.75$	$0.75 < I_L \leqslant 1.0$	$I_L > 1.0$

5. 黏性土的胀缩性

黏性土中含水量的变化不仅引起土稠度发生变化，也同时引起土的体积发生变化。黏性土由于含水量的增加，土体体积增大的性能称为膨胀性；由于含水量的减少，体积减小的性能称为收缩性。这种湿胀干缩的性质，统称为土的胀缩性。膨胀、收缩等特性是说明土与水作用时的稳定程度，故又称土的抗水性。

土的膨胀可造成基坑隆起、坑壁拱起或边坡的滑移、道路翻浆；土体积收缩时常伴随着裂隙的产生，从而增大了土的透水性，降低了土的强度和边坡稳定性。表征土膨胀性的指标主要有膨胀率、自由膨胀率、膨胀力、膨胀含水量。

1.2　地基土的工程分类

根据《建筑地基基础设计规范》GB 50007—2011 和《岩土工程勘察规范》GB 50021—2001，将建筑地基土（包括岩石）分为六大类：岩石、碎石土、砂土、黏性土、粉土、人工填土。每大类又可分为若干亚类。

1.2.1　岩石

岩石应为颗粒间牢固联结，呈整体或具有节理裂隙的岩体。岩石坚固程度应根据岩块的饱和单轴抗压强度 f_{rk} 分为坚硬岩、较硬岩、较软岩、软岩和极软岩。当缺乏饱和单轴抗压强度资料或不能进行该项试验时，可在现场通过观察定性划分。岩石的风化程度可分为未风化、微风化、中风化、强风化和全风化。岩石的完整程度划分为完整、较完整、较破碎、破碎和极破碎。

1.2.2　碎石土

碎石土是指粒径大于 2mm 的颗粒超过总质量 50％ 的土。根据颗粒大小和形状不同，可进一步分为漂石或块石、卵石或碎石、圆砾或角砾。分类标准见表 1-2。

碎石土没有黏性和塑性，属于单粒结构，其状态以密实度表示，分为松散、稍密、中密和密实（表 1-3）。

碎石土的分类　　　　　　　　　　　　　　　　表 1-2

土的名称	颗粒形状	粒组含量
漂石 块石	圆形及亚圆形为主 棱角形为主	粒径大于 200mm 的颗粒超过总质量的 50％
卵石 碎石	圆形及亚圆形为主 棱角形为主	粒径大于 20mm 的颗粒超过总质量的 50％
圆砾 角砾	圆形及亚圆形为主 棱角形为主	粒径大于 2mm 的颗粒超过总质量的 50％

注：定名时应根据粒组含量栏从上到下以最先符合者确定。

碎石土的密实度　　　　　　　　　　　　　　　表 1-3

重型圆锥动力触探 锤击数 $N63.5$	$N63.5 \leqslant 5$	$5 < N63.5 \leqslant 10$	$10 < N63.5 \leqslant 20$	$N63.5 > 20$
密实度	松散	稍密	中密	密实

注：1. 本表适用于平均粒径小于等于 50mm 且最大粒径不超过 100mm 的卵石、碎石、圆砾。对于平均粒径大于 50mm 或最大粒径大于 100mm 的碎石土，可按规范附录 B 鉴别其密实度。

2. 表内 $N_{63.5}$ 为经综合修正后的平均值。

1.2.3　砂土

砂土是指粒径大于 2mm 的颗粒不超过总质量的 50％，且粒径大于 0.075mm 的颗粒超过总质量的 50％ 的土。砂土可再分为砾砂、粗砂、中砂、细砂和粉砂。分类标准见表 1-4。

砂土的分类　　　　　　　　　　　　　　　　　表 1-4

土的名称	粒组含量
砾砂	粒径大于 2mm 的颗粒含量占总质量的 25％～50％
粗砂	粒径大于 0.5mm 的颗粒含量占总质量的 50％
中砂	粒径大于 0.25mm 的颗粒含量占总质量的 50％
细砂	粒径大于 0.075mm 的颗粒含量占总质量的 85％
粉砂	粒径大于 0.075mm 的颗粒含量占总质量的 50％

注：分类时应根据粒组含量栏从上到下以最先符合者确定。

1.2.4　黏性土

黏性土是指塑性指数大于 10 的土。这种土中含有相当数量的黏粒（小于 0.005mm 的颗粒）。黏性土的工程性质不仅与粒组含量和黏土矿物的亲水性等有关，而且与成因类型及沉积环境等因素有关。黏性土按塑性指数分为粉质黏土和黏土。分类标准见表 1-5。

<table>
<tr><td colspan="3" align="center">黏性土的分类　　　　　　　　　　表 1-5</td></tr>
<tr><td align="center">土 的 名 称</td><td align="center">粉 质 黏 土</td><td align="center">黏　　　土</td></tr>
<tr><td align="center">塑性指数</td><td align="center">$10 < I_p \leqslant 17$</td><td align="center">$I_p > 17$</td></tr>
</table>

注：塑性指数由相应于 76g 圆锥体沉入土样中深度为 10mm 时测定的液限计算而得。

1.2.5　粉土

粉土为介于砂土与黏性土之间，指塑性指数小于或等于 10、粒径大于 0.075mm 的颗粒不超过总质量 50% 的土。

粉土含有较多的粒径为 0.075～0.005mm 的粉粒，其工程性质介于黏性土和砂土之间，但又不完全与黏性土或砂土相同。粉土的性质与其粒径级配、包含物、密实度和湿度等有关。

1.2.6　人工填土

人工填土是指人类各种活动而堆填的土。如建筑垃圾、工业残渣废料和生活垃圾等。这种土堆积的年代比较短，成分复杂，工程性质比较差。按其组成物质及成因分为素填土、杂填土和冲填土。分类标准见表 1-6。

<table>
<tr><td colspan="2" align="center">人工填土的分类　　　　　　　　　　表 1-6</td></tr>
<tr><td align="center">土 的 名 称</td><td align="center">组成物质及成因</td></tr>
<tr><td align="center">素填土</td><td align="center">由碎石、砂土、粉土和黏性土等组成的填土</td></tr>
<tr><td align="center">杂填土</td><td align="center">含有建筑垃圾、工业废料、生活垃圾等杂物的土</td></tr>
<tr><td align="center">冲填土</td><td align="center">由水力冲填泥砂形成的土</td></tr>
</table>

1.3　土的压缩性

1.3.1　土的压缩性与压缩指标

土的压缩性是指土在压力作用下体积压缩变小的性能。在荷载作用下，土发生压缩变形的过程就是土体积缩小的过程。土是由固、液、气三相物质组成的，土体积的缩小必然是土的三相组成部分中各部分体积缩小的结果。土的压缩变形可能是：①土粒本身的压缩变形；②孔隙中不同形态的水和气体的压缩变形；③孔隙中水和气体有一部分被挤出，土的颗粒相互靠拢使孔隙体积减小。反映土体压缩特性的指标有压缩系数、压缩模量、压缩指数、回弹指数、变形模量。

1. 压缩系数 a

通常可将常规压缩试验所得的 $e-p$ 数据采用普通直角坐标绘制成 $e-p$ 曲线，如图 1-3

所示。设压力由 p_1 增至 p_2，相应的孔隙比由 e_1 减小到 e_2，当压力变化范围不大时，可将 M_1M_2 一小段曲线用割线来代替，用割线 M_1M_2 的斜率来表示土在这一段压力范围的压缩性，即：

$$\alpha = \tan\alpha = \frac{\Delta e}{\Delta p} = \frac{e_1 - e_2}{p_2 - p_1} \qquad (1\text{-}15)$$

式中 a 为压缩系数，MPa^{-1}；压缩系数愈大，土的压缩性愈高。

从图 1-3 还可以看出，压缩系数 a 值与土所受的荷载大小有关。工程中一般采用 $100\sim200kPa$ 压力区间内对应的压缩系数 $a_{1\text{-}2}$ 来评价土的压缩性。即

$a_{1\text{-}2} < 0.1MPa^{-1}$ 属低压缩性土；

$0.1MPa^{-1} \leqslant a_{1\text{-}2} < 0.5MPa^{-1}$ 属中压缩性土；

$a_{1\text{-}2} \geqslant 0.5MPa^{-1}$ 属高压缩性土。

2. 压缩模量 E_s

压缩模量也叫侧限压缩模量，是土在完全侧限条件（无侧向变形）下，竖向附加应力与相应竖向应变的比值。其大小反映了土体在单向压缩条件下对压缩

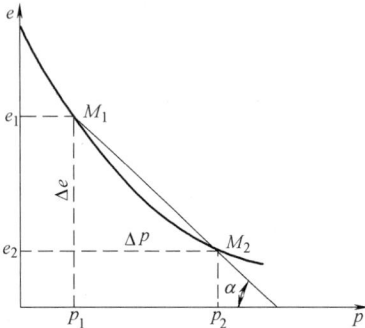

图 1-3 e-p 曲线确定压缩系数

变形的抵抗能力。根据 e-p 曲线，可以得到另一个重要的侧限压缩指标-侧限压缩模量，简称压缩模量，用 E_s 来表示。其定义为土在完全侧限的条件下竖向应力增量 p（如从 p_1 增至 p_2）与相应的应变增量的比值：

$$E_s = \frac{\Delta p}{\Delta \varepsilon} = \frac{\Delta p}{\Delta H / H_1} \qquad (1\text{-}16)$$

式中 E_s 为侧限压缩模量，MPa。

在无侧向变形，即横截面面积不变的情况下，同样根据土粒所占高度不变的条件，土样变形量 ΔH 可用相应的孔隙比的变化 $\Delta e = e_1 - e_2$ 来表示：

$$\frac{H_1}{1+e_1} = \frac{H_2}{1+e_2} = \frac{H_1 - \Delta H}{1+e_2}$$

$$\Delta H = \frac{e_1 - e_2}{1+e_1} H_1 = \frac{\Delta e}{1+e_1} H_1 \qquad (1\text{-}17)$$

由此还可导出压缩系数 a 与压缩模量 E_s 之间的关系：

$$E_s = \frac{\Delta p}{\Delta H / H_1} = \frac{\Delta p}{\Delta e / 1 + e_1} = \frac{1+e_1}{a} \qquad (1\text{-}18)$$

同压缩系数 a 一样，压缩模量 E_s 也不是常数，而是随着压力大小而变化。因此，在运用到沉降计算中时，比较合理的做法是根据实际竖向应力的大小在压缩曲线上取相应的孔隙比计算这些指标。

3. 压缩指数 C_c

当采用半对数的直角坐标来绘制室内侧限压缩试验 e-p 关系时，就得到了 e-$\lg p$ 曲线（图 1-4）。在 e-$\lg p$ 曲线中可以看到，当压力较大时，e-$\lg p$ 曲线接近直线。

将 e-$\lg p$ 曲线直线段的斜率用 C_c 来表示，称为压缩指数，它是无量纲量指标，则：

$$C_{\mathrm{c}}=\frac{e_1-e_2}{\lg p_2-\lg p_1}=\frac{e_1-e_2}{\lg\dfrac{p_2}{p_1}} \qquad (1\text{-}19)$$

压缩指数 C_{c} 与压缩系数 a 不同，它在压力较大时为常数，不随压力变化而变化。C_{c} 值越大，土的压缩性越高，低压缩性土的 C_{c} 一般小于 0.2，高压缩性土的 C_{c} 值一般大于 0.4。

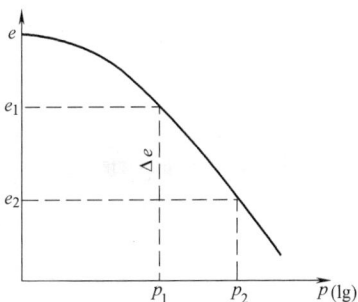

图 1-4　e-$\lg p$ 曲线确定压缩指数

4. 回弹指数 C_{e}

常规的压缩曲线是在试验中连续递增加压获得的，如果加压到某一值 p_i；（相应于图 1-5 中曲线上的 b 点）后不再加压，而是逐级进行卸载直至零，并且测得各卸载等级下土样回弹稳定后土样高度，进而换算得到相应的孔隙比，即可绘制出卸载阶段的关系曲线，如图中 bc 曲线所示，称为回弹曲线（或膨胀曲线）。可以看到不同于一般的弹性材料的是，回弹曲线不和初始加载的曲线 ab 重合，卸载至零时，土样的孔隙比没有恢复到初始压力为零时的孔隙比 e_0。这就显示了土残留了一部分压缩变形，称之为残余变形，但也恢复了一部分压缩变形，称之为弹性变形。若接着重新逐级加压，则可测得土样在各级荷载作用下再压缩稳定后的孔隙比，相应地可绘制出再压缩曲线，如图 1-5 中 cdf 曲线所示。可以发现其中 df 段像是 ab 段的延续，犹如其间没有经过卸载和再压的过程一样。

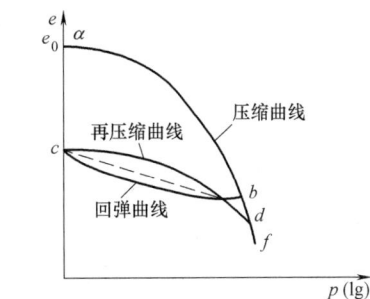

图 1-5　土的回弹-再压缩曲线

卸载段和再压缩段的平均斜率称为回弹指数或再压缩指数 C_{e}。通常 $C_{\mathrm{e}}\ll C_{\mathrm{c}}$，一般黏性土的 $C_{\mathrm{e}}\approx(0.1\sim0.2)C_{\mathrm{c}}$。

5. 变形模量 E_0

变形模量是在现场原位测得的，是无侧限条件下应力与应变的比值，相当于理想弹性体的弹性模量，但是由于土体不是理想弹性体，故称为变形模量 E_0。可以比较准确地反映土在天然状态下的压缩性。E_0 与 E_{s} 的关系为：

$$E_0=\left(1-\frac{2\mu^2}{1-\mu}\right)E_{\mathrm{s}} \qquad (1\text{-}20)$$

这里 μ 为土的泊松比。粉土、砂石类土的 $\mu=0.15\sim0.25$，粉质黏土的 $\mu=0.25\sim0.35$，粉土的 $\mu=0.25\sim0.42$。

1.3.2　土层的压缩性计算

设有一较薄的压缩土层，在建筑物荷载作用下，该土层只产生铅直向的压缩变形，即相当于侧限压缩试验的情况。土层的厚度为 H_1，在进行工程建筑前的初始应力（土的自重应力）为 p_1，认为地基土体在自重应力作用下已达到压缩稳定，其相应的孔隙比为 e_1；建筑后由外荷载在土层中引起的附加应力为 σ_z，则总应力 $p_2=p_1+\sigma_z$，其相应的孔隙比为 e_2，土层的高度为 H_2。设 $V_{\mathrm{s}}=1$，土粒体积在受压前后都不变（图 1-6），土的压缩只是由

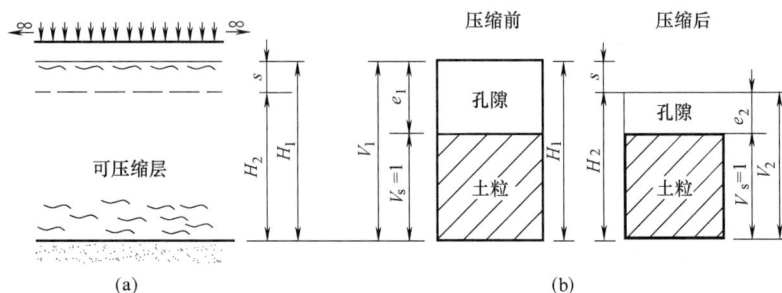

图 1-6　计算模型

于土的孔隙体积减小。并设 A 为土体的受压面积，则在压缩前土的总体积为 $V_s = \dfrac{AH_1}{1+e_1}$。

压缩后土的总体积 $V_s = \dfrac{AH_2}{1+e_2}$，根据压缩前后土颗粒体积不得，可得：

$$\frac{AH_1}{1+e_1} = \frac{AH_2}{1+e_2}$$

$$H_2 = \frac{1+e_2}{1+e_1}H_1$$

$$s = H_1 - H_2 = \frac{e_1-e_2}{1+e_1}H_1 = \frac{\Delta e}{1+e_1}H_1 \tag{1-21}$$

式中　e_1，e_2 可以通过土体的 $e-p$ 压缩曲线由初始应力和总应力确定。

　　　　s——沉降量，cm。

若引入压缩系数 a_v，压缩模量 E_s 上式可变为：

$$s = \frac{a_v}{1+e_1}\bar{\sigma}_z H_1 \tag{1-22}$$

$$s = \frac{1}{E_s}\bar{\sigma}_z H_1 \tag{1-23}$$

1.3.3　应力历史对地基沉降的影响

黏土由于其所受的应力历史不同而具有不同的压缩性，并依据能反映应力历史的超固结比 OCR 的大小，把土分为正常固结、超固结和欠固结三种状态。

先期固结应力：天然土层在形成历史上沉积，固结过程中受到过的最大固结应力称为先期固结应力，用 P_c 表示。

超固结比（OCR）：先期固结应力和现在所受的固结应力之比，根据 OCR 值可将土层分为正常固结土，超固结土和欠固结土。

OCR 等于 1，即先期固结应力等于现有的固结应力，正常固结土；

OCR 大于 1，即先期固结应力大于现有的固结应力，超固结土；

OCR 小于 1，即先期固结应力小于现有的固结应力，欠固结土。

1.3.4　饱和黏土的渗透固结理论

饱和土体在荷载作用下，土孔隙中的自由水随着时间推移缓慢渗出，土的体积逐渐减

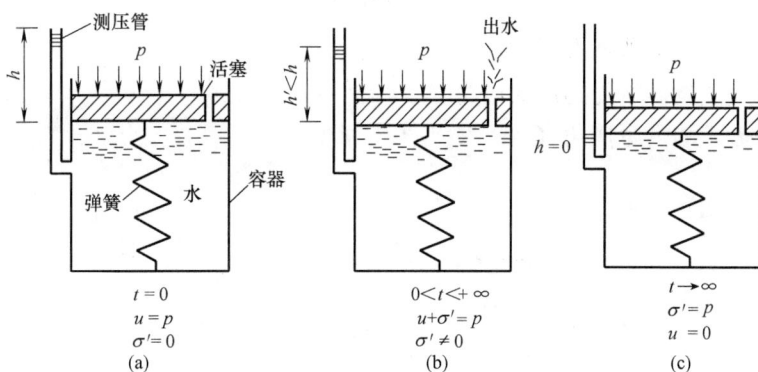

图 1-7 饱和土的渗透固结模型

小的过程，称为土的渗透固结。用一个力学模型如图 1-7 所示，来模拟饱和土体中某点的渗透固结过程。模型为一个充满水，水面放置一个带有排水孔的活塞，活塞又为一弹簧所支承的容器。其中弹簧表示土的固体颗粒骨架，容器内的水表示土孔隙中的自由水，整个模型表示饱和土体，在外荷 P 的作用下在土孔隙水中所引起的超静水压力 u（以测压管中水的超高表示），称为孔隙水压力，在土骨架中产生的应力 σ'，称为有效应力。根据静力平衡条件可知：

$$\sigma' + u = p \tag{1-24}$$

在荷载 P 施加的瞬间（即加荷历时 $t=0$），图 1-7（a）容器中的水还来不及排出，加之水又是不可压缩的，因而，弹簧没有压缩，有效应力 $\sigma'=0$，作用在活塞上的荷载 P 全部由水来承担，孔隙水压力 $u=P$。此时可以根据从测压管量得水柱高 h 而算出 $u=\gamma_w h$。其后，$t>0$ 见图 1-7（b），在 P 作用下孔隙水开始排出，活塞下降，弹簧开始受到压缩，$\sigma'>0$。又从测压管测得的 h（而算出 $u=\gamma_w h'<p$）。随着容器中水的不断排出，u 就不断减小。活塞继续下降，σ' 不断增大。最后见图 1-7（c），当弹簧所受的应力与所加荷载 p 相等时，活塞便不再下降。此时水停止排出，即 $u=0$，亦即表示饱和土渗透固结完成。

因此，可以看出，在一定压力作用下饱和土的渗透固结就是土体中孔隙水压力 u 向有效应力 σ' 转化的过程。或者说是孔隙水压力逐渐消减与有效力逐渐增长的过程。只有有效应力才能使土体产生压缩和固结，土体中某点有效应力的增长程度反映该点土的固结完成程度。

1.4　地基土的抗剪强度

土的抗剪强度是指土体抵抗剪切破坏的能力，其数值等于土体产生剪切破坏时滑动面上的剪应力。抗剪强度是土的主要力学性质之一，也是土力学的重要组成部分。土的抗剪强度主要由粘聚力 c 和内摩擦角 φ 来表示，土的粘聚力 c 和内摩擦角 φ 称为土的抗剪强度指标，该指标主要依靠土的室内剪切试验和土体原位测试来确定（图 1-8）。土体是否达到剪切破坏状态，除取决于它本身的性质之外，还与它所受到的应力组合密切相关。不同的应力组合会使土体产生不同的力学性质。土体破坏时的应力组合关系称为土体破坏准则。土体的破坏准则是一个十分复杂的问题。土的抗剪强度公式见式（1-24a、b）

$$\tau_f = \sigma \, tg\varphi \tag{1-24a}$$

式中　τ_f——砂土的抗剪强度（kN/m^2）；

　　　σ——砂土试样所受的法向应力（kN/m^2）；

　　　φ——砂土的内摩擦角（°）。

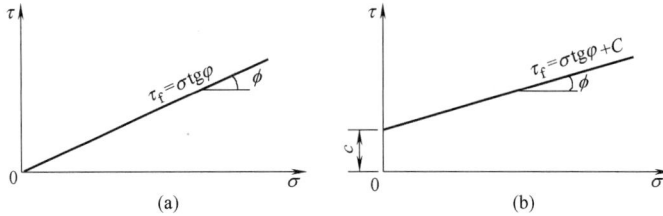

图 1-8　抗剪强度 τ_f 与法向应力 σ 的关系曲线

(a) 砂土；(b) 黏性土和粉土

对于黏性土和粉土而言，τ_f 和 σ 之间的关系基本上仍呈一条直线，但是，该直线并不通过原点，而是与纵坐标轴形成一截距 c，其方程为：

$$\tau_f = \sigma \, tg\varphi + c \tag{1-24b}$$

式中　c——黏性土或粉土的粘聚力（kN/m^2）；其余符号的意义与前相同。

1.4.1　土的抗剪强度测定方法

抗剪强度指标 c、φ 值，是土体的重要力学性质指标，在确定地基土的承载力、挡土墙的土压力以及验算土坡稳定性等工程问题中，都要用到土体的抗剪强度指标。因此，正确地测定和选择土的抗剪强度指标是土工计算中十分重要的问题。土体的抗剪强度指标是通过土工试验确定的。室内试验常用的方法有直接剪切试验、三轴剪切试验；现场原位测试的方法有十字板剪切试验和大型直剪试验。

1. 直接剪切试验

图 1-9 所示为应变控制式直剪仪的示意图。垂直压力由杠杆系统通过加压活塞和透水石传给土样，水平剪应力则由轮轴推动活动的下盒施加给土样。土体的抗剪强度可由量力环测定，剪切变形由百分表测定。在施加每一级法向应力后，匀速增加剪切面上的剪应力，直至试件剪切破坏。将试验结果绘制成剪应力 τ 和剪切变形 S 的关系曲线，如图 1-10。一般地，将曲线的峰值作为该级法向应力 σ 下相应的抗剪强度 τ_f。

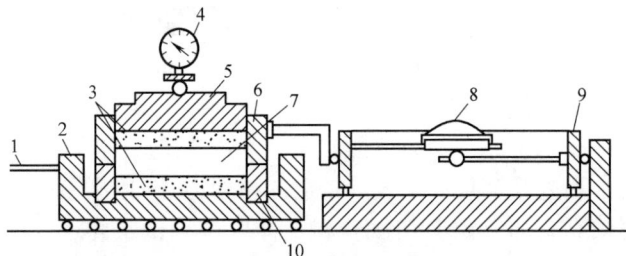

图 1-9　应变控制式直剪仪

1—轮轴；2—底座；3—透水石；4—垂直变形量表；5—活塞；

6—上盒；7—土样；8—水平位移量表；9—量力环；10—下盒

变换几种法向应力 σ 的大小，测出相应的抗剪强度 τ_f。在 $\sigma \sim \tau$ 坐标上，绘制 $\sigma \sim \tau_f$ 曲线，即为土的抗剪强度曲线，也就是莫尔—库伦破坏包线，如图 1-11 所示。

直接剪切试验是测定土的抗剪强度指标常用的一种试验方法。它具有仪器设备简单、操作方便等优点。但是，它的缺点是土样上的剪应力沿剪切面分布不均匀，不容易控制排水条件，在试验过程中，剪切面发生变化等。

直剪试验适用于二、三级建筑的可塑状态黏性土与饱和度不大于 0.5 的粉土。

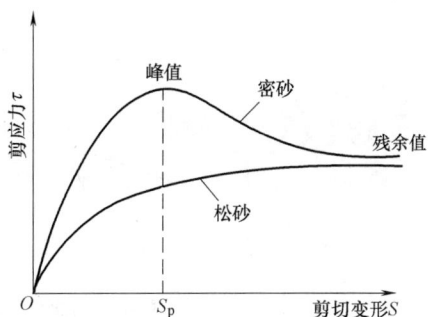

图 1-10　剪应力-剪切变形关系曲线

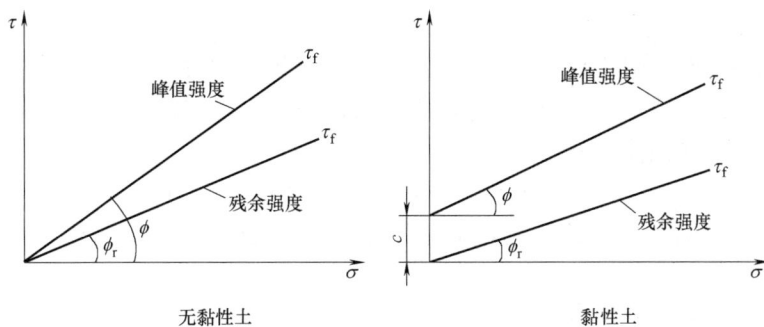

图 1-11　峰值强度和残余强度曲线

2. 三轴剪切试验

三轴剪切试验仪由受压室、周围压力控制系统、轴向加压系统、孔隙水压力系统以及试样体积变化量测系统等组成（图 1-12）。

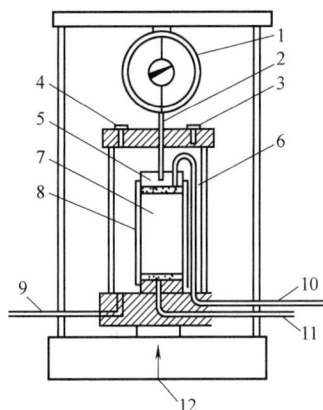

图 1-12　三轴剪切仪

1—量力环；2—活塞；3—进水孔；4—排水孔；
5—试样帽；6—受压室；7—试样；8—乳胶膜；
9—接周围压力控制系统；10—接排水管；
11—接孔隙水压力系统；12—接轴向加压系统

试验时，将圆柱体土样用乳胶膜包裹，固定在压力室内的底座上。先向压力室内注入液体（一般为水），使试样受到周围压力 σ_3，并使 σ_3 在试验过程中保持不变。然后在压力室上端的活塞杆上施加垂直压力直至土样受剪破坏。设土样破坏时由活塞杆加在土样上的垂直压力为 $\Delta\sigma_1$，则土样上的最大主应力为 $\sigma_{1f}=\sigma_3+\Delta\sigma_1$，而最小主应力为 σ_{3f}。由 σ_{1f} 和 σ_{3f} 可绘制出一个莫尔圆。用同一种土制成 3~4 个土样，按上述方法进行试验，对每个土样施加不同的周围压力 σ_3，可分别求得剪切破坏时对应的最大主应力 σ_1，将这些结果绘成一组莫尔圆。根据土的极限平衡条件可知，通过这些莫尔圆的切点的直线就是土的抗剪强度线，由此可得抗剪强度指标 c、φ 值（图 1-13）。

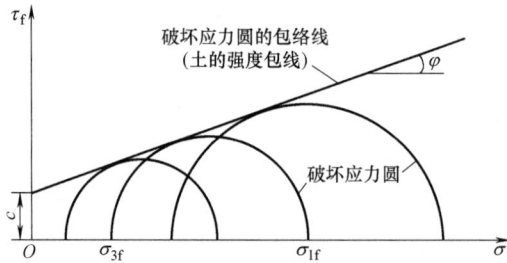

图 1-13 抗剪强度曲线及相应的抗剪强度指标

三轴剪切仪有较多的优点，所以目前在工程中被推荐采用，特别是对于一级建筑物地基土应予采用。

3. 无侧限抗压强度试验

三轴试验时，如果对土样不施加周围压力，而只施加轴向压力，则土样剪切破坏的最小主应力 $\sigma_{3f}=0$，最大主应力 $\sigma_{1f}=q_u$，此时绘出的莫尔极限应力圆，如图 1-14（b）所示。q_u 称为土的无侧限抗压强度。

对于饱和软黏土，可以认为 $\varphi=0$，此时其抗剪强度线与 σ 轴平行，且有 $c_u=q_u/2$。所以，可用无侧限抗压试验测定饱和软黏土的强度，该试验多在无侧限抗压仪上进行。

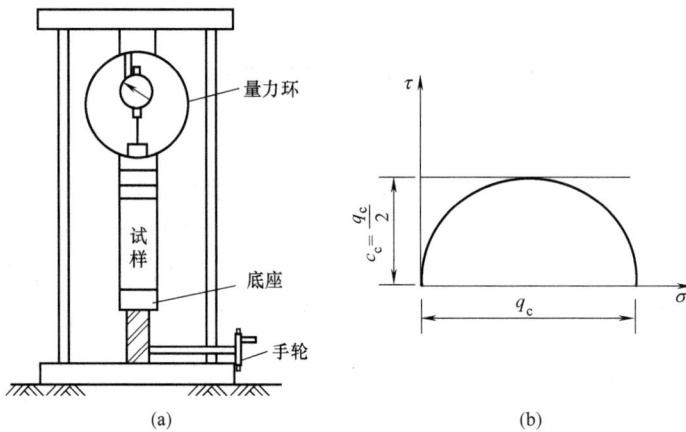

图 1-14 无侧限试验极限应力圆

4. 原位十字板剪切试验

十字板剪切仪示意如图 1-15 所示。在现场试验时，先钻孔至需要试验的土层深度以上 750mm 处，然后将装有十字板的钻杆放入钻孔底部，并插入土中 750mm，施加扭矩使钻杆旋转直至土体剪切破坏。土体的剪切破坏面为十字板旋转所形成的圆柱面。土的抗剪强度可按下式计算：

$$\tau_f=k_c(p_c-f_c) \tag{1-25a}$$

式中 k_c——十字板常数，按式（1-25b）计算：

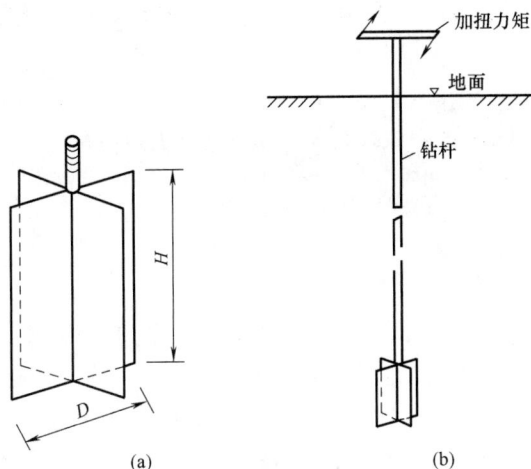

图 1-15 十字板剪切仪示意图

（a）板头；（b）试验情况

$$k_c = \frac{2R}{\pi D^2 h\left(1+\dfrac{D}{3h}\right)} \tag{1-25b}$$

p_c——土发生剪切破坏时的总作用力，由弹簧秤读数求得（N）；

f_c——轴杆及设备的机械阻力，在空载时由弹簧秤事先测得（N）；

h、D——分别为十字板的高度和直径（mm）；

R——转盘的半径（mm）。

十字板剪切试验的优点是不需钻取原状土样，对土的结构扰动较小。它适用于软塑状态的黏性土。

1.4.2 土的抗剪强度理论

在荷载作用下，地基内任一点都将产生应力。根据土体抗剪强度的库仑定律：当土中任意点在某一方向的平面上所受的剪应力达到土体的抗剪强度，即：

$$\tau = \tau_f \tag{1-26}$$

就称该点处于极限平衡状态。式（1-26）就称为土体的极限平衡条件。所以，土体的极限平衡条件也就是土体的剪切破坏条件。在实际工程应用中，直接应用式（1-26）来分析土体的极限平衡状态是很不方便的。为了解决这一问题，一般采用的做法是，将式（1-26）进行变换。将通过某点的剪切面上的剪应力以该点的主平面上的主应力表示。而土体的抗剪强度以剪切面上的法向应力和土体的抗剪强度指标来表示。然后代入式（1-26），经过化简后就可得到实用的土体的极限平衡条件。

1. 土中某点的应力状态

为研究土体中某点的应力状态，以便求得实用的土体极限平衡条件的表达式。在地基土中任意点取出一微分单元体，设作用在该微分体上的最大和最小主应力分别为 σ_1 和 σ_3。而且，微分体内与最大主应力 σ_1 作用平面成任意角度 α 的平面 mn 上有正应力 σ 和剪应力 τ（图 1-16a）。为了建立 σ、τ 与 σ_1、σ_3 之间的关系，取微分三角形斜面体 abc 为隔离体

（图 1-16b）。将各个应力分别在水平方向和垂直方向上投影，根据静力平衡条件得：

$$\sum x=0, \qquad \sigma_3 \cdot ds \cdot \sin\alpha \cdot 1 - \sigma \cdot ds \cdot \sin\alpha \cdot 1 + \tau ds \cdot \cos\alpha \cdot 1 = 0 \qquad (a)$$

$$\sum y=0, \qquad \sigma_1 \cdot ds \cdot \cos\alpha \cdot 1 - \sigma \cdot ds \cdot \cos\alpha \cdot 1 - \tau ds \cdot \sin\alpha \cdot 1 = 0 \qquad (b)$$

联立求解以上方程 (a)，(b)，即得平面 mn 上的应力为：

$$\left.\begin{aligned}
\sigma &= \frac{1}{2}(\sigma_1+\sigma_3)+\frac{1}{2}(\sigma_1-\sigma_3)\cos2\alpha \\
t &= \frac{1}{2}(\sigma_1-\sigma_3)\sin2\alpha
\end{aligned}\right\} \qquad (1-27)$$

由材料力学可知，以上 σ 与 τ、σ_1、σ_3 之间的关系也可以用莫尔应力圆的图解法表示，即在直角坐标系中（图 1-17），以 σ 为横坐标轴，以 τ 为纵坐标轴，按一定的比例尺，在 σ 轴上截取 $OB=\sigma_3$、$OC=\sigma_1$，以 O_1 为圆心，以 $1/2(\sigma_1-\sigma_3)$ 为半径，绘制出一个应力圆。并从 O_1C 开始逆时针旋转 2α 角，在圆周上得到点 A。可以证明，A 点的横坐标就是斜面 mn 上的正应力 σ，而其纵坐标就是剪应力 τ。事实上，可以看出，A 点的横坐标为：

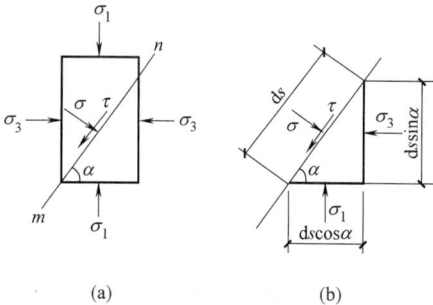

图 1-16 土中任一点的应力
（a）微分体上的应力；（b）隔离体上的应力

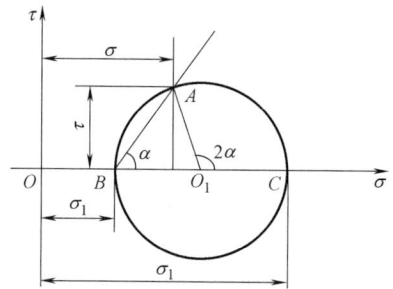

图 1-17 用莫尔应力圆求正应力和剪应力

$$\overline{OB}+\overline{BO_1}+\overline{O_1A}\cos2\alpha=\sigma_3+\frac{1}{2}(\sigma_1-\sigma_3)+\frac{1}{2}(\sigma_1-\sigma_3)\cos2\alpha$$

$$=\frac{1}{2}(\sigma_1+\sigma_3)+\frac{1}{2}(\sigma_1-\sigma_3)\cos2\alpha=\sigma$$

而 A 点的纵坐标为：

$$\overline{O_1A}\sin2\alpha=\frac{1}{2}(\sigma_1-\sigma_3)\sin2\alpha=\tau$$

上述用图解法求应力所采用的圆通常称为莫尔应力圆。由于莫尔应力圆上点的横坐标表示土中某点在相应斜面上的正应力，纵坐标表示该斜面上的剪应力，所以，我们可以用莫尔应力圆来研究土中任一点的应力状态。

2. 土的极限平衡条件（莫尔—库仑强度破坏准则）

为了建立实用的土体极限平衡条件，将土体中某点的莫尔应力圆和土体的抗剪强度与法向应力关系曲线（简称抗剪强度线）画在同一个直角坐标系中（图 1-18），这样，就可以判断土体在这一点上是否达到极限平衡状态。

由前述可知，莫尔应力圆上的每一点的横坐标和纵坐标分别表示土体中某点在相应平面上的正应力 σ 和剪应力 τ，如果莫尔应力圆位于抗剪强度包线的下方，即通过该点任一

方向的剪应力 τ 都小于土体的抗剪强度 τ_f，则该点土不会发生剪切破坏，而处于弹性平衡状态。若莫尔应力圆恰好与抗剪强度线相切，则表明切点所代表的平面上的剪应力 τ 与抗剪强度 τ_f 相等，此时，该点土体处于极限平衡状态。

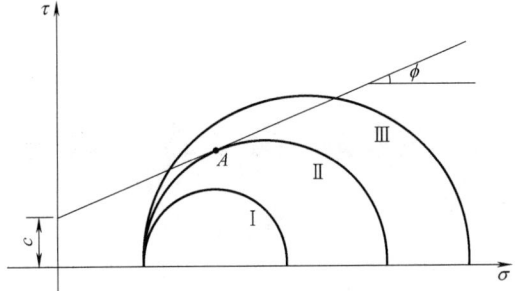

图 1-18　莫尔应力圆与土的抗剪强度之间的关系

根据莫尔应力圆与抗剪强度线相切的几何关系，就可以建立起土体的极限平衡条件。下面，我们就以图 1-19 中的几何关系为例，说明如何建立无黏性土的极限平衡条件在图中延长包络线与 σ 轴交于 R 点，由直角三角形 ARD 有：

$$\sin\varphi = \frac{\sigma_1 - \sigma_3}{\sigma_1 + \sigma_3 + 2c\,\mathrm{tg}\varphi} \tag{1-28}$$

利用几何关系可得黏性土的极限平衡条件，有：

$$\sigma_1 = \sigma_3 \mathrm{tg}^2\left(45° + \frac{\varphi}{2}\right) + 2c \cdot \mathrm{tg}\left(45° + \frac{\varphi}{2}\right) \tag{1-29}$$

或

$$\sigma_3 = \sigma_1 \mathrm{tg}^2\left(45° - \frac{\varphi}{2}\right) - 2c \cdot \mathrm{tg}\left(45° - \frac{\varphi}{2}\right)$$

对于无黏性土而言，由于 $c=0$，极限平衡条件为：

$$\sigma_1 = \sigma_3 \mathrm{tg}^2\left(45° + \frac{\varphi}{2}\right)$$

$$\sigma_3 = \sigma_1 \mathrm{tg}^2\left(45° - \frac{\varphi}{2}\right) \tag{1-30}$$

由图 1-18 的几可关系可以求得剪切面（破裂面）与大主应力面的夹角关系，因为：

$$2\alpha_f = 90° + \varphi$$

$$\alpha_f = 45° + \frac{\varphi}{2} \tag{1-31}$$

即剪切破裂面与大主应力 σ_1 作用平面的夹角为 $\alpha_f = 45° + \dfrac{\varphi}{2}$（共轭剪切面）。

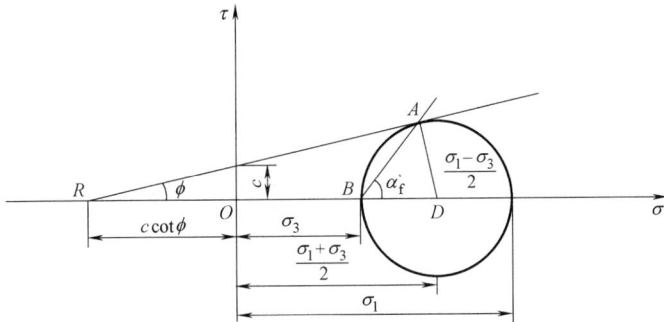

图 1-19　土体中一点到达平衡状态时的莫尔圆

第 2 章　地基基础基本知识

2.1　地基承载力

地基单位面积上承受荷载的能力称为地基承载力。通常可将地基承载力区分为两种，一种称为极限承载力，即地基即将丧失稳定性时的承载力；另一种称为容许承载力（交通行业和旧版国家标准地基基础设计规范的叫法。新版地基基础设计规范中称为承载力特征值，下文中统一用承载力特征值），即地基稳定有足够的安全度并且变形在建筑物容许范围内时的承载力。地基承载力不仅决定于地基土的性质，还受到基础形状、荷载倾斜与偏心、覆盖层抗剪强度、地下水位、下卧层等因素的制约。

2.1.1　地基的失稳破坏

1. 地基的破坏形式

地基的应力状态，因承受基础传来的外荷载而发生变化。当一点的剪应力等于地基土的抗剪强度时，该点就达到极限平衡，发生剪切破坏。随着外荷载增大，地基中剪切破坏的区域逐渐扩大。当破坏区扩展到极大范围，并且出现贯穿到地表面的滑动面时，整个地基即失稳破坏。工程经验和试验都表明，地基破坏一般可分为整体剪切破坏、局部剪切破坏和冲剪破坏等几种形式（图 2-1）。

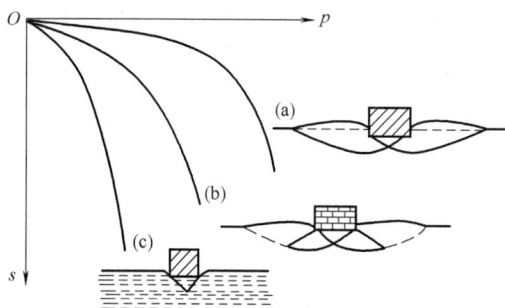

图 2-1　荷载试验地基破坏形式

(a) 整体剪切破坏；(b) 局部剪切破坏；(c) 冲剪破坏

地基整体剪切破坏时（图 2-1a），出现与地面贯通的滑动面，地基土沿此滑动面向两侧挤出。基础下沉，基础两侧地面显著隆起。对应于这种破坏形式，荷载与沉降量关系线即 p-s 关系线的开始段接近于直线；当荷载强度增加至接近极限值时，沉降量急剧增加，并有明显的破坏点。冲剪破坏时（图 2-1c）地基土发生较大的压缩变形，但没有明显的滑动面，基础两侧亦无隆起现象。相应的 p-s 曲线，多具非线性关系，而且无明显破坏点。局部剪切破坏如图 2-1b 所示，它是介于前两者之间的一种破坏形式。破坏面只在地基中的局部区域出现，未贯穿至地面，其余为压缩变形区，基础两侧地面稍有隆起。p-s 关系线的开始段为直线，随着荷载增大，沉降量亦明显增加，p-s 曲线无明显转折点。

地基发生何种形式的破坏，既取决于地基土的类型和性质，又与基础的特性和埋深以及受荷条件等有关。如密实的砂土地基，多出现整体剪切破坏；但基础埋深很大时，也会因较大的压缩变形，发生冲剪破坏。对于软黏土地基，当加荷速率较小，允许地基土发生固结变形时，往往出现冲剪破坏；但当加荷速率很大时，由于地基土来不及固结压缩，就可能已经发生整体剪切破坏；加荷速率处于以上两种情况之间时，则可能发生局部剪切破坏。

2. 整体剪切破坏的三个发展阶段

发生整体剪切破坏的地基，从开始承受荷载到破坏，经历了一个变形发展的过程。这个过程可以明显地区分为三个阶段。

（1）线弹性变形阶段

相应于图 2-2a 中 $p\text{-}s$ 曲线上的 oa 段，接近于直线关系。此阶段地基中各点的剪应力，小于地基土的抗剪强度，地基处于稳定状态。地基仅有小量的压缩变形（图 2-2b），主要是土颗粒互相挤紧、土体压缩的结果。所以此变形阶段又称压密阶段。该阶段末尾对应的荷载值称之为临塑荷载，即地基土体中即将出现塑性变形区时的荷载，一般用 p_{cr} 表示。

（2）局部塑性变形阶段

相应于图 2-2a 中 $p\text{-}s$ 曲线上的 ab 段。在此阶段中，变形的速率随荷载的增加而增大，$p\text{-}s$ 关系线是下弯的曲线。其原因是在地基的局部区域内，发生了剪切破坏（图 2-2c），出现了塑性变形。这样的区域称塑性变形区。随着荷载的增加，地基中塑性变形区的范围逐渐扩展。所以这一阶段是地基由稳定状态向不稳定状态发展的过渡性阶段。

（3）破坏阶段

相应于图 2-2a 中 $p\text{-}s$ 曲线上的 bc 段。当荷载增加到某一极限值时，地基变形突然增大。说明地基中的塑性变形区，已经发展形成与地面贯通的连续滑动面，地基达到极限承载力。随后地基土向基础的一侧或两侧挤出，地面隆起，地基发生整体失稳破坏，基础也随之突然下陷（图 2-2d）。地基达到极限承载力时，所受到的荷载大小称之为极限荷载，一般用 p_u 表示。

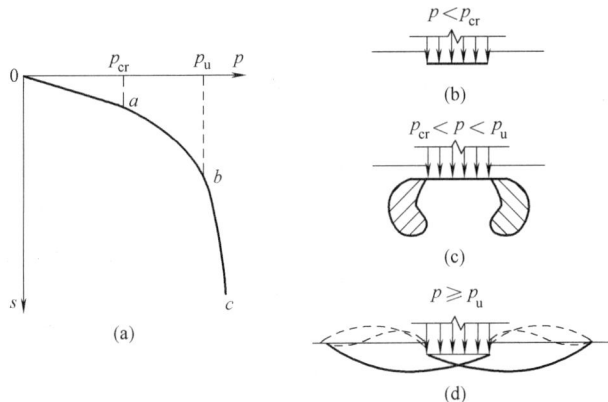

图 2-2　地基变形三阶段与 $p\text{-}s$ 曲线

（a）$p\text{-}s$ 关系曲线；（b）直线变形（压密）阶段；（c）局部塑性变形阶段；（d）破坏阶段

2.1.2　地基承载力的确定方法

由上可见，为了保证建筑物的安全可靠，要求建筑物满足地基的承载力要求，即地基单位面积上受到的荷载不能超过地基承载力。为保证工程的安全，在设计时都是采用承载力特征值进行设计计算。地基承载力特征值常见几种确定方法如下：

1. **按荷载试验确定地基承载力特征值**

载荷试验是确定地基承载力的原位试验方法，分为浅层平板载荷试验和深层平板载荷试验两大类，具体试验步骤可参照相关规范。由载荷试验得到的承载力特征值还需按照以下要求进行修正。

当基础宽度大于3m或埋置深度大于0.5m时，从载荷试验或其他原位试验，经验法等确定的地基承载力特征值，尚应按下式修正：

$$f_a = f_{ak} + \eta_b \gamma (b-3) + \eta_d \gamma_m (d-0.5) \tag{2-1}$$

式中　f_a——地基承载力设计值；

f_{ak}——地基承载力标准值，按地基规范原则确定；

η_b、η_d——基础宽度和埋深的地基承载力修正系数，按基底下土类查规范确定；

γ——土的重度，为基底以下土的天然质量密度ρ与重力加速度g的乘积，地下水位以下取有效重度；

b——基础底面宽度（m），当基宽小于3m按3m考虑，大于6m按6m考虑；

γ_m——基础底面以上土的加权平均重度，地下水位以下取有效重度；

d——基础埋置深度（m），一般自室外地面标高算起。在填方整平地区，可自填土地面标高算起，但填土在上部结构施工后完成时，应从天然地面标高算起。对于地下室，如采用箱形基础或筏基时，基础埋置深度自室外地面标高算起，在其他情况下，应从室内地面标高算起。

2. **按当地建筑经验确定地基承载力特征值**

在拟建场地附近，调查邻近建筑物已有的建筑物形式、构造、荷载、地基土层情况与采用的承载力数值，具有一定的参考价值。对简单的场地、中小工程、可通过综合分析，参用当地尤其是临近场地的经验。对中等复杂场地或大中型工程，参用当地经验还可减少勘测工作量。

在应用建筑经验法时，首先要注意了解拟建场地有无新填土、软弱夹层、地下沟洞等不利情况。对于地基持力层，可通过现场开挖进行直觉鉴别，根据土的名称和所处状态估计地基承载力。这些工作也可与基坑验槽相结合进行。

由经验法得到的地基承载力特征值同样需要按上述要求进行修正。

3. **按土的抗剪强度指标确定地基承载力特征值（规范建议的经验公式）**

当偏心距e小于或等于0.033倍基础偏心方向基底边长时，根据试验和统计得到土的抗剪强度指标标准值，可按下式计算地基承载力特征值f_a：

$$f_a = M_b \gamma b + M_d \gamma_m d + M_c c_k \tag{2-2}$$

式中　M_b，M_d，M_c为承载力系数，按地基规范表相应的表格确定；

c_k——可取基底下一倍基础短边宽深度内土的黏聚力标准值（kPa），当为多层土时，取按厚度的加权平均值；

b——基础底面宽度（m），当基宽小于3m按3m考虑，大于6m按6m考虑；

γ——土的重度，为基底以下土的天然质量密度ρ与重力加速度g的乘积，地下水位以下取有效重度；

γ_{m}——基础底面以上土的加权平均重度，地下水位以下取有效重度；

d——基础埋置深度（m），一般自室外地面标高算起。在填方整平地区，可自填土地面标高算起，但填土在上部结构施工后完成时，应从天然地面标高算起。对于地下室，如采用箱形基础或筏基时，基础埋置深度自室外地面标高算起，在其他情况下，应从室内地面标高算起。

4. 按理论公式计算

在地基承载力理论中，对于极限承载力，尤其对整体剪切破坏地基的极限承力的计算研究得较多。这是因为，该理论概念明确；同时，将可能整体剪切破坏的地基作为刚塑性材料的假设，比较符合实际。除此而外，还由于整体剪切破坏模式有完整连续的滑动面，p-s 曲线有明显的拐点，因而使理论公式易于接受室内模型实验、现场载荷试验和工程实际的检验，并在实践的基础上不断发展之故。

基于上述，目前极限承载力公式主要适合于整体剪切破坏的地基。对于局部剪切破坏及冲剪破坏的情况，尚无可靠计算方法，实用上采用的办法是，按整体破坏公式计算后，再作出某种折减。以下介绍几种地基承载力计算的理论方法。

（1）太沙基公式

太沙基提出条形浅基础的极限承载力公式。太沙基从实用的角度考虑认为，当基础的长宽比 $l/b > 5$ 及基础埋深 $d \leqslant b$ 时，就可以视为条形浅基础。基底以上的土体看作是作用在基础两侧底面上的均布荷载 $q = \gamma_{\mathrm{m}} d$，并假定基础底面是粗糙的，其公式如下：

$$p_{\mathrm{u}} = \frac{1}{2} \gamma b N_{\gamma} + c N_{\mathrm{c}} + q N_{\mathrm{q}} \tag{2-3}$$

式中　N_{q}、N_{c}、N_{γ}——地基承载力系数其值只决定于土的内摩擦角 ϕ。太沙基将其绘制成曲线（图 2-3），可供直接查用。

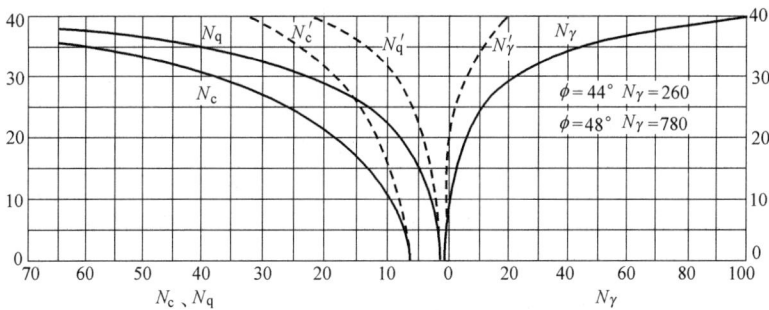

图 2-3　太沙基地基承载力系数

对局部剪切破坏情况，太沙基建议用经验方法调整抗剪强度指标 c 和 ϕ，即用

$$c' = \frac{2}{3} c$$

$$\phi' = \arctan\left(\frac{2}{3} \tan\phi\right)$$

代替上式中的 c 和 ϕ。对这种情况，极限承载力采用

$$p_{\mathrm{u}} = \frac{1}{2} \gamma b N_{\gamma}' + q N_{\mathrm{q}}' + \frac{2}{3} c N_{\mathrm{c}}' \tag{2-4}$$

式中 N'_c、N'_q、N'_γ 是相应于局部剪切破坏情况的承载力系数，可由图 2-3 中的虚线查得。

（2）斯肯普顿公式

斯肯普顿公式适用于饱和软黏土地基（$\phi=0$），公式如下：

$$p_u=(\pi+2)c+q=5.14c+\gamma_m d \tag{2-5}$$

它是饱和软黏土地基在条形荷载作用下的极限承载力公式。是普朗特尔-雷斯诺极限荷载承载力公式在 $\phi=0$ 时的特例。对于矩形基础，参照前人的研究成果，斯肯普顿给出的地基极限承载力公式为：

$$p_u=5c\left(1+\frac{b}{5l}\right)\left(1+\frac{d}{5b}\right)+\gamma_m d \tag{2-6}$$

式中　b、l、d——基础底面宽度、长度、基础埋深（m）；

　　　γ_m——基础底面以上土的加权平均重度，地下水位以下取有效重度；

　　　c——地基土的黏聚力（kPa），取基底 $0.707b$ 深度范围内的平均值，考虑饱和软黏土和粉土在不排水条件下的短期承载力时，黏聚力应采用土的不排水抗剪强度 c_u。

工程实践表明，用斯肯普顿公式计算的软土地基的承载力与实际情况比较接近。

（3）汉森（Hansen，J.B）极限承载力公式

以上所述的极限承载力 p_u 和承载力系数 N_γ、N_q、N_c 均按条形竖直均布荷载推导得到的。汉森在极限承载力上的主要贡献就是对承载力进行数项修正，包括非条形荷载的基础形状修正，埋深范围内考虑土抗剪强度的深度修正，基底有水平荷载时的荷载倾斜修正，地面有倾角 β 时的地面修正以及其底有倾角 $\overline{\eta}$ 时的基底修正，每种修正均需在承载力系数 N_γ、N_q、N_c 上乘以相应的修正系数。加修正后汉森的极限承载力公式为：

$$p_u=\frac{1}{2}\gamma b N_\gamma S_\gamma d_\gamma i_\gamma q_\gamma b_\gamma+q N_q S_q d_q i_q q_q b_q+c N_c S_c d_c i_c q_c b_c \tag{2-7}$$

式中　N_γ、N_q、N_c——地基承载力系数；在汉森公式中取 $N_q=\tan^2(45°+\phi/2)e^{\pi\tan\phi}$，$N_c=(N_q-1)\mathrm{ctg}\phi$，$N_\gamma=1.8(N_q-1)\tan\phi$；

　　　S_γ，S_q，S_c——相应于基础形状修正的修正系数；

　　　d_γ，d_q，d_c——相应于考虑埋深范围内土强度的深度修正系数；

　　　i_γ，i_q，i_c——相应于荷载倾斜的修正系数；

　　　q_γ，q_q，q_c——相应于地面倾斜的修正系数；

　　　b_γ，b_q，b_c——相应于基础面倾斜的修正系数。

以上系数可以从相关表格中查取。

2.2　浅　基　础

2.2.1　地基基础方案及其选择

建筑物可分为上部结构（地上部分）、下部结构（地下部分—基础）两部分，而基础坐落在地基上。地基作为支承建筑物的地层，如为自然状态则为天然地基，若经过人工处

理则为人工地基。

基础分为浅基础与深基础两大类，通常按基础的埋置深度划分。一般埋深小于5m的为浅基础，大于5m的为深基础。也有建议按施工方法来划分的：用普通基坑开挖和敞坑排水方法修建的基础统称为浅基础，如高层建筑箱形基础（埋深可能大于5m）也属此类，而用特殊施工方法将基础埋置于深层地基中的基础称为深基础，如桩基础、沉井、地下连续墙等。

设计建筑物的地基基础时，须将地基、基础视为一个整体，按照下述的组合关系（表2-1），确定地基基础方案。其受上部结构类型、使用荷载大小、施工等多种因素制约，对每一个具体工程，应综合考虑，通过经济技术比较，确定最佳方案。天然地基上的浅基础施工简单，造价较低；而人工地基及深基础往往造价较高，施工也比较复杂。因此在保证建筑物的安全和正常使用的前提下，应首先选用天然地基上的浅基础方案，条件不允许时，可比较天然地基上的深基础和人工地基上的浅基础两方案，选定其一，必要时才选用人工地基上的深基础。

地基与基础组合方案　　　　　　　　　　　　表 2-1

地基种类	选择组合顺序	基础类型
天然地基	1	浅基础
人工地基	2　3	深基础

2.2.2　浅基础类型

浅基础有多种形式，是随上部结构类型的发展和荷载的增大、使用功能的要求、地基条件、建筑材料和施工方法的发展而演变的，形成了从独立的、条形的到交叉的、成片的乃至空间整体的基础系列。浅基础的类型划分按不同标准有不同形式。基础形式发展演变过程，材料及受力特点见表2-2。

浅基础分类表　　　　　　　　　　　　表 2-2

	按结构类型分类		使用的材料	受力特征
常用类型	独立基础	柱下	砖、石、混凝土 钢筋混凝土	以受压为主 可受拉、受弯
		墙下		
	条形基础	柱列下	钢筋混凝土 砖、石、混凝土	可受拉、受弯 主要受压
		墙下		
	十字交叉基础		钢筋混凝土	受拉、受弯
	片筏基础(俗称满堂基础) 浮筏式基础(墙下浅埋或不埋式)		钢筋混凝土 钢筋混凝土(墙下筏板基础)	双向受力板或受力肋板
	箱形基础		钢筋混凝土	空间受力结构
其他类型	壳体基础 折板基础		钢筋混凝土 混凝土(用量减少)	将受拉状态转化为受压状态， 充分发挥材料特性
	块体基础		钢筋混凝土(整体式)、砖石	在动力作用下呈刚性运动

浅基础通常分为扩展基础和连续基础两大类。所谓扩展基础是指设置在房屋主体结构构件下部，水平截面面积扩大和延展了的基础。扩展基础根据其是否配筋，又分为无筋扩展基础（俗称刚性基础）及钢筋混凝土扩展基础（俗称柔性基础）两种类型。一般柱下独立基础和墙下条形基础属于扩展基础。而连续的钢筋混凝土梁板式基础主要有：柱下钢筋混凝土条形基础、十字交叉基础、筏板基础、箱形基础等。这类基础整体性好，刚度比扩展基础大很多。

1. 独立基础

独立基础（图 2-4）是柱基础的主要类型，所用材料依柱的材料和荷载大小而定。现浇柱下常采用钢筋混凝土材料，基础截面可做成阶梯形或锥形，预制柱下一般采用杯形基础。砌体柱下可采用无筋扩展基础，材料一般为砖、灰土、毛石混凝土、混凝土等。

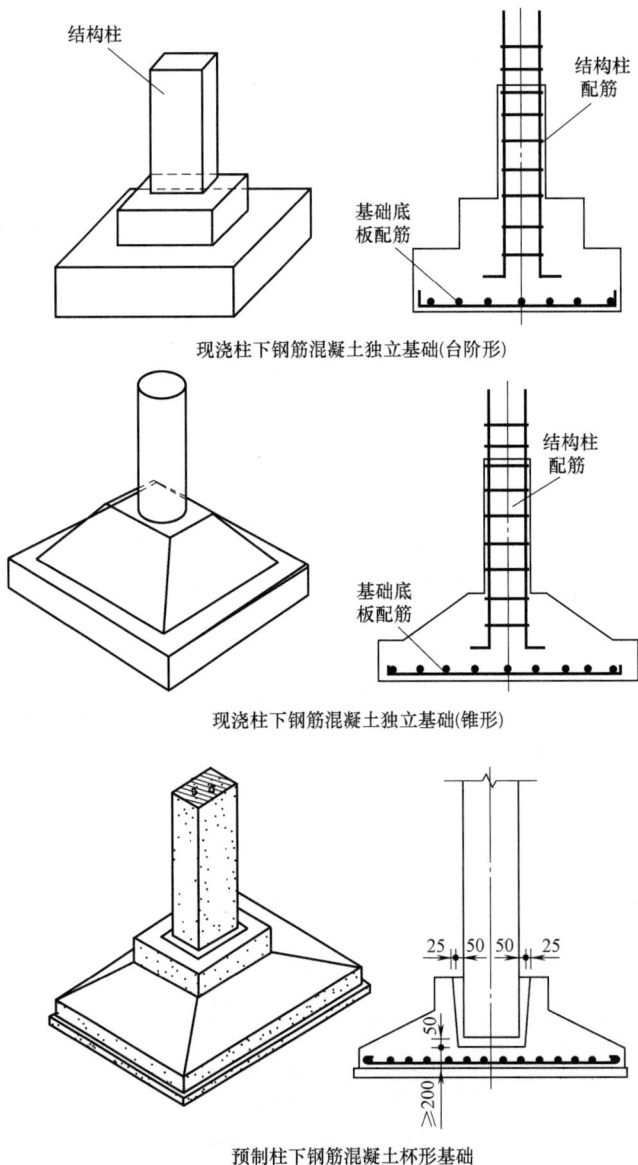

现浇柱下钢筋混凝土独立基础(台阶形)

现浇柱下钢筋混凝土独立基础(锥形)

预制柱下钢筋混凝土杯形基础

图 2-4　柱下独立基础

有时墙下也可采用独立基础（图 2-5）。这时基础顶面应架设钢筋混凝土过梁或砌砖拱以传递竖向力。

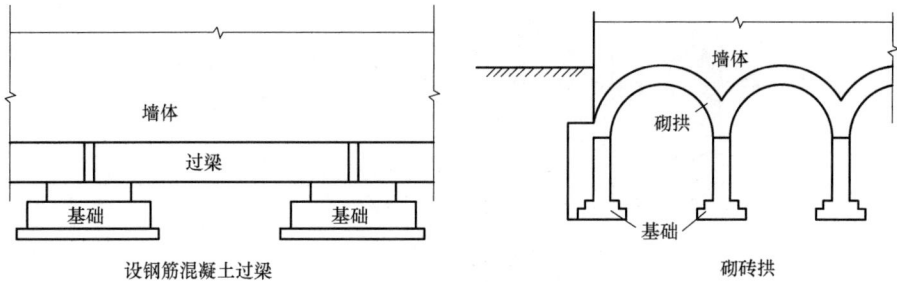

设钢筋混凝土过梁　　　　　　砌砖拱

图 2-5　墙下独立基础

2. 条形基础

当基础的长度大于或等于 10 倍基础宽度时称为条形基础。墙下条形基础（图 2-6）有无筋（刚性）和钢筋混凝土两种。后者一般做成无肋板式，若为了增强基础的整体性和抗弯能力，则可采用带肋式。

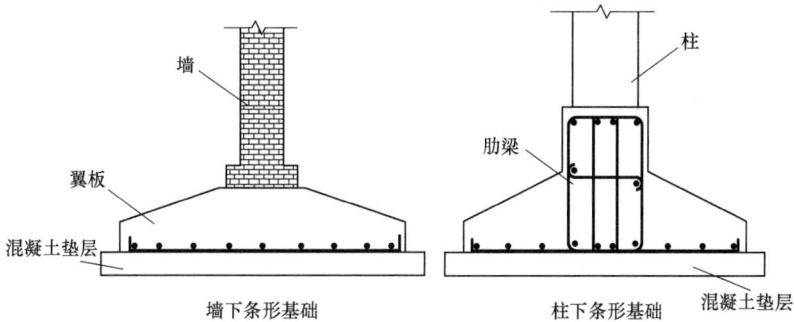

墙下条形基础　　　　　　柱下条形基础

图 2-6　条形基础

当荷载较大且地基承载力较低时，柱列下也常采用条形基础。将同一排的柱基础相连成为钢筋混凝土柱下条形基础，但若仅是相邻两柱基础相连又称联合基础或二柱联合基础。柱列下条形基础属于连续基础。

3. 十字交叉基础

当荷载较大，采用条形基础不能满足地基承载力要求时，可采用十字交叉基础（图 2-7）。这种基础在纵横两向均具有一定的刚度和调整不均匀沉降的能力。

4. 筏板基础

遇上部结构荷载大、地基软弱或地下防渗需要时，可采用筏板基础，俗称满堂基础。

由于基底面积大，故可减小地基单位面积上的压力，并能有效地增强基础的整体性。

筏板基础（图 2-8）像倒置的钢筋混凝土楼盖，可分为平板式和梁板式两种类型。它可用在柱网下，亦可用在砌体结构下。我国南方某些城市大量采用为多层住宅基础，并直接做在地表杂填土上，称无埋深筏基。但在北方应用时，必须考虑能否满足抗冻与采暖要求。

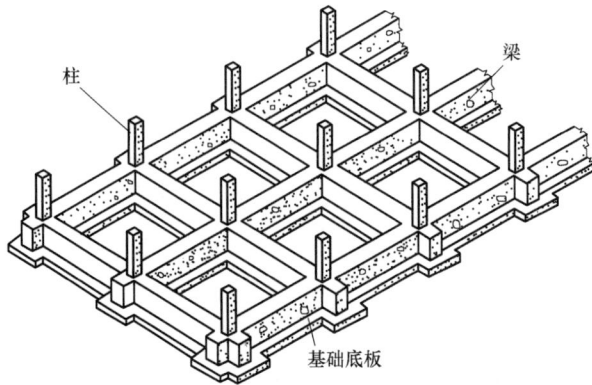

图2-7 柱下十字交叉基础

5. 箱形基础

由钢筋混凝土底板、顶板和纵横内外墙组成的整体空间结构，称为箱形基础（图2-9）。其具有很大的抗弯刚度，整体性好，只会产生大致均匀的沉降或整体倾斜而不致产生挠曲，从而基本上消除了因地基变形而使建筑物开裂的可能性。抗震性能较好、适用于软弱地基上高层，重型或对不均匀沉降有严格要求的建筑物。可满足高层建筑对建筑功能与结构受力等方面的要求。

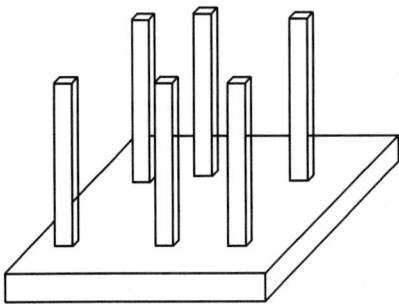

图2-8 筏板基础

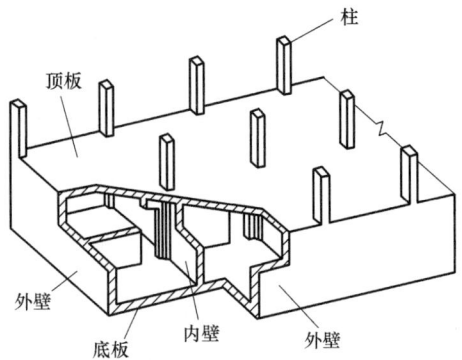

图2-9 箱形基础

箱基的用料多、工期长、造价高、施工技术比较复杂，尤其当须进行深基坑开挖时要考虑人工降低地下水位、坑壁支护和对邻近建筑物的影响问题。此外，还要对箱基地下室的防水、通风采取周密的措施。综上所述，箱基的采用与否，应该慎重地综合考虑各方面因素，通过方案比较后确定，才能收到技术和经济上的最大效益。

6. 壳体基础

当荷载较大时，柱下基础也可采用壳体基础（图2-10）。这种基础使径向内力由以弯矩为主，变为以压力为主，通常可节省混凝土30％～50％。壳体基础常用作筒形构筑物（如烟囱、水塔、料仓、中小型高炉等）的基础，也可用作一般工业与民用建筑柱基。壳体基础常用的结构形式为正圆锥壳、M形组合壳和内球外锥组合壳。

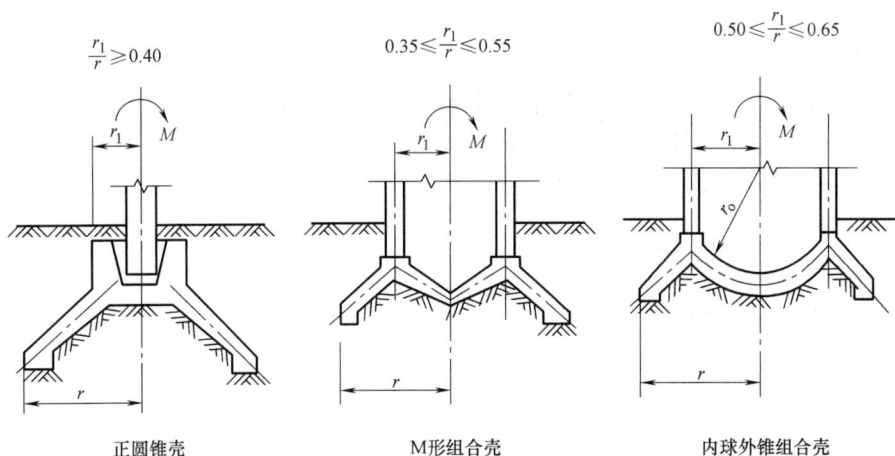

图 2-10　壳体基础

7. 动力机械基础

动力机械基础常采用大块式、墙式及框架式三种形式。大块式基础应用最广，通常做成刚度很大的钢筋混凝土块体；墙式基础则由承重的纵、横向墙组成，基础中均预留有安装和操作机器所必需的沟槽和孔洞；框架式基础一般用于平衡性较好的高频机器，其上部结构是由固定在一起连续底板或可靠基岩上的立柱以及与立柱上端刚性连接的纵、横梁组成的弹性体系，因而可按框架结构计算。

2.2.3　基础选型

基础的选型应根据地质条件、建筑体型、结构类型、荷载情况、有无地下室以及施工条件等，提出适用技术方案，进行经济效果对比。一般按以下原则选型：

1. 砖混结构

包括多层房屋，应优先选用刚性基础。按就地取材和方便施工的原则，选择毛石基础、砖基础、灰土基础或三合土基础。地下水位较高时选用混凝土基础，或有混凝土垫层的砖基础，一般做成条形基础。基础宽度大于 2.5m 时，宜采用柔性钢筋混凝土基础。上部地基土软弱，基础深度大于 3m 时，宜用墩式基础。

2. 框架结构

无地下室，地基较好，荷载较小，柱网分布比较均匀时，宜选用独立柱基，纵横方向应用拉梁拉结。拉梁位置以设置在柱根为宜。框架底层的砖墙和相邻砖混结构的墙体，宜结合拉梁设置地梁。柱基埋深较浅时直接做条形墙基，此时圈梁与拉梁结合布置。对于多层内框架结构，地基较差时，柱列宜选用柱下条形基础或条形刚性基础。

3. 框架或剪力墙结构

当无地下室，地基较差，荷载较大时，为了增强整体性，减少不均匀沉降，可选用十字交叉条形基础。如不满足变形条件要求，可考虑采用桩基础，或对地基进行处理，仍不满足要求时，可选用钢筋混凝土筏板基础。

当有地下室，无特殊防水要求，柱网、荷载及墙间距比较均匀，地基较好时，可选用十字交叉刚性墙基础。

当有地下室，上部结构对不均匀沉降限制较严，防水要求较高时，可选用箱形基础。当高层建筑层数较多，重量较大，地基较软弱时，宜采用复合箱型基础。

上述事例说明，进行基础工程设计必须洞悉上部结构及地基的特点，发挥上部结构—基础—地基的相互作用，才可能达到最佳效果。

2.2.4 基础底面尺寸的确定

设计浅基础时，一般先确定埋深 d 并初步选择底面尺寸，求得基底以下持力层的承载力设计值 f_a，再按下式验算并调整尺寸直至满足设计要求为止：

$$p_k \leqslant f_a \tag{2-8}$$

式中基底平均压力按下式计算：

$$p_k = \frac{F_k + G_k}{A} \tag{2-9}$$

式中　p_k——相应于作用的标准组合时，基础底面边缘的最大压力值（kPa）；

　　　f_a——修正后的地基承载力特征值（kPa）；

　　　F_k——相应于作用的标准组合时，上部结构传至基础顶面的竖向力值；

　　　G_k——基础自重和基础上的土重标准值，对一般实体基础，可近似地取 $G = \gamma_G A d$（γ_G 为基础及回填土的平均重度，可取 $\gamma_G = 20 \mathrm{kN/m^3}$），但在地下水位以下应取有效重度；

　　　A——基础底面面积。

由于式（2-8）中的 p_k 和 f_a 都与基底尺寸有关，所以只有预选尺寸并通过反复试算修改尺寸才能取得满意结果。以下分两种情况予以说明。

1. 轴心荷载作用下的基础

将式（2-9）代入式（2-8）可得：

$$A = \frac{F_k}{f_a - \gamma_G \cdot d} \tag{2-10}$$

对条形基础，F_k 为基础每米长度上的外荷载（kN/m），此时，沿基础长度方向取单位长度 1m 计算，故式（2-10）可改写为：

$$b = \frac{F_k}{f_a - \gamma_G \cdot d} \tag{2-11}$$

2. 偏心荷载作用下的基础

当偏心荷载作用时，除符合式（2-8）外，尚应符合下式要求：

$$p_{kmax} \leqslant 1.2 f_a \tag{2-12}$$

式中　p_{kmax}——相应于作用的标准组合时，基础底面边缘的最大压力值（kPa）；

此时基底压力计算如下：

$$p_{kmax} = \frac{F_k + G_k}{A} + \frac{M_k}{W} \tag{2-13}$$

$$p_{kmin} = \frac{F_k + G_k}{A} - \frac{M_k}{W} \quad (2\text{-}14)$$

式中　p_{kmin}——相应于作用的标准组合时，基础底面边缘的最小压力值（kPa）；

M_k——相应于作用的标准组合时，作用于基础底面的力矩值（kN.m）；

W——基础底面的抵抗矩，矩形基础：$W = \frac{bl^2}{6}$（m^3）。

当基础底面形状为矩形且偏心距 $e > b/6$ 时（图 2-11），p_{kmax} 应按式（2-15）计算：

$$p_{max} = \frac{2(F_k + G_k)}{3l \cdot a} \quad (2\text{-}15)$$

式中　l——垂直于力矩作用方向的基础底面边长（m）；

b——力矩作用方向的基础底面边长（m）；

a——合力作用点至基础底面最大压力边缘的距离（m）。

$$e = \frac{M_k}{F_k + G_k} \leqslant \frac{b}{6} \quad (2\text{-}16)$$

归纳来说，按规范设计矩形（或条形）基础底面尺寸时，就是要依次满足式（2-8）、式（2-15）和式（2-12）三项条件。实际计算时，视荷载偏心的大小，可将修正后的地基承载力特征值乘以折减系数 0.6~1，代入轴心荷载的公式（2-10）或公式（2-11）预估所需基底面积 A_0 或宽度 b_0，并根据 A_0 初步选定矩形基础的边长 l 和 b。然后验算 e 和 p_{max} 是否满足要求，如不合适（太大或太小），可调整尺寸再行验算。如此反复一、二次，便可定出合适的基底尺寸。对于承受方向不变的大偏心荷载的基础，可以考虑采用沿荷载偏心方向上形状不对称的基础，使基底形心尽量靠近荷载合力的作用点。

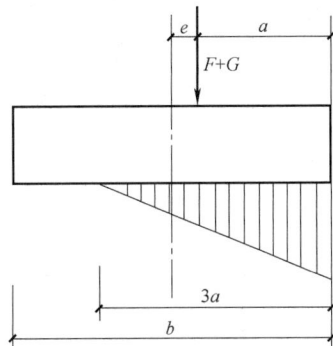

图 2-11　偏心荷载（$e > b/6$）下基底压力示意图

2.2.5　软弱下卧层承载力验算

土层一般是呈层状的，其承载力往往随深度而增加，而外荷载引起的附加应力则随深度增加而衰减，因此，一般情况下只要基底持力层承载力满足设计要求即可。但也有不少情况，持力层不厚，在持力层以下受力层范围内存在软弱土层（即软弱下卧层），软弱下卧层的承载力比持力层小得多。如我国沿海地区表层"硬壳层"下有很厚一层（厚度在 20m 左右）软弱的淤泥质土层，这时，只满足持力层承载力的要求是不够的，还须验算软弱下卧层的承载力。要求传递到软弱下卧层顶面的附加应力和土的自重应力之和不超过软弱下卧层的承载力特征值，即

$$p_z + p_{cz} \leqslant f_{az} \quad (2\text{-}17)$$

式中　p_z——相应于作用的标准组合时，软弱下卧层顶面处的附加应力值（kPa）；

p_{cz}——软弱下卧层顶面处的自重应力标准值（kPa）；

f_{az}——软弱下卧层顶面处经深度修正后的地基承载力特征值（kPa）。

关于附加应力值的计算，现行国家标准《建筑地基基础设计规范》GB 50007—2011

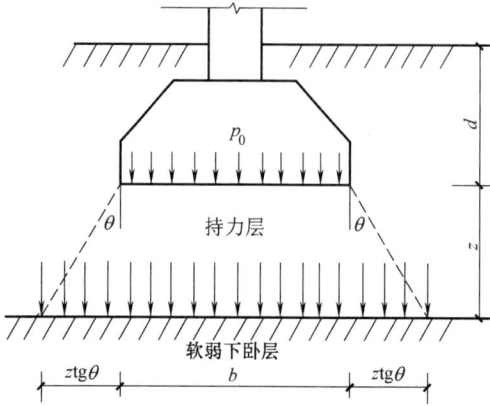

图 2-12 软弱下卧层顶面附加应力计算

是按照简单的应力扩散角原理计算，如图 2-12 所示，作用在基础底面处的附加应力 $p_0 = (p - p_c)$ 以扩散角 θ 向下传递均匀地分布在下卧层上。根据扩散后作用在下卧层顶面处的合力与扩散前在基底处的合力相等的条件，即：

$$p_0 A = p_z A' \tag{2-18}$$

可以得到软弱下卧层顶面处的附加应力。矩形基础时：

$$p_z = \frac{(p_0 - p_z)bl}{(b + 2z\,\mathrm{tg}\theta)(l + 2z\,\mathrm{tg}\theta)} \tag{2-19}$$

条形基础时：

$$p_z = \frac{(p_k - p_c)b}{b + 2z\tan\theta}$$

式中　b，l——分别为基础的宽度（m）和长度（m），若为条形基础，l 取 1m，长度方向应力不扩散；

　　　　p_c——基础底面处土的自重应力（kPa）；

　　　　z——基础底面到软弱下卧层顶面的距离（m）；

　　　　θ——地基应力扩散角，可按表 2-3 采用。

地基应力扩散角 θ　　　　　　　　　　　　表 2-3

E_{s1}/E_{s2}	$z \geqslant 0.25b$	$z \geqslant 0.50b$	E_{s1}/E_{s2}	$z \geqslant 0.25b$	$z \geqslant 0.50b$
3	6°	23°	10	20°	30°
5	10°	25°			

注：1. E_{s1} 为上层土压缩模量；E_{s2} 为下层土压缩模量；
　　2. $z < 0.25b$ 时取 $\theta = 0°$，必要时宜由实验确定；$z > 0.5b$ 时取 θ 不变。

从上式可见表层若有"硬壳"能起到应力扩散的作用，因此，当存在软弱下卧层时基础应尽量浅埋，以增加基底到软弱下卧层顶面的距离。

2.3　桩　基　础

2.3.1　概述

桩基础是一种最古老的基础形式。桩的应用至今至少已有 1 万多年的历史。我国的新石器时代出土的大量木结构遗存证实了先人在 7000 年前就开始采用木桩插入土中支承房屋。早期使用的桩都是木桩。直至近代人类才开始使用铸铁板桩修筑围堰和码头。后来钢、水泥、混凝土和钢筋混凝土的相继问世和大量使用，使得制桩材料发生了根本变化，促进了桩基础的迅速发展。

斯特拉乌斯率先提出了以混凝土或钢筋混凝土为材料的一类桩型，即灌注混凝土桩。后来美国工程师雷蒙德又独立提出了沉管灌注桩的设计思想。20 世纪初，钢桩和钢筋混凝土预制桩相继问世并得到广泛应用，如美国密西西比河上的钢桥就大量采用了型钢桩基础。之后，钢桩在一些欧洲国家开始广泛使用。二次大战后，随着冶炼技术的发展，各种直径的无缝钢管被作为桩材用于基础工程。

我国从 20 世纪 50 年代开始生产预制钢筋混凝土桩，50 年代末，铁路系统开始生产使用预应力钢筋混凝土桩，而且随着大型钻孔机械的出现，工程中又开始使用钻孔灌注桩或钢筋混凝土灌注桩。20 世纪 60～70 年代，我国也研制生产出预应力钢筋混凝土管桩，并在桥梁和港口工程中得到了广泛应用。

2.3.2　桩的分类

桩基础是深基础的一种，它是由基桩和连接于桩顶的承台共同组成。若桩身全部埋于土中，承台底面与土体接触则称为低承台桩基；若桩身上部露出地面而承台底面位于地面以上则称为高承台桩基。建筑桩基通常为低承台桩基础。单桩基础是指采用一根桩（通常为大直径桩）以承受和传递上部结构（通常为柱）荷载的独立基础。群桩基础是指由 2 根以上基桩组成的桩基础。基桩是指群桩基础中的单桩，它是埋入土中的柱形杆件，它可以将建筑物的荷载（竖向的和水平的）全部或部分传递给地基土（或岩层）的具有一定刚度和抗弯能力的传力杆件。桩的横截面尺寸比长度小得多。桩的性质随桩身材料、制桩方法和桩的截面大小而定，有很大的适应性，通常情况下我们所说的桩指的就是基桩。

桩基础作为建筑结构物基础的一种形式，与其他基础相比，具有很突出的特点：

① 适应性强：可适用于各种复杂的地质条件，适用于不同的施工场地，承托各种类型的上部建（构）筑物，承受不同的荷载类型；

② 具有良好的荷载传递性，可控制建（构）筑物沉降；

③ 承载能力大；

④ 抗震性能好；

⑤ 施工机械化程度高。

桩的种类很多，根据不同的目的，我们可以对桩作如下分类：

1. 按施工工艺分

（1）预制桩

预制桩施工方法是按预定的沉桩标准，以锤击、振动或静压方式将预制桩沉入地层至设计标高。为减小沉桩阻力和沉桩时的挤土影响，可辅以预钻孔沉桩或中掘方式沉桩，当地层中存在硬夹层时，也可辅以水冲方式沉桩，以提高桩的贯入能力和沉桩效率。施工机械包括自由落止锤、蒸汽锤、柴油锤、液压锤和静力压桩机等。我国目前常见的预制桩有钢筋混凝土预制桩和钢桩。

（2）灌注桩

灌注桩是指直接在所设计桩位处用钻、冲、挖等方式成孔，根据受力需要，桩身可放置不同深度的钢筋笼，也可不配钢筋，桩的直径可根据设计需要确定，就地浇筑混凝土而成的桩。按成孔工艺主要分为：

1）沉管灌注桩

采用无缝钢管作为桩管，以落锤、柴油锤或振动锤按一定的沉桩标准将其打入土层至设计标高，然后灌注混凝土，灌注混凝土过程中，边锤击或边振动，边拔管，至最后成桩。沉管桩适用于不存在特殊硬夹层的各类软土地基，其成桩质量受施工水平、土层情况及人员素质等因素的制约，是事故频率较高的桩型之一。

2）钻（冲）孔灌注桩

利用机械设备并采用泥浆护壁成孔或干作业成孔，然后放置钢筋笼、灌注混凝土而成的桩。钻孔的机械有冲击钻、螺旋钻、旋挖钻等。它适用于各种土层，能制成较大直径和各种长度，以满足不同承载力的要求；还可利用扩孔器在桩底及桩身部位进行扩大，形成扩底桩或糖葫芦形桩，以提高桩的竖向承载能力。

3）人工挖孔灌注桩

利用人工挖掘成孔，在孔内放置钢筋笼、灌注混凝土的一种桩型。相对钻孔桩和沉管桩，挖孔桩的施工设备简单，对环境的污染少，承载力大且单位承载力的造价便宜，适用于持力层埋藏较浅，地下水位较深，单桩承载力要求较高的工程。

4）挤扩多支盘灌注桩

是在原有等截面混凝土桩基础上，使用专用液压挤扩支盘设备挤扩支盘机，经高能量挤压土体而成型支盘模腔，合理地与现有桩施工机械配套使用，灌注混凝土而成的一种不等径桩型。由于存在挤扩分支和承力盘的作用，该桩型的侧阻和端阻得到了较大提高，单桩混凝土承载力也较其他灌注桩高。分支和承力盘宜在一般黏性土、粉土、细砂土、砾石、卵石和软硬交互土层中成型，但不宜在淤泥质土、中粗砂层及液化砂土层中分支和成盘。

2. 按桩材料分类

（1）木桩

木桩利用天然原木作为桩材，适用于地下水位以下地层，在这种条件下木桩能抵抗真菌的腐蚀而保持耐久性。

（2）混凝土桩

混凝土桩强度高、刚度大、耐久性好，可承受较大的荷载；桩的几何尺寸可根据设计要求进行变化，桩长不受限制，且取材方便。因此，混凝土桩是当前各国广泛使用的桩型。混凝土桩又可分为预制混凝土桩和灌注混凝土桩两大类。

（3）钢桩

钢桩主要分为钢管桩、型钢桩和钢板桩 3 种。

钢管桩由各种直径和壁厚的无缝钢管制成，不但强度高，刚度大，而且韧性好，易贯入，具有很高的垂直承载能力和水平抗力；桩长也易于调节，接头可靠，容易与上部结构结合；但其价格昂贵（约为混凝土桩的 3～4 倍），现场焊接质量要求严格，使用时施工成本高。

型钢桩与钢管桩相比，断面刚度小，承载能力和抗锤击性能差，易横向失稳，但穿透能力强，沉桩过程挤土量小，且价格相对便宜，有重复利用的可能，常用断面形式为 H 形和 I 形。

钢板桩的强度高，重量轻，可以打入较硬的土层和砂层，且施工方便，速度快，主要用于临时支挡结构或永久性的码头工程，常用断面形式为直线形、U 形、Z 形、H 形和管形。

（4）组合桩

是一种由两种材料组合而成的桩，如混凝土桩和木桩的组合、在钢管桩内填充混凝土等，以充分发挥两种组合材料的性能。这种桩型现在在很多大型工程中都得到了应用。

3. 按成桩方法对地基土的影响程度分类

不同成桩方法对周围土层的扰动程度不同，直接影响到桩承载力的发挥。

一般按成桩方法对地基土的影响程度分为如下三类：

（1）非挤土桩

非挤土桩也称置换桩，包括干作业挖孔桩、泥浆护壁钻（冲）孔桩、套管护壁灌注桩、挖掘成孔桩和预钻孔埋桩等。这类桩在成桩过程中，会把与桩体积相同的土排除，桩周土仅受轻微扰动，但会有应力松弛现象，而废泥浆、弃土运输等可能会对周围环境造成影响。

（2）部分挤土桩

部分挤土桩包括开口钢管桩、型钢桩、钢板桩、预钻孔打入桩和螺旋成孔桩等。在这类桩的成桩过程中，桩周土仅受到轻微扰动，其原始结构和工程性质变化不明显。

（3）挤土桩

挤土桩包括各种打入桩、压入桩和振入桩，如打入的预制方桩、预应力管桩和封底钢管桩，各种沉管式就地灌注桩。在这类桩的成桩过程中，桩周围的土被压密或挤开，土层受到严重扰动，土的原始结构遭到破坏而影响到其工程性质。

4. 按桩的使用功能分类

（1）竖向抗压桩

在一般工业与民用建筑中，桩所承受的荷载主要为上部结构传来的垂直荷载。按桩的承载性状可分为：

摩擦型桩：指在竖向极限承载力状态下，桩顶荷载全部或主要由桩侧摩阻力承担。

端承型桩：指在竖向极限承载力状态下，桩顶荷载全部或主要由桩端阻力承担。

（2）竖向抗拔桩

竖向抗拔桩主要用来承受竖向上拔荷载，如船坞抗浮力桩基、送电线路塔桩基、高层建筑附属地下车库桩基以及污水处理厂水处理建（构）筑物桩基等，其外部上拔荷载主要由桩侧摩阻力承担。

（3）水平受荷桩

水平受荷桩主要用来承担水平方向传来的外部荷载，如承受地震或风所产生的水平荷载。港口码头工程用的板桩、基坑支护中的护坡桩等都属于这类桩。桩身刚度大小是其抵抗水平荷载的重要保证。

（4）复合受荷桩

复合受荷桩是能同时承受较大的竖向荷载和水平荷载的桩。

2.3.3　桩的承载机理

桩是埋入土中柱形杆件，其作用是将上部结构的荷载传递到深部较坚硬、压缩性小的土层或岩层上。总体上考虑按竖向受荷与水平受荷两种工况来分析。

1. 竖向受压荷载作用下的单桩

单桩竖向极限承载力是指单桩在竖向荷载作用下到达破坏状态前或出现不适于继续承

载的变形时所对应的最大荷载。它取决于土对桩的支承阻力和桩身承载力，一般由土对桩的支承阻力控制；对于端承桩、超长桩和桩身质量有缺陷的桩，则可能由桩身材料强度控制。即单桩竖向极限承载力包含两层涵义：一是桩身结构极限承载力，二是支承桩侧桩端地基岩土体的极限承载力。

单桩竖向承载力特征值是单桩竖向极限承载力标准值除以安全系数后的承载力值。

当桩顶受竖向荷载时，桩顶荷载由桩侧摩阻力和桩端阻力共同承担。但侧阻和端阻的发挥是不同步的，首先是桩身上部侧阻力先发挥，然后是下部侧阻力和端阻力发挥。一般情况下，侧限力先达到极限，端阻力后达到极限，二者的发挥过程反映了桩土体系荷载的传递过程。在初始受荷阶段，首先是桩身上部受到压缩，使桩土产生相对位移，桩侧受到土层向上的摩阻力，桩此时荷载由桩上侧表面的摩阻力承担，并以剪应力形式传递给桩周土体，桩身应力和应变随深度递减；随着荷载的增大，桩顶位移加大，桩侧摩阻力由上至下逐步被发挥出来，在达到桩侧摩阻力的极限值后，继续增加的荷载则全部由桩端土阻力承担。随着桩端持力层的压缩和塑性挤出，桩顶位移增长速度加大，在桩端阻力达到极限值后，位移迅速增大而破坏，此时桩所承受的荷载大小就是桩的极限承载力。

（1）侧阻影响分析

桩身受荷载向下位移时，由于桩土间的摩阻力带动桩周土位移，在桩周环形土体中产生剪应变和剪应力。大量实验结果表明，侧摩阻力与桩径大小、桩长、桩的施工工艺、土层性质与分布位置、成桩质量等有关。

不同的成桩工艺会使桩周土中的应力、应变场发生不同的变化，从而导致桩侧阻力的相应变化，如挤土桩对桩周土的挤密和重塑作用，非挤土桩因孔壁侧向应力解除出现的应力松弛等。随桩入土深度的增加，作用在桩身的水平有效应力成比例增大。按照土力学理论，桩的侧摩阻力也应逐渐增大；但实验表明，在均质土中，当桩的入土超过一定深度后，桩侧摩阻力不再随深度的增加而变大，而是趋于定值，该深度被称为侧摩阻力的临界深度。

对于在饱和黏性土中施工的挤土桩，要考虑时间效应对土阻力的影响。桩在施工过程中对土的扰动会产生超孔隙水压力，它会使桩侧向有效应力降低，导致在桩形成的初期侧摩阻力偏小；随时间的增长，超孔隙水压力逐渐沿径向消散，扰动区土的强度慢慢得到恢复，桩侧摩阻力也会得到提高。

（2）端阻影响分析

同侧摩阻力一样，桩端阻力的发挥也需要一定的位移量。一般的工程桩在桩容许沉降范围里就可发挥桩的极限侧摩阻力，但桩端土需更大的位移才能发挥其全部土阻力。它不仅与土质有关，还和桩径有关。这个极限位移值，一般黏土约为 $0.25d$；硬塑黏土约为 $0.1d$；砂土为 $0.08\sim0.1d$（d 为桩径）。

持力层的选择对提高承载力、减少沉降量至关重要，即便是摩擦桩，持力层的好坏对桩的后期沉降也有较大影响；同时要考虑成桩效应对持力层的影响，如非挤土桩成桩时对桩端土的扰动，使桩端土应力释放，加之桩端也常常存在虚土或沉渣，导致桩端阻力降低；挤土桩在成桩过程中，桩端土受到挤密而变得密实，导致端阻力提高；但也不是所有类型的土均有明显挤密效果，如密实砂土和饱和黏性土，桩端阻力的成桩效应就不明显。

当桩端进入均匀持力层的深度小于某一深度时，其极限端阻力一直随深度增大；但大量实验表明，超过一定深度后，端阻力基本恒定。

关于端阻的尺寸效应问题，一般认为随桩尺寸的增大，桩端阻力的极限值变小。对于软土，尺寸效应不明显，而对于硬土层尺寸效应则会明显些。

端阻力的破坏模式分为三种，即整体剪切破坏、局部剪切破坏和冲剪破坏，主要由桩端土层和桩端上覆土层性质确定。当桩端土层密实度好、上覆土层较松软，桩又不太长时，端阻一般呈现为整体剪切破坏，而当上覆土层密实度好时，则会呈现局部剪切破坏；但当桩端密实度差或处在中高压缩性状态，或者桩端存在软弱下卧层时，就可能发生冲剪破坏。

实际上，桩在外部荷载作用下，侧阻和端阻的发挥和分布是较复杂的，二者是相互作用、相互制约的，如因端阻的影响，靠近桩端附近的侧阻会有所降低等。

（3）常见的单桩荷载-位移曲线（Q-s 曲线）

桩端持力层为密实度和强度均较高的土层（如密实砂层、卵石层等），而桩身土层为相对软弱土层，此时端阻所占比例大，Q-s 曲线呈缓变型，极限荷载下桩端呈整体剪切破坏或局部剪切破坏，如图 2-13（a）所示。这种情况常以某一极限位移 S_u 确定极限荷载，一般取 S_u＝40～60mm；对于非嵌岩的长（超长）桩（桩径比 l/d＞80），一般取 S_u＝60～80mm；对于直径大于或等于 800mm 的桩或扩底桩，Q-s 曲线一般也呈缓变型，此时极限荷载可按 S_u＝0.05D（D 为桩端直径）控制。

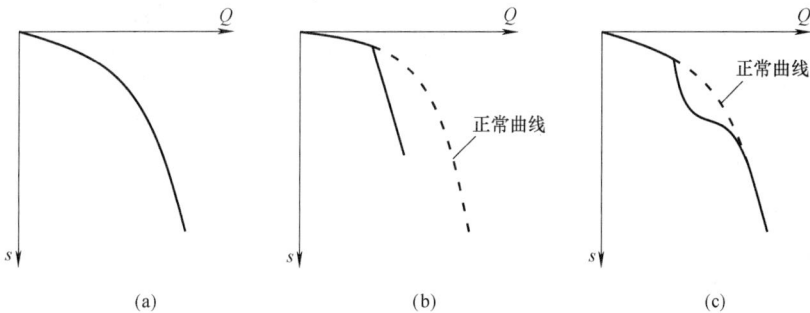

图 2-13　单桩 Q-s 曲线

桩端与桩身为同类型的一般土层，端阻力不大，Q-s 曲线呈陡降型，桩端呈刺入（冲剪）破坏，如软弱土层中的摩擦桩（超长桩除外）；或者端承桩在极限荷载下出现桩身材料强度的破坏或桩身压曲破坏，Q-s 曲线也呈陡降型，如嵌入坚硬基岩的短粗端承桩：这种情况破坏特征点明显，极限荷载明确，如图 2-13（b）所示。

桩端有虚土或沉渣，初始强度低，压缩性高，当桩顶荷载达一定值后，桩底部土被压密，强度提高，导致 Q-s 曲线呈台阶状；或者桩身有裂缝（如接头开裂的打入式预制桩和有水平裂缝的灌注桩），在试验荷载作用下闭合，Q-s 曲线也呈台阶状，如图 2-13（c）所示，这种情况一般也按沉降量确定极限荷载。

对于缓变形的 Q-s 曲线，极限荷载也可辅以其他曲线进行判定，如取 s-$\lg t$ 曲线尾部明显弯曲的前一级荷载为极限荷载，取 $\lg s$-$\lg Q$ 第二直线交会点荷载为极限荷载，取 Δs-Q 曲线的第二拐点为极限荷载等。

2. 竖向拉拔荷载作用下的单桩

承受竖向拉拔荷载作用的单桩其承载机理同竖向受压桩有所不同。首先抗拔桩常见的破坏形式是桩-土界面间的剪切破坏，桩被拔出或者是复合剪切面破坏，即桩的下部沿桩-土界面破坏，而上部靠近地面附近出现锥形剪切破坏，且锥形土体会同下面土体脱离与桩身一起上移。

桩的抗拔承载力由桩侧阻力和桩身重力组成，而对上拔时形成的桩端真空吸引力，因其所占比例小，可靠性低，对桩的长期抗拔承载力影响不大，一般不予考虑。桩周阻力的大小与竖向抗压桩一样，受桩土界面的几何特征、土层的物理力学特性等较多因素的影响；但不同的是，黏性土中的抗拔桩在长期荷载作用下，随上拔量的增大，会出现应变软化的现象，即抗拔荷载达到峰值后会下降，而最终趋于定值。

为提高抗拔桩的竖向抗拔力，可以考虑改变桩身截面形式，如可采用人工扩底或机械扩底等施工方法，在桩端形成扩大头，以发挥桩底部的扩头阻力等。

另外，桩身材料强度（包括桩在承台中的嵌固强度）也是影响桩抗拔承载力的因素之一，在设计抗拔桩时，应对此项内容进行验算。

3. 水平荷载作用下的单桩

桩所受的水平荷载部分由桩本身承担，大部分是通过桩传给桩侧土体，其工作性能主要体现在桩与土的相互作用上，即当桩产生水平变形时，促使桩周土也产生相应的变形，产生的土抗力会阻止桩变形的进一步发展。

按桩土相对刚度（即桩的刚性特征与土的刚性特征之间的相对关系）的不同，桩土体系的破坏机理及工作状态分为两类，一是刚性短桩，此类桩的桩径大，桩入土深度小，桩的抗弯刚度比地基土刚度大很多，此类桩的水平承载力由桩周土的强度控制，二是弹性长桩，此类桩的桩径小，桩入土深度大，桩的抗弯刚度与土刚度相比较具柔性，此类桩的水平承载力由桩身材料的抗弯强度和桩周土的抗力控制。

对于钢筋混凝土弹性长桩，除考虑上部结构对位移限值的要求外，还应根据结构构件的裂缝控制等级，考虑桩身截面开裂的问题，但对抗弯性能好的钢筋混凝土预制桩和钢桩，因其可忍受较大的挠曲变形而不至于截面受拉开裂，设计时主要考虑上部结构水平位移允许值的问题。

影响桩水平承载力的因素很多，包括桩的截面刚度、材料强度、桩侧土质条件、桩的入土深度和桩顶约束条件等。

4. 影响荷载传递的因素

单桩荷载的传递主要受以下因素的影响：

（1）桩端土与桩周土的刚度比 E_b/E_s

E_b/E_s 愈小，桩身轴力沿深度衰减愈快，即传递到桩端的荷载愈小；对于中长桩，当 $E_b/E_s=1$（即均匀土层）时，桩侧摩阻力接近于均匀分布属于摩擦桩；当 E_b/E_s 增大到 100 时，桩侧摩阻力上段可得到发挥，下段则因桩土相对位移很小（桩端无位移）而无法发挥出来，桩属于端承型桩。

（2）桩土刚度比（桩身刚度与桩侧土刚度之比）E_p/E_s

E_p/E_s 愈大，传递到桩端的荷载愈大，但当 E_p/E_s 超过 1000 后，对桩端阻力分担荷载比的影响不大；而对于 $E_p/E_s \leqslant 10$ 的中长桩，其桩端阻力分担的荷载几乎接近于零，这说明对于砂桩、碎石桩、灰土桩等低刚度桩组成的基础，应按复合地基工作原理进行设计。

（3）桩端扩底直径与桩身直径之比 D/d

D/d 愈大，桩端阻力分担的荷载比愈大；对于均匀土层中的中长桩，当 $D/d=3$ 时，桩端阻力分担的荷载比将由等直径桩（$D/d=1$）的约 5% 增至约 35%。

（4）桩的长径比 l/d

随 l/d 的增大，传递到桩端的荷载减小，桩身下部侧阻力的发挥值相应降低。长径比很大的桩都属于摩擦桩，在设计这样的桩时，试图采用扩大桩端直径来提高承载力，实际上是徒劳无益的。

2.3.4 桩基设计计算基本知识

1. 极限状态设计原则

为了保证建（构）筑物的安全，建筑工程对桩基础的基本要求有两方面，一是稳定性，在建筑物正常使用期间，承载力满足上部结构荷载的要求，保证不发生整体强度破坏，不会导致发生开裂、滑动和塌陷等有害的现象；第二是变形（沉降及不均匀沉降）不超过建筑物的允许变形值，保证建筑物不会因地基产生过大的变形或差异沉降而影响建筑物的安全与正常使用。

传统的桩基设计方法是将荷载、承载力（抗力）等设计参数视为定值，又称为定值设计法。但是建筑工程中的桩基础，从勘察到施工，都是在大量的不确定的情况下进行的，对于不同的地质条件、不同桩型、不同施工工艺，在取相同的安全系数的条件下，其实际的可靠度是不同的。

极限状态分为承载能力极限状态和正常使用极限状态两类。

承载能力极限状态对应于结构或结构构件达到最大承载能力或发生不适于继续承载的变形；正常使用极限状态对应于结构或结构构件达到正常使用或耐久性能的某项规定限值。

2. 桩的极限状态

承载能力极限状态对应于桩基达到最大承载能力或整体失稳或发生不适于继续承载的变形；正常使用极限状态对应于桩基达到建筑物正常使用所规定的变形限值或达到耐久性要求的某项限值。

（1）桩基承载能力极限状态

以竖向受压桩基为例，桩基承载能力极限状态由下述三种状态之一确定：

1）桩基达到最大承载力，超出该最大承载力即发生破坏。就竖向受荷单桩而言，其荷载-沉降曲线大体表现为陡降型（A）和缓变型（B）两类（图 2-14）。$Q\text{-}s$ 曲线是破坏模式与破坏特征的宏观反映，陡降型属于"急进破坏"，缓变型属"渐进破坏"。对于大直径桩、群桩基础尤其是低承台群桩，其荷载—沉降（$Q\text{-}s$）曲线变化更为平缓，渐进破坏特征更明显。由此可见，对于两类破坏型态的桩基，其承载力失效后果是不同的。

2）桩基出现不适于继续承载的变形。对于大部分大直径单桩基础、低承台群桩基础，其荷载—沉降呈缓变型，属渐进破坏，判定其极限承载力比较困难，带有任意性，且物理意义不甚明确。因此，为充分发挥其承载潜力，宜按结构物所能承受的桩顶的最大变形

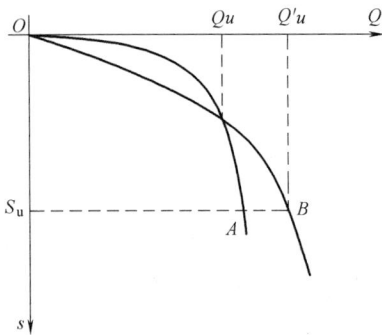

图 2-14　单桩竖向抗压静载
试验荷载-沉降曲线

S_u 确定其极限承载力，如图 2-14 所示，取对应于 S_u 的荷载为极限承载力 Q_u。该承载能力极限状态由不适于继续承载的变形所制约。

3）桩基发生整体失稳。位于岸边、斜坡的桩基、浅埋桩基、存在软弱下卧层的桩基，在竖向荷载作用下，有发生整体失稳的可能。因此，其承载力极限状态除由上述两种状态之一制约外，尚应验算桩基的整体稳定性。

对于承受水平荷载、上拔荷载的桩基，其承载能力极限状态同样由上述三种状态之一所制约。对于桩身和承台，其承载能力极限状态的具体涵义包括受压、受拉、受弯、受剪、受冲切极限承载力。

（2）桩基的正常使用极限状态

桩基正常使用极限状态系指桩基达到建筑物正常使用所规定的变形限值或达到耐久性要求的某项限值，具体指：

桩基的变形。竖向荷载引起的沉降或水平荷载引起的水平变形，可能导致建筑物标高的过大变化，差异沉降或水平位移使建筑物倾斜过大、开裂、装修受损、设备不能正常运转、人们心里不能承受等，从而影响建筑物的正常使用功能。

桩身和承台的耐久性。对处于腐蚀性环境中的桩身和承台，要进行混凝土的抗裂验算和钢桩的耐腐蚀处理；对于使用上需限制混凝土裂缝宽度的桩基可按《混凝土结构设计规范》GB 50010—2010 规定，验算桩身和承台的裂缝宽度。这些验算的目的是满足桩基的耐久性，保持建筑物的正常使用。

3. 破坏模式

桩基的破坏模式，包括桩身结构强度破坏和地基土的强度破坏。

桩身结构强度破坏：桩身缩颈、离析、松散、夹泥，混凝土强度低等都会造成桩身强度破坏；灌注桩桩底沉渣太厚，预制桩接头脱节等会导致承载力偏低，虽然不属于狭义的桩身破坏，但也属于成桩质量问题。桩身结构强度破坏的 Q-s 曲线为"陡降型"。

地基土强度破坏：对于单桩竖向抗压来说，土对桩的抗力分为桩侧阻力和桩端阻力。对摩擦型桩，地基土破坏特征比较明显，Q-s 曲线呈"陡降型"；但对于端承型桩，一般 Q-s 曲线呈"缓变形"，地基土破坏特征不是很明显。对于桩端持力层存在软夹层、破碎带、溶洞或孔洞，也会导致地基土强度破坏，其 Q-s 曲线也呈"陡降型"。另外，对采用泥浆护壁的冲、钻孔灌注桩，如果桩周泥皮过厚，会明显降低桩侧阻力，对于陡降型 Q-s 曲线，其极限承载力即为与破坏荷载相应的陡降起始点荷载。对于缓变型 Q-s 曲线的极限承载力宜综合判定取值。由于对 Q-s 曲线呈缓变型的桩，荷载达到"极限承载力"后再施加荷载，并不会导致桩的失稳和沉降的显著增大，即承载力并未真正达到极限，因而该极限承载力实际为工程上的极限承载力。

荷载-位移（Q-s）曲线的型态随桩侧和桩端土层的分布与性质、成桩工艺、桩的形状和尺寸（桩径、桩长及其比值）、应力历史等诸多因素而变化。Q-s 曲线是桩土体系的荷载传递、侧阻和端阻的发挥性状的综合反应。由于桩侧阻力一般先于桩端阻力发挥，因此 Q-s 曲线的前段主要受侧阻力制约，而后段则主要受端阻力制约。但是对于下列情况则例外：

1）超长桩（$l/d > 100$），Q-s 全程受侧阻性状制约；

2）短桩（$l/d < 10$）和支承于较硬持力层上的短至中长（$l/d \leqslant 25$）扩底桩，Q-s 前段同时受侧阻和端阻性状的制约；

3）支承于岩层上的短桩，Q-s 全程受端阻及嵌岩阻力制约。

4. 常见 Q-s 曲线形态特征

一条典型的缓变型 Q-s 曲线（图 2-15）应具有以下 4 个特征：

（1）比例界限 Q_p（又称第一拐点），它是 Q-s 曲线上起始的拟直线段的终点所对应的荷载。

（2）屈服荷载 Q_y，它是曲线上曲率最大点所对应的荷载。

（3）极限荷载 Q_u，它是曲线上某一极限位移 Su 所对应的荷载。此荷载亦可称为工程上的极限荷载。

（4）破坏荷载 Q_f，它是曲线的切线平行于 s 轴（或垂直于 Q 轴）时所对应的荷载。

事实上 Q_u 为工程上的极限荷载，而 Q_f 才是真正的极限荷载。而单桩竖向承载力特征值往往取最大试验荷载除以规定的安全系数（一般为 2），这显然是偏于安全的。

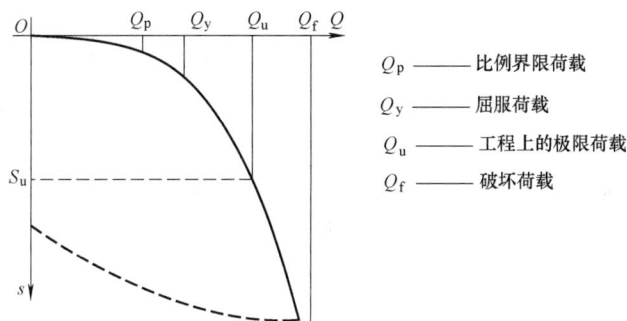

图 2-15　典型的缓变型 Q-s 曲线

下面介绍工程实践中常见的几种 Q-s 曲线，如图 2-16，从中可进一步剖析荷载传递和承载力性状。图中 Q 为桩侧土阻力，Q_p 为桩端土阻力，$Q_u = Q_{su} + Q_{pu}$ 为极限承载力。

（1）软弱土层中的摩擦桩（超长桩除外）。由于桩端一般为刺入剪切破坏，桩端阻力分担的荷载比例小，Q-s 曲线呈陡降型，破坏特征点明显，见图 2-16（a）。

（2）桩端持力层为砂土、粉土的桩。由于端阻所占比例较大，发挥端阻所需位移大，Q-s 曲线呈缓变型，破坏特征点不明显，见图 2-16（b）。桩端阻力的潜力虽较大，但对于建筑物而言已失去利用价值，因此常以某一极限位移 S_u，一般取 $S_u = 40 \sim 60$mm，控制确定其极限承载力。

（3）扩底桩。支承于砾、砂、硬黏性土、粉土上的扩底桩，由于端阻破坏所需位移量过大，端阻力所占比例较大，其 Q-s 曲线呈缓变型，极限承载力一般可取 $S_u = 0.05D$（D 为桩端直径）控制，见图 2-16（c）。

（4）泥浆扩壁作业、桩端有一定沉淤的钻孔桩。由于桩底沉淤强度低、压缩性高，桩端一般呈刺入剪切破坏，接近于纯摩擦桩，$Q\text{-}s$ 曲线呈陡降型，破坏特征点明显，见图 2-16（d）。

（5）桩周为加工软化型土（硬黏性土、粉土、高结构性黄土等）无硬持力层的桩。由于侧阻在较小位移下发挥出来并出现软化现象，桩端承载力低，因而形成突变、陡降型 $Q\text{-}s$ 线型，与图 2-16（d）所示孔底有沉淤的摩擦桩的 $Q\text{-}s$ 曲线相似。

（6）干作业钻孔桩孔底有虚土。$Q\text{-}s$ 曲线前段与一般摩擦桩相同，随着孔底虚土压密，$Q\text{-}s$ 曲线的坡度变缓，形成"台阶形"，见图 2-16（e）。

（7）嵌入坚硬基岩的短粗端承桩。由于采用挖孔成桩，清底好，桩不太长，桩身压缩量小和桩端沉降小，在侧阻力尚未充分发挥的情况下，便由于桩身材料强度的破坏而导致桩的承载力破坏，$Q\text{-}s$ 曲线呈突变、陡降型，见图 2-16（f）。

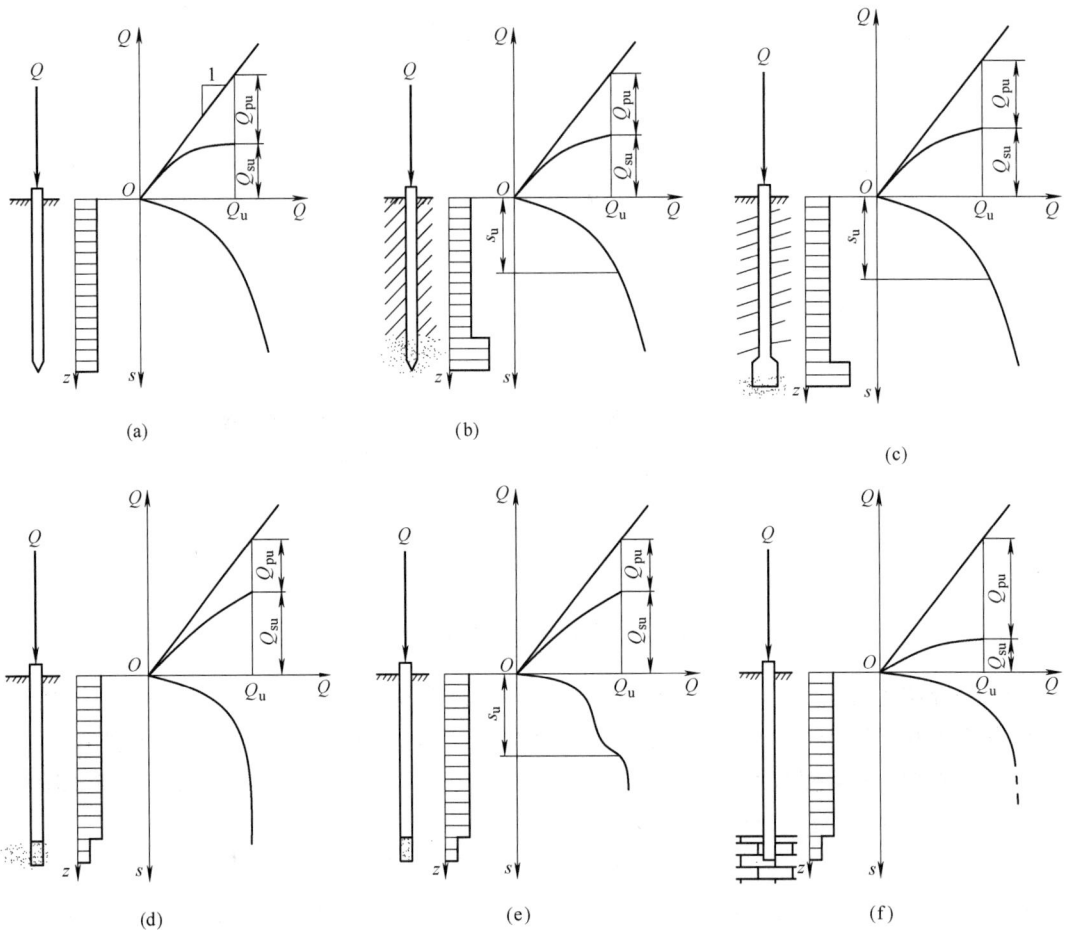

图 2-16　不同岩土的单桩 $Q\text{-}s$ 曲线及侧阻 Q_s、端阻 Q_p 发挥性状

（a）均匀土中的摩擦桩；（b）端承于砂层中的摩擦桩；（c）扩底端承桩；（d）孔底有沉淤的摩擦桩；
（e）孔底有虚土的摩擦桩；（f）嵌入坚实基岩的端承桩

当桩的施工存在明显的质量缺陷，其 $Q\text{-}s$ 曲线将呈现异常。异常形态随缺陷的性质、桩侧与桩端土层性质、桩型等而定。

5. 桩的设计基本要求

建筑物桩基的设计应满足以下几个方面的要求：

（1）桩基的安全性。首先桩与地基土之间的作用是稳定的；其次是桩自身的结构强度是足够的。

（2）桩基设计的合理性。首先是桩型和施工方法的选择，应根据建筑物对荷载和沉降的要求及基础尺寸选择合适的桩型。另外，施工的技术力量、施工设备和材料供应的可能性也会影响桩型和施工方法的选择；其次是桩的几何尺寸和桩的布置。确定桩长时要考虑地基土特性的影响，如桩应穿过可液化土层、湿陷性黄土等非稳定土层。桩的布置应和基础平面形状及基础上荷载的分布规律相适应，尽量使群桩的承载力合力点与永久荷载的合力作用点重合，以增加上部结构的抗倾覆能力，减少不均匀沉降。

桩中心距的确定是布置桩的关键。桩距不能太小，否则将造成桩间土的应力重叠，出现明显群桩效应，影响桩承载力的充分发挥；挤土效应可能使沉桩阻力逐步增大致使桩无法沉至设计标高；但桩距也不宜过大，否则会加大承台尺寸和承台弯矩，提高工程造价。最后，同一结构单元宜避免采用不同类型的桩。

（3）桩基设计的经济性。对特定的地质条件，可以有多种桩基方案满足建筑物的使用要求，这时就应从施工的可靠性和经济性、桩型的地区性等方面进行多方案的比较，力求桩的承载能力最大限度的发挥，减少桩基造价。

6. 桩的选型问题

通常在下列情况下，可以采用桩基础：

（1）当地基软弱，采用天然基础不能满足地基强度和变形要求时可采用桩基；

（2）当对建筑物变形有较严格要求时应采用桩基；

（3）高耸建筑物或构筑物对限制倾斜有特殊要求时应采用桩基；

（4）因基础沉降对邻近建筑物产生相互影响时应采用桩基；

（5）设有大吨位的重级工作制吊车的重型单层工业厂房，吊车载重量大，使用频繁，车间内设备平台多，基础密集，且一般均有地面荷载，因而地基变形大，这时可采用桩基；

（6）精密设备基础和动力机械基础，由于对变形和容许振幅有较高要求，通常也采用桩基；

（7）地震区，在可液化地基中，采用桩基穿越可液化土层并伸入下部密实稳定土层，可消除或减轻液化对建筑物的危害。

桩型的选择要综合考虑多种因素，包括建（构）筑结构类型、荷载性质与大小、穿越土层和桩端土层类别与性质、地下水、施工环境、施工能力、当地桩基使用经验和造价等。

一般来说，对框架和排架结构的建（构）筑物，当基岩或坚硬厚土层埋藏不太深时，常采用以端承为主的灌注桩来获得较高承载力，并消除或减少建筑物沉降。

在城市建筑密集区，注意废弃泥浆和弃土的处理以及灌注桩施工的质量稳定性问题，如在地下水位高的砂土层特别是饱和粉细砂层中进行人工挖孔桩施工，易发生流砂而导致井孔坍塌，而在淤泥质土较厚的地层中进行钻孔桩施工，当护壁泥浆配比不当时，易出现塌孔而造成桩身断桩、夹泥或缩颈。

当地层中存在密实夹层或大块孤石或残积层中未风化的岩脉时，选择预制桩特别是预应力管桩时应慎重，否则锤击时不是无法贯穿就是造成较高的桩破损率；在以表层无风化层或风化层较薄的硬质岩作为桩端持力层时，不宜采用预制桩，因锤击时桩尖不能入岩且易击碎，如石灰岩地层；对土层分布不均匀的地层，不宜采用预制桩，因为桩的预制长度较难控制；而当持力层层面坡度较大时，也不宜采用预制桩，因为沉桩时桩尖有可能滑移造成桩身折断，此时应考虑采用灌注桩。

7. 桩基承载力计算的经验公式

(1)《建筑桩基技术规范》JGJ 94—2008 公式（原位测试法）

当根据单桥探头静力触探资料确定混凝土预制桩单桩竖向极限承载力标准值时，如无当地经验，可按式（2-20）、式（2-21）计算：

$$Q_{uk} = Q_{sk} + Q_{pk} = u \sum q_{sik} l_i + \alpha p_{sk} A_p \tag{2-20}$$

当 $p_{sk1} \leqslant p_{sk2}$ 时

$$p_{sk} = \frac{1}{2}(p_{sk1} + \beta \cdot p_{sk2}) \tag{2-21}$$

当 $p_{sk1} > p_{sk2}$ 时

$$p_{sk} = p_{sk2}$$

式中　Q_{sk}、Q_{pk}——分别为总极限侧阻力标准值和总极限端阻力标准值；

u——桩身周长；

q_{sik}——用静力触探比贯入阻力值估算的桩周第 i 层土的极限侧阻力；

l_i——桩周第 i 层土的厚度；

α——桩端阻力修正系数，可按规范表格取值；

p_{sk}——桩端附近的静力触探比贯入阻力标准值（平均值）；

A_p——桩端面积；

p_{sk1}——桩端全截面以上 8 倍桩径范围内的比贯入阻力平均值；

p_{sk2}——桩端全截面以下 4 倍桩径范围内的比贯入阻力平均值，如桩端持力层为密实的砂土层，其比贯入阻力平均值 p_s 超过 20MPa 时，则需乘以规范表中系数 C 予以折减后，再计算 p_{sk2} 及 p_{sk1} 值；

β——折减系数，按规范表格选用。

当根据双桥探头静力触探资料确定混凝土预制桩单桩竖向极限承载力标准值时，对于黏性土、粉土和砂土，如无当地经验时可按式（2-22）计算：

$$Q_{uk} = Q_{sk} + Q_{pk} = u \sum l_i \beta_i f_{si} + \alpha q_c A_p \tag{2-22}$$

式中　f_{si}——第 i 层土的探头平均侧阻力（kPa）；

q_c——桩端平面上、下探头阻力，取桩端平面以上 4d（d 为桩的直径或边长）范围内按土层厚度的探头阻力加权平均值（kPa），然后再和桩端平面以下 1d 范围内的探头阻力进行平均；

α——桩端阻力修正系数，对于黏性土、粉土取 2/3，饱和砂土取 1/2；

β_i——第 i 层土桩侧阻力综合修正系数，黏性土、粉土：$\beta_i = 10.04 \, (f_{si})^{-0.55}$；

砂土：$\beta_i = 5.05 (f_{si})^{-0.45}$

注：双桥探头的圆锥底面积为 15cm²，锥角 60°，摩擦套筒高 21.85cm，侧面积 300cm²。

（2）《建筑桩基技术规范》JGJ 94—2008 公式（经验参数法）

当根据土的物理指标与承载力参数之间的经验关系确定单桩竖向极限承载力标准值时，宜按式（2-23）估算：

$$Q_{uk}=Q_{sk}+Q_{pk}=u\sum q_{sik}l_i+q_{pk}A_p \tag{2-23}$$

式中　q_{sik}——桩侧第 i 层土的极限侧阻力标准值，如无当地经验时，可按规范表格取值；

　　　q_{pk}——极限端阻力标准值，如无当地经验时，可按规范表格取值。

确定大直径桩单桩极限承载力标准值时，可按式（2-24）计算：

$$Q_{uk}=Q_{sk}+Q_{pk}=u\sum \Psi_{si}q_{sik}l_i+\Psi_p q_{pk}A_p \tag{2-24}$$

式中　q_{sik}——桩侧第 i 层土极限侧阻力标准值，如无当地经验值时，可按规范表格取值，对于扩底桩变截面以上 $2d$ 长度范围不计侧阻力；

　　　q_{pk}——桩径为 800mm 的极限端阻力标准值，对于干作业挖孔（清底干净）可采用深层载荷板试验确定；当不能进行深层载荷板试验时，可按相关规范表格取值；

Ψ_{si}、Ψ_p——大直径桩侧阻、端阻尺寸效应系数，按相关规范中表格取值；

　　　u——桩身周长，当人工挖孔桩桩周护壁为振捣密实的混凝土时，桩身周长可按护壁外直径计算。

8. 合理布桩原则

合理布桩内容包括桩的截面尺寸、桩长、平面布桩间距及排列的确定。合理布桩原则是在考虑地层条件、上部结构形式、上部荷载大小与分布、施工工艺与经验、基础形式、桩型等因素的前提下，用最经济方案来满足设计的要求。

（1）桩径与桩长选择

桩径与桩长的确定应综合考虑既满足设计要求，又能最有效地利用和发挥桩侧地基土的阻力与桩身材料的承载性能。既符合施工设备、人员的技术水平，又能满足施工工期要求和最大限度节省投资。

1）考虑荷载类型、大小及分布，满足设计要求的单桩承载力的确定，应考虑基础形式、布桩的构造要求、经济合理性及桩身的结构强度等因素。

2）考虑地层条件及土的物理力学性质。选择合理的桩长、桩径还应根据场地地层条件、当地用桩经验，选择合适的桩型、初步确定桩长与桩径。

3）应根据地层条件、选择较硬的土层作为桩端持力层。

根据《建筑桩基技术规范》JGJ 94—2008 的要求，桩端全断面进入持力层的深度，对于黏性土、粉土不宜小于 $2d$，砂土不宜小于 $1.5d$，碎石类土，不宜小于 $1d$。当存在软弱下卧层时，桩端以下硬持力层厚度不宜小于 $3d$。对于嵌岩桩，嵌岩深度应综合荷载、上覆土层、基岩、桩径、桩长诸因素确定；对于嵌入倾斜的完整和较完整岩的全断面深度不宜小于 $0.4d$ 且不小于 $0.5m$，倾斜度大于 30% 的中风化岩，宜根据倾斜度及岩石完整性适当加大嵌岩深度；对于嵌入平整、完整的坚硬岩和较硬岩的深度不宜小于 $0.2d$，且不应小于 $0.2m$。此外，根据《建筑地基基础设计规范》GB 50007—2011 的要求，嵌岩灌注桩桩端以下 $3d$ 且不小于 5m 范围内应无软弱夹层、断裂破碎带和洞穴分布，并应在桩底应力扩散范围内无岩体临空面。嵌岩灌注桩嵌入完整和较完整的未风化、微风化、中风化硬质岩体的最小深度，不宜小于 0.5m。

（2）桩基平面的合理布置

1）桩的中心距。桩的中心距的合理确定，主要应考虑桩型、施工工艺、荷载及分布、周边环境条件等。若中心距过小，桩施工时相互挤土影响桩的质量；反之，桩的中心距过大，则承台尺寸太大，不经济。表 2-4 为各类桩型的最小中心距，当施工中采取减小挤土效应的可靠措施时，可根据当地经验适当减小。

桩的最小中心距

表 2-4

土类与成桩工艺		排数不少于 3 排且桩数不少于 9 根的摩擦型桩桩基	其他情况
非挤土灌注桩		3.0d	3.0d
部分挤土灌注桩	非饱和土、饱和非黏性土	3.5d	3.0d
	饱和黏性土	4.0d	3.5d
挤土桩	非饱和土、饱和非黏性土	4.0d	3.5d
	饱和黏性土	4.5d	4.0d
钻、挖孔扩底桩		2D 或 $D+2.0$m（当 $D>2$m）	1.5D 或 $D+1.5$m（当 $D>2$m）
深管夯扩、钻孔挤扩桩	非饱和土、饱和非黏性土	2.2D 且 4.0d	2.0D 且 3.5d
	饱和黏性土	2.5D 且 4.5d	2.2D 且 4.0d

注：1. d—圆桩直径或方桩边长，D—扩大端设计直径。

2. 当纵横向桩距不相等时，其最小中心距应满足"其他情况"一栏的规定。

3. 当为端承型桩时，非挤土灌注桩的"其他情况"一栏可减小至 2.5d。

2）桩的平面布置

① 基桩排列可采用对称式、梅花式、行列式和环状排列，宜使桩群承载力合力点与竖向永久荷载作用合力点重合；

② 对于桩箱基础、剪力墙结构桩筏（含平板和梁板式承台）基础，宜将桩布置于墙下；

③ 对于框架—核心筒结构桩筏基础应按荷载分布考虑相互影响，将桩相对集中布置于核心筒和柱下，外围框架柱宜采用复合桩基，桩长宜小于核心筒下基桩（有合适桩端持力层时）。

（3）选择桩型时应注意的其他问题

1）嵌岩桩不一定是端承桩

将嵌岩桩一律视为端承桩会导致将桩端嵌岩深度不必要地加大，施工周期延长，造价增加。试验表明，嵌岩桩嵌岩段的桩侧阻力是很高的。

2）锤击沉管灌注桩的滥用

应严格控制锤击沉管灌注桩的应用范围，在地质较差、软土较厚地区应限制使用。

3）一些预制桩的质量稳定性不一定高于灌注桩

一般情况下，预制桩的质量是比灌注桩有保证。但有时也不然。其一是沉降。二是打入式预制桩锤击振动会对周边建筑物和市政设施造成破坏。三是预制桩一般不能穿透坚硬夹层，使得桩长过短，持力层不理想，导致沉降过大。四是预制桩的桩径、桩长、单桩承载力可调范围小，优化设计困难。五是预制桩不适用于有孤石的场地或坚硬岩石持力层上无适当厚度较硬覆盖土层的场地。

4）某些情况下人工挖孔桩质量不一定稳定可靠

人工挖孔桩在低水位非饱和土中成孔，可进行彻底清孔，可直观检查持力层，因此质量稳定性较高。但在地下水丰富并有强透水层的场地，施工时采取边挖孔边抽水，将桩侧细颗粒掏走，引起地面下沉，甚至导致护壁整体滑脱，造成安全事故；还有的将相邻桩新灌注混凝土的水泥颗粒带走，造成离析；在桩孔内仍有涌水情况下灌注混凝土，而且没有采用水下混凝土灌注工艺，造成桩身混凝土质量差或离析。

5）灌注桩的不适当扩底

扩底桩用于持力层较好、桩较短的端承型灌注桩，可取得较好的技术经济效益。但是若将扩底不适当应用，则可能走进误区。如：在单轴抗压强度高于桩身混凝土强度的基岩中扩底，是不必要的。在桩侧土层较好、桩长较大的情况下扩底，一则损失扩底端以上部分侧阻力；二则增加扩底费用，可能得失相当或失大于得；三则将扩底端放置于有软弱下卧层的薄硬土层上，既无增强效应，还可能留下后患。

2.3.5　常见桩的施工基本知识

1. 沉管灌注桩

沉管灌注桩，按成孔方法分为振动沉管灌注桩、锤击沉管灌注桩和振动冲击成孔灌注桩。这种桩在施工时，当地层中有厚硬夹层时（如标贯击数 $N>30$ 的密实砂层），沉管桩施工困难，桩管很难穿透硬夹层达到设计标高；另外，施工中拔管速度过快是造成缩颈等桩身质量事故的主要原因。

2. 钻（冲）孔灌注桩

钻（冲）孔灌注桩，包括泥浆护壁灌注桩和干作业螺旋成孔灌注桩两种。

泥浆护壁钻（冲）孔灌注桩的成桩方法分为反循环钻孔法、正循环钻孔法、旋挖成孔法和冲击成孔法等几种。

反循环钻孔施工法首先在桩顶设置护筒（直径比桩径大 15％左右），护筒内的水位高出自然地下水位 2m 以上，以确保孔壁的任何部位均保持 0.02MPa 以上的静水压力，保护孔壁不坍塌。钻头钻进过程中，通过泵吸或喷射水流或送入压缩空气使钻杆内腔形成负压或柱产生压差，泥浆从钻杆与孔壁间的环状间隙中流入孔底，携带被钻挖下来的孔底岩土钻渣，由钻杆内腔返回地面泥浆沉淀池；与此同时，泥浆又返回孔内形成循环。这种方法成孔效率高，质量好，排渣能力较强，孔壁上形成的泥皮薄，是一种较好的成孔方法。

正循环钻孔施工法是由钻机回转装置带动钻杆和钻头回转切削破碎岩土，钻进时用泥浆扩壁、排渣。泥浆经钻杆内腔流向孔底，经钻头的出浆口射出，带动钻头切削下来的钻渣岩屑，经钻杆与孔壁间的环状空间上升到孔口溢进沉淀池中净化。相对反循环钻孔，该方法设备简单钻机小，适用较狭窄的场地，且工程费用低，但对桩径较大（一般大于1.0m）、桩孔较深及容易塌孔的地层，这种方法钻进效率低，排渣能力差，孔底沉渣多，孔壁泥皮厚，且岩土重复破碎现象严重。

旋挖成孔施工法又称钻斗钻成孔施工法，分为全套管钻进法和用稳定液保护孔壁的无套管钻进法，其中后一种方法目前应用较为广泛。成孔原理是在一个可闭合开启的钻斗底部及侧边镶焊切削刀具，在伸缩钻杆旋转驱动下，旋转切削挖掘土层，同时使切削挖掘下来的土渣进入钻斗，钻斗装满后提出孔外卸土，如此循环形成桩孔。旋挖法振动小，噪声低，钻进速度快，无泥浆循环，孔底沉渣少，孔壁泥皮薄，但在卵石层（粒径 10cm 以上）或黏性较大的黏土、淤泥土层中施工，则钻进效率低。

冲击成孔施工法是采用冲击式钻机或卷扬机带动一定重量的钻头，在一定的高度内使钻斗提升，然后突放使钻头自由降落，利用冲击动能冲挤土层或破碎岩层形成桩孔，再用掏渣筒或反循环抽渣方式将钻渣岩屑排除；每次冲击之后，冲击钻头在钢丝绳转向装置带动下转动一定的角度，从而使桩孔得到规则的圆形断面。该方法设备简单，机械故障少，动力消耗小，对有裂隙的坚硬岩土和大的卵砾石层破碎效果好，且成孔率较钻进法高；但钻进效率低（桩越长，效率越低），清孔较困难，易出现桩孔不圆、孔斜、卡钻等事故。

干作业螺旋钻孔灌注桩按成孔方法可分为长螺旋钻孔灌注桩和短螺旋钻孔灌注桩两种。这种桩成孔无需泥浆循环，施工时螺旋钻头在桩位处就地切削土层，被切土块钻屑通过带有螺旋叶片的钻杆不断从孔底输送到地表后形成桩孔。长螺旋钻孔是一次钻进成孔，成孔直径较小，孔深受桩架高度限制；短螺旋钻孔为正转钻进，提升后反转甩土，逐步钻进成孔，所以钻进效率低，但成孔直径和孔深均较大。两种施工方法都对环境影响小，施工速度快，且干作业成孔混凝土灌注质量有保证；但孔底或多或少留有虚土，影响桩的承载力，适用范围限制也较多。

近年来，长螺旋压灌工艺也得到了应用，这种工艺的要点是：在钻至桩底标高后，一边提钻一边通过高压混凝土输送泵将混凝土压入桩孔，只要钢筋笼不是很长或很柔时，通过加压、振动或下拽将钢筋笼沉入已灌注混凝土的桩孔中，成桩效率和质量均很高。

3. 人工挖孔灌注桩

人工挖孔灌注桩，是指在桩位采用人工挖掘，手摇轳辘或电动葫芦提土成孔，然后放置钢筋笼。灌注混凝土而成的桩型。为确保人身安全，挖孔过程中必须考虑防止土体场滑的支护措施，如采用现浇混凝土护壁、喷射混凝土护壁等，一般是每挖 1m 左右做一节护壁，护壁厚度一般取 10～15cm，混凝土强度等级应符合设计要求一般不低于 C15，有外齿式和内齿式两种，上下节护壁搭接长度宜为 50～75mm。挖孔桩桩径一般为 800～2000mm，桩长不宜超过 25m；当以强风化或中风化岩层作桩端持力层时，桩底还可做成扩大头，以充分发挥桩身混凝土强度，提高桩的承载能力；但挖孔桩施工人员劳动强度大，工作环境差，安全事故多，在地下水丰富的地区成孔困难甚至失败。

4. 预制钢筋混凝土桩

预制钢筋混凝土桩包括普通钢筋混凝土桩和预应力钢筋混凝土桩。按其外形可分为方桩、管桩、板桩和异型桩等。当前使用较为广泛的是预制方桩和预应力管桩。

预制方桩节间连接方法主要有三种：焊接法、螺栓连接法和硫磺胶泥接桩法；预应力管桩现在几乎全部采用端头板周围电焊连接。

预制钢筋混凝土桩底沉桩方法主要有锤击法、振动法、静压法及辅助沉桩法（如预钻孔辅助沉桩法、冲水辅助沉桩法等），其中锤击法和静压法是目前应用最多的沉桩方法。

锤击法是利用打桩锤下落时的瞬时冲击力冲击桩顶，使桩沉入土中的一种施工方法，主要设备有打桩锤和打桩架。打桩锤分为落锤、气动锤（压缩空气锤和蒸汽锤）、柴油锤（导杆式和筒式）和液压锤，其中以筒式柴油锤用得最多；打桩架主要有滚筒式、轨道式、步履式及履带式。施工时应注意锤重、锤垫和桩垫的选择以及收锤标准的确定，保证接头焊接质量。

静压法是以静力压装机自重和桩架上的配重作反力，以卷扬机滑轮组或电动油泵液压方式给桩施加荷载将桩压入土中的一种施工方法。目前我国应用较多的静力压桩机是液压静力压桩机，其最大压桩力可达 6800kN，即可压预制方桩，也可压预应力管桩。施压部位不在桩顶而在桩身侧面，即所谓的箍压式（抱压式）。施工时要注意压桩机及接桩方法的选择，终压控制条件可根据当地经验确定。

5. 钢桩

常用的钢桩是钢管桩和 H 形钢桩。

无论是钢管桩还是 H 形钢桩，锤击施工时均须注意以下几个问题：①要保证桩的垂直度，因桩身倾斜会影响桩的入土深度，锤击时扰动地基土，严重的会造成桩的局部变形，甚至焊缝开裂、桩身折断，所以保证桩的垂直度特别是第一节桩的垂直度对整个桩的施工质量有重要影响；②保证焊接时的对称焊接和焊接质量，以减少因不均匀收缩造成的上节桩倾斜；③控制好收锤标准和打入深度，将桩的最终入土深度和最后贯入度结合起来进行沉桩。

2.3.6　常用桩的常见质量问题

基桩质量检测是为了发现基桩质量问题，并为解决问题提供依据。只有熟悉桩基础常见质量事故及其原因，并了解常见质量事故的处理方法，才能有针对性地选用基桩检测方法，正确判定缺陷类型，合理评估缺陷程度，准确评定桩基工程质量。

桩基事故是指由于勘察、设计、施工和检测工作中存在的问题，或者桩基础工程完成后其他环境变异的原因，造成桩基础受损或破坏现象。

由桩基础事故的定义可看出桩基础事故的主要原因有：

（1）工程勘察质量问题。工程勘察报告提供的地质剖面图、钻孔柱状图、土的物理力学性质指标以及桩基建议设计参数不准确，尤其是土层划分错误、持力层选取错误、侧摩阻力和端阻力取值不当，均会给设计带来误导，产生严重后果。

（2）桩基础设计质量问题。主要有桩基础选型不当、设计参数选取不当等问题。不熟悉工程勘察资料，不了解施工工艺，凭主观臆断选择桩型，会导致桩基础施工困难，并产生不可避免的质量问题；参数指标选取错误，结果造成成桩质量达不到设计要求，造成很大的浪费。

（3）桩基础施工质量问题。施工质量问题一般是桩基础质量问题的直接原因和主要原因。桩基础施工质量事故原因很多，人员素质、材料质量、施工方法、施工工序、施工质量控制手段、施工质量检验方法等任一方面出现问题，都有可能导致施工质量事故。

（4）基桩检测问题。基桩检测理论不完善、检测人员素质差、检测方法选用不合适、检测工作不规范等，均有可能对基桩完整性普查、基桩承载力确定给出错误结论与评价。

（5）环境条件的影响。例如软土地区，一旦在桩基础施工完成后发生基坑开挖、地面大面积堆载、重型机械行进、相邻工程挤土桩施工等环境条件变化，均有可能造成严重的桩身质量问题，而且常常是大范围的基桩质量事故。

下面分析几种常用桩的质量问题。

1. 灌注桩质量通病

（1）钻（冲）孔灌注桩

成孔过程采用就地造浆或制备泥浆护壁，以防止孔壁坍塌。混凝土灌注采取带隔水栓的导管水下灌注混凝土工艺。灌注过程操作不当容易出现以下问题：

1）由于停电或其他原因浇灌混凝土不连续，间断一段时间后，隔水层混凝土凝固形成硬壳，后续的混凝土下不去，只好拔出导管，一旦导管下口离开混凝土面，泥浆就会进入管内形成断桩．如果采用加大管内混凝土压力的方法冲破隔水层，形成新隔水层，老隔水层的低质量混凝土残留在桩身中，形成桩身局部低质混凝土。

2）对于有泥浆护壁的钻（冲）孔灌注桩，桩底沉渣及孔壁泥皮过厚是导致承载力大幅降低的主要原因。

3）水下浇筑混凝土时，施工不当如导管下口离开混凝土面、混凝土浇筑不连续时，桩身会出现断桩的现象，而混凝土搅拌不均、水灰比过大或导管漏水均会产生混凝土离析。

4）当泥浆比重配置不当，地层松散或呈流塑状，导致孔壁不能直立而出现塌孔时，或承压水层对桩周混凝土有侵蚀时，桩身就会不同程度地出现扩径、缩颈或断桩现象。

5）桩径小于600mm的桩，由于导管和钢筋笼占据一定的空间，加上孔壁和钢筋的摩擦力作用，混凝土上升困难，容易堵管，形成断桩或钢筋笼上浮。

6）对于干作业钻孔灌注桩，桩底虚土过多是导致承载力下降的主要原因，而当地层稳定性差出现塌孔时，桩身也会出现夹泥或断桩现象。

7）导管连接处漏水将形成断桩。

（2）沉管灌注桩

沉管灌注桩具有设备简单，施工速度快等优点，但是这种桩质量不够稳定，容易出现质量问题，其主要问题有：

1）锤击和振动过程的振动力向周围土体扩散，靠近沉管周围的土体以垂直振动为主，一定距离外的土体以水平振动为主，再加上侧向挤土作用易把初凝固的邻桩振断。尤其在软、硬土层交界处最易发生缩颈和断桩。

2）拔管速度快是导致沉管桩出现缩颈、夹泥或断桩等质量问题的主要原因，特别是在饱和淤泥或流塑状淤泥质软土层中成桩时，控制好拔管速度尤为重要。

3）当桩间距过小时，邻桩施工易引起地表隆起和土体挤压，产生的振动力、上拔力和水平力会使初凝的桩被振断或拉断，成因挤压而缩颈。

4）在地层存在有承压水的砂层，砂层上又覆盖有透水性差的黏土层，孔中浇灌混凝土后，由于动水压力作用，沿桩身至桩顶出现冒水现象，凡冒水桩一般都形成断桩。

5）当预制桩尖强度不足，沉管过程中被击碎后塞入管内，当拔管至一定高度后下落。又被硬土层卡住未落到孔底，形成桩身下段无混凝土的吊脚桩。对采用活瓣桩尖的振动沉管桩，活瓣张开不灵活，混凝土下落不畅时，也会产生这种现象。

6）不是通长配筋的桩，钢筋笼埋设高度控制不准，常在破桩头时找不到钢筋笼，成为废桩。

（3）人工挖孔桩

人工挖孔桩出现的主要质量问题有：

1）混凝土浇筑时，施工方法不当将造成混凝土离析，如将混凝土从孔口直接倒入孔内或串筒口到混凝土面的距离过大（大于2.0m）等。

2）当桩孔内有水，未完全抽干就灌注混凝土，会造成桩底混凝土严重离析，进而影响桩的端阻力。

3）干浇法施工时，如果护壁漏水，将造成混凝土面积水过多，使混凝土胶结不良，强度降低。

4）地下水渗流严重的土层，易使护壁坍塌，土体失稳塌落。

5）在地下水丰富的地区，采用边挖边抽水的方法进行挖孔桩施工，致使地下水位下降，下沉土层对护壁产生负摩擦力作用，易使护壁产生环形裂缝；当护壁周围的土压力不均匀时，易产生弯矩和剪力作用，使护壁产生垂直裂缝；而护壁作为桩身的一部分，护壁质量差、裂缝和错位将影响桩身质量和侧阻力的发挥。

2. 预制桩质量通病

（1）钢桩

钢桩的常见质量问题有：

1）锤击应力过高时，易造成钢管桩局部破坏，引起桩身失稳。

2）H 形钢桩因桩本身的形状和受力差异，当桩入土较深而两翼缘间的土存在差异时，易发生朝土体弱的方向扭转。

3）焊接质量差，锤击次数过多或第一节桩不垂直时，桩身易断裂。

（2）混凝土预制桩

混凝土预制桩的常见质量问题有：

1）桩锤选用不合理，轻则桩难于打至设定标高，无法满足承载力要求，或锤击数过多，造成桩疲劳破坏；重则易击碎桩头，增加打桩破损率。

2）锤垫或桩垫过软时，锤击能量损失大，桩难于打至设定标高；过硬则锤击应力大。易击碎桩头，使沉桩无法进行。

3）锤击拉应力是引起桩身开裂的主要原因。混凝土桩能承受较大的压应力，但抵抗拉应力的能力差，当压力波反射为拉力波，产生的拉应力超过混凝土的抗拉强度时，一般会在桩身中上部出现环状裂缝。

4）焊接质量差或焊接后冷却时间不足，锤击时易造成在焊口处开裂。

5）桩锤、桩帽和桩身不能保持一条直线，造成锤击偏心，不仅使锤击能量损失大，桩无法沉入设定标高，而且会造成桩身开裂、折断。

6）桩间距过小，打桩引起的挤土效应使后打的桩难于打入或使地面隆起，导致桩上浮，影响桩的端承力。

7）在较厚的黏土、粉质黏土层中打桩，如果停歇时间过长，或在砂层中短时间停歇，土体固结、强度恢复后桩就不易打入，此时如硬打，将击碎桩头，使沉桩无法进行。

3. 环境变异引起桩基础主要质量事故

导致桩基础质量事故的环境因素很多，常见的有：

1）基坑开挖对工程桩造成的影响。例如，机械挖土时，挖机碰撞桩头，一般容易导致桩的浅部裂缝或断裂。在软土地区深基坑开挖时，基坑支护结构出现问题时，会使基坑附近的工程桩产生较大的水平位移，灌注桩桩身中上部会产生裂缝或发生断裂，薄壁预应力管桩桩身上部出现裂缝或断裂，厚壁预应力管桩与预制方桩在第一接桩处发生桩身倾斜；基坑降水产生的负摩阻力对桩身强度较差的桩产生局部拉裂缝。

2）相邻工程施工的影响。间距较近之处施工密集的挤土型桩时，如不采取防护措施，土体水平挤压可能造成桩身一处甚至多处断裂。

3）地面大面积堆载。会使桩身倾斜、桩中上部出现裂缝或断裂。

4）重型机械在刚施工完成的桩基础上行进，尤其是预制桩桩基础，对桩头水平向挤压造成桩头水平位移、桩身中上部裂缝或断。

2.4 地基处理

2.4.1 概述

在土木工程建设中，当天然地基不能满足建（构）筑物对地基的要求时，需对天然地基进行加固改良，形成人工地基，以满足建（构）筑物对地基的要求，保证其安全与正常使用。这种地基加固改良称为地基处理。地基处理主要可以提高地基土的承载力、降低地基土的压缩性、改善地基的透水特性、改善地基土的动力特性、改善特殊土不良地基特性。地基基础处理主要需解决稳定性、变形、渗透的问题。地基的稳定问题是指在建（构）筑物荷载（包括静、动荷载的各种组合）作用下，地基土体能否保持稳定。如果地基稳定性不能满足要求，地基在建（构）筑物荷载作用下会产生破坏，将影响建（构）筑物的安全与正常使用，严重的可能引起建（构）筑物的破坏。地基的稳定性，主要与地基土体的抗剪强度有关，也与基础形式、大小和埋深等影响因素有关；变形问题是指在建（构）筑物的荷载（包括静、动荷载的各种组合）作用下，地基土体产生的变形（包括沉降，或水平位移，或不均匀沉降）是否超过相应的允许值。若地基变形超过允许值，将会影响建（构）筑物的安全与正常使用，严重的可能引起建（构）筑物的破坏。地基变形主要与荷载大小和地基土体的变形特性有关，也与基础形式、基础尺寸大小等影响因素有关；渗透问题主要有两类：一类是蓄水构筑物地基渗流量是否超过其允许值。另一类是地基中水力比降是否超过其允许值。地基渗透问题主要与地基中水力坡降大小和土体的渗透性高低有关。

2.4.2 常见不良地基土及其特点

软弱土及不良地质主要包括：软黏土、填土、饱和松散砂土、有机质土、膨胀土、盐渍土、垃圾土、冻土、岩溶、土洞等。

1. 软土

软土是第四纪后期形成的经过滨海沉积、湖泊沉积、河滩沉积、沼泽沉积形成的沉积物。软土大部分处于饱和状态，其天然含水量大于液限，天然孔隙比大于 1.0。当天然孔隙比大于或等于 1.5 时，称为淤泥；当天然孔隙比大于或等于 1.0 而小于 1.5 时，称为淤泥质土。含有大量未分解的腐殖质，有机质含量大于 60％的土称为泥炭，有机质含量大于或等于 10％且小于或等于 60％的土为泥炭质土。软土的特点是天然含水量高，天然孔隙比大，抗剪强度低，压缩性高，渗透系数小。在荷载作用下，软土地基承载力低，地基沉降变形大，可能产生的不均匀沉降也大，而且沉降稳定历时比较长，一般需要几年，甚至几十年。

2. 填土

填土按照物质组成和堆填方式可以分为素填土、杂填土、冲填土和压实填土四类。素填土为碎石、砂或粉土、黏性土等一种或几种组成，其中不含杂质或含杂质较少；杂填土是人类活动形成的无规则堆积物，含有大量建筑垃圾、工业废料或生活垃圾等杂物。其成分复杂，性质也不相同，且无规律性；冲填土是由水力冲填泥砂形成；压实填土是按一定的标准控制材料的成分、密度、含水率，分层压实或夯实而成。

3. 软黏土

软黏土也称软土，是软弱黏性土的简称。它形成于第四纪晚期，属于海相、泻湖相、河谷相、湖沼相、溺谷相、三角洲相等的黏性沉积物或河流冲积物。多分布于沿海、河流中下游或湖泊附近地区。常见的软弱黏性土是淤泥和淤泥质土。软土的物理力学性质包括如下几个方面：

（1）物理性质

黏粒含量较多，塑性指数 I_p 一般大于 17，属黏性土。软黏土多呈深灰、暗绿色，有臭味，含有机质，含水量较高、一般大于 40%，而淤泥也有大于 80% 的情况。孔隙比一般为 1.0～2.0，其中孔隙比为 1.0～1.5 称为淤泥质黏土，孔隙比大于 1.5 时称为淤泥。由于其高黏粒含量、高含水量、大孔隙比，因而其力学性质也就呈现与之对应的特点——低强度、高压缩性、低渗透性、高灵敏度。

（2）力学性质

软黏土的强度极低，不排水强度通常仅为 5～30kPa，表现为承载力基本值很低，一般不超过 70kPa，有的甚至只有 20kPa。软黏土尤其是淤泥灵敏度较高，这也是区别于一般黏土的重要指标。软黏土的压缩性很大，压缩系数大于 0.5MPa^{-1}，最大可达 45MPa^{-1}，压缩指数约为 0.35～0.75。通常情况下，软黏土层属于正常固结土或微超固结土，但有些土层特别是新近沉积的土层有可能属于欠固结土。

渗透系数很小是软黏土的又一重要特点，一般在 10^{-8}～10^{-5}cm/s 之间，渗透系数小则固结速率就很慢，有效应力增长缓慢，从而沉降稳定慢，地基强度增长也十分缓慢。这一特点是严重制约地基处理方法和处理效果的重要方面。

（3）工程特性

软黏土地基承载力低，强度增长缓慢；加荷后易变形且不均匀；变形速率大且稳定时间长；具有渗透性小、触变性及流变性大的特点。常用的地基处理方法有预压法、置换法、搅拌法等。

4. 杂填土

杂填土主要出现在一些老的居民区和工矿区内，是人们的生活和生产活动所遗留或堆放的垃圾土。这些垃圾土一般分为三类：即建筑垃圾土、生活垃圾土和工业生产垃圾土。不同类型的垃圾土、不同时间堆放的垃圾土很难用统一的强度指标、压缩指标、渗透性指标加以描述。杂填土的主要特点是无规划堆积、成分复杂、性质各异、厚薄不均、规律性差。因而同一场地表现为压缩性和强度的明显差异，极易造成不均匀沉降，通常都需要进行地基处理。

5. 冲填土

冲填土是人为的用水力冲填方式而沉积的土。近年来多用于沿海滩涂开发及河漫滩造地。西北地区常见的水坠坝（也称冲填坝）即是冲填土堆筑的坝。冲填土形成的地基可视为天然地基的一种，它的工程性质主要取决于冲填土的性质。冲填土地基一般具有如下一些重要特点。

（1）颗粒沉积分选性明显，在入泥口附近，粗颗粒较先沉积，远离入泥口处，所沉积的颗粒变细；同时在深度方向上存在明显的层理。

（2）冲填土的含水量较高，一般大于液限，呈流动状态。停止冲填后，表面自然蒸发后常呈龟裂状，含水量明显降低，但下部冲填土当排水条件较差时仍呈流动状态，冲填土颗粒愈细，这种现象愈明显。

（3）冲填土地基早期强度很低，压缩性较高，这是因冲填土处于欠固结状态。冲填土地基随静置时间的增长逐渐达到正常固结状态。其工程性质取决于颗粒组成、均匀性、排水固结条件以及冲填后静置时间。

6. 饱和松散砂土

粉砂或细砂地基在静荷载作用下常具有较高的强度。但是当振动荷载（地震、机械振动等）作用时，饱和松散砂土地基则有可能产生液化或大量震陷变形，甚至丧失承载力。这是因为土颗粒松散排列并在外部动力作用下使颗粒的位置产生错位，以达到新的平衡，瞬间产生较高的超静孔隙水压力，有效应力迅速降低。对这种地基进行处理的目的就是使它变得较为密实，消除在动荷载作用下产生液化的可能性。常用的处理方法有挤出法、振冲法等。

7. 含有机质土和泥炭土

当土中含有不同的有机质时，将形成不同的有机质土，在有机质含量超过一定含量时就形成泥炭土，它具有不同的工程特性，有机质的含量越高，对土质的影响越大，主要表现为强度低、压缩性大，并且对不同工程材料的掺入有不同影响等，对直接工程建设或地基处理构成不利的影响。

8. 山区地基土

山区地基土的地质条件较为复杂，主要表现在地基的不均匀性和场地稳定性两个方面。由于自然环境和地基土的生成条件影响，场地中可能存在大孤石，场地环境也可能存在滑坡、泥石流、边坡崩塌等不良地质现象。它们会给建筑物造成直接的或潜在的威胁。在山区地基建造建筑物时要特别注意场地环境因素及不良地质现象，必要时对地基进行处理。

9. 岩溶和土洞

岩溶也称喀斯特，它是石灰岩、白云岩、泥灰岩、大理石、岩盐、石膏等可溶性岩层受水的化学和机械作用而形成的溶洞、溶沟、裂隙，以及由于溶洞的顶板塌落使地表产生陷穴、洼地等现象和作用的总称。土洞是岩溶地区上覆土层被地下水冲蚀或被地下水潜蚀所形成的洞穴。

如果地基遇不良地基土时，就需要对地基进行处理。从国外引进许多地基处理技术如高压喷射注浆法、振冲法、强夯法、深层搅拌法、强夯置换法等。随着土木工程在我国的发展，经过不断地工程实践，许多地基处理新技术、新方法、新工艺发展较快。这里主要介绍换土垫层法、压实法与夯实法、复合地基法、注浆法、微型桩法。

2.4.3 换填垫层法

当建筑物的地基土为软弱土或湿陷性土、膨胀土等不能满足上部结构对地基强度和变形的要求，而软土层的厚度又不是很大时（如不大于 3m），常采用垫层法处理（图 2-17），与其他地基处理方法相比，将强度高、压缩性低的岩土材料分层填筑。通过垫层将上部荷载扩散传至垫层下卧层地基中，起到提高地基承载力和减少沉降的作用，此法适用于浅层软弱土或不均匀土层地基。

换填夯实法又称开挖置换法、换土垫
层法，简称换土法、垫层法等。该法是将
基础下的软弱土、湿陷性土、膨胀土等的
一部分或全部挖去，然后换填密度大、强
度高、水稳性好的砂土、碎（卵）石土、
灰土、素土、矿渣以及其他性能稳定、无
侵蚀性的材料，并分层（振、压）实至要
求的密度。

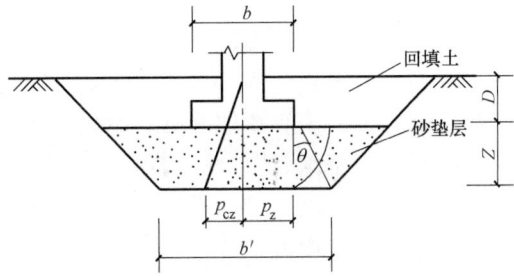

图 2-17　地基换填处理

换土垫层与原土相比，具有承载力高，刚度大，变形小的优点。砂石垫层还可以提高
地基排水固结速度，防止季节性冻土的冻胀，消除膨胀土地基的胀缩性及湿陷性土层的湿
陷性，还可用于暗滨和暗沟的建筑场地。另外，换土垫层还具有促使其下土层含水量的均
衡转移的功能，从而减小土层的差异。

在不同的工程中，垫层所起的作用也不同。一般房屋建筑基础下的砂垫层主要起换土
作用，而在路堤或土坝等工程中，砂垫层主要是起排水固结作用。换土垫层视工程具体情
况而定，软弱土层较薄时，常采用全部换填，若土层较厚时，可采用部分换填，并允许有
一定程度的沉降及变形。

换土垫层一般多用于上部荷载不大，基础埋深较浅的中、低层民用建筑的地基处理工
程中，一般开挖深度不超过 3m。近年来，一些重大的建（构）筑物，也开始用换土垫
层，开挖深度超过 3m 以上，甚至更深，一般限制在 5m 以内，同时注意边坡的防护。

垫层的设计与施工应根据上部建筑物的结构特点、荷载特性、基础形式及埋深、场地
土质、地下水条件和当地施工队伍的技术装备、施工经验、材料来源以及工程造价等技
术、经济分析论证后确定。

根据换填的材料不同，垫层可分为砂石（砂砾、碎卵石）垫层、土垫层（素土、灰
土、二灰土垫层）、粉煤灰垫层、矿渣垫层、加筋砂石垫层等。

2.4.4　压实法与夯实法

压实法适用于处理大面积填土；夯实地基分为强夯和强夯置换处理地基，强夯法适用
于碎石土、砂土、低饱和度的粉土和黏性土、湿陷性黄土、素填土、杂填土等地基，强夯
置换适用于高饱和度的粉土和软塑至流塑的黏性土地基。

强夯置换加固地基的原理是指用强夯法加固高饱和度黏性土及粉土时，在夯坑内不断
填加石块、碎石、或其他粗颗粒材料，强行夯入并挤压排开软土，在软土地基中形成大于
夯锤直径的碎石墩，这种碎石桩一方面有置换作用，使建筑物荷载向桩体集中；另一方面
是强夯加密作用，在对碎石强夯过程中，通过碎石向下的不断贯入，会使碎石桩下的土层
受到冲击能的影响，从而得到加密，另外碎石桩有向四周的侧向挤出的作用力，也使桩侧
的土层得到了加固；再一方面，碎石桩也起到了一个特大直径排水井的作用，强夯置换法
夯入软土中的碎石桩在夯实并挤密软土的同时也为饱和土中的孔隙水的排出提供了顺畅的
通道，使孔隙水顺利逸出，随着孔隙水压力的消散而提高土体强度，加速了软土在强夯过
程中和夯后的排水固结，提高桩间土的强度。

强夯置换法综合了强夯加固和复合地基的优点，且施工设备、工艺简单，适用范围广泛。此法不仅用于房建工程，也适合于化工类大型设备基础等工程，而且具有速度快、效果显著、节省投资、节约材料和加固效果好等优点，是一种比较理想的地基处理方式。

压实法与强夯法有相似之处，都是利用机械能由表及里的使软弱地基的土体更加紧实，从而提高地基承载力。区别在于压实法是利用机械自重或辅以振动产生的能量对地基土进行压实。夯实法是利用机械落锤产生的能量对地基进行夯击使其密实，提高土的强度和减小压缩量。采用人工夯、低能夯实机械、碾压或振动碾压机械对比较疏松的表层土进行压实，也可对分层填筑土进行压实。

压实法适用于浅层疏松的黏性土、松散砂性土、湿陷性黄土及杂填土等。由于压实法的工作能量较强夯法弱，难以传递至深层土体，只能对浅层土体加强，或采用分层回填、边填边压的方法控制压实质量，故压实地基一般用于处理大面积填土地基。事实上，这种处理方法在道路路基施工中应用更加广泛。

压实回填地基的填筑厚度较大时，除分层控制压实质量外，应考虑地基变形存在的累积效应，即计算地基变形时应计入上部填土荷载引起的下卧层变形。

对大面积开挖和填土施工，可能对周围土体和已有建筑产生影响。除应验算并采取有效措施确保大面积填土自身稳定性、填土下原地基的稳定性、承载力和变形满足设计要求，还应评估对邻近建筑物及重要市政设施、地下管线等的变形和稳定的影响，施工过程中，应对大面积填土和邻近建筑物、重要市政设施、地下管线等进行变形监测。另外压实地基的承载力评价还应注意其湿陷性的影响，应进行浸水载荷试验评价。

压实填土处理地基的压实系数应符合《建筑地基处理技术规范》JGJ 79—2012 中的相关规定，如表 2-5 所示。

压实填土质量控制 表 2-5

结构类型	填土部位	压实系数	控制含水量（%）
砌体承重结构和框架结构	在地基所受力层范围以内	≥0.97	
	在地基所受力层范围以下	≥0.95	$w_{op} \pm 2$
排架结构	在地基所受力层范围以内	≥0.96	
	在地基所受力层范围以下	≥0.94	

2.4.5 复合地基法

复合地基是天然地基在地基处理过程中，部分土体得到增强，或被置换，或在天然地基中设置加筋体，由天然地基土体和增强体两部分组成共同承担荷载的人工地基，其适用范围较广。根据地基中增强体的方向可分为竖向增强体复合地基和水平向增强体复合地基两类，竖向增强体复合地基又称为桩体复合地基。根据增强体性质又可分为散体材料桩复合地基、柔性桩复合地基和刚性桩复合地基。复合地基法处理地基的方法包括振冲碎石桩法和沉管砂石桩法、水泥土搅拌桩法、旋喷桩法、灰土挤密桩法和土挤密桩法、夯实水泥土桩法、水泥粉煤灰碎石桩法、柱锤冲扩桩法、多桩型复合地基法。这里主要介绍振冲碎石桩法和沉管砂石桩法、水泥粉煤灰碎石桩法、多桩型复合地基法。

1. 振冲碎石桩法和沉管砂石桩法

振冲法的原理，简单说来是一方面依靠振冲器的强力振动使饱和砂层发生液化，砂颗粒重新排列，孔隙减少，另一方面依靠振冲器的水平振动力，在加回填料情况下还通过填料使砂层挤压加密。在振冲器的重复水平振动和侧向挤压作用下，砂土的结构逐渐破坏，孔隙水压力迅速增大。由于结构破坏，土粒有可能向低势能位置转移，这样土体由松变密。可是当孔隙水压力达到大主应力数值时，土体开始变为流体。土在流体状态时，土颗粒不时连接，这种连接又不时被破坏，因此土体变密的可能性将大大减少。

沉管砂石桩法可分为管内投料重锤夯实法、管内投料振动密实法、先拔管后投料复打密实法。

振冲碎石桩和沉管碎石桩法适用于挤密处理松散砂土、粉土粉质砂土、素填土、杂填土等地基，以及用于处理可液化地基。饱和黏性土地基，如对变形控制不严格，可采用碎石桩置换处理。

2. 水泥粉煤灰碎石桩法

水泥粉煤灰碎石桩法由水泥、粉煤灰、碎石、石屑或砂等混合料加水拌合形成高黏结强度桩，并由桩、桩间土和褥垫层一起组成复合地基的地基处理方法，也成为 CFG 桩法。CFG 桩法属于刚性桩复合地基，具有承载力提高幅度大，地基变形小等优点。主要适用于黏性土、粉土、砂土、自重固结已经完成的素填土地基。对于淤泥质土，应按地区经验或通过现场试验确定其适用性。

3. 多桩型复合地基法

多桩复合地基是指由两种或两种以上桩型的桩组成的地基，该地基加固区是由基体（天然地基土体或被改良的天然地基土体）和增强体两部分组成的人工地基。在荷载作用下，基体和增强体共同承担荷载。根据地基中增强体方向又可分为水平向增强体复合地基和竖向增强体复合地基（桩体复合地基）。复合地基通常由桩（增强体）、桩间土（基体）和褥垫层组成（图 2-18）。多桩复合地基适用于处理不同深度存在相对硬层的正常固结土，或浅层存在欠固结土、湿陷性黄土、可液化土等特殊土，以及地基承载力和变形要求较高的地基。

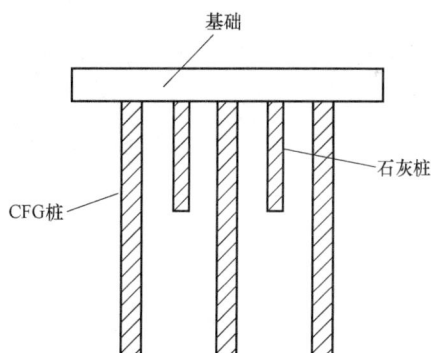

图 2-18　复合地基示意图

2.4.6　注浆法

注浆处理是采用液压或气压方式，通过注浆管把某些可凝固的浆液（如水泥浆、水玻璃溶液等）均匀注入土层，赶走原土层中水分或空气，并使土层变形，浆液将原土层松散颗粒和裂隙胶结形成强度高、抗渗性能好、稳定性高的新结构体，提高原土层承载力和压缩模量，起到地基加固作用。选择适当的注浆材料和工艺，还能够提高土体的防水抗渗性能。

注浆处理在建筑工程地基施工中多用于局部加固处理。这种处理方法还广泛应用于填海工程、隧道加固、护坡、水利等工程。按注浆工程的地质条件、浆液扩散能力及渗透能力，以及浆液在地层中的流动形态和分布状况，注浆方法分为充填注浆法、渗透注浆法、压密注浆法、劈裂注浆法、高压喷射注浆法、电动化学注浆法等几类。

2.4.7　微型桩法

微型桩加固适用于既有建筑地基加固或新建建筑的地基处理。按桩型和施工工艺，可分为树根桩、预制桩、注浆钢管桩。树根桩适用于淤泥、淤泥质土、黏性土、粉土、砂土、碎石土及人工填土等地基处理。预制桩适用于淤泥、淤泥质土、黏性土、粉土、砂土、碎石土及人工填土等地基处理。注浆钢管桩适用于淤泥质土、黏性土、粉土、砂土及人工填土等地基处理。

第 3 章 地基及复合地基承载力检测

3.1 基 本 规 定

建筑地基工程一般按勘察、设计、施工、验收 4 个阶段进行，地基承载力检测工作大多数情况下分别放在设计和验收两个阶段，即施工前和施工后。对于施工前为设计提供依据的检测属于基本试验，应在设计前进行；对于施工后的验收检测，包括施工阶段的质量检验以及竣工后的地基验收检测。

3.1.1 一般规定

1. 检测试验点的抽检比例

（1）工程验收检验的抽检数量应按单位工程计算。

（2）单位工程采用不同地基基础类型或不同地基处理方法时，应分别确定检测方法的抽检数量。

（3）换填垫层处理的地基竣工验收应采用静载试验检验垫层承载力，且每个工程不宜少于 3 个点；对于大型工程应按单体工程的数量或工程划分的面积确定检验点数。

（4）强夯地基承载力检验数量，对简单场地上的一般建筑物，每个建筑地基的载荷试验检验点不应少于 3 点；对复杂场地或重要建筑地基应增加检验点数。强夯置换地基单墩载荷试验数量不应少于墩点数的 1%，且不应少于 3 点。

（5）复合地基承载力的验收检验应采用复合地基静载荷试验，对有粘结强度的复合地基增强体尚应进行单桩静载荷试验。采用碎石桩法处理的复合地基竣工验收时，地基承载力检验应采用复合地基静载荷试验，试桩数量不应少于总桩数的 1%，且每个单体建筑不应少于 3 点。采用水泥粉煤灰碎石桩法处理的复合地基竣工验收时，应采用复合地基静载荷试验和单桩静载荷试验，试验数量不应少于总桩数的 1%，且每个单体工程复合地基静载荷试验检验数量不应少于 3 点。

（6）注浆加固后的地基承载力应进行静载荷试验检验，每个单体建筑的检验数量不得少于 3 点。

（7）微型桩的竖向承载力检验应采用静载荷试验，检验桩数不得少于总桩数的 1%，不得少于 3 根。

2. 检测人员和仪器设备的要求

检测用计量器具必须在计量检定或校准周期的有效期内。仪器设备性能应符合相应检测方法的技术要求。仪器设备使用时应按校准结果设置相关参数。检测前应对仪器设备检查调试，检测过程中应加强仪器设备检查，按要求在检测前和检测过程中对仪器进行率定。

当现场操作环境不符合仪器设备使用要求时，应采取有效的措施，保证环境条件满足仪器设备正常工作。

检测机构应具备计量认证，检测人员应经培训方可上岗。

3.1.2 检测方法

地基及复合地基承载力检测检测方法有土（岩）地基载荷试验、复合地基载荷试验、竖向增强体载荷试验、圆锥动力触探试验等（表3-1）。

建筑地基承载力检测方法及适用范围 表3-1

检测方法 地基类型		土(岩)地基 载荷试验	复合地基 载荷试验	竖向增强 体载荷试验	标准贯入 试验	圆锥动力 触探试验	静力触 探试验	十字板剪 切试验	扁铲侧 胀试验
天然土地基		○	×	×	○	○	○	△	○
天然岩石地基		○	×	×	×	×	×	×	×
换填垫层		○	×	×	○	○	△	×	△
预压地基		○	×	×	△	△	○	○	○
压实地基		○	×	×	○	○	○	△	○
夯实地基		○	×	×	○	○	△	△	○
挤密地基		○	△	△	△	○	△	×	△
复合地基	砂石桩	×	○	×	△	○	△	△	△
	水泥搅拌桩	×	○	○	△	△	×	×	×
	旋喷桩	×	○	○	△	△	×	×	×
	灰土桩	×	○	○	△	○	△	×	×
	夯实水泥土桩	×	○	○	×	△	×	×	×
	水泥粉煤灰碎石桩	×	○	○	×	×	×	×	×
	柱锤冲扩桩	×	○	○	×	×	×	×	×
	多桩型	×	○	○	×	×	×	×	×
注浆加固地基		△	△	×	△	△	△	△	×
微型桩		×	○	○	×	×	×	×	×

表中符号○表示比较适合，△表示有可能采用，×表示不适用。

各种检测方法均有其适用范围和局限性，在选择检测方法时，不仅应考虑其适用范围，而且还应考虑其实际实施的可能性。

采用标准贯入试验、静力触探试验、圆锥动力触探试验的方法判定地基承载力和变形参数时，应结合地区经验以及单位工程载荷试验对比结果进行。

1. 人工地基承载力检测方法

（1）水泥土搅拌桩、砂石桩、旋喷桩、夯实水泥土桩、水泥粉煤灰碎石桩、混凝土桩、树根桩、灰土桩、柱锤冲扩桩等方法处理后的地基按复合地基进行检测。

（2）换填、预压、压实、挤密、强夯、注浆等方法处理后的地基按土（岩）地基进行检测。

（3）有粘结强度的增强体按增强体竖向静载试验进行检测。

（4）强夯置换墩，应根据不同的加固情况，选择单墩静载荷试验或单墩复合地基静载荷试验。

2. 人工地基承载力检测时间的要求

人工地基检测应在竖向增强体满足龄期要求及周围土体达到休止稳定后进行，周围土体间隔时间，对于砂土地基，不宜少于 7d，对于粉土地基不宜少于 14d，对于黏性土地基不宜少于 28d。对有粘结强度增强体的复合地基承载力检测宜在施工结束 28d 后进行。当设计另有龄期要求时，应满足设计要求。

3. 验收检测试验点的确定

（1）同地基基础类型随机均匀分布。

（2）局部岩土特性复杂可能影响施工质量的部位。

（3）施工出现异常情况或对质量有异议的部位。

（4）设计认为重要部位。

（5）当采取两种或两种以上检测方法时，应根据前一种方法的检测结果确定后一种方法的抽检位置。

3.1.3　检测报告

检测报告应用词规范、结论准确，检测报告的内容应包括以下几个方面：

（1）报告编号，委托单位，工程名称、地点，建设、勘察、设计、监理和施工单位，地基及基础类型，设计要求，检测目的，检测依据，检测数量，检测日期；

（2）主要岩土层结构及其物理力学指标资料；

（3）检测点的编号、位置和相关施工记录；

（4）检测点的标高、场地标高、地基设计标高；

（5）检测方法，检测仪器设备，检测过程叙述；

（6）检测数据，实测与计算分析曲线、表格和汇总结果；

（7）与检测内容相应的检测结论；

（8）相关图件和试验报告。

3.2　土（岩）地基载荷试验

3.2.1　一般规定

1. 适用范围

土（岩）地基载荷试验适用于检测天然土（岩）地基及采用换填、预压、压实、挤密、强夯、注浆等方法处理后的人工地基的承压板下应力主要影响范围内的承载力和变形参数。

2. 试验类型

土（岩）地基载荷试验分为浅层平板载荷试验、深层平板载荷试验、岩基载荷试验和处理后地基载荷试验。浅层平板载荷试验适用于确定浅层地基土、破碎、极破碎岩石地基的承载力和变形参数；深层平板载荷试验适用于确定深层地基土和大直径桩的桩端土的承载力和变形参数，深层平板载荷试验的试验深度不应小于 5m；岩基载荷试验适用于完整、较完整、较破碎岩石地基的承载力和变形参数；处理后地基荷载试验适用于确定换填层、预压地基、压实地基、夯实地基和注浆加固处理等处理后地基承压板应力主要影响范围内土层的承载力和变形参数。

3. 试验最大加载量要求

工程验收检测的地基土载荷试验最大加载量不应小于设计承载力特征值的 2 倍；工程验收检测的岩基载荷试验最大加载量不应小于设计承载力特征值的 3 倍；为设计提供依据的载荷试验应加载至破坏。

4. 加载方法

地基载荷试验的加载方式可分为慢速维持荷载法和快速维持荷载法，提供变形模量或为设计提供依据的载荷试验应采用慢速维持荷载法。

3.2.2 试验仪器设备及其安装

平板载荷试验测试设备大体上由以下 4 个部分组成：承压板、加荷系统、反力系统和观测系统组成。

1. 承压板

（1）承压板的作用：将荷载均匀传递给地基土，客观反映上部结构荷载。

（2）承压板的材质：承压板可用钢板、钢筋混凝土、素混凝土、铸铁板等制成，要求承压板具有足够的刚度、板底平整光滑、板的尺寸和传力重心准确、搬运和安装方便，在长期使用过程中不出现影响使用的变形。

（3）承压板的形状：承压板可加工成矩形、方形、条形和圆形等多种形状。其中以圆形、方形受力条件较好，使用最多。

（4）承压板的尺寸：承压板尺寸的大小对评定地基土承载力有一定的影响。我国的大部分勘察规范规定浅层平板载荷试验承压板尺寸以 $0.25 \sim 0.50 \text{m}^2$ 为宜。实际工程中可根据地基土具体情况综合考虑决定。一般情况下，可参照下面的经验值选取：对于碎石类土，承压板直径（宽度）应为最大碎、卵石直径的 $10 \sim 20$ 倍；对于细颗粒土，承压板面积宜为 $0.10 \sim 0.50 \text{m}^2$；换填垫层和压实地基承压板面积不应小于 1.0m^2；强夯地基承压板面积不应小于 2.0m^2；深层平板载荷试验的承压板直径不应小于 0.8m；岩基载荷试验的承压板直径不应小于 0.3m。

2. 加荷系统

（1）加压系统的组成

由千斤顶、油泵、压力表、压力传感器、高压油管、逆止阀、油路分支器等组成。

（2）千斤顶的选用

根据试验所需最大加载量来选择千斤顶型号，且应遵循"二八原则"。现场使用过程中，千斤顶的使用应该注意以下内容：在安放主梁之前放置千斤顶；千斤顶应放置在主梁的正下方、桩或地基的正上方；不能使千斤顶在试验开始之前受力压实试验对象，也不宜与主梁的距离过大。

当采用两台及两台以上千斤顶加载时共同工作，且应符合下列规定：采用的千斤顶型号、规格应相同；千斤顶的合力中心应与受检桩的轴线重合；千斤顶应并联同步工作。

（3）油泵的选用

油泵的出油量：出油量决定油泵的转动过程中的出油的多少，在大吨位和小吨位的试验时，应该分别选取合适的油泵进行试验。

油泵的油箱：油箱的大小同样也是现场的一个关键点，大吨位和小吨位的试验时，选取合适的油箱的油泵也是现场必须遇到的，大的油泵在搬运方面比较麻烦；小的油泵在现场须有频繁的加油。（注：油泵不能在无油状态下空转使用。）

进行自动加卸载试验选双油路油泵。

3. 反力系统

载荷试验常用的反力系统有堆重平台反力装置、地锚反力装置、锚桩反力梁反力装置和撑壁式反力装置 4 种。当载荷试验深度较大时，反力系统可采用撑壁式，但要求坑壁高度大于 1.5m，坑壁稳定，传力重心与承压板中心重合。锚固式反力系统中，地锚个数应确保有足够的抗拔力，以免试验中间被拔起，反力梁亦应有足够的刚度。综合国内的实验装置，常用加荷装置见表 3-2。

4. 观测系统

测定地基土沉降和承压板周围地面变形的观测系统由观测支架和测量仪表两部分组成。前者用来固定量测仪表，由小钢钎、角铁、联系支架等组成；后者是用以量测沉降的百分表或其他仪表。

常用加荷装置

表 3-2

类别	序号	名称	示意图	主要特点	适用范围
重物加荷	1	荷载台重加荷		结构简单,加工容易,可保持荷载静、稳、恒,但堆载有限易倾斜欠安全	适用于试验荷载在 50～100kN 且要求重物几何形状规则
液压加荷装置	2	墩式荷载台		重物提供反力,具有较大的反力条件,安全、可靠	适用于具有砌制垛台及吊装重物的条件,垛基距试坑边应大于 1.2m
	3	伞形构架式		结构简单,装拆容易,对中灵活,下锚费力,且反力大小取决于土层性质	适用于能下锚的场地及土层条件,地锚距试坑边应大于 0.8m
	4	桁架式		反力梁能根据试验需要配备,荷载易保持竖向,安全	适用于采用地锚(或锚桩)的场地,地锚试坑地应大于 1m
	5	K 形反力构架式		反力装置重心低,稳定性能较好,但开挖成型较困难,且受土质条件约束	适用于地下水位以上的坚实土层条件

续表

类别	序号	名称	示意图	主要特点	适用范围
液压加荷装置	6	坑壁斜撑式		设备简单，反力受坑壁土质强度控制	适用于试验深度大于2m，地下水位以上，硬塑或坚硬的土层
	7	硐室支撑法		装置简单，反力大小取决于硐顶土层性质	适用于黄土等稳定性好，地下水位低，硐顶土层性质良好的条件

3.2.3 试验方法

1. 准备工作

根据试验内容和目的，在试验进场前应进行充分的准备，以确保试验准确无误地进行。试验准备工作主要包括：

（1）试验设备的保养：钢梁、千斤顶、垫块等设备需定期进行除锈、上油、维修，静载测试仪的主机和配件需进行清理、充电等。

（2）仪器设备的标定：千斤顶、油压表、压力传感器、位移传感器等需定期送计量局等专业部门进行标定。

（3）编写试验方案：通过编写试验方案，了解工程概况，明确试验目的。

（4）设备选定：按照试验方案，确定试验的承压板的尺寸、加荷、反力量测系统及观测系统。

2. 试验点的选择

（1）应根据拟建场地的工程地质条件，选择岩土特性具有代表性的区域进行试验。

（2）在进行超大吨位基桩承载力试验时，由于试验荷载大，测试设备笨重，试验点需进行平场，且具备吊车通行的条件。

（3）拟选试验点应同时有两项电和三相电到达。

3. 试验设备的安装

试验设备安装时应遵循先下后上、先中心后两侧的原则，即首先安放承压板，然后放置千斤顶于其上，再安装反力系统，最后安装观测系统。

设备安装过程应注意：（1）对试验面，应尽量使其平整，避免扰动，并保证承压板与土之间有良好接触；（2）确保反力系统、加荷系统和承压板的传力重心在一条垂线上，各部件连接应牢固，但不应使地基受到预压；（3）安装观测系统打入土中的基准桩应离压板边缘一倍板直径；（4）在压板上四角各装置一个百分表测定地基土沉降。四块百分表应对称安装。

当加载反力装置为压重平台反力装置时，承压板、压重平台支墩边和基准桩之间的中心距离应符合表 3-3 的规定。

承压板、压重平台支墩边和基准桩之间的中心距离　　　　　　　　表 3-3

承压板与基准桩	承压板与压重平台支墩	基准桩与压重平台支墩
$>b$ 且>2.0m	$>b$ 且$>B$ 且>2.0m	$>1.5B$ 且>2.0m

注：1. b 为承压板边宽或直径；B 为支墩宽度；

　　2. 对大型平板载荷试验，当基准梁长度达到 12m 或以上，但其基准桩与承压板、压重平台支墩的距离仍不能满足上述要求时，应对基准桩变形进行监测。监测基准桩的变形测量仪表的分辨力宜达到 0.1mm。

深层平板载荷试验应采用合适的传力柱和位移传递装置。传力柱应有足够的刚度，传力柱宜高出地面 50cm 左右；传力柱宜与承压板连接成为整体，传力柱的顶部可采用钢筋等斜拉杆固定。位移传递装置宜采用钢管或塑料管做位移测量杆，位移测量杆的底端应与承压板固定连接，位移测量杆应每间隔一定距离与传力柱滑动相连，位移测量杆的顶部宜高出孔口地面 20cm 左右。

3.2.4　现场检测试验要点

1. 预压

正式试验前宜进行预压。预压荷载宜为最大加载量的 5%，预压时间为 5min。预压后卸载至零，测读位移测量仪表的初始读数或重新调整零位。

2. 试验加卸载分级

（1）地基土载荷试验的分级荷载宜为最大试验荷载的 $1/12 \sim 1/8$，岩基载荷试验的分级荷载宜为最大试验荷载的 $1/15$。

（2）加载应分级进行，采用逐级等量加载，其中第一级可取分级荷载的 2 倍。

（3）卸载应分级进行，每级卸载量为分级荷载的 2 倍，逐级等量卸载；当加载等级为奇数级时，第一级卸载量宜取分级荷载的 3 倍。

（4）加、卸载时应使荷载传递均匀、连续、无冲击，每级荷载在维持过程中的变化幅度不得超过该级增减量的 ±10%。

3. 慢速维持荷载法平板载荷试验步骤

（1）每级荷载施加后按第 10min、20min、30min、45min、60min 测读承压板的沉降量，以后为每隔半小时测读一次；

（2）承压板沉降相对稳定标准：在连续两小时内，每小时沉降量小于 0.1mm；

（3）当承压板沉降速率达到相对稳定标准时，再施加下一级荷载；

（4）卸载时，每级荷载维持 1h，按第 10min、30min、60min 测读承压板沉降量；卸载至零后，应测读承压板残余沉降量，维持时间为 3h。测读时间为第 10min、30min、60min、120min、180min。

4. 岩基载荷试验步骤

（1）每级加荷后立即测读承压板的沉降量，以后每隔 10min 测读一次；

（2）承压板沉降相对稳定标准：每 0.5h 内的沉降量不超过 0.03mm，并在四次读数中连续出现两次；

（3）当承压板沉降速率达到相对稳定标准时，再施加下一级荷载；

（4）每级卸载后，隔 10min 测读一次，测读三次后可卸下一级荷载。全部卸载后，当测读 0.5h 回弹量小于 0.01mm 时，即认为稳定，终止试验。

5. 终止加载标准

（1）当浅层载荷试验承压板周边的土出现明显侧向挤出，周边土体出现明显隆起；岩基载荷试验的荷载无法保持稳定且逐渐下降；

（2）本级荷载的沉降量大于前级荷载沉降量的 5 倍，荷载与沉降曲线出现明显陡降；

（3）在某一级荷载下，24 小时内沉降速率不能达到相对稳定标准；

（4）浅层平板载荷试验的累计沉降量已大于等于承压板宽度或直径的 6% 或累计沉降量大于等于 150mm；深层平板载荷试验的累计沉降量与承压板径之比大于等于 0.04；

（5）加载至要求的最大试验荷载且承压板沉降达到相对稳定标准。

3.2.5 检测数据分析与判定

1. 数据分析

绘制压力-沉降（p-s）、沉降-时间对数（s-lg$t$）曲线，必要时可绘制其他辅助分析曲线。

2. 地基承载力的判定

地基变形破坏分为 3 个阶段：弹性变形阶段、塑性变形阶段、破坏阶段。弹性变形阶段呈直线或近似直线段，第一拐点明显，主要是土体的压密沉降，承压板周围土体没有变形；塑性变形阶段 p-s 曲线由直线段变为曲线段，再趋向陡降，地基土体因塑性变形挤出侧胀，承压板周围土体微隆起，产生放射状剪切裂纹；破坏阶段 p-s 曲线明显变陡，有第二拐点，承压板周围地面出现环状裂纹，出现冲剪切破坏特征。常见的 p-s 曲线有直线型、陡降型和直线型 3 种。

（1）土（岩）地基极限荷载的确定

1）破坏荷载的前一级荷载值。

2）沉降量达到相对稳定标准的最大试验荷载。

（2）单个试验点的地基承载力特征值的确定

1）当 p-s 曲线上有比例界限时，取该比例界限所对应的荷载值；

2）对于浅层、深层平板载荷试验：当极限荷载小于对应比例界限的荷载值的 2 倍时，取极限荷载值的一半；对于岩基载荷试验：当极限荷载小于对应比例界限的荷载值的 3 倍时，取极限荷载值的 1/3；

3）当加载至最大加载量是沉降量达到稳定标准，浅层、深层平板载荷试验取最大试验荷载的一半所对应的荷载值，岩基载荷试验取最大试验荷载的 1/3；

4）当地基承载力特征值需要按地基变形取值时，对于浅层、深层平板载荷试验：可按表 3-4 对应的地基变形取值，但所取的承载力特征值应不大于最大试验荷载的一半。

（3）单位工程的地基承载力特征值的确定

1）同一土层参加统计的试验点应不少于三点，当试验实测值的极差不超过其平均值的 30% 时，取此平均值作为该土层的地基承载力特征值 f_{ak}；

2）当极差超过平均值的 30% 时，首先应分析原因，结合工程实际综合分析判别。必要时可增加试验点数量。

按相对变形值确定天然地基及人工地基承载力特征值　　表 3-4

地基类型	地基土性质（地基土类型）	特征值对应的相对变形值(s/b)
天然地基 人工地基	高压缩性土（饱和软黏土）	0.015
	中压缩性土（黏性土、粉土）	0.012
	低压缩性土（黏性土、粉土）和砂性土（卵石、圆砾、中粗砂）	0.010

注：1. s 为与承载力特征值对应的承压板的沉降量；b 为承压板的宽度或直径，当 b 大于 2m 时，按 2m 计算。
　　2. 当地基土性质不确定时，相对变形值按 0.010 取值。

3. 地基变形模量的计算

（1）浅层平板试验的天然地基、人工地基的变形模量可按下式计算：

$$E_0 = I_0(1-\mu^2)\frac{pb}{s}$$

式中　E_0——变形模量（MPa）；

I_0——刚性承压板的形状系数，圆形承压板取 0.785，方形承压板取 0.886；

μ——土的泊松比，碎石土取 0.27，砂土取 0.30，粉土取 0.35，粉质黏土取 0.38，黏土取 0.42，或根据试验确定；

b——承压板直径或边宽（m）；

p——$p\text{-}s$ 曲线线性段的压力值或承载力特征值（kPa）；

s——与 p 对应的沉降（mm）。

（2）深层平板试验的天然地基、人工地基的变形模量按下式计算：

$$E_0 = \omega\frac{pd}{s}$$

式中　E_0——变形模量（MPa）；

ω——变形模量计算系数；

d——承压板直径（m）；

p——$p\text{-}s$ 曲线线性段的压力或承载力特征值（kPa）；

s——与 p 对应的沉降（mm）。

（3）与试验深度和土类有关的系数 ω 可按下列规定确定：

1）可根据泊松比试验结果，按下列公式计算：

$$\overline{\omega} = I_0 I_1 I_2 (1-\mu^2)$$

$$I_1 = 0.5 + 0.23\frac{d}{z}$$

$$I_2 = 1 + 2\mu^2 + 2\mu^4$$

2）可按表 3-5 选用：

深层平板载荷试验变形模量计算系数 ω　　表 3-5

土类 d/z	碎石土	砂土	粉土	粉质黏土	黏土
0.30	0.477	0.489	0.491	0.515	0.524
0.25	0.469	0.480	0.482	0.506	0.514
0.20	0.460	0.471	0.474	0.497	0.505
0.15	0.444	0.454	0.457	0.479	0.487

土类 d/z	碎石土	砂土	粉土	粉质黏土	黏土
0.10	0.435	0.446	0.448	0.470	0.478
0.05	0.427	0.437	0.439	0.461	0.468
0.01	0.418	0.429	0.431	0.452	0.459

注：Z 为试验深度。

3.3 复合地基载荷试验

3.3.1 一般规定

1. 适用范围

复合地基载荷试验适用于水泥土搅拌桩、砂石桩、旋喷桩、夯实水泥土桩、水泥粉煤灰碎石桩、混凝土桩、树根桩、灰土桩、柱锤冲扩桩及强夯置换墩等竖向增强体和周边地基土组成的复合地基的单桩和多桩复合地基载荷试验，用于测定承压板下应力主要影响范围内的复合土层的承载力特征值。当存在多层软弱地基时，应考虑到载荷板应力影响范围，选择大承压板多桩复合地基试验并结合其他检测方法进行。

2. 试验基本要求

复合地基载荷试验承压板底面标高应与设计要求标高相一致。

3. 试验最大加载量要求

工程验收检测载荷试验最大加载量应不小于设计承载力特征值的 2 倍；为设计提供依据的载荷试验应加载至复合地基破坏。

4. 加载方法

复合地基载荷试验的加载方式宜采用慢速维持荷载法。

3.3.2 试验仪器设备及其安装

复合地基载荷试验测试设备大体上由以下四个部分组成：承压板、加荷系统、反力系统和观测系统组成。

单桩复合地基载荷试验的承压板可用圆形或方形，面积为一根桩承担的处理面积；多桩复合地基载荷试验的承压板可用方形或矩形，其尺寸按实际桩数所承担的处理面积确定，宜采用预制或现场制作并应具有足够刚度。增强体的中心（或形心）应与承压板中心保持一致，并与荷载作用点相重合，承压板底面下宜铺设粗砂或中砂垫层，垫层厚度取100～150mm，桩身强度高时取大值。

加载反力装置宜选择压重平台反力装置，加压系统、观测系统等其他要求与土质地基载荷试验的相关要求一致。

试验前应采取试坑内的防水和排水措施，防止试验过程中场地地基土含水量的变化或地基土的扰动，影响试验效果。试验标高低于地下水位，应将地下水位降至试验标高以下，待试验设备安装完毕后，恢复水位后或在（局部）浸水状态下方可进行试验。

3.3.3　现场检测试验要点

1. 预压

正式试验前宜进行预压。预压荷载宜为最大加载量的 5%，预压时间为 5min。预压后卸载至零，测读位移测量仪表的初始读数或重新调整零位。

2. 试验加卸载分级

（1）加载应分级进行，采用逐级等量加载；分级荷载宜为最大加载量或预估极限承载力的 1/12～1/8，其中第一级可取分级荷载的 2 倍；

（2）卸载应分级进行，每级卸载量为分级荷载的 2 倍，逐级等量卸载；

（3）加、卸载时应使荷载传递均匀、连续、无冲击，每级荷载在维持过程中的变化幅度不得超过该级增减量的 ±10%。

3. 慢速维持荷载法试验步骤

（1）每加一级荷载前后均应各测读承压板沉降量一次，以后每隔 0.5h 测读一次；

（2）当 1h 内的沉降量小于 0.1mm，即可加下一级荷载；

（3）卸载时，每级荷载维持 1h，应按第 30min、60min 测度承压板沉降量；卸载至零后，应测度承压板残余沉降量，维持 3h，测度时间应为第 30min、60min、180min。

4. 终止加载标准

（1）沉降急剧增大，土被挤出或承压板周围出现明显的隆起；

（2）承压板的累计沉降量已大于其边长（直径）的 6% 或大于等于 150mm；

（3）加载至要求的最大试验荷载，且承压板沉降速率达到相对稳定标准。

3.3.4　检测数据分析与判定

1. 数据分析

绘制压力-沉降（p-s）、沉降-时间对数（s-$\lg t$）曲线，必要时可绘制其他辅助分析曲线。

2. 复合地基承载力的判定

（1）当压力-沉降（p-s）曲线上极限荷载能确定，且其值不小于对应比例界限的 2 倍时，可取比例界限；当其值小于对应比例界限的 2 倍时，可取极限荷载的一半。

（2）当 p-s 曲线是平缓的光滑曲线时，可按表 3-6 对应的相对变形值确定，且所取的承载力特征值不应大于最大试验荷载的一半。

按相对变形值确定复合地基承载力特征值　　　　　　　　　　　　　表 3-6

地基类型	应力主要影响范围地基土性质	承载力特征值对应的相对变形值（s_0）
沉管挤密砂石桩、振冲挤密碎石桩、柱锤冲扩桩、强夯置换墩	以黏性土、粉土、砂土为主的地基	$0.010b$
灰土挤密桩	以黏性土、粉土、砂土为主的地基	$0.008b$
水泥粉煤灰碎石桩夯实水泥土桩	以黏性土、粉土为主的地基	$0.010b$
	以卵石、圆砾、密实粗中砂为主	$0.008b$
水泥搅拌桩、旋喷桩	以淤泥和淤泥质土为主的地基	$0.008b \sim 0.010b$
	以黏性土、粉土为主的地基	$0.006b \sim 0.008b$

注：1. s_0 为与承载力特征值对应的承压板的沉降量；b 为承压板的宽度或直径，当 b 大于 2m 时，按 2m 计算。
　　2. 对有经验的地区，可按当地经验确定相对变形值，但原地基土为高压缩性土层时相对变形值的最大值不应大于 0.015；对变形控制严格的工程可按设计要求的沉降允许值作为相对变形值。

（3）确定单位工程的复合地基承载力特征值时，试验点的数量不应少于3点，当满足其极差不超过平均值的30%时，可取其平均值为复合地基承载力特征值。

3.4 竖向增强体载荷试验

3.4.1 一般规定

1. 适用范围

竖向增强体载荷试验适用于水泥土搅拌桩、旋喷桩、夯实水泥土桩、水泥粉煤灰碎石桩、混凝土桩、树根桩、强夯置换墩等复合地基竖向增强体的竖向承载力。

2. 试验最大加载量要求

工程验收检测静载试验最大加载量不应小于设计承载力特征值的2倍；为设计提供依据的静载荷试验应加载至极限状态。

3. 加载方法

载荷试验的加载方式应采用慢速维持荷载法。

3.4.2 试验仪器设备及其安装

试验测试设备大体上由以下4个部分组成：承压板、加荷系统、反力系统和观测系统组成。其中，承压板具有足够的刚度，大小与增强体断面一致。荷载测量可用放置在千斤顶上的荷重传感器直接测定；或采用并联于千斤顶油路的压力表或压力传感器测定油压，根据千斤顶率定曲线换算荷载。

试验增强体、压重平台支墩边和基准桩之间的中心距离应符合表3-7的规定。

增强体、压重平台支墩边和基准桩之间的中心距离　　　　表3-7

增强体中心与压重平台支墩边	增强体中心与基准桩中心	基准桩中心与压重平台支墩边
≥4D 且>2.0m	≥3D 且>2.0m	≥4D 且>2.0m

注：1. D 为增强体直径。
　　2. 对于强夯置换墩或大型荷载板，可采用逐级加载试验，不用反力装置，具体试验方法参考结构楼面荷载试验。

3.4.3 现场检测试验要点

1. 增强体桩头处理

试验前应对增强体的桩头进行处理。水泥粉煤灰碎石桩等强度较高的桩宜在桩顶设置带水平钢筋网片的混凝土桩帽或采用钢护筒桩帽，混凝土宜提高强度等级和采用早强剂，桩帽高度不宜小于一倍桩的直径。桩帽下复合地基增强体的桩顶标高及地基土标高应与设计标高一致。

2. 试验加卸载分级

（1）加载应分级进行，采用逐级等量加载；分级荷载宜为最大加载量或预估极限承载力的1/10，其中第一级可取分级荷载的2倍。

（2）卸载应分级进行，每级卸载量取加载时分级荷载的2倍，逐级等量卸载。

（3）加、卸载时应使荷载传递均匀、连续、无冲击，每级荷载在维持过程中的变化幅度不得超过该级增减量的±10％。

3. 慢速维持荷载法试验步骤

（1）每级荷载施加后应按第 5min、15min、30min、45min、60min 测度桩底沉降量，以后每 0.5h 测度一次；

（2）承压板沉降相对稳定标准：每 1h 内桩顶沉降量不超过 0.01mm，并应连续出现两次，从分级荷载施加后的第 30min 开始，按 1.5h 连续三次每 30min 的沉降观测值计算；

（3）当桩顶沉降速率达到相对稳定标准时，应再施加下一级荷载；

（4）卸载时，每级荷载维持 1h，应按第 15min、30min、60min 测度桩顶沉降量；卸载至零后，应测度桩桩顶残余沉降量，维持时间为 3h，测读时间应为第 15min、30min、60min、120min、180min。

4. 终止加载标准

（1）当荷载—沉降（Q-s）曲线上有可判定极限承载力的陡降段，且桩顶总沉降量超过 40～50mm；水泥土桩、竖向增强体的桩径大于等于 800mm 取高值，混凝土桩、竖向增强体的桩径小于 800mm 取低值；

（2）某级荷载作用下，桩顶沉降量大于前一级荷载作用下沉降量的 2 倍，且经 24h 沉降尚未稳定；

（3）增强体破坏，顶部变形急剧增大；

（4）Q-s 曲线呈缓变型时，桩顶总沉降量大于 70～90mm；当桩长超过 25m，可加载至桩顶总沉降量超过 90mm；

（5）加载至要求的最大试验荷载，且承压板沉降达到相对稳定标准。

3.4.4　检测数据分析与判定

1. 数据分析

绘制竖向荷载-沉降（Q-s）、沉降-时间对数（s-$\lg t$）曲线，需要时也可绘制其他辅助分析所需曲线。

2. 增强体竖向抗压极限承载力的判定

（1）增强体竖向抗压极限承载力的确定

1）Q-s 曲线陡降段明显时，取相应于陡降段起点的荷载值。

2）破坏荷载的前一级荷载值。

3）Q-s 曲线呈缓变型时，水泥土桩、桩径大于等于 800mm 时取桩顶总沉降量 s 为 40～50mm 所对应的荷载值；混凝土桩、桩径小于 800mm 时取桩顶总沉降量 s 为 40mm 所对应的荷载值。

4）当判定竖向增强体的承载力未达到极限时，取最大试验荷载值。

5）按上述方法判断有困难时，可结合其他辅助分析方法综合判定。

（2）增强体竖向承载力特征值的确定

增强体竖向承载力特征值按竖向极限承载力的一半取值。

（3）单位工程的增强体承载力特征值的确定

试验点的数量不应少于 3 点，当满足其极差不超过平均值的 30%，对非条基及非独立基础可取其平均值为竖向极限承载力。

3.5 动力触探试验

圆锥动力触探试验是岩土工程勘察中常规的原位测试方法之一，它是利用一定质量的落锤，以一定高度的自由落距将标准规格的圆锥形探头打入土层中，根据探头贯入的难易程度（可用贯入一定距离的锤击数、贯入度或探头单位面积动贯阻力来表示）判定土层的性质。

圆锥动力触探试验可分为轻型动力触探试验、重型动力触探试验和超重型动力触探试验三种。其中，轻型动力触探主要适用岩土为浅部的填土、砂土、粉土、黏性土；重型动力触探主要适用岩土为砂土、中密以下的碎石土、极软岩；超重型动力触探主要适用岩土为密实和很密的碎石土、软岩、极软岩。

3.5.1 设备仪器及其安装

1. 试验设备

圆锥动力触探试验的类型可分为轻型、重型和超重型 3 种，设备主要包括落锤、探头和触探杆（包括锤座和导向杆），其规格和适用土类应符合下表 3-8 的规定。

2. 设备安装

（1）重型和超重型动力触探设备须备有自动落锤装置。

（2）触探杆应顺直，每节触探杆相对弯曲宜小于 0.5%，丝扣完好无裂纹。当探头直径磨损大于 2mm 或锥尖高度磨损大于 5mm 时应及时更换探头。

圆锥动力触探试验设备规格 表 3-8

类型		轻型	重型	超重型
落锤	锤的质量（kg）	10	63.5	120
	落距（cm）	50	76	100
探头	直径（mm）	40	74	74
	锥角（°）	60	60	60
探杆直径（mm）		25	42,50	50~60

3.5.2 现场检测

1. 轻型动力触探试验

（1）先用轻便钻具钻至试验土层标高以上 0.3m 处，然后对所需试验土层连续进行触探。

（2）试验时，穿心锤落距为（0.50±0.02）m，使其自由下落。记录每打入土层中 0.30m 时所需的锤击数（最初 0.30m 可以不记）。

（3）若需描述土层情况时，可将触探杆拔出，取下探头。换贯入器进行取样。

（4）如遇密实坚硬土层，当贯入 0.30m 所需锤击数超过 100 击或贯入 0.15m 超过 50

击时，即可停止试验。如需对下卧土层进行试验时，可用钻具穿透坚实土层后再贯入。

（5）本试验一般用于贯入深度小于 4m 的土层。必要时也可在贯入 4m 后用钻具将孔掏清后再继续贯入 2m。

（6）当 $N_{10} > 100$ 或贯入 15cm 锤击数超过 50 时，可停止试验。

2. 重型动力触探

（1）试验前将触探架安装平稳，使触探保持垂直地进行。垂直度的最大偏差不得超过 2%，触探杆应保持平直，连接牢固。

（2）采用自动落锤装置。贯入时，应使穿心锤自由下落，落锤落距为 (0.76 ± 0.02) m。地面上的触探杆的高度不宜过高，以免倾斜与摆动太大。

（3）锤击速率宜为每分钟 15～30 击。打入过程应尽可能连续，所有超过 5min 的间断都应在记录中予以注明。

（4）每贯入 1m，宜将探杆转动一圈半；当贯入深度超过 10m，每贯入 20cm 宜转动探杆一次。

（5）及时记录每贯入 0.10m 所需的锤击数。其方法可在触探杆上每隔 0.10m 划出标记，然后直接（或用仪器）记录锤击数；也可以记录每一阵击的贯入度，然后再换算为每贯入 0.10m 所需的锤击数。

（6）对于一般砂、圆砾和卵石，触探深度不宜超过 12～15m，超过该深度时，需考虑触探杆的侧壁摩阻影响。

（7）每贯入 0.10m 所需锤击数连续 3 次超过 50 击时，即停止试验。如需对土层继续进行试验时，可改用超重型动力触探。

（8）本试验也可在钻孔中分段进行。一般可先进行贯入，然后进行钻探直至动力触探所及深度以上 1m 处，取出钻具将触探器放入孔内再进行贯入。

3. 超重型动力触探试验

（1）贯入时穿心锤自由下落，落距为 (100 ± 0.02) m。贯入深度一般不宜超过 20m，超过该深度时，需考虑触探杆侧壁摩阻的影响。

（2）其他步骤可参照重型动力触探试验的规定进行。

3.5.3　检测数据分析与判定

1. 触探指标

各类型的圆锥动力触探试验是以贯入一定深度的锤击数作为触探指标，通过与其他室内试验和原位测试指标建立相关关系来获得地基土的物理力学性质指标，从而评价地基土的性质。

轻型动力触探指标 N_{10}：贯入 30cm 的读数；重型动力触探指标 $N'_{63.5}$：贯入 10cm 的读数；超重型动力触探指标 N'_{120}：贯入 10cm 的读数。

2. 原始资料整理

实测触探锤击数是否修正或采用何种方式修正历来有不同观点，缺乏统一的认识。需要进行修正的内容主要包括下列几种：

（1）探杆长度的修正

在《岩土工程勘察规范》GB 50021—2001 中规定，应用试验成果时是否修正或如何修正，应根据建立统计关系时的具体情况确定。在该本规范附录 B 列出了圆锥动力触探试验锤击数修正的方法。

当采用重型和超重型圆锥动力触探试验锤动碎石土密实度时，锤击数应按下式进行修正：

$$N_{63.5}=\alpha_1 \cdot N'_{63.5}$$
$$N_{120}=\alpha_2 \cdot N'_{120}$$

式中　$N_{63.5}$，N_{120}——修正后的重型和超重型圆锥动力触探试验锤击数；

　　　α_1，α_2——重型和超重型圆锥动力触探试验锤击数修正系数；

　　　$N'_{63.5}$，N'_{120}——实测重型和超重型圆锥动力触探试验锤击数。

（2）侧壁摩擦影响的修正

对于砂土和松散～中密的圆砾、卵石，触探深度在 1～15m 范围内时，一般不考虑侧壁摩擦的影响。

（3）地下水影响的修正

对于地下水位以下的中、粗、砾砂和圆砾、卵石，锤击数可按下式修正：

$$N_{63.5}=1.1 \cdot N'_{63.5}+1.0$$

3. 触探曲线

圆锥动力触探试验所获得的锤击数值应在剖面图上或柱状图上绘制随深度变化的关系曲线，触探曲线可绘制成直方图。根据触探曲线的形态，结合钻探资料，进行地层的力学分层（图 3-1）。

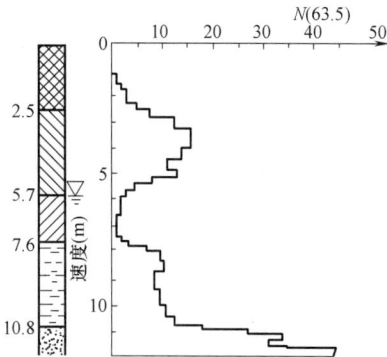

图 3-1　触探曲线直方图

4. 数据统计分析

（1）计算单孔分层贯入指标平均值时，应剔除临界深度以内的数值、超前和滞后影响范围内的异常值。

（2）根据各孔分层的贯入指标平均值，用厚度加权平均法计算场地分层贯入指标平均值和变异系数。

（3）应根据不同深度的动力触探锤击数，采用平均值法计算每个检测孔的各土层的动力触探锤击数平均值（代表值）。

3.5.4　试验成果应用

根据圆锥动力触探试验指标和地区经验，可进行力学分层，评定土的均匀性和物理性质（状态、密实度）、土的强度、变形参数、地基承载力、单桩承载力，查明土洞、滑动面、软硬土层界面，检测地基处理效果等。应用试验成果时是否修正或如何修正，应根据建立统计关系时的具体情况确定。

（1）初步判定地基土承载力特征值时，可根据平均击数 N_{10} 或修正后的平均击数 $N_{63.5}$ 按表 3-9、表 3-10 进行估算。

（2）评价砂土密实度、碎石土（桩）的密实度时，可用修正后锤击数按表 3-11～表 3-14 进行。

N_{10} 轻型动力触探试验推定地基承载力特征值 f_{ak}（kPa） 表 3-9

N_{10}（击数）	5	10	15	20	25	30	35	40	45	50
一般黏性土地基	50	70	90	115	135	160	180	200	220	240
黏性素填土地基	60	80	95	110	120	130	140	150	160	170
粉土、粉细砂土地基	55	70	80	90	100	110	125	140	150	160

$N_{63.5}$ 重型动力触探试验推定地基承载力特征值 f_{ak}（kPa） 表 3-10

$N_{63.5}$（击数）	2	3	4	5	6	7	8	9	10	11	12	13	14	15	16
一般黏性土	120	150	180	210	240	265	290	320	350	375	400	425	450	475	500
中砂、粗砂土	80	120	160	200	240	280	320	360	400	440	480	520	560	600	640
粉砂、细砂土	—	75	100	125	150	175	200	225	250	—	—	—	—	—	—

砂土密实度按 $N_{63.5}$ 分类 表 3-11

$N_{63.5}$	$N_{63.5} \leqslant 4$	$4 < N_{63.5} \leqslant 6$	$6 < N_{63.5} \leqslant 9$	$N_{63.5} > 9$
密实度	松散	稍密	中密	密实

碎石土密实度按 $N_{63.5}$ 分类 表 3-12

$N_{63.5}$	密实度	$N_{63.5}$	密实度
$N_{63.5} \leqslant 5$	松散	$10 < N_{63.5} \leqslant 20$	中密
$5 < N_{63.5} \leqslant 10$	稍密	$N_{63.5} > 20$	密实

注：本表适用于平均粒径小于或等于 50mm，且最大粒径小于 100mm 的碎石土。对于平均粒径大于 50mm，或最大粒径大于 100mm 的碎石土，可用超重型动力触探。

碎石桩密实度按 $N_{63.5}$ 分类 表 3-13

$N_{63.5}$	$N_{63.5} < 4$	$4 \leqslant N_{63.5} \leqslant 5$	$5 < N_{63.5} \leqslant 7$	$N_{63.5} > 7$
密实度	松散	稍密	中密	密实

碎石土密实度按 N_{120} 分类 表 3-14

N_{120}	密实度	N_{120}	密实度
$N_{120} \leqslant 3$	松散	$11 < N_{120} \leqslant 14$	密实
$3 < N_{120} \leqslant 6$	稍密	$N_{120} > 14$	很密
$6 < N_{120} \leqslant 11$	中密	—	—

（3）对冲、洪积卵石土和圆砾土地基，当贯入深度小于 12m 时，判定地基的变形模量应结合载荷试验比对试验结果和地区经验进行。初步评价时，可根据平均击数按表 3-15 进行。

卵石土、圆砾土变形模量 E_0 值（MPa） 表 3-15

$\overline{N}_{63.5}$（击/10cm）	3	4	5	6	8	10	12	14	16
E_0	9.9	11.8	13.7	16.2	21.3	26.4	31.4	35.2	39.0
$\overline{N}_{63.5}$（击/10cm）	18	20	22	24	26	28	30	35	40
E_0	42.8	46.6	50.4	53.6	56.1	58.0	59.9	62.4	64.3

3.6 工程实例

3.6.1 工程实例一：浅层平板载荷试验

1. 工程概况

××项目场平工程建设用地面积约 22.3 万 m^2，土石方开挖工程量约 21 万 m^3，土石方回填工程量约 50 万 m^3。场地有桩基区域建筑场地、压实填土地基区域建筑场地、室外重载区场地、室外轻载区场地等。按设计文件要求，分层碾压回填完成后，应采用静载荷试验检验压实填土的承载力，承压板的面积不应小于 $1.0m^2$。其中，B1 区为压实填土地基区域建筑场地，设计要求地基承载力特征值 150kPa（$15T/m^2$），试验点 3 处。

为检测压实填土的承载力，受××公司委托，我检测中心对 B1 区进行浅层平板载荷试验，确定压实填土的地基承载力特征值。

2. 试验依据及标准

（1）《建筑地基处理技术规范》JGJ 79—2012；

（2）《岩土工程勘察规范》GB 50021—2001（2009 版）。

3. 试验方法及步骤

（1）试验点的选择和准备工作

1）试验点由监理、施工和试验单位协商选定，在 B1 区选取试验点 3 处进行试验。

2）根据设计及相关规范要求，本次试验方法参照《建筑地基处理技术规范》JGJ 79—2012 附录 A "处理后地基静载荷试验要点"进行。

3）载荷试验采用堆载法。

4）试验时试点受压方向竖直向下。

（2）试验设备及装置

1）反力装置：本试验采用堆载法作为反力装置。

2）加压装置：由油压千斤顶、油压传感器、油泵等组成。加压系统于试验前在室内进行率定，现场根据加荷标准及率定值逐级加荷。

3）传力系统：由方形刚性承压板、圆柱形传力器及若干传力垫板构成。

4）测量系统：由测表支架、百分表、磁性表架等组成。4 个大量程百分表对称安装在方形承压板两正交方向的边缘，测量时分别记录各表的沉降读数，并计算出其沉降量，取 4 个表的算术平均值作为沉降量的基本值。

（3）试验方法及过程

1）本试验选用边长为 1000mm 的方形刚性承压板进行试验。

2）加载方式：分级维持荷载沉降相对稳定法（常规慢速法）。

3）荷载分级：加荷等级取 8 级。最大加载量为设计要求承载力特征值的两倍。

4）沉降量测读：每级加载后，按间隔 10、10、10、15、15min，以后每隔半小时测读一次沉降量。

5）稳定标准：当连续两小时内，每小时的沉降量小于 0.1mm。

6）终止加载条件：按《建筑地基处理技术规范》JGJ79—2012 第 A.0.6 条规定。

4. 试验成果

（1）复核原始试验记录及计算的沉降值 s，见表 3-16～表 3-18。

B1-1 地基载荷试验结果汇总表　　　　　　　　　　表 3-16

序号	荷载(kPa)	历时(min)		沉降(mm)	
		本级	累计	本级	累计
1	75	180	180	1.24	1.24
2	112.5	150	330	0.84	2.08
3	150	210	540	0.95	3.03
4	187.5	150	690	0.75	3.78
5	225	150	840	1.04	4.82
6	262.5	150	990	0.76	5.58
7	300	180	1170	0.88	6.46

注：最大沉降量：6.46mm；最大回弹量：0.00mm；回弹率：0.00%。

B1-2 地基载荷试验结果汇总表　　　　　　　　　　表 3-17

序号	荷载(kPa)	历时(min)		沉降(mm)	
		本级	累计	本级	累计
1	75	240	240	1.86	1.86
2	112.5	210	450	1.32	3.18
3	150	210	660	1.16	4.34
4	187.5	180	840	1.00	5.34
5	225	210	1050	1.15	6.49
6	262.5	180	1230	0.82	7.31
7	300	180	1410	0.58	7.89

注：最大沉降量：7.89mm；最大回弹量：0.00mm；回弹率：0.00%。

B1-3 地基载荷试验结果汇总表　　　　　　　　　　表 3-18

序号	荷载(kPa)	历时(min)		沉降(mm)	
		本级	累计	本级	累计
1	75	240	240	2.39	2.39
2	112.5	240	480	1.45	3.84
3	150	210	690	1.21	5.05
4	187.5	180	870	1.13	6.18
5	225	180	1050	1.03	7.21
6	262.5	210	1260	1.22	8.43
7	300	180	1440	1.19	9.62

注：最大沉降量：9.62mm；最大回弹量：0.00mm；回弹率：0.00%。

（2）根据试验数据绘制 p-s 曲线。

B1-1 号点压实填土载荷试验 p-s 曲线

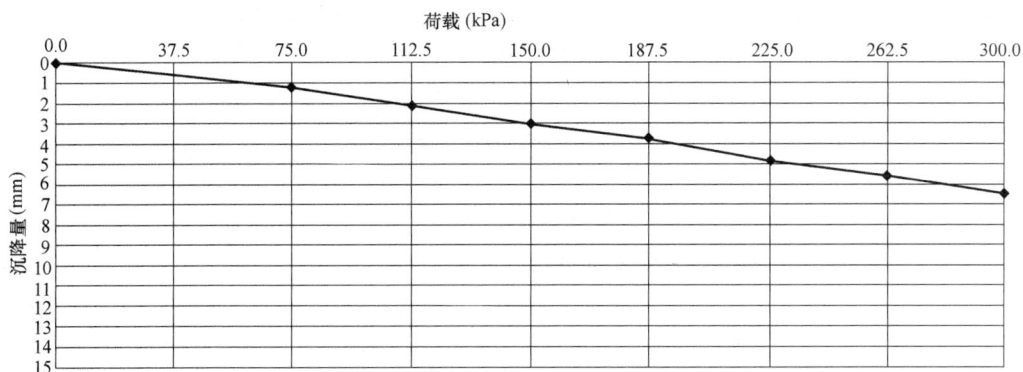

B1-2 号点压实填土载荷试验 p-s 曲线

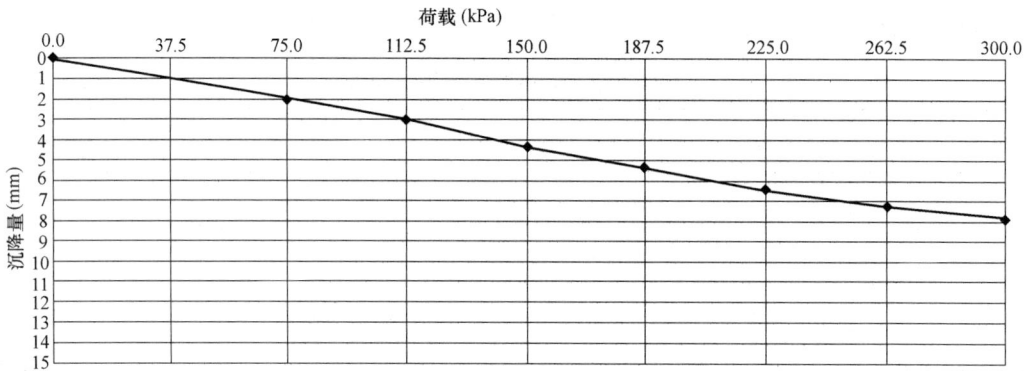

B1-3 号点压实填土载荷试验 p-s 曲线

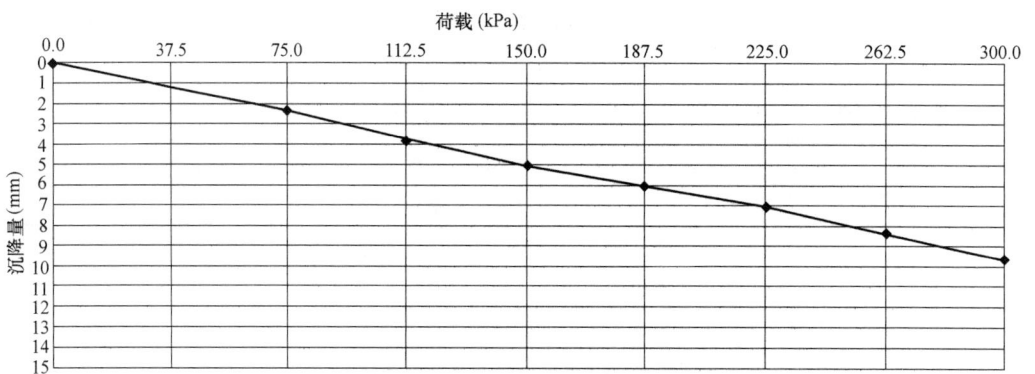

（3）试验结果分析与计算：经分析计算，各测点试验结果详见表 3-19。

压实填土平板载荷试验成果表   表 3-19

试验点位置	直线段回归方程	试验终止荷载（kPa）	比例荷载（kPa）	极限荷载（kPa）	承载力特征值（kPa）	变形模量（MPa）	备注
B1-1	$s=0.0221p-0.2507$ $r^2=0.9958$	300	不小于 300	不小于 300	150	41.1	压实填土在加荷范围内尚未达到破坏。承压板面积为 1.0m^2
B1-2	$s=0.0274p+0.0551$ $r^2=0.9935$	300	不小于 300	不小于 300	150	28.7	
B1-3	$s=0.0319p+0.1005$ $r^2=0.9988$	300	不小于 300	不小于 300	150	24.7	
说明	本次试验结果显示在加荷范围内 p-s 曲线均呈直线型，均未达到破坏。参照现行《建筑地基处理技术规范》JGJ 79—2012 附录 A 的 C.0.7 和 C.0.8 条确定换压实填土的地基承载力特征值						

5. 结论

根据设计文件要求，本次在 B1 区抽检了 3 个试验点进行压实填土平板载荷试验，压实填土地基承载力特征值为 150kPa，变形模量为 31.5MPa。

6. 附件

3.6.2 工程实例二：深层平板载荷试验

1. 工程概况

略。

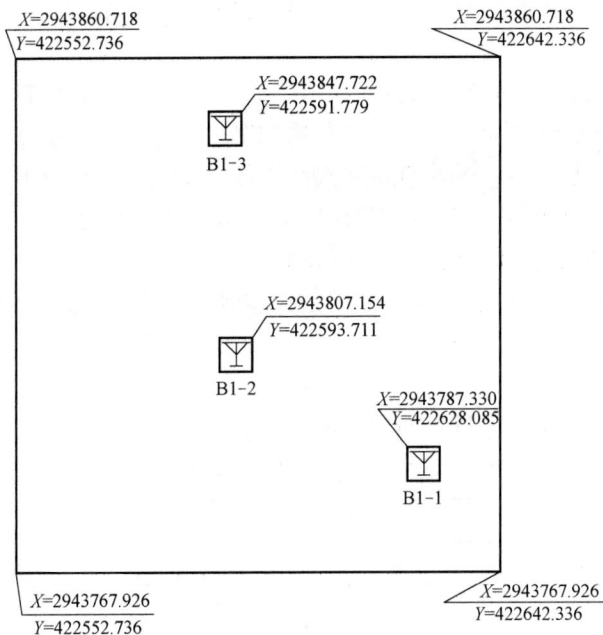

图 3-2　试验点平面布置图

2. 试验依据及标准

（1）《高层建筑岩土工程勘察规程》JGJ 72—2004、J 366—2004；

（2）《建筑地基基础设计规范》GB 50007—2011；

（3）《岩土工程勘察规范》GB 50021—2001（2009 版）。

3. 试验方法及步骤

（1）试验点的选择和准备工作

1）试验点由设计、甲方、监理、验单位协商选定，具体位置根据现场施工条件、是否具有代表性及是否便于试验正常进行等因素综合考虑，现场选择 17 号桩、29 号桩、53 号桩作为试验点（图 3-2）。

2）根据设计及相关规范要求，本次试验方法参照《高层建筑岩土工程勘察规程》JGJ 72—2004、J366—2004 附录 E "大直径桩端阻力载荷试验要点"进行。由于场区岩体埋深较大（超过 8m），在现阶段难以进行大开挖，因此深层静载试验在开挖孔桩中进行，孔桩直径为 0.8m，开挖深度至中风化基岩。

3）载荷试验采用堆载法，采用传力柱进行荷载传递。

4）试验时试点受压方向竖直向下。

（2）试验设备及装置

略。

（3）试验方法及过程

1）本试验选用直径为 70cm 或 80cm 的圆形刚性承压板进行试验。

2）测量系统的初始稳定读数观测：设备安装、调试好以后，每隔 10min 读数一次，连续三次读数不变可开始加压进行试验。

3）加荷方式：采用分级维持荷载、沉降相对稳定法单循环加荷，荷载逐级递增至破坏，然后分级卸载。

4）加荷标准：加荷等级按预估极限端阻力的 $1/15\sim1/10$ 分级施加。

5）测读沉降量的间隔时间：在每级荷载后的第一小时内，每隔 10、10、10、15、15min 各测读一次百分表，以后每隔 30min 测读一次百分表，每次测读值记入试验记录表中。

6）沉降相对稳定标准：在每级荷载作用下，当连续 2 小时，每一小时的沉降量小于 0.1mm 时，可视为沉降已达相对稳定，可施加下一级荷载。

7）终止加荷条件：按《高层建筑岩土工程勘察规程》JGJ72—2004、J366—2004 第 E.0.7 条规定。

4. 试验成果

（1）复核原始试验记录及计算的沉降值 s，见表 3-20～表 3-22。

17 号桩深层平板载荷试验结果汇总表 表 3-20

序号	荷载(kPa)	历时(min)		沉降(mm)	
		本级	累计	本级	累计
1	300	150	150	1.425	1.425
2	600	150	300	0.775	2.200
3	900	150	450	0.873	3.073
4	1200	150	600	1.08	4.153
5	1500	150	750	1.092	5.245
6	1800	150	900	1.608	6.853
7	2100	180	1080	1.855	8.708
8	2400	210	1290	3.647	12.355
9	2700	240	1530	7.635	19.990
10	3000	240	1770	28.355	48.345

29 号桩深层平板载荷试验结果汇总表 表 3-21

序号	荷载(kPa)	历时(min)		沉降(mm)	
		本级	累计	本级	累计
1	250	180	180	1.425	2.115
2	500	180	360	2.443	4.558
3	750	150	510	1.257	5.815
4	1000	150	660	0.96	6.775
5	1250	180	840	1.34	8.115
6	1500	150	990	1.25	9.365
7	1750	180	1170	2.29	11.655
8	2000	180	1350	2.603	14.258
9	2250	180	1530	2.85	17.108
10	2500	210	1740	2.74	19.848
11	2750	210	1950	3.355	23.203
12	3000	240	2190	6.347	29.550
13	3250	180	2370	32.225	61.775

53 号桩深层平板载荷试验结果汇总表

表 3-22

序号	荷载(kPa)	历时(min)		沉降(mm)	
		本级	累计	本级	累计
1	800	150	150	1.425	1.523
2	1600	150	300	0.577	2.100
3	2000	150	450	0.745	2.845
4	2400	150	600	0.85	3.695
5	2800	150	750	0.97	4.665
6	3200	180	930	2.088	6.753
7	3600	150	1080	1.215	7.968
8	4000	240	1320	2.185	10.153
9	4400	240	1560	8.74	18.893
10	4800	240	1800	23.665	42.558

（2）根据试验数据绘制 p-s 曲线。

17 号桩深层平板载荷试验 p-s 曲线

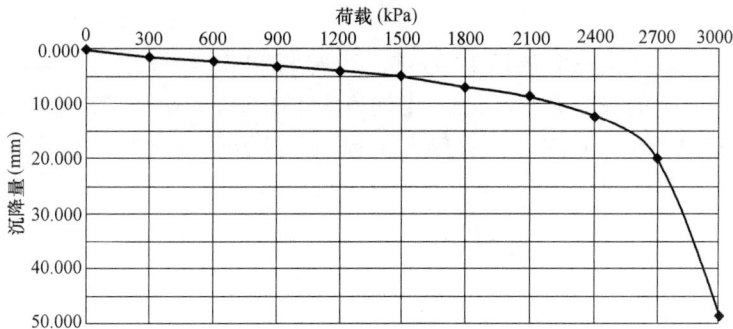

（3）试验结果分析与计算：经分析计算，各测点试验结果详见表 3-23。

29 号桩深层平板载荷试验 p-s 曲线

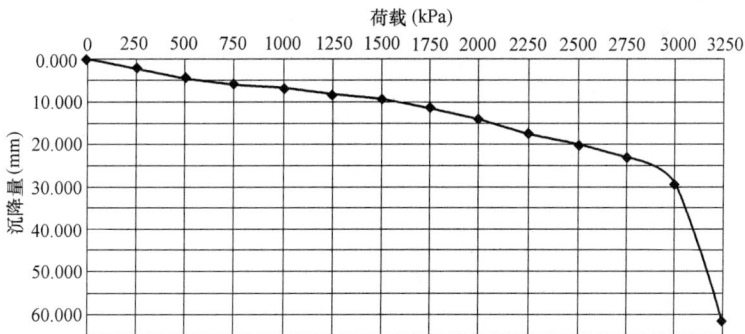

53 号桩深层平板载荷试验 p-s 曲线

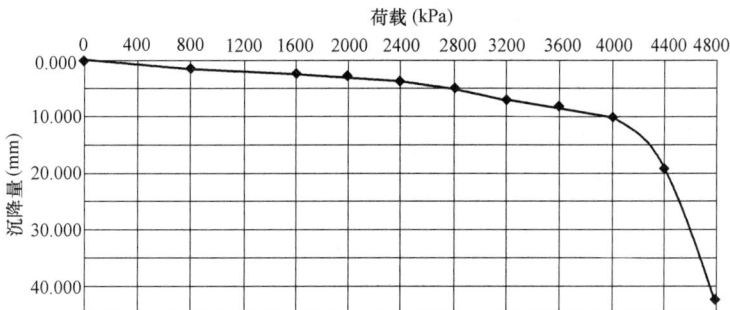

深层平板载荷试验成果表

表 3-23

项目测点	直线段回归方程	试验终止荷载（kPa）	比例界限荷载（kPa）	极限荷载（kPa）	承载力特征值（kPa）	变形模量 E_0（MPa）
1 号	$s=0.0036p+0.0479$ $r=0.995$	3000	1800	2700	1350	104
2 号	$s=0.0065p+0.4574$ $r=0.991$	3250	2000	3000	1500	49
3 号	$s=0.0016p-0.0209$ $r=0.985$	4800	2800	4000	2000	207
说明	本次试验结果显示在加荷范围内 $p\text{-}s$ 曲线均呈陡降型。参照现行《高层建筑岩土工程勘察规程》（JGJ 72—2017，J 366—2017)附录 E 和《建筑地基基础设计规范》(GB 50007—2011)相关要求,将极限荷载除以 2 的安全系数所得值与对应比例界限的荷载值相比较,取小值作为测点的承载力特征值					

5. 结论

按委托方要求，本次试验选择 17 号桩、29 号桩和 53 号桩作为试验点进行深层静载荷试验，试验实测值的极差为 650kPa，平均值为 1617kPa，平均值的 30％为 485kPa，试验实测值的极差大于平均值的 30％，结合工程实际综合分析判别，必要时可增加试验点数量。

第4章　基桩检测基本规定

在工程建设中每年的用桩量是一个非常巨大的数目，近年来，涉及桩基工程质量问题直接影响建筑结构正常使用与安全的事例很多。由于桩的施工具有高度的隐蔽性，而影响桩基工程的因素又很多，如岩土工程条件、桩土的相互作用、施工技术水平等等，所以桩的施工质量具有很多的不确定性因素。为此，加强基桩施工过程中的质量管理和施工后的质量检测，提高基桩检测工作的质量和检测评定结果的可靠性，对确保整个桩基工程的质量和安全具有重要意义。

4.1　一般规定

4.1.1　检测项目

基桩检测包括单桩承载力检测和桩身完整性检测。其中基桩承载力检验又分为单桩竖向抗压承载力、竖向抗拔承载力检验、水平承载力检验三种。桩身完整性检测主要是对桩身的完整性进行检测，主要方法有低应变法、高应变法、声波法和钻芯法。工程桩的承载力和桩身完整性（或桩身质量）是国家标准《建筑地基基础工程施工质量验收规范》GB 50202—2018桩基验收中的主控项目，也是现行国家标准《建筑地基基础设计规范》GB 50007—2011和现行行业标准《建筑桩基技术规范》JGJ 94—2008以强制性条文形式规定的必检项目。因工程桩的预期使用功能要通过单桩承载力实现，完整性检测的目的是发现某些可能影响单桩承载力的缺陷，最终仍是为减少安全隐患、可靠判定工程桩承载力服务。所以，基桩质量检测时，承载力和完整性两项内容密不可分，往往是通过低应变完整性普查，找出基桩施工质量问题并得到对整体施工质量的大致估计，而工程桩承载力是否满足设计要求则需通过有代表性的单桩承载力检验来实现。

4.1.2　检测方法

基桩的承载力和完整性检测按其完成设计与施工质量验收规范所规定的具体检测项目的方式，宏观上可以分为三种检测方法：

1. 直接法：顾名思义，即通过现场原型实验直接获得检测项目结果或为施工验收提供依据的检测方法。在桩身完整性检测方面主要是钻孔取芯法，即直接从桩身混凝土中钻取芯样，以测定桩身混凝土的质量和强度，检查桩底沉渣和持力层情况，并测定桩长。承载力检测包括了单桩竖向抗压（拔）静载试验和单桩水平静载试验，前者用来确定单桩竖向抗压（拔）极限承载力，判定工程桩竖向抗压（拔）承载力是否满足设计要求，同时可以在桩身或桩底埋设测量应力传感器，以测定桩侧、桩端阻力，也可以通过埋设位移测量杆，测定桩身各截面位移量；后者除了用来确定单桩水平临界和极限承载力、判定工程桩水平承载力是否满足设计要求外，还主要用于浅层地基土水平抗力系数的比例系数的确定，以便分析工程桩在水平荷载作用下的受力特性；当桩身埋设有应变测量传感器时，也可测量相应荷载作用下的桩身应力，并由此计算桩身弯矩。

2. 半直接法：是指在现场原型试验基础上，同时基于一些理论假设和工程实践经验并加以综合分析才能最终获得检测项目结果的检测方法。主要包括以下三种：

（1）低应变法。在桩顶面实施低能量的瞬态或稳态激振，使桩在弹性范围内做弹性振动，并由此产生应力波的纵向传播，同时利用波动和振动理论对桩身的完整性做出评价的一种检测方法，主要包括反射波法、机械阻抗法、水电效应法等等，其中反射波法物理意义明确、测试设备轻便简单、检测速度快、成本低，是基桩质量（完整性）普查的良好手段。

（2）高应变法。通过在桩顶实施重锤敲击，使桩产生的动位移量接近常规静载试桩的沉降量级，以便使桩周岩土阻力充分发挥，通过测量和计算判定单桩竖向抗压承载力是否满足设计要求及对桩身完整性做出评价的一种检测方法，主要包括锤击贯入试桩法、波动方程法和静动法等等，其中波动方程法是我国目前常用的高应变检测方法。高应变动力试桩物理意义较明确，检测准确度相对较高，而且检测成本低，抽样数量较静载试验大，更可用于预制桩的打桩过程监控和桩身完整性检查，但受测试人员和桩—土相互作用模型等问题的影响，这种方法在某些方面仍有较大的局限性，尚不能完全代替静载试验而作为确定单桩竖向极限承载力的设计依据。

（3）声波透射法。通过在桩身预埋声测管（钢管或塑料管），将声波发射、接收换能器分别放入 2 根管内，管内注满清水为耦合剂，换能器可置于同一水平面或保持一定高差，进行声波发射和接收，使声波在混凝土中传播，通过对声波传播时间、波幅、声速及主频等物理量的测试与分析，对桩身完整性做出评价的一种检测方法。该方法一般不受场地限制，测试精度高，在缺陷的判断上较其他方法更为全面，检测范围可覆盖全桩长的各个横截面，但由于需要埋设声测管，抽样的随机性差，且对桩身直径有一定的要求，检测成本也相对较高。

3. 间接法：依赖直接法已取得的试验成果，结合土的物理力学试验或原位测试数据，通过统计分析，以一定的计算模式给出经验计算公式或半理论、半经验公式的估算方法。由于地质条件存在很大的不确定性，所以只适用于工程初步设计的估算。

在实际工程中，基桩检测应采取什么方法，应根据检测目的、检测方法的适应性、基桩的设计条件、成桩工艺等，按表 4-1 合理选择检测方法。

检测目的与检测方法　　　　　　　　　　　　　表 4-1

检测目的	检测方法
确定单桩竖向抗压极限承载力； 判定竖向抗压承载力是否满足设计要求； 通过桩身应变、位移测试,确定桩侧、桩端阻力,验证高应变法的单桩竖向抗压承载力检测结果	单桩竖向抗压静载试验
确定单桩竖向抗拔极限承载力； 判定竖向抗拔承载力是否满足设计要求； 通过桩身应变、位移测试,确定桩的抗拔侧阻力	单桩竖向抗拔静载试验

检测目的	检测方法
确定单桩水平临界荷载和极限承载力,推定土抗力参数; 判定水平承载力或水平位移是否满足设计要求; 通过桩身应变、位移测试,测定桩身弯矩	单桩水平静载试验
检测灌注桩桩长、桩身混凝土强度、桩底沉渣厚度,判定或鉴别桩端持力层岩土性状,判定桩身完整性类别	钻芯法
检测桩身缺陷及其位置,判定桩身完整性类别	低应变法
判定单桩竖向抗压承载力是否满足设计要求; 检测桩身缺陷及其位置,判定桩身完整性类别; 分析桩侧和桩端土阻力;进行打桩过程监控	高应变法
检测灌注桩桩身缺陷及其位置,判定桩身完整性类别	声波透射法

工程桩承载力验收检测方法,应根据基桩实际受力状态和设计要求合理选择。以竖向承压为主的基桩通常采用抗压静载试验,考虑到高应变法快速、经济和检测桩覆盖面较大的特点,对符合一定条件及高应变方法适用范围的桩基工程,也可选用高应变法作为补充检测。例如条件相同、预制桩量大的桩基工程中,一部分桩可选用静载法检测,而另一部分可用高应变法检测,前者应作为后者的验证对比资料。对不具备条件进行静载试验的端承型大直径灌注桩,可采用钻芯法检查桩端持力层情况,也可采用深层载荷板试验进行核验。对专门承受竖向抗拔荷载或水平荷载的桩基,则应选用竖向抗拔静载试验方法或水平静载试验方法。

桩身完整性检测方法有低应变法、声波透射法、高应变法和钻芯法,除去小直径灌注桩外,大直径灌注桩一般同时选用两种或多种的方法检测,使各种方法能相互补充印证,优势互补。另外,对设计等级高、地基条件复杂、施工质量变异性大的桩基,或低应变完整性判定可能有技术困难,提倡采用直接法(静载试验、钻芯和开挖,管桩可采用孔内摄像)进行验证。

4.1.3　检测时机

桩基工程一般按勘察、设计、施工、验收四个阶段进行,基桩试验和检测工作多数情况下分别放在设计和验收两个阶段,即施工前和施工后。大多数桩基工程的试验和检测工作是在这两个阶段展开的,但对桩数较多、施工周期较长的大型基桩工程,验收检测应尽早在施工过程中穿插进行。

1. 施工前的检测,目的是为设计及施工方案提供校核、修改的依据。根据《建筑基桩检测技术规范》JGJ 106—2014 的要求,当设计有要求或有下列情况之一时,施工前应进行试验桩检测并确定单桩极限承载力:

(1) 设计等级为甲级的桩基;

(2) 无相关试验资料可参考的设计等级为乙级的桩基;

(3) 地基条件复杂、基桩施工质量可靠性低;

(4) 本地区采用的新型桩或采用新工艺成桩的桩基。

施工前进行试验桩检测并确定单桩极限承载力，目的是为设计单位选定桩型和桩端持力层、掌握桩侧桩端阻力分布并确定基桩承载力提供依据，同时也为施工单位在新的地基条件下设定并调整施工工艺参数，减少盲目性，前期试桩尤为重要。考虑到桩基础选型、成桩工艺选择与地基条件、桩型和工法的成熟性密切相关，为在推广应用新桩型或新工艺过程中不断积累经验，使其能达到预期的质量和效益目标，规定本地区采用新桩型或新工艺也应在施工前进行试桩。通常为设计提供依据的试桩静载试验应加载至极限破坏状态，但受设备条件和反力提供方式的限制，试验可能做不到破坏状态，为安全起见，此时的单桩极限承载力取试验时最大加载值，但前提是应符合设计的预期要求。

2. 施工中的检测，目的是监督施工过程，选择合理的入土深度，保证使施工质量达到设计要求等等。根据《建筑基桩检测技术规范》JGJ 106—2014 的要求，桩基工程除应在工程桩施工前和施工后进行基桩检测外，尚应根据工程需要，在施工过程中进行质量的检测与监测。

由于目前对施工过程中的检测重视不够，为加强施工过程中的质量控制，应做到信息化施工。如：冲钻孔灌注桩施工中应提倡或明确规定采用一些成熟的技术和常规的方法进行孔径、孔斜、孔深、沉渣厚度和桩端岩性鉴别等项目的检验；对于打入式预制桩，提倡成桩过程中的高应变检测等。

桩基施工过程中可能出现以下情况：设计变更、局部地基条件与勘察报告不符、工程桩施工工艺与施工前为设计提供依据的试验桩不同、原材料发生变化、施工单位更换等，都可能造成质量隐患。除施工前为设计提供依据的检测外，仅在施工后进行验收检测，即使发现质量问题，也只是事后补救，造成不必要的浪费。因此，基桩检测除在施工前和施工后进行外，尚应加强桩基施工过程中的检测，以便及时发现并解决问题，做到防患于未然，提高效益。

3. 施工后的检测，目的是对施工质量进行验收、评估和对质量问题的处理提供依据。分为桩身完整性（成桩质量）检测和承载力检测两类。

在施工后，宜先进行工程桩的桩身完整性检测，后进行承载力检测，这是由于相对于承载力检测而言，完整性检测（除岩芯法外）方法作为普查手段，具有速度快、费用较低和抽检数量大的特点，容易发现桩基的整体施工质量问题，能为有针对性地选择静载试验提供依据。所以，完整性检测安排在静载试验之前是合理的。当基础埋深较大时，基坑开挖产生土体侧移将桩推断或机械开挖将桩碰断的现象时有发生，此时完整性检测应等到开挖至基底标高后进行。

桩身完整性检测应在基坑开挖至基底标高后进行。承载力检测时，宜在检测前、后，分别对受检桩、锚桩进行桩身完整性检测。

竖向抗压静载试验中，有时会因桩身缺陷、桩身截面突变处应力集中或桩身强度不足造成桩身结构破坏，有时也因锚桩质量问题而导致试桩失败或中途停顿，故建议在试桩前后对试验桩和锚桩进行完整性检测，为分析桩身结构破坏的原因提供证据和确定锚桩能否正常使用。

对于混凝土桩的抗拔、水平或高应变试验，常因拉应力过大造成桩身开裂或破损，因此承载力检测完成后的桩身完整性检测比检测前更有价值。

4.1.4　检测开始时间

基桩检测开始时间应符合下列规定：

1. 当采用低应变法或声波透射法检测时，受检桩混凝土强度不应低于设计强度的70%，且不应低于15MPa；

2. 当采用钻芯法检测时，受检桩的混凝土龄期应达到28d，或受检桩同条件养护试件强度应达到设计强度要求；

3. 承载力检测前的休止时间，除应符合上述第2条的规定外，当无成熟的地区经验时，尚不应少于表4-2规定的时间。

休止时间　　　　　　　　　　　　　　　　　　　表4-2

土的类别	休止时间
砂土	7
粉土	10
非饱和黏性土	15
饱和黏性土	25

注：对于泥浆护壁灌注桩，宜延长休止时间。

混凝土是一种与龄期相关的材料，其强度随时间的增加而增长。最初几天内强度快速增加，随后逐渐变缓，物理力学、声学参数变化趋势亦大体如此。桩基工程季节气候、周边环境或工期紧的影响，往往不允许等到全部工程桩施工完并都达到28d龄期后再开始检测。为做到信息化施工，尽早发现桩的施工质量问题并及时处理，同时考虑到低应变法和声波透射法检测内容是桩身完整性，对混凝土强度的要求可适当放宽。但如果混凝土龄期过短或强度过低，应力波或声波在其中的传播衰减加剧，或同一场地由于桩的龄期相差大，声速的变异性增大。因此，对于低应变法或声波透射法的测试，规定桩身混凝土强度应不小于设计强度的70%，并不低于15MPa。钻芯法检测的内容之一是桩身混凝土强度，显然受检桩应达到28d龄期或同条件养护试块达到设计强度，如果不是以检测混凝土强度为目的的验证检测，也可根据实际情况适当缩短混凝土龄期。高应变法和静载试验在桩身产生的应力水平高，若桩身混凝土强度低，有可能引起桩身损伤或破坏。为分清责任，桩身混凝土应达到28d龄期或设计强度。另外，桩身混凝土强度过低，可能出现桩身材料应力—应变关系的严重非线性，使高应变测试信号失真。

桩在施工过程中不可避免地扰动桩周土，降低土体强度，引起桩的承载力下降，以高灵敏度饱和黏性土中的摩擦桩最明显。随着休止时间，土体重新固结，土体强度逐渐恢复提高，桩的承载力也逐步增加。成桩后桩的承载力随时间而变化的现象称为桩的承载力时间效应，我国软土地区这种效应尤为突出。大量资料表明，时间效应可使桩的承载力比初始值增长40%～400%。其变化规律一般是初期增长速度较快，随后渐慢，待达到一定时间后趋于相对稳定，其增长的快慢和幅度除与土性和类别有关，还与桩的施工工艺有关。另外，桩的承载力随时间减小也应引起注意，除挤土上浮、负摩擦等原因引起承载力降低外，也有桩端泥岩持力层遇水软化导致承载力下降的报道。

另外，桩的承载力包括两层涵义，即桩身结构承载力和支撑桩结构的地基岩土承载力，桩的破坏可能是桩身结构破坏或支撑桩结构的地基岩土承载力达到了极限状态，多数情况下桩的承载力受后者制约。如果混凝土强度过低，桩可能产生桩身结构破坏而地基土承载力尚未完全发挥，桩身产生的压缩量较大，检测结果不能真正反映设计条件下桩的承载力与桩的变形情况。因此，对于承载力检测，应同时满足地基土休止时间和桩身混凝土龄期（或设计强度）双重规定，若验收检测工期紧，无法满足休止时间规定时，应在检测报告中注明。

4.2 检测工作程序

检测机构遵循必要的检测工作程序，不但符合我国质量保证体系的基本要求，而且有利于检测工作开展的有序性和严谨性，是检测工作真正做到管理第一、技术第一和服务第一的最高宗旨。检测工作程序框图如图 4-1 所示。

4.2.1 接受委托

正式接手检测工作前，检测机构应获得委托方书面形式的委托函，以帮助了解工程概况，明确委托方意图即检测目的，同时也使即将开展的检测工作进入合法轨道。要注意的是，应尽量避免检测工作在前，而委托在后，以免发生不必要的纠纷。

4.2.2 调查、资料收集

检测单位接受委托后，首先要调查收集有关资料，主要有以下内容：

1. 收集被检测工程的岩土工程勘察资料、桩基设计文件、施工记录，了解施工工艺和施工中出现的异常情况。

2. 委托方的具体要求。

3. 检测项目现场实施的可行性。

图 4-1　检测工作程序框图

为了正确地对基桩质量进行检测和评价，提高基桩检测工作的质量，做到有的放矢，应尽可能详细了解和收集有关技术资料，并按表 4-3 填写受验桩设计施工概况表。

另外，有时委托方的介绍和提出的要求是笼统的、非技术性的，也需要通过调查来进一步明确委托方的具体要求和现场实施的可行性；有些情况下还需要检测人员到现场了解和搜集。

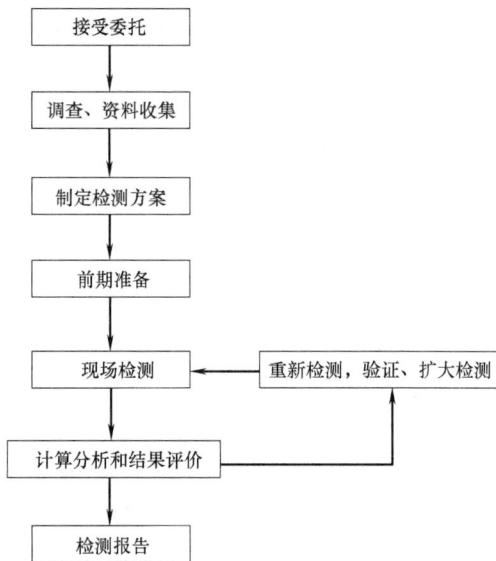

受验桩设计施工概况表　　　　表 4-3

桩号	桩横截面尺寸	混凝土设计强度等级(MPa)	设计桩顶标高(m)	检测时桩顶标高(m)	施工桩底标高(m)	施工桩长(m)	成桩日期	设计桩端持力层	单桩承载力特征值或极限值	备注
工程名称			地点					桩型		

4.2.3　制定检测方案

在明确了检测目的并获得相关技术资料后，应着手制定基桩检测方案，以向委托方书面陈述检测工作的形式、方法、依据标准和技术保证。

检测方案的内容宜包括：工程概况、地基条件、桩基设计要求、施工工艺、检测方法和数量、受检桩选取原则、检测进度以及所需的机械或人工配合。某些情况下还需要包括桩头加固、处理方案以及场地开挖、道路、供电、照明等要求。有时检测方案还需要与委托方或设计方共同研究制定。

实际执行检测程序中，由于不可预知的原因，如委托要求的变化、现场调查情况与委托方介绍的不符，或在现场检测尚未全部完成就已发现质量问题而需要进一步排查，都可能使原检测方案中的检测数量、受检桩桩位、检测方法发生变化。如首先用低应变法普测（或扩检），再根据低应变法检测结果，采用岩芯法、高应变法或静载试验，对有缺陷的桩重点抽测。总之，监测方案并非一成不变，可根据实际情况动态调整。

4.2.4　检查仪器设备

应根据不同的检测目的组织配套、合理的试验设备，如承载力检测中的千斤顶、压力表、压力传感器、位移计，完整性检测中的加速度（或速度）型传感器和数据采集系统等等；选择具有足够精度和量程的仪器设备，并且确保所选的仪器使用安全。如根据最大试验荷载合理选择千斤顶和不同量程的压力表或压力（荷载）传感器。

检测前应对使用的仪器进行系统调试，所有计量器必须在计量检定的有效期之内，以保证基桩检测数据的可靠性和可追溯性，如承载力检测中用到的压力表、压力（荷重）传感器、百分表、应变传感器、速度计、加速度计等必须有有效的计量检定证书。

虽然计量器具在有效计量检定周期之内，但由于基桩检测工作的环境较差，使用期间仍可能由于使用不当或环境恶劣等造成计量器具的受损或计量参数发生变化。因此，检测前还应加强对计量器具、配套设施的检查或模拟测试；有条件时可建立校准装置进行自校，发现问题后应重新检定。

另外，现场检测环境有可能受到温湿度、电压波动、电磁干扰和振动冲击等外界因素的影响而不能满足仪器的使用要求，此时应采取有效防护措施，以确保仪器处于正常工作状态。

4.2.5　现场准备

为了高效、安全地完成检测工作，获得准确可靠的试验数据，检测单位应在检测方案中向委托方提出现场检测前的准备工作要求，而委托方应严格按照要求做好检测前的准备配合工作。准备工作包括场地的平整、通车能力、桩头的处理等。例如，对于静载试验，堆载范围内场地应平整；进行高应变检测时，场地应能行走一定吨位的汽车式起重机；检测前混凝土灌注桩桩头加捣桩帽、预制桩桩头加钢箍等。

4.3　检测方法分类

在实际基桩检测工程中，应采取什么方法，需根据各种检测方法的特点和适用范围，考虑地基条件、桩型及施工质量可靠性、使用要求等因素进行合理选择搭配。使各种检测方法尽量能互补或验证，在达到正确评价目的的同时，又能体现经济合理性。

4.3.1 基桩完整性检测方法

在基桩成桩完整性质量检测中可采用低应变法、高应变法、声波透射法、钻芯法等方法进行。当基础埋深较大时，基坑开挖产生土体侧移将桩推断或机械开挖将桩碰断的现象时有发生，此时完整性检测应等到开挖至基底标高后进行。几种方法主要介绍如下：

1. 低应变法

低应变检测法适用于检测混凝土桩的桩身完整性，判定桩身缺陷的程度及位置。对桩身截面多变或者变化幅度较大的灌注桩，应采取其他方法辅助验证低应变检测的有效性。对薄壁钢管桩、大直径现浇薄壁混凝土管桩和类似于 H 型钢桩等异形桩，若激励响应在桩顶面接收时，本方法不适用。采用本方法时，瞬态激励脉冲有效高频分量的波长与桩的横向尺寸之比均不宜小于 10，桩身横截面宜基本规则。

2. 高应变法

高应变适用于检测混凝土桩的桩身完整性，检测桩身缺陷及其位置，判定桩身完整性类别。与低应变法检测的快捷、廉价相比，高应变法检测桩身完整性虽然是附带性的。但由于其激励能量和检测有效深度大的优点，特别在判定桩身水平整合型缝隙、预制桩接头等缺陷时，能够在查明这些"缺陷"是否影响竖向抗压承载力的基础上，合理判定缺陷程度。当然，带有普查性的完整性检测，采用低应变法更为恰当。

3. 声波透射法

适用于混凝土灌注桩的桩身完整性检测，判定桩身缺陷的位置、范围和程度。对于桩径小于 0.6m 的桩，不宜采用本方法进行桩身完整性检测。声波透射法是利用声波的透射原理对桩身混凝土介质状况进行检测，适用于桩在灌注成型时已经预埋了两根或两根以上声测管的情况。当桩径小于 0.6m 时，声测管的声耦合误差会使声时测试的相对误差增大，因此桩径小于 0.6m 时应慎用本方法；基桩经钻芯法检测后（有两个以及两个以上的钻孔）需进一步了解钻芯孔之间的混凝土质量时也可采用本方法检测。

4. 钻芯法

钻芯法适用于检测混凝土灌注桩的桩长、桩身混凝土强度、桩底沉渣厚度和桩身完整性。当采用本方法判定或鉴别桩端持力层岩土性状时，钻探深度应满足设计要求。受检桩长径比较大时，桩成孔的垂直度和钻芯孔的垂直度很难控制，钻芯孔容易偏离桩心，故要求受检桩桩径不宜小于 800mm、长径比不宜大于 30。

4.3.2 基桩承载力检测方法

承载力检测包括竖向抗压、竖向抗拔、水平推力检验。其中竖向抗压承载力检测可采用竖向荷载静压试验和高应变动测试验进行，其他项目的承载力检测只能采用荷载静压试验确定。

1. 竖向承载力检测

（1）静载试验

单桩竖向抗压静载试验是采用接近于竖向抗压桩的实际工作条件的试验方法，确定单桩竖向抗压承载力，是检测基桩竖向抗压承载力最直观、最可靠的传统方法。

（2）高应变动测

适用于检测基桩的竖向抗压承载力，判定单桩竖向抗压承载力是否满足设计要求。对于大直径扩底桩和预估 $Q\text{-}s$ 曲线具有缓变型特征的大直径灌注桩，不宜采用本方法进行竖向抗压承载力检测。进行灌注桩的竖向抗压承载力检测时，应具有现场实测经验和本地区相近条件下的可靠对比验证资料。

（3）结合桩身质量与持力层岩性报告核验

对于设计承载力很高的大直径嵌岩桩，因受现场条件和试验能力限制，无法进行静载试验和高应变动测时，可根据终孔时桩端持力层岩性报告结合桩身质量检验报告（钻芯法或声波透射法）核验单桩承载力。也可通过钻芯法判定或鉴别桩端持力层岩性，结合桩身质量检验报告核验单桩承载力。

2. 其他承载力检测

单桩竖向抗拔承载力的检测和评价采用单桩竖向抗拔静载试验。

单桩水平承载力检验和特定地基土水平抗力系数的比例系数采用单桩水平静载试验确定。

4.4 检测规则与检测数量

4.4.1 检测抽样规则

在基桩检测中，受检桩应具有代表性，才能对工程桩实际质量问题做出真实的反映，此时就必须采用抽检的方式，在一定概率保证的前提下，对基桩质量进行评定。受检测成本和检测周期的影响，很难对桩基工程中的所有基桩均进行检测，只能在保证足够安全的前提下按照工程桩总数的一定比例进行检测（一般不是随机的）。为此，靠有限抽检数量暴露基桩存在的问题时，抽检桩就应具有代表性，其抽样原则如下：

1. 施工质量有疑问的桩。如当灌注桩施工过程中出现停电、停水或堵管现象时，可能会影响到混凝土的浇筑而出现桩身质量问题。

2. 局部地质条件出现异常的桩。有时因地质勘察不是很全面或勘探孔少，无法对整个建筑物覆盖区的地层条件做出详细描述，桩的施工桩长与地勘不符，如预应力管施工时，同一场地、相同的施工工艺收锤时却出现桩长差别较大的现象，此时应选择部分桩长与地勘不符的桩作为受检桩。

3. 承载力验收检测时部分选择完整性检测中判定的Ⅲ类桩，这也是对Ⅲ类桩的验证检测手段。

4. 设计方认为重要的桩。主要考虑上部结构作用的要求，选择桩顶荷载大、沉降要求严格的桩作为受检桩，如框架结构的中柱承台桩、框架结构的筒心部位的桩等等。

5. 施工工艺不同的桩。对同一场地的单位工程应尽量选择相同的施工工艺进行桩的施工，除非受地基条件等外界因素限制，如静压预制桩工地，因静压设备尺寸的影响而无法靠近邻近建筑物进行边桩施工，只得改部分变桩桩型为钻孔桩。此时，在选择受检桩时，应将这部分桩考虑在内。

除了第1～3条指定的受检桩外，其余受检桩宜均匀或随机选择。

4.4.2 检测抽样数量

1. 施工前试验及打桩过程检测

（1）当设计有要求或满足下列条件之一时，施工前应采用静载试验确定单桩竖向抗压承载力特征值：

① 设计等级为甲级、乙级的建筑桩基；

② 地区条件复杂、施工质量可靠性低的建筑桩基；

③ 本地区采用的新桩型或新工艺；

④ 检测数量在同一条件下不应少于3根，且不宜少于总桩数的1%；当工程桩总数在50根以内时，不应少于2根。

（2）打入式预制桩有下列条件要求之一时，应采用高应变法进行试打桩的打桩过程检测：

① 控制打桩过程中的桩身应力；

② 选择沉桩设备和确定工艺参数；

③ 选择桩端持力层；

④ 在相同施工工艺和相近地质条件下，试打桩数量不应少于3根。

2. 完整性检测

混凝土桩的桩身完整性检测方法选择，应根据检测目的、检测方法的适应性、桩基的设计条件、成桩工艺等合理选择，当一种方法不能全面评价基桩完整性时，应采用两种或两种以上的检测方法。抽检数量规定如下：

（1）建筑桩基设计等级为甲级，或地基条件复杂、成桩质量可靠性较低的灌注桩工程，检测数量不应少于总桩数的30%，且不应少于20根；其他桩基工程，检测数量不应少于总桩数的20%，且不应少于10根。

按设计等级、地质情况和成桩质量可靠性确定灌注桩的检测比例大小，20多年来的实践证明是合理的。

（2）在满足上述基本检测数量的要求下，每个柱下承台检测桩数不应少于1根。

"每个柱下承台检测桩数不得少于1根"的规定涵盖了单桩应全数检测之意。但应避免为满足规范最低抽检数量要求而贪图省事、不负责任地选择受检桩：如核心筒部位荷载大、基桩密度大，但受检桩却大量挑选在裙楼基础部位；又如9根或9根以上的柱下承台仅检测1根桩。

（3）对大直径嵌岩灌注桩或设计等级为甲级的大直径灌注桩，应在满足（1）、（2）两款规定的检测桩数范围内，按不少于总桩数10%的比例采用声波透射法或钻芯法检测。

中小直径灌注桩常采用低应变，但大直径灌注桩一般设计承载力高，桩身质量是控制承载力的主要因素；随着桩径的增大和桩径超长，尺寸效应和有效检测深度对低应变的影响加剧，而钻芯法、声波法恰好适合于大直径桩的检测（对于嵌岩桩，采用钻芯法可同时钻取桩端持力层岩芯和检测沉渣厚度）。同时，对大直径桩采用联合检测方式，多种方法并举，可以实现低应变法与钻芯法、声波透射法之间的相互补充和验证，优势互补，提高完整性检测的可靠性。

（4）当施工质量有疑问的桩和局部地基条件出现异常的桩的数量较多，或为全面了解整个工程基桩的桩身完整性情况时，宜增加检测数量。

（5）当对复合地基中类似于素混凝土桩的增强体进行检测时，检测数量应按《建筑地基处理技术规范》JGJ 79—2012 规定执行。

3. 承载力检测

（1）为设计提供依据的试验桩检测应依据设计确定的基桩受力状态，采用相应的静载试验方法确定单桩极限承载力，检测数量应满足设计要求，且在同一条件下不应少于 3 根；当预计工程桩总数小于 50 根时，检测数量不应少于 2 根。

上述所说的"基桩受力状态"是指桩的承压、抗拔和水平三种受力状态。上述的"同一条件"是指"地基条件、桩长相近，桩端持力层、桩型、桩径、成桩工艺相同"。对于大型工程，"同一条件"可能包含若干个桩基分项（子分项）工程。同一桩基分项工程可能有两个或两个以上"同一条件"的桩组成，如直径 400mm 和 500mm 的两种规格的桩应区别对待。

同一条件下的试桩数量不得少于一组 3 根，是保障合理评价试桩结果的低限要求。若实际中由于某些原因不足以为设计提供可靠依据或设计另有要求时，可根据实际情况增加试桩数量。另外，如果施工时桩的参数发生了较大变动或施工工艺发生变化，应重新试桩。

对于端承型大直径灌注桩，当受设备或现场条件限制无法做竖向抗压静载试验时，可依据现行行业标准《建筑桩基技术规范》JGJ 94—2008 相关要求，按现行国家标准《建筑地基基础设计规范》GB 50007—2011 进行深层平板载荷试验、岩基载荷试验；或在其他条件相同的情况下进行小直径桩静载试验，通过桩身内力测试，确定承载力参数，并建议考虑尺寸效应的影响。另外，采用上述替代方案时，应先通过相关质量责任主体组织的技术论证。

试验桩场地的选择应具有代表性，附近应有地质钻孔。设计提出侧阻和端阻测试要求时，应在试验桩施工中安装测试桩身应变或变形的元件，以得到试桩的侧阻力分布及桩端阻力，为设计选择桩基持力层提供依据。试验桩的设计应符合实验目的要求，静载试验装置的设计和安装应符合试验安全的要求。

（2）当符合下列条件之一时，应采用单桩竖向抗压静载试验进行承载力验收检测。检测数量不应少于同一条件下桩基分项工程总桩数的 1%，且不应少于 3 根；当总桩数小于50 根时，检测数量不应少于 2 根。

① 设计等级为甲级的桩基；

② 施工前未进行为设计提供依据的试验桩单桩静载试验的工程；

③ 施工前进行了单桩静载试验，但施工过程中变更了工艺参数或施工质量出现了异常；

④ 地基条件复杂、桩施工质量可靠性低；

⑤ 本地区采用的新桩型或新工艺；

⑥ 施工过程中产生挤土或偏位的群桩。

桩基工程属于一个单位工程的分部（子分部）工程中的分项工程，一般以分项工程单独验收，所以将承载力验收检测的工程桩数量限定在分项工程内，同时也规定了在何种条件下工程桩应进行单桩竖向抗压静载试验及检测数量低限。

按照传统的百分比抽样原则，单位工程内同一条件下的工程桩竖向抗压静载试验抽检数量低限不得少于总桩数的1%且不少于3根；当总数在50根以内时，不应少于2根。若规定的检测数量不足以为设计提供可靠依据或设计另有要求时，可根据情况增加试桩数量，如对地质条件变化较大的地区，或采用了新桩型、新工艺的工程，受检桩的数量应适当增加。另外，如果施工时桩参数发生了较大变动或施工工艺发生了变化，即使施工前进行过试桩，施工后也应根据情况变化重新选择试桩。如挤土群桩施工，由于土体的侧移和隆起，桩被挤断、拉断、上浮等现象时有发生；尤其是大面积密集群桩施工，再加上施工顺序不合理或打桩速率过快等不利因素，常引发严重的质量事故。有时施工前虽做过静载试验并以此作为设计依据，但因前期施工的试桩数量毕竟有限，挤土效应并未充分显现，施工后的基桩承载力与施工前的试桩结果相差甚远，对此应给予足够的重视。

（3）除（2）中规定之外的工程桩，单桩竖向抗压承载力可按下列方式进行验收检测，检测数量不应少于同一条件下桩基分项工程总桩数的1%，且不应少于3根；当总桩数小于50根时，检测数量不应少于2根。

（4）除（2）中规定之外的工程桩，当为预制桩和满足高应变法适用范围的灌注桩，可采用高应变法检测单桩竖向抗压承载力，检测数量不宜少于总桩数的5%，且不得少于5根。

预制桩和满足高应变法适用检测范围的灌注桩，可采用高应变法。高应变法作为一种以检测承载力为主的试验方法，尚不能完全取代静载试验。该方法的可靠性的提高，在很大程度上取决于检测人员的技术水平和经验，绝非仅通过一定量的静动对比就能解决。由于检测人员水平、设备匹配能力、桩土相互作用复杂性等原因，超出高应变法适用范围后，静动对比在机理上就不具备可比性。如果说"静动对比"是衡量高应变法是否可靠的唯一"硬"指标的话，那么对比结果就不能只是与静载承载力数值的比较，还应比较动测得到的桩的沉降和土参数取值是否合理。同时，尽管允许采用高应变法进行验收检测，但仍需不断积累验证资料、提高分析判断能力和现场检测技术水平，尤其针对灌注桩检测中，实测信号质量有时不易保证、分析中不确定因素多的情况。

（5）当有本地区相近条件的对比验证资料时，高应变法可作为（2）中规定条件下单桩竖向抗压承载力验收检测的补充，其检测数量不宜少于总桩数的5%，且不得少于5根。

为了全面了解工程桩的承载力情况，使验收检测达到既安全又经济的目的，可采用高应变法作为静载试验的"补充"，但不能完全代替静载试验。如场地地基条件复杂、桩施工变异大，但按（2）中规定的静载试桩数量很少，存在抽样不足、代表性差的问题，此时在满足（2）中规定的静载试桩数量的基础上，只能是额外增加高应变检测；又如场地地基条件和施工变异不大，按1%抽检的静载试桩数量较大，根据经验能认定高应变法适用且其结果与静载试验有良好的可比性，此时可适当减少静载试桩数量，采用高应变法检测作为补充。

（6）对于端承型大直径灌注桩，当受设备或现场条件限制无法检测单桩竖向抗压承载力时，可选择下列方式进行持力层核验：

采用钻芯法测定桩底沉渣厚度，并钻取桩端持力层岩土芯样检验桩端持力层，检测数量不应少于总桩数的 10％，且不应少于 10 根。

采用深层平板载荷试验或岩基平板载荷试验，检测应符合国家现行标准《建筑地基基础设计规范》GB 50007—2011 和《建筑桩基技术规范》JGJ 94—2008 的有关规定，检测数量不应少于总桩数的 1％，且不应少于 3 根。

端承型大直径灌注桩（事实上对所有高承载力的桩），往往不允许任何一根桩承载力失效，否则后果不堪设想。由于试桩荷载大或场地限制，有时很难、甚至无法进行单桩竖向抗压承载力静载检验。对此更体现了"多种方法合理搭配，优势互补"的原则，如深层平板载荷试验、岩基载荷试验，终孔后混凝土灌注前的桩端持力层鉴别、成桩后的钻芯法沉渣厚度测定、桩端持力层钻芯鉴别（包括动力触探、标贯试验、岩芯试件抗压强度试验）。

（7）桩的竖向抗拔和水平静载试验抽检数量同样按照传统的百分比抽样原则，为总桩数的 1％且不少于 3 根，当总桩数小于 50 根时，不应少于 2 根。

4.5　验证与扩大检测

4.5.1　验证检测

1. 验证情况

现场检测宜先进行完整性检测，后进行承载力检测。相对静载试验而言，完整性检测（除钻芯法外）作为普查手段，具有速度快、费用低和检测量大的特点，容易发现桩基施工的整体质量问题，同时也可为有针对性地选择静载试桩提供帮助，所以完整性检测宜安排在静载试验之前。当基础埋深较大，基坑开挖产生土体侧移将桩推断或机械开挖将桩碰断的现象时有发生，此时完整性检测应等到开挖至基底标高后进行。不论完整性检测还是承载力检测，必须严格按照规范的要求进行，以使检测数据可靠、减少试验误差，如静载试验中基准桩与试桩的间距、百分表安装位置及稳定判别标准，高应变法对锤重的要求，低应变法中传感器安装位置，声波透射法中对测点间距的要求等。

当测试数据因外界环境干扰、人员操作失误或仪器设备故障影响变得异常时，应及时查明原因并加以排除，然后组织重新检测，如低应变法检测时，邻近大型机器运转所产生的低频振动使测试信号出现畸变；声波透射法检测时，因人员操作失误，使声波发射和接收换能器不同步，造成声时或声速突然变得异常；钻芯监测时，因钻芯孔倾斜，钻头未达桩底便已偏出桩体等。

验证检测是针对检测中出现的缺乏依据、无法或者难于定论的情况所进行的同类方法或者不同类方法的核验过程，以做到结果评价的准确和可靠。

2. 验证方法

用准确可靠程度（或直观性）高的检测方法来弥补或复核准确可靠程度（或直观性）低的检测方法结果的不确定性，称为验证检测。验证的主要方法有：

（1）单桩竖向抗压承载力验证应采用单桩竖向抗压静载试验。

（2）桩身浅部缺陷可采用开挖验证。

（3）桩身或接头存在裂隙的预制桩可采用高应变法验证，管桩也可采用孔内摄像的方式验证。

（4）单孔钻芯检测发现桩身混凝土存在质量问题时，宜在同一基桩增加钻孔验证，并根据前、后钻芯结果对受检桩重新评价。

（5）对低应变法检测中不能明确桩身完整性类别的桩或Ⅲ类桩，可根据实际情况采用静载法、钻芯法、高应变法、开挖等方法进行验证检测。

同时也要注意完整性检测和承载力检测概念上的不同，桩身完整性不符合要求和单桩承载力不满足设计要求是两个独立概念。

（6）桩身混凝土实体强度可在桩顶浅部钻取芯样验证。

当需要验证运送至现场某批次混凝土强度或对预留的试块强度和浇筑后的混凝土强度有异议时，可按结构构件取芯的方式，验证评价桩身实体混凝土强度。注意桩实体强度取芯验证与本教材中钻芯法有差别，前者只要按《混凝土结构现场检测技术标准》GB/T 50784，在满足随机抽样的代表性和数量要求的条件下，可以给出具有保证率的验证混凝土强度推定值；后者因检测桩数少、缺乏代表性而仅对受检单桩的混凝土强度进行评价。

4.5.2　扩大检测

扩大检测是针对初次检测发现的基桩承载力不能满足设计要求或者完整性检测中Ⅲ、Ⅳ类桩比例较大时所进行的同类方法的再次检测。一般包括以下几种情况：

1. 当采用低应变法、高应变法的声波透射法检测桩身完整型发现有Ⅲ、Ⅳ类桩存在，且检测数量覆盖的范围不能为补强或设计变更方案提供依据时，宜采用原检测方法，在未检桩中继续扩大检测。当原检测方法为声波透射法时，可改用钻芯法。

2. 当单桩承载力或钻芯法检测结果不满足设计要求时，应分析原因并扩大检测。

扩大检测不能盲目进行，应首先会同建设方、设计、施工、监理等有关方分析和判断桩基的整体质量状况，尽可能查明产生质量问题的原因，有问题桩的分布规律，分清责任。当无法做出准确判断，为桩基补强或变更设计方案提供可靠依据时，则应进行扩大检测。扩大检测数量宜根据地基条件、桩基设计等级、桩型、施工质量变异性等因素合理确定，并经有关方认可。

4.6　检测结果评价和检测报告

4.6.1　检测结果评价

桩的设计要求通常包含承载力、混凝土强度以及施工质量验收规范规定的各项内容，而施工后基桩检测结果的评价包含了承载力和完整性两个相对独立的评价内容。

对于桩身完整性检测，《建筑基桩检测技术规范》JGJ 106—2014给出了完整性类别的划分标准，如表4-4所示，改变了过去划分依据、类别和名称的不统一状态，如过去对划分依据有的是根据测试信号反映桩的缺陷程度和整桩平均波速，有的是根据波速推断混凝土的强度；而类别和名称有的分为优良、较好、合格、可疑、不合格五类，有的分为优质、良好、不合格三类等等。统一的划分标准将有利于完整性检测结果的判定和采用，但在进行结果评价时，也要考虑桩的设计条件、承载力性状及施工等多方面的因素，不能只机械地按测试信号进行评判。

桩身完整性分类表　　　　　　　　　　　　　　表 4-4

桩身完整性类别	分类原则
Ⅰ 类桩	桩身完整
Ⅱ 类桩	桩身有轻微缺陷，不会影响桩身结构承载力的正常发挥
Ⅲ 类桩	桩身有明显缺陷，对桩身结构承载力有影响
Ⅳ 类桩	桩身存在严重缺陷

对完整性类别为Ⅳ类的基桩，因存在严重缺陷，对桩身结构承载力的发挥有很大影响，所以必须进行工程处理。处理方式包括补桩、补强、设计变更或由原设计单位复核以确定是否可满足结构安全和使用功能要求等等。有一点要强调的是，对实测桩长明显小于施工记录桩长的桩，一种情况是桩端未进入设计要求的持力层或进入持力层深度不够，承载力达不到设计要求；一种情况是桩端进入持力层，承载力能够满足设计要求；无论能否满足使用要求，这种桩都背离了桩身完整性中连续性的内涵，所以应判为Ⅳ类桩。而对Ⅲ类桩，可能采用的处理方式与Ⅳ类桩相同，也可能采用其他更可靠的检测方法验证后再做决定。另外，低应变反射法出现Ⅲ类桩的判定结论后，可能还会附带检测机构要求对该桩采用其他方法进一步验证的建议。

基桩整体施工质量问题可由桩身完整性普测发现，虽然完整性类别的划分主要是根据缺陷程度，但这种划分不能机械地理解为不需考虑桩的设计条件、地质状况及施工因素，综合判定能力对桩身完整性的正确评价起关键作用。如果委托方不能就提供的完整性检测结果估计对桩承载力的影响程度，进而估计是否危及上部结构安全，那么在很大程度上就减少了桩身完整性检测的实际意义。完整性类别划分主要是根据缺陷程度，但这种划分不能机械地理解为不需要考虑桩的设计条件和施工因素。综合判定对检测人员极为重要。

对于单桩承载力检测结果评价，工程桩承载力验收检测应给出受检桩的承载力检测值，并评价单桩承载力是否满足设计要求。承载力现场试验的实测数据通过分析或综合分析所确定或判定的值称为承载力检测值，该值也包括采用正常使用极限状态要求的某一限值（如变形、裂缝）所对应的加载量值。这与 2003 版规范依据统计方式得到的特征值进行评价有所不同，主要考虑的是采用统计方式进行整体评价相当于用小样本推断大母体，而目前的基桩检测所采用的百分比抽样并非概率统计学意义上的抽样方式，评价采用的错判概率和漏判概率均无法明确量化。但与以前采用特征值进行评价相同的是，即使验收监测报告中的符合性结论是针对桩基分项工程整体做出的，也不代表整个分项工程基桩的承载力都满足设计要求。

最后还需说明的是：

1. 承载力检测因时间短暂，其结果仅代表试桩那一时刻的承载力，更不能包含日后自然或人为因素（如桩周土湿陷、膨胀、冻胀、融沉、侧移、基础上浮、地面超载等）对承载力的影响。

2. 承载力评价可能出现矛盾的情况，即承载力不满足设计要求而满足有关规范要求。因为规范一般给出满足安全储备和正常施工功能的最低要求，而设计时常在此基础上留有一定余量。考虑到责权划分，可以作为问题或建议提出，但仍需设计方复核和有关各责任主体方确认。

总之，检测结果要按以下原则进行：

1. 完整性检测与承载力检测相互配合，多种检测方法相互验证与补充。

2. 在充分考虑受检桩数量及代表性基础上，结合设计条件（包括基础和上部结构形式、地质条件、桩的承载力和沉降控制要求）与施工质量的可靠性，得出检测结论。

4.6.2　检测报告

检测报告是最终向委托方提供的重要技术文件。作为技术存档资料，检测报告首先应结论准确，用词规范，具有较强的可读性；其次是内容完整、精炼，常规的内容包括：

1. 委托方名称，工程名称、地点、建设、勘察、设计、监理和施工单位，基础、结构形式、层数、设计要求；
2. 检测目的，检测依据，检测数量，检测日期；
3. 地基条件描述；
4. 受检桩的桩型、尺寸、桩号、桩位、桩顶标高和相关施工记录；
5. 检测方法，检测仪器设备，检测过程叙述；
6. 受检桩的检测数据，实测与计算分析曲线、表格和汇总结果；
7. 与检测内容相应的检测结论。

特别强调的是，报告中应包含受检桩原始检测数据和曲线，并附有相关计算分析数据和曲线，对仅有检测结果而无任何检测数据和曲线的报告则视为无效。

除此之外，对于不同的检测方法，还应根据各自检测原理、方法和计算过程等，给出相应的计算分析中间参数。对于完整性检测，必须给出完整性的类别、判据和详细描述。对于承载力的检测，根据实际情况，给出单桩承载力实测值或计算出单桩承载力特征值。

4.7　检测的若干问题

4.7.1　基桩检测工作的特点

建设工程桩基质量检测工作，区别于其他类产品质量检测，具有自己独特的特点。如抽样选取较为随意、抽样对象的性能指标离散性大、检测结果不具代表性和抽样数量不够等，所以在进行完整性评价和依据有限根桩的检测结果完成对整个工程的承载力评价时应引起注意。

1. 抽样对象的性能指标离散性大

地基基础的施工质量验收目前无法根据可靠度理论来确定抽样方案，评估生产风险和使用方式风险，主要原因是验收对象的性能指标离散性比较大，不同地质条件、不同施工单位、不同管理水平有截然不同的产品质量。纵观《建筑地基基础工程施工质量验收规范》GB 50202—2018，无论是桩基础，还是复合地基，多是采用按百分比进行抽样检测，虽然这种抽样方法不够科学，但目前没有更好的方法。另外，监督管理力度有限，抽样执行力差，抽样数量难以保证，都会直接或者间接地影响到检测结果的评价。

2. 检测结果的代表性问题

从检测结果的代表性来看，影响建筑物结构安全的因素很多，与一般产品最大的差别在于，建（构）筑物是有许多单个构件组成的，由于施工人员、原材料、施工设备机具、施工环境等各种因素的影响，各个构件的性能指标的离散性很大，单个构件的失效（不合格）很可能导致整个建（构）筑物不能正常使用，如采用单桩单柱基础，出现任一根废桩都会导致整个建（构）筑物不能正常使用甚至坍塌的可能性。

3. 抽样数量问题

按照规范的规定，必须对同一单位工程每一种桩型、桩径的桩严格规范要求的比例抽检，如静载法检测，每一种桩型、桩径的桩抽样数量最低不少于 3 根，考虑到目前检测市场，恐怕难以做到。按照规范要求，承载力特征值是对一个单位工程内同条件下的桩进行评价。考虑到每一个单位工程中桩基础通常包含不同桩型、桩径的桩，在进行单位工程承载力评价时，必须对同一条件的桩进行评价。

4.7.2　各检测方法的优点

目前，用于工程桩质量检测的方法主要有：低应变法、高应变法、声波透射法、钻芯法和静载法五种，该五种方法在检测桩身完整性和检测单桩承载力方面各有所长，在工程应用中相互补充。

1. 低应变法

低应变反射波在检测桩身质量完整性方面具有其他检测方法不可替代的优势，如设备简单、方法快速、费用低、结果比较可靠，是普查桩身质量的一种有力手段。根据反射波法检测结果来确定静载法、钻芯法和高应变法的桩位，可以使检测数量不多的静载法等结果更具代表性，弥补静载法等因抽样率低带来的不足；或静载法出现的不合格桩后，采用反射波来加大检测面，为桩基处理方案提供更多的依据，反射波法具有上述优点，也存在一定的局限性，所以在检测结果评定时应引起足够的重视。

（1）反射波法确定桩身质量的"定量"问题

反射波法检验桩身质量的完整性，目前已经基本上能确定桩身缺陷（尤其第一个缺陷）的集体位置。但相对于缺陷的位置而言，缺陷的"程度"更加重要，也更引起人们的关注。因为，对于一根有缺陷的桩，其缺陷的具体位置在几米处似乎不太重要（并非绝对），而重要的是缺陷程度如何，该桩为几类桩，能否使用。事实上，目前反射波法，最关键、最难解决的问题是缺陷"程度"的"定量"判定问题，根据反射波法的实测波形中缺陷反射的幅值，来判断缺陷的具体程度、划分桩的类别。由于影响反射波幅值的因素比较多，如桩周土阻力等，所以要做到将实测波形与桩的类别定义紧密挂钩，确定一个操作性强的判断准则是非常困难的。

（2）反射波法的尺寸效应问题

一维应力波理论有一个重要的假设即平截面假设：假设力和速度只是深度和时间的函数。理论上，如果杆的长度 L 远大于杆的直径 D，则可将其视为一维杆，实际上，如果 $L/D>5\sim10$，我们认为可近似作为一维杆件处理。

当桩顶受到锤击点（点振源）锤击时，将产生一个四周传播的应力波，类似于半球面波，除了纵波外，还有横波和表面波，当桩顶附近区域内，平截面假设不成立，只有传到一定深度时，即 $X>(5\sim10)$ 时，应力波沿桩身向下传播的波阵面才可近似看作是平面，即球面波才可近似看作是平面波，一维应力波理论才能成立。

从理论上讲，桩上部 $(3\sim5)D$ 范围内，一维波动理论的平截面假设不成立或者成立的条件不够充分，当桩浅部存在较严重缺陷时，波动效应不明显。实测波形中主要表现为高幅值、大低频、宽幅的振动，相当于一个弹簧上质量块的振动，缺陷上部的桩身为质量块，缺陷处为弹簧。此时，振动效应占主导地位，波动效应占次要地位。

为了解决这一矛盾，在实测中，对于大直径桩，建议采用不同的锤进行试验，大锤侧重测桩下部和桩底的情况，同时可适当加软垫拓宽脉冲。对于浅部缺陷，建议用小锤，提高激振频率，减小入射波脉冲宽度。

（3）反射波法的局限性

① 对于多个缺陷桩，应力波在桩中产生多次反射和透射，对实测波形的判断非常复杂且不准确，第二、第三缺陷的判断会有较大误差，一般不要判断第三个缺陷。

② 反射波法不能定量确定桩底沉渣厚度。

③ 桩身渐变型缺陷的情况，渐变扩径后相对缩径容易被判为缩径；渐变缩径或离析且范围较大时，缺陷反射波形不明显。

④ 桩身裂缝及接缝问题。反射波法不能识别纵向裂缝，对水平裂缝和接缝能反映出来，但程度很难掌握。往往判为严重缺陷，而高应变或静载可以使这些裂缝闭合，继续传递竖向荷载。

⑤ 反射波法所反映的缺陷深度和计算桩长与实际情况有一定的差别。

⑥ 反射波法不能提供桩身混凝土强度。

具体情况在低应变法一章有更详细的介绍。

2. 高应变法

高应变法是采用重锤冲击桩顶，使桩土之间产生足够的相对位移，充分激发桩周土摩阻力和桩端支撑力，从而测得桩的竖向抗压承载力和桩身质量完整性。对实测波形进行拟合分析计算，可获得桩周土力学参数，桩周、桩端土阻力分布，模拟静载法的荷载沉降（Q-s）曲线。该种方法与单桩竖向抗压静载法相比，具有设备简单、省时、费用低、抽检覆盖面大等优点，同时可用于打桩过程中的检测，所以在工程界被广泛应用。

随着测试技术和计算机技术的迅速发展，高应变法的设备功能和软件分析功能也不断完善，检测结果的精确度和可靠度不断提高。但仍然存在着一些值得注意的问题。

（1）高应变法的理论基础

高应变法检测技术以一维波动理论为基础，假设桩为一维线弹性杆件，桩周土阻力由动阻力和静阻力两部分组成，一般假设动阻力与桩的质点运动速度成正比，土的静阻力与该点桩身位移有关，土的静阻力模型多采用 smith 土阻力模型。

CASE 法是一种简化的波动分析方法，它假设桩为匀质的、无内部阻尼变化的弹性杆，桩周土阻力均匀地分布于桩周，将对桩的锤击力的动力响应看作锤击所产生的应力波及桩运动所激发的土阻力的叠加，使桩的动力响应分析大大简化。

（2）桩锤性能对试验结果的影响

高应变法的精度明显受冲击荷载持续时间的长短和传递能量大小的影响。高应变法与静载法不同之处在于：在瞬态荷载作用过程中，桩身每一时刻受力不均匀引起桩身运动不均匀，从而引起较为明显的波动效应即惯性效应，在瞬态变形时，桩周土阻力变化表现出速度相关性即速度效应。这两种效应很大程度上影响着高应变法判断承载力的精度。如果把桩视为弹性杆，桩锤视为刚体，则荷载作用持续时间随锤的质量增加而延宽，若把锤与桩均考虑为具有一定阻抗的弹性杆件，则荷载作用持续时间随锤的阻抗和长度的增加而增加，当锤的阻抗大于桩的阻抗时，才有可能使锤的动能完全传递给桩。

如果将桩顶荷载作用时间 T 与桩的波速 C 乘积定义为特征波长 λ，则 λ/L（L 为桩长）愈大，应力波沿桩身向下传播时，桩身受力及运动状态也就愈趋于均匀；反之 λ/L 较小时，就相当于长桩或超长桩的情况；从桩顶实测波形可以看到速度波形先于 $2L/c$ 甚至 L/c 就已变成负值，意味着应力波传至桩下部在引起下部桩身向下运动的同时，桩的上部已出现反弹即卸载现象，这种现象说明桩的受力和运动不均匀，波动效应明显。

所以，对于大、中直径桩，应采取"重锤低击"的原则，可使桩顶荷载作用持续时间延长、能量传递比增大。

（3）高应变理论模型的问题和局限性

CASE 法是用一种理想化的计算模型，与工程中实际的桩—土体系模型相差较远，导致计算结果的可靠度降低。如：只考虑桩端土的阻尼，忽略了桩侧土阻尼的影响；对于非均匀桩，桩身阻抗有较大变化，应力波在传播过程中发生畸变，CASE 法无法考虑；CASE 法的关键参数—桩端阻尼系数 J_c 是一个地区性经验参数，其取值的因素太多，如所参照的地质报告不准等，都会给检测结果造成较大的误差，需要通过动静对比来确定。

其他详细介绍见高应变法章节。

3. 声波透射法

声波透射法用于检测混凝土灌注桩的完整性，其基本方法是：基桩成孔后，灌注混凝土之前，在桩内预埋若干根声测管作为声波发射和接收换能器的通道，待混凝土强度达到一定强度后开始检测，用声波检测仪沿桩的纵轴方向以一定的间距逐点检测声波穿过桩身各截面的声学参数，然后对这些检测数据进行整理、分析和判断，确定桩身混凝土缺陷的位置、范围和程度，从而推断桩身混凝土的连续性、完整性和均匀性状况，评定桩身完整性等级。

因此，相比混凝土灌注桩的其他几种主要检测方法：钻芯法、高应变法、低应变法和静载试验，声波透射法具有如下优点：

（1）声波透射法检测全面、细致，其检测的范围可覆盖全桩长的各个横截面，信息量相当丰富。并且，通过对重点部位的同步加密测量、斜测和扇形扫描，可以确定缺陷的具体位置和大小，因此声波透射法的测试精度在各种完整性测试中是比较高的。

（2）由于声波透射法检测时通过换能器在两根平行的声测管内同步上（下）移动进行检测，可以有效避免桩周其他介质对桩身完整性检测的影响，因此具有较高的测试准确性。

（3）声波透射法检测受现场条件影响很小，并且现场制作简便迅速。只要能保证声测管垂直露出表面就可以检测，不受桩长、长径比的限制，无需进行桩头的特殊处理和桩周场地处理就可以进行检测，对工期的影响和工程造价的影响是很小的，因此检测的费用比较低，可普查的面比较广。

同样的，声波透射法的缺点也是明显的：

（1）声波透射法必须在两根声测管内进行检测，必须预埋声测管，这在客观上增加了一部分成本费用。同样的，未进行声测管埋设的灌注桩将因为如上原因无法进行声波透射法检测。

（2）虽然声波透射法检测的范围是全桩各个剖面，但是对于桩底持力层的情况无法进行检测。同样的，钢筋笼以外的小部分混凝土也是声波透射法的一个检测盲区。

（3）由于声波透射法是在两根声测管之间进行的，声测管的埋设直接影响着声波透射法的测试准确性。

关于声波透射法更详细的分析见声波透射法章节。

4. 钻芯法

钻芯法是检测钻孔、冲孔、人工挖孔等灌注桩质量的一种有效手段，不受场地条件的限制，特别适用于大直径灌注桩质量的检验。钻芯法检桩主要用于：检验桩身混凝土质量、桩身混凝土强度是否满足设计要求；桩底沉渣是否符合设计要求或施工验收规范要求；桩端持力层强度和厚度是否符合设计要求；施工记录桩长是否属实等。与反射波法检测桩身质量相比，具有直观、定量地判断桩身混凝土质量、强度、桩底沉渣厚度、桩长等优点。

（1）钻孔取芯的"盲区"问题

该法取样部位有局限性，只能反映钻孔范围内的小部分混凝土质量，存在较大的盲区，容易以点代面造成误判或漏判。钻芯法对查明大面积的混凝土稀松、离析、夹泥、孔洞等比较有效，而对局部缺陷和水平裂缝等判断就不一定十分准确。

（2）钻孔位置布置对检测结果的影响

钻芯法还存在设备庞大、费工费时、价格昂贵的缺点。因此钻芯法不宜用于大批量检测，而只能用于抽样检查，或作为对无损检测结果的验证手段。实践经验表明，采用钻芯法与声波透射法联合检测、综合判定的办法评定大直径灌注桩的质量，是十分有效的办法。

5. 静载法

单桩竖向抗压静载法是采用接近于竖向抗压桩的实际工作条件的试验方法，确定单桩竖向极限承载力，作为设计依据，或对工程桩的承载力进行抽样检验和评价。当埋设桩底反力和桩身应力、应变测量元件时，尚可直接测定桩周各土层的极限侧阻力和极限端阻力。该方法在目前是一种最直观、可靠的检验单桩极限承载力的方法。

（1）静载法执行规范应注意的问题

与动测技术相比，静载试验较为简单，技术含量较低，要求检测人员严格按照有关的规范操作，常用的可按照《建筑基桩检测技术规范》JGJ 106、《建筑地基基础设计规范》GB 50007 等的有关规定进行。在签订检测合同时要明确执行哪一本规范，是采用分项系数还是使用安全系数。

（2）静载法破坏机理分析

桩的极限承载力取决于土对桩的支撑阻力和桩身材料强度，一般由土对桩的支撑阻力控制。正常情况下，单桩在竖向荷载的作用下，首先从上到下激发桩周土的摩阻力，随着荷载增加，桩端出现竖向位移和桩端反力，桩端位移加大了桩身各截面的位移，并使得桩侧阻力进一步发挥，当桩周土阻力充分发挥后，桩端持力层的支撑力逐渐增大以至于极限状态，当桩周土阻力的端承力都达到极限状态时，一般认为该桩的极限承载力被充分发挥。通常情况，当桩身不存在较大问题时，在试验过程中，桩身不会发生破坏，静载法达到极限后，再加载会引起桩周或桩端土的破坏。而对于桩身质量有问题的桩，在加载过程中，桩周或桩端摩阻力或端承力还没有来得及充分激发，桩身的轴向应力已经超过了桩身缺陷部分极限抗压强度，而导致桩身产生破坏。所以，静载法的破坏，一般有三种情况：桩周土的破坏、桩端持力层的破坏和桩身破坏。

虽然静载法无法确定桩身质量，也无法测得静载法达到极限荷载以前的状态，但是，对于达到极限状态以后的破坏形式基本上还是可以确定的。如属桩身破坏或桩端持力层夹层破坏情况，千斤顶油压值降到很低，承载力大幅下降，说明该桩已经成为废桩。对于桩周土发生破坏的摩擦性桩，千斤顶油压值降的比较少，荷载降 1～2 级，这种桩身没有破坏，试验前后承载力基本上没有发生变化，可继续使用。所以试验做到破坏时，应记录残余油压值的读数。

（3）特殊情况下静载法结果处理建议

静载法有时会遇到各种不同的情况，所以在提供单桩承载力时应加以注意。

① 对于静载法做到破坏的情况，所提供的极限承载力是指该桩所代表的那一类桩的极限承载力。而该桩有可能已经不能使用。如：对于桩身或桩端持力层夹层已发生破坏的桩，如在静载法最后一级或最后第二级加载时发生桩身破坏或桩端持力层夹层破坏，千斤顶油压值降到很低，按照规范，这根桩的极限承载力可以定得很高，这个承载力代表的是这一类桩的承载力，而该桩本身几乎已经成为废桩；对于桩周土发生破坏的桩，一般在比较接近最大试验荷载（最后 2～3 级）无法稳定，但千斤顶油压值降的很少，只要不加压就能稳定，这种桩身没有破坏，试验前后承载力基本没有发生变化，可继续使用。

② 对于桩身存在水平裂缝的情况：在某级荷载作用下沉降明显偏大，但每一级都能稳定，最后按规范判定该桩竖向承载力能够满足设计要求，在这种情况下应该提请设计单位注意可能存在水平荷载降低的隐患。

③ 经过试验后桩的承载力提高了的情况：预制桩接桩质量差，或因施工挤土而上浮，承载力往往不合格，但经过静载法压实后，承载力会提高，甚至满足设计要求。当然，按照规范，这根桩极限承载力定得很低，这个承载力代表的是这一类桩的承载力。

4.7.3　基桩检测工作中对勘察报告的关注要点

桩基岩土工程勘察是一项专门性勘察，除应遵守一般地基勘察中的有关规定外，同时应为选择桩的类型、长度，确定桩的单桩承载力，计算群桩测沉降以及选定施工方法提供所需的岩土工程参数。

1. 勘察报告的主要内容

（1）勘察目的、任务要求和依据的技术标准。

（2）拟建工程概况。

（3）勘察方法和勘察工作布置。

（4）场地地形、地貌、地层、地质构造、岩土性质及其均匀性。

（5）各项岩土性质指标，岩土的强度参数、变形参数、地基承载力的建议值。

（6）地下水埋藏情况、类型、水位及其变化。

（7）土和水对建筑材料的腐蚀性。

（8）可能影响工程稳定的不良地质作用的描述和对工程危害程度的评价。

（9）场地稳定性和适宜性的评价。

2. 勘察报告中有关桩基的主要内容

（1）提供场地各单元岩土层的埋藏条件及物理、力学指标，对选择成桩类型提供桩侧摩阻力值和桩端阻力值，估算单桩承载力值。对需进行沉降计算的桩基工程，提供计算所需的岩土参数。

（2）推荐经济合理的桩基持力层；拟用基岩作为桩基持力层时，提供基岩的岩性、构造、风化程度，判定有无洞穴、破损带或软弱夹层。

（3）提供可能采用的桩基类型、桩端持力层、桩长、桩径方案的建议。

（4）提供场地水文地质条件评价，评价地下水对桩基设计和施工的影响。

（5）评价成桩的可能性，论证桩的施工条件及其对环境的影响，施工应注意的事项和建议。

3. 主要的关注要点

工程检测人员在调查、资料收集阶段应收集到被检工程的岩土工程勘察报告，通常情况下，仅收集到该场地的极少部分资料，如钻孔地质柱状图1~2张，对地质条件极简单的场地，还勉强可用；对地质条件复杂的场地，仅凭1~2张钻孔地质柱状图，就要对整个被检工程场地的地质情况了解，这远远不够。为了更好地了解被检测工程场地岩土地层的分布、工程特性以及场地是否存在不良地质现象，工程检测人员需重点关注勘察报告中的几个要点：

（1）钻孔布置平面图

能充分了解场地建筑物的勘察范围，各个钻孔的具体位置。

（2）钻孔地质柱状图

选择接近现有桩位的钻孔和具有代表性的钻孔。

（3）不良地质现象

被检测场地是否存在着对成桩影响的流砂、软土等不良地质现象。

（4）地下水

地下水的埋藏和赋存、发育情况。

（5）岩土层性状

桩端持力层以上各岩土层的状态（或密度）和风化程度，是否存在影响成桩工艺的不良地层。

（6）桩端持力层情况

检测前充分了解桩端持力层的情况相当重要，尤其是对于端承桩，良好的桩端持力层才能保证建筑物基础的稳固。

对于持力层，应了解土层的状态（或密度），是否存在夹杂物或孤石，标准贯入试验的实测击数情况。

对于持力层为岩层，应了解岩层的岩性、风化程度，是否存在洞穴、破碎带或软弱夹层。

（7）原位测试结果

主要有标准贯入试验和动力触探试验。

（8）承载力的相关参数

地基土（岩）承载力、桩侧摩阻力和桩端阻力、岩石单轴抗压强度（天然、饱和）。

第5章 基桩承载力静载试验

5.1 概　述

桩基的定义为：由设置于岩土中的桩与桩顶连接的承台共同组成的基础或由柱与桩直接连接的单桩基础。基桩为桩基础中的单桩。基桩承载力通常指单桩竖向抗压承载力、单桩竖向抗拔承载力及单桩水平承载力。基桩承载力由基桩与桩周岩（土）体共同提供，静载试验是检测基桩及其地基承载力的一种最直观、最可靠的试验方法。桩基载荷试验主要包括单桩竖向抗压静载试验、单桩竖向抗拔静载试验及单桩水平静载试验，此外，根据桩基的设计类型，通过地基平板荷载试验以及自平衡和内力测试试验等方法也可判断桩基承载力。本章将对这些试验方法分别进行介绍，关于对静载仪器以及测量仪表的性能要求集中在5.2节进行介绍。

基桩承载力检测时，当受检桩基为混凝土灌注桩时，受检桩龄期应达到28d，或受检桩同条件养护试件强度应达到设计强度要求。此外，承载力检测前其他桩基（如预制桩等）还应符合休止时间要求，当无成熟的地区经验时，应不少于表5-1的规定时间。

休止时间　　　　　　　　　　　　　　　　　　表 5-1

土的类别		休止时间（d）
砂土		7
粉土		10
黏性土	非饱和	15
	饱和	25

注：对于泥浆护壁灌注桩，宜延长休止时间。

5.2 单桩竖向抗压静载试验

5.2.1 一般规定

单桩竖向抗压静载试验采用接近于竖向抗压桩的实际工作条件的试验方法，确定单桩竖向抗压承载力，是目前公认的检测基桩竖向抗压承载力最直观、最可靠的试验方法。

单桩竖向抗压静载试验主要用于：

（1）确定单桩竖向抗压极限承载力与目标岩（土）层承载力指标；

（2）判定单桩竖向抗压承载力是否满足设计要求；

（3）通过桩身内力及变形测试测定桩侧、桩端阻力、验证高应变法及其他检测方法的单桩竖向抗压承载力检测结果。

试验的桩基范围包括能达到试验目的的刚性桩（如素混凝土桩、钢筋混凝土桩、钢桩等）半刚性桩（如水泥搅拌桩、高压旋喷桩等）。

虽然试验中能得到与承载力相对应的沉降，但必须指出的是，静载试验中的沉降量 s 与建筑（构）物的后期沉降量 s' 是有差异的。影响单桩竖向抗压静载试验中的桩顶沉降量 s 的因素主要是桩（包括桩型、桩长、桩径、成桩工艺等）和桩周桩端岩土性状，而对建（构）筑物的后期沉降量 s' 的影响，除了这些因素外，还有群桩效应、建（构）筑物的结构形式等诸多因素。国外有的静载试验采用 24h 或 72h 终极维持荷载法，目的是试图根据单桩竖向抗压静载试验中的桩顶沉降量来分析计算建（构）筑物的后期沉降。

5.2.2 设备仪器及其安装

静载试验设备主要包括：

（1）反力装置：包括主梁、次梁、锚桩或压重等；

（2）加压装置：包括千斤顶、油泵及加压油管等；

（3）荷载量测装置：包括压力表、压力传感器或荷重传感器等；

（4）位移测量装置：包括基准梁、百分表或位移传感器等；

（5）自动采集系统。

1. 反力装置

静载试验加载反力装置可根据现场条件选择锚桩横梁反力装置、压重平台反力装置、锚桩与压重联合反力装置、地锚反力装置及岩锚反力装置等。应注意选择的加载反力装置所提供的反力不得小于最大加载量的 1.2 倍（在《公路工程检测技术规程》中，此项要求为不小于 1.3 倍最大加载量），在最大试验荷载作用下，加载反力装置的全部构件应有足够的安全储备，不应产生过大的变形，并且要做到对全部反力装置构件进行强度和变形验算。如当采用压重平台反力装置时，应对压重平台本身的承载力（包括抗倾覆）及压重平台地基承载力进行验算；当采用锚桩横梁反力装置时，还应对锚桩抗拔力（地基土、抗拔钢筋、桩的接头混凝土抗拉能力）进行验算，并应监测锚桩上拔量。

静载荷压重反力装置主要是由钢梁（主要是主梁、次梁等及配重）组成。钢梁的选取和制作一定要注意钢梁的承载能力及刚度。

（1）钢梁受力机理及选择方式

应该指出，用于锚桩横梁反力装置和用于压重平台反力装置的钢梁，允许使用的最大试验荷载及受力机理是不同的。压重平台反力装置的主梁和次梁是受均布荷载作用，而锚桩横梁反力装置的主梁和次梁受集中荷载作用，集中荷载作用点与试验桩（主梁）、锚桩（次梁）的相对位置有关，而且集中荷载作用点的位置直接影响主梁和次梁所承受的弯矩和剪力荷载。

表 5-2 给出了钢梁的荷载与应力、挠度的关系。

钢梁的荷载与应力、挠度的关系 表 5-2

	压重平台反力装置的主梁	锚桩横梁反力装置的主梁
最大剪应力（千斤顶处）	$Q/2$	$Q/2$
最大弯矩	$QL/8$	$QL/4$

续表

	压重平台反力装置的主梁	锚桩横梁反力装置的主梁
最大挠度	QL3/(128EJX)	QL3/(48EJX)
梁端部最大转角	QL2/(48EJX)	QL2/(16EJX)
适用条件	梁受均布荷载作用， 总荷载为 Q，主梁长为 L	千斤顶在主梁的正中间， 次梁的集中荷载作用在主梁的两端端部
备注	E 为钢梁的弹模，JX 为惯性矩，EJX 为梁的抗弯刚度	

由受力关系图可知，主梁的最大受力区域在梁的中部，因此，在实际加工制作主梁时，一般在主梁的中部（约占 1/4 至 1/3 主梁长度）进行加强处理，如图 5-1 所示。

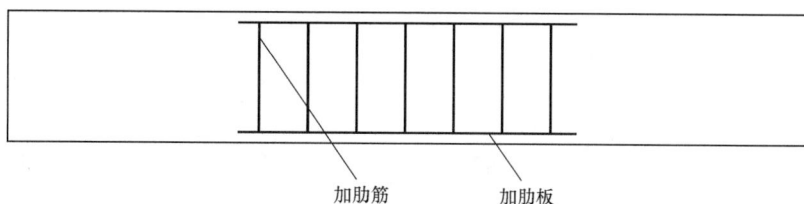

加肋筋　加肋板

图 5-1　钢梁制作示意图

（2）锚桩反力装置

锚桩横梁反力装置俗称锚桩法，是大直径灌注桩静载试验最常用的加载反力系统，由锚桩、主梁、次梁、拉杆、锚笼（或挂板）等组成（图 5-2）。当要求加载值较大时，有时需要 6 根甚至更多的锚桩。具体锚桩数量要通过验算各锚桩的抗拔力来确定。

锚桩采用方式可根据现场布桩情况而定，为了节省费用，尽量采用工程桩作为锚桩。

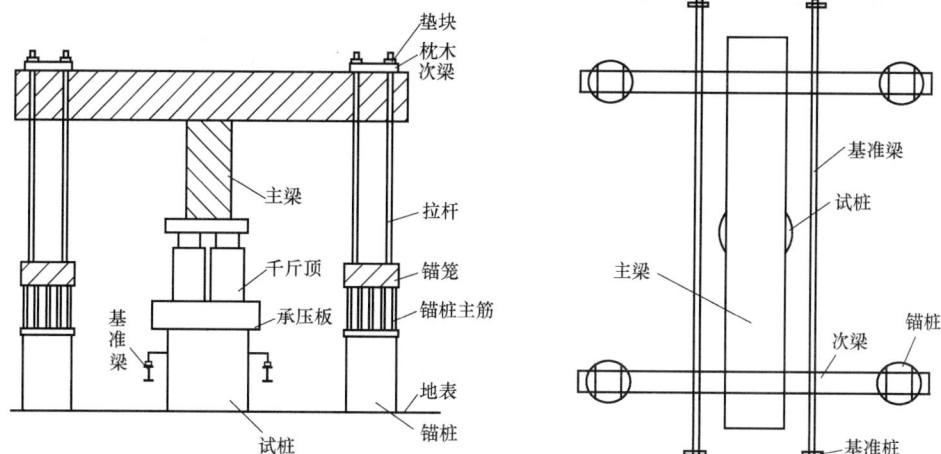

图 5-2　锚桩反力装置

图 5-3 提供了几种锚桩布置示意图。锚桩的具体布置形式既要考虑现有试验设备能力，也要考虑锚桩的抗拔力。

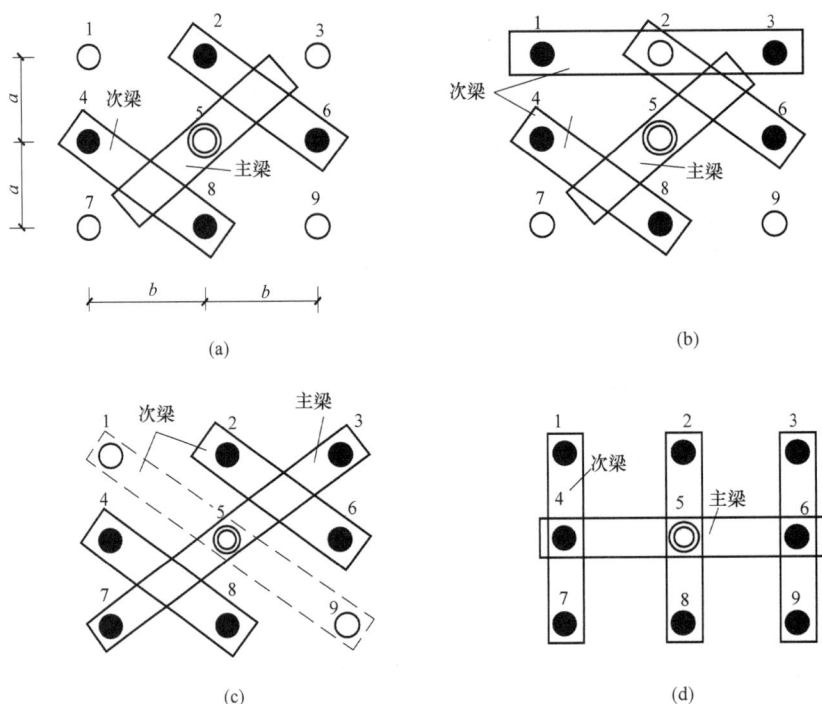

图 5-3　选择锚桩图例

（a）四根锚的情况；（b）五根锚的情况；（c）六根锚的情况；（d）八根锚的情况

◎试桩　●锚桩　○除试桩、锚桩外的其他工程桩

（3）压重平台反力装置

压重平台反力装置（俗称堆载法）由重物、次梁、主梁等构成（图 5-4）。常用的堆载重物为砂包或钢筋混凝土配重块，少数用水箱、砖和钢筋（铁块）、石块等。压重不得少于预估最大试验荷载的 1.2 倍，且压重宜在试验开始之前一次加上，并均匀稳固地放置于平台之上。

受堆载面积限制，且累加次梁及主梁的截面高度，导致堆载配重的重心较高，其整体稳定性导致的安全风险较大，故堆载平台设计时应重视堆载平台的承载力及其地基承载力的验算。

图 5-4　堆载试验装置示意图

（4）锚桩压重联合反力装置

当试桩的最大加载量超过锚桩的抗拔能力时，可在主梁和次梁上堆重或悬挂一定重物，由锚桩和重物共同承受千斤顶加载反力，以满足试验荷载要求。采用锚桩压重联合反力装置应注意两个问题：一是当各锚桩的抗拔力不一样时，重物应相对集中在抗拔力较小的锚桩附近；二是重物和锚桩反力的同步性问题，拉杆应预留足够的空隙，保证试验前期锚桩暂不受力，先用重物作为试验荷载，试验后期联合反力装置共同起作用。

除上述三种主要加载反力装置外，还有其他形式。例如地锚反力装置，如图 5-5 所示，适用于较小桩的试验加载，采用地锚反力装置应注意基准桩、地锚锚杆、试验桩之间的间距应符合表 5-2 的规定；对岩面浅的嵌岩桩，可利用岩锚提供反力；对于静力压桩工程，可利用静力压桩机的自重作为反力装置进行静载试验，但应注意不能直接利用静力压桩机的加载装置，而应架设合适的主梁，采用千斤顶加载，且基准桩的设置应符合规范规定。

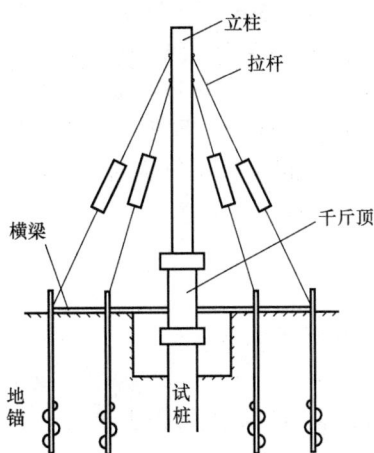

图 5-5　伞形地锚装置示意图

2. 加载装置

静载试验的加载装置通常采用千斤顶与油泵相连的形式，由千斤顶施加荷载。荷载测量可采用以下两种形式：一是通过放置在千斤顶上的荷重传感器直接测定；二是通过并联于千斤顶油路的油压表或压力传感器测定油压，根据千斤顶率定曲线换算荷载。试验加载装置一般使用一台或多台油压千斤顶并联同步加载，采用两台以上千斤顶加载时，要求千斤顶型号、规格相同，且合力中心与桩轴线重合。

目前市场上的油泵的种类较多，在进行工程试验的时候应该选择合适的油泵进行试验，选择油泵主要遵循几点：

（1）油泵的额定出油量，也就是油泵在运行状态下每分钟的出油量，如在大吨位试验的时，不宜选择额定出油量过小的油泵，否则会导致加载的时间过长；在小吨位试验的时候，不宜选择额定出油量过大的油泵，否则在加载过程中会经常出现控载精度较低的现象。

（2）油泵的油箱大小，同样也是油泵选取的一个要素，如在进行较大吨位试验时，选取小油箱的油泵，在试验的过程中需要多次对油泵进行加油，而在卸载的时候需要对油泵进行取油，增加现场检测人员的负担。大油箱油泵在运输搬运的过程中又存在搬运较困难的问题，所以需要合理选择油泵油箱大小。

目前市场上有两类千斤顶，一类是单油路千斤顶，只有一个油嘴，进油和回油（加载或卸载）都是通过这个油路，压力表连接在该油路上；另一类是双油路千斤顶，有上下两个油嘴，进油路接在千斤顶的下油路，压力表也连接在该油路上，油泵通过该油路对桩进行加载，回油路接在千斤顶的上油路。

试验用油泵、油管在最大加载时的压力不应超过额定工作压力的 80%，当试验油压较高时，油泵应能满足试验要求。

3. 荷载量测装置

荷载值可用放置在千斤顶上的荷重传感器直接测定，或采用并联于千斤顶油路的压力表或压力传感器测定油压，根据千斤顶率定曲线换算荷载。传感器的测量误差不应大于1%，压力表精度应优于或等于0.5级。试验用压力表、油泵、油管在最大加载时的压力不应超过规定工作压力的80%。目前市场上用于静载试验的油压表的量程主要有25MPa、40MPa、60MPa、100MPa，应根据千斤顶的配置和最大试验荷载要求，合理选择油压表。最大试验荷载对应的油压不宜小于压力表量程的1/4，避免"大秤砣轻物"；同时，为了延长压力表使用寿命，最大试验荷载对应的油压不宜大于压力表量程的2/3。

近几年来，许多单位采用自动化静载试验设备进行试验，采用荷重传感器测量荷载或采用压力传感器测定油压，实现加卸荷与稳压自动化控制，不仅减轻检测人员的工作强度，而且测试数据精确可靠。关于自动化静载试验设备的量值溯源，不仅应对压力传感器进行校准，而且还应对千斤顶进行校准，或者对压力传感器和千斤顶整个测力系统进行校准。

4. 位移量测装置

位移量测装置主要由基准桩、基准梁和百分表或位移传感器组成。

（1）基准桩

现行国家标准《建筑地基基础设计规范》GB 50007要求试桩、锚桩（压重平台支墩边）和基准桩之间的中心距离大于4倍试桩和锚桩的设计直径且大于2.0m。具体见表5-3。

试桩、锚桩（或压重平台支墩边）和基准桩之间的中心距离　　　　　表5-3

反力装置	试桩中心与锚桩中心（或压重平台支墩边）	试桩中心与基准桩中心	基准桩中心与锚桩中心（或压重平台支墩边）
锚桩横梁	≥4(3)D 且>2.0m	≥4(3)D 且>2.0m	≥4(3)D 且>2.0m
压重平台	≥4D 且>2.0m	≥4(3)D 且>2.0m	≥4D 且>2.0m
地锚装置	≥4D 且>2.0m	≥4(3)D 且>2.0m	≥4D 且>2.0m

注：1. D 为试桩、锚桩或地锚的设计直径或变宽，取其较大者。
　　2. 如试桩或锚桩为扩底桩或多支盘桩时，试桩与锚桩的中心距离不应小于2倍扩大端直径。
　　3. 括号内数值可用于工程桩验收检测时多排桩设计桩中心距离小于4D的情况或压重平台支撑墩下2~3倍宽影响范围内的地基土已进行加固处理的情况。
　　4. 软土场地区压重平台堆载重量较大时，宜增加支墩边与基准桩中心和试桩中心之间的距离，并在试验过程中观测基准桩的竖向位移。

关于压重平台支墩边与基准桩和试桩之间的最小间距问题，应区别两种情况对待。在场地土较硬时，堆载引起的支墩及其周边地面沉降和试验加载引起的地面回弹均很小。如 ϕ1200灌注桩采用（10×10）m² 平台堆载11550kN，土层自上而下为混灰岩残积土、强风化和中风化混灰岩，堆载和试验加载过程中，距支墩边1m、2m处观测到的地面沉降及回弹量几乎为零。但在软土场地，大吨位堆载由于支墩影响范围大而应引起足够的重视。以某一场地 ϕ500 管桩用（7×7）m² 平台堆载4000kN为例：在距支墩边0.95m、1.95m、2.55m和3.5m设四个观测点，平台堆载至4000kN时观测点下沉量分别为13.4mm、6.7mm、3.0mm和0.1mm；试验加载至4000kN时观测点回弹量分别为2.1mm、0.8mm、0.5mm和0.4mm。但也有导管桩堆载6000kN，支墩产生明显下沉，试验加载至6000kN时，距支墩边2.9m处的观测点回弹近8mm。这里出现两个问题：其一，当支墩边距试桩较近时，大吨位堆载地面下沉将对桩产生负摩阻力，特别对摩擦型桩将明显影响其承载力；其二，桩加载（地面卸载）时地基土回弹对基准桩产生影响。支墩对试桩、基准桩的影响程度与荷载水平及土质条件等有关。对于软土场地超过 10000kN 的特大吨位堆载（目前国内压重平台法堆载已超过 50000kN），为减少对试桩产生附加影响，应考虑对支墩影响范围内的地基土进行加固；对大吨位堆载支墩出现明显下沉的情况，尚需进一步积累资料和研究可靠的沉降测量方法，简易的办法是在远离支墩处用水准仪或张紧的钢丝观测基准桩的竖向位移。

基准桩埋设应满足以下几个条件：基准桩桩身不变动；没有被接触或破坏的危险；附近没有热源；不受直射阳光与风雨等干扰；不受锚桩上拔、试桩下沉、堆载地面沉降影响。上述情况中，根据经验看，锚桩、试桩、堆载对基准桩产生的影响尤为普遍与严重，故基准桩与锚桩、试桩、堆载支墩应保持一定的距离，条件可能时应尽量采用相邻工程桩作为基准桩。

（2）基准梁

宜采用工字梁作基准梁，高跨比不宜小于 1/40，尤其是大吨位静载试验，试验影响范围较大，要求采用较长和刚度较大的基准梁，有时由于运输和型钢尺寸的限制，需要在现场将两根钢梁组合或焊接成一根基准梁，如果组合或焊接质量不好，会影响基准梁的稳定性，必要时可将两根基准梁连接或者焊接成网架结构，以提高其稳定性。另外，基准梁越长，越容易受外界因素的影响，有时这种影响较难采取有效措施来预防。

基准梁的一端应固定在基准桩上，另一端应简支于基准桩上，以减少温度变化引起的基准梁挠曲变形。在满足规范规定的条件下，基准梁不宜过长，并应采取有效遮挡措施，以减少温度变化和刮风下雨、振动及其他外界因素的影响，尤其在昼夜温差较大且白天有阳光照射时更应注意。一般情况下，温度对沉降的影响为 1～2mm。

（3）百分表或位移传感器

沉降测量宜采用位移传感器或大量程百分表，并应符合下列规定：

1）对于机械式大量程（50mm）百分表《大量程百分表》JJG 379 规定的 I 级标准为：全程示值误差和回程误差分别不超过 $40\mu m$ 和 $8\mu m$，相当于满量程测量误差不大于 0.1%。测量误差不大于 0.1%FS，分辨率优于或等于 0.01mm（常用的百分表量程有 50mm、30mm、10mm，量程越大，周期检定合格率越低，但沉降测量使用的百分表量程过小，可能造成频繁调表，影响测量精度）。

2）直径或边宽大于 500mm 的桩，应在其两个方向对称安装 4 个百分表或位移传感器，直径或边宽小于或等于 500mm 的桩可对称安置 2 个百分表或位移传感器。

3）沉降测定平面宜在桩顶 200mm 以下位置（最好不小于 0.5 倍桩径），测点应牢固地固定于桩身。不得在承压板上或千斤顶上设置沉降测点，避免因承压板变形导致沉降观测数据失实。

4）测试仪器设备

桩基检测由于时间较长，现场的环境较恶劣，市面上出现了很多静载荷试验仪，能够较大程度增加现场的检测效率，减少现场检测工作人员的工作量，并且能够较精准的进行操作和记录等。使用静载荷测试仪，不仅能提高现场的工作效率，保障现场工作人员的安全，并且能更准确地进行试验。

5.2.3 现场检测

1. 桩头处理

试验过程中，应保证不会因桩头破坏而终止试验，但桩头部位往往承受较高的垂直荷载和偏心荷载，因此，一般应对桩头进行处理。混凝土桩桩头处理应先凿掉桩顶部的松散破碎层和低强度混凝土，露出主筋，冲洗干净桩头后再浇筑桩帽。

（1）桩帽顶面应水平、平整，桩帽中轴线与原桩身上部的中轴线严格对中，桩帽面积大于等于原桩身截面积，桩帽截面形状可为圆形或方形；

（2）桩帽主筋应全部直通至桩帽混凝土保护层之下，如原桩身露出主筋长度不够时，应通过焊接加长主筋，各主筋应在同一高度上，桩帽主筋应与原桩身主筋按规定焊接；

（3）距桩顶1倍桩径范围内，宜用3～5mm厚的钢板围裹，或距桩顶1.5倍桩径范围内设置箍筋，间距不宜大于150mm。桩帽应设置钢筋网片3～5层，间距80～150mm；

（4）桩帽混凝土强度等级宜比桩身混凝土提高1～2级，且不低于C30；

对于预应力方桩和预应力管桩，如果未进行截桩处理，桩头质量正常，单桩设计承载力合理，可不进行桩头处理。预应力管桩尤其是进行了截桩处理的预应力管桩，可采用填芯处理。填芯高度 h 一般为1～2m，可放置钢筋也可不放置钢筋，填芯用的混凝土强度等级宜大于C25，也可用特制夹具箍住桩头，如图5-6（a）所示。为了方便安装两个千斤顶，同时进一步保证桩头不受破损，可针对不同的桩径制作特定的桩帽套在试验桩桩头上。

图5-6是几种桩帽设计图，可供参考。

试桩桩顶标高须由检测单位根据自己的试验设备尺寸来确定，特别是对大吨位桩基静载试验更有必要。为便于沉降测量仪表安装，试桩顶部标高宜高出试坑坑底标高；为使试验桩受力条件与设计条件相同，平整后场地地面标高宜与静载承台顶标高基本一致。对于工程桩验收检测，当试验荷载较小时，允许采用将桩顶使用水泥砂浆抹平的简单桩头处理方法。

2. 系统检查

在所有试验设备安装完毕之后，应进行一次系统检查。其方法是对试桩施加一较小的荷载进行预压，其目的是：（1）消除整个量测系统和受检桩本身由于安装、桩头处理等人为因素造成的间隙而引起的非桩身沉降；（2）排除千斤顶和管路中的空气，检查管路接头、阀门等是否漏油等。如一切正常，卸载至零，待百分表显示的读数稳定后，并记录百分表初始读数，即可开始进行正式加载。

3. 试验方式

单桩竖向抗压试验加、卸载方式应符合下列规定：

加载分级：每级加载量为试桩预计最大试验荷载的1/12～1/10，逐渐加载，第一级则可取两倍加载量进行加载。卸载时桩顶沉降观测规定：①慢速法—每级卸载值为每级加载值的2倍，每卸一级荷载后隔15min测读一次，读两次后，隔半小时再读一次，即可卸下一级荷载。卸载至零后，隔3～4h再读一次；②快速法—卸载时，每级荷载维持15min，观测时间为5min、15min；卸载至零后测读两小时，测读时间为5min、15min、30min、60min、90min、120min。

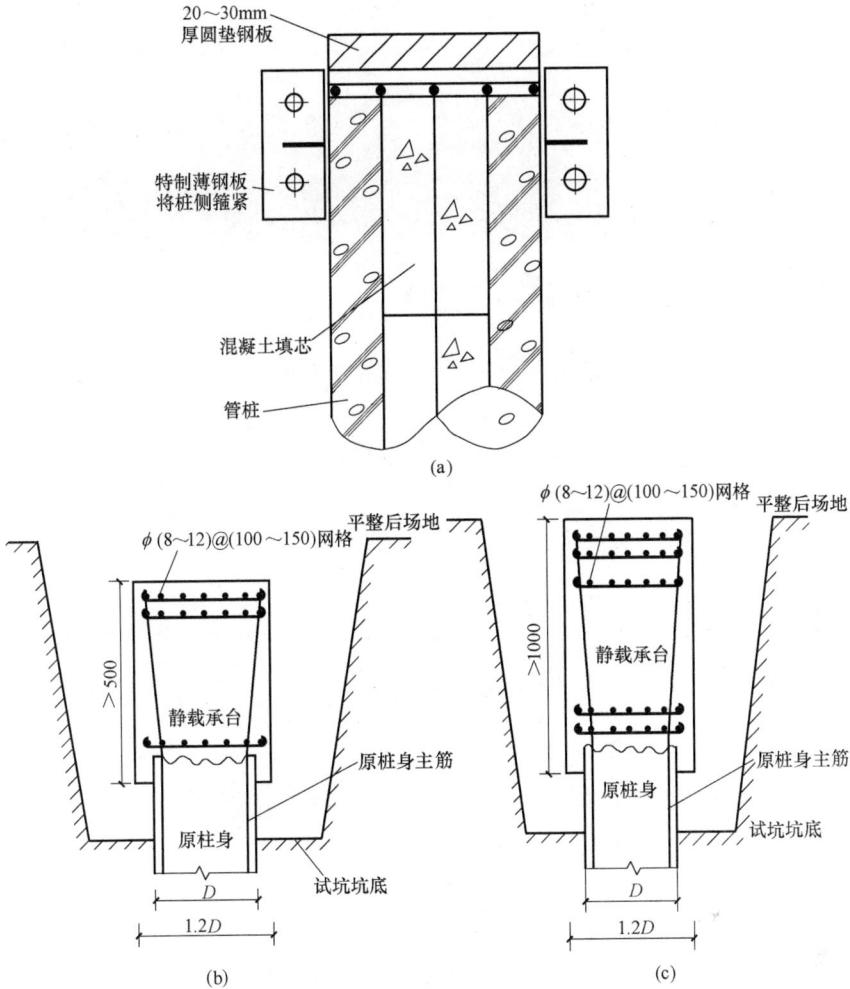

图 5-6　静载试验桩桩帽设计示意图（单位：mm）

(a) 管桩静载试验桩；(b) 小吨位静载试验桩；(c) 大吨位静载试验桩

一般说来，对工程桩的验收试验，分级荷载可取大一些，对于指导设计的试桩试验宜取小一些，对于科研性质的静载试验等，根据需要可以采用非等量加载，如将最后若干级荷载的分级荷载减半。

试验过程中，荷载的维持方法如下：

（1）慢速维持荷载法试验应符合下列规定：

1）每级荷载施加后，应分别按第 5min、15min、30min、45min、60min 测读桩顶沉降量，以后每隔 30min 测读一次桩顶沉降量；

2）试桩沉降相对稳定标准：每一小时内的桩顶沉降量不得超过 0.1mm，并连续出现两次（从分级荷载施加后的第 30min 开始，按 1.5h 连续三次每 30min 的沉降观测值计算）；

3）当桩顶沉降速率达到相对稳定标准时，可施加下一级荷载；

4）卸载时，每级荷载应维持 1h，分别按第 15min、30min、60min 测读桩顶沉降量后，即可卸下一级荷载；卸载至零后，应测读桩顶残余沉降量，维持时间不得少于 3h，测读时间分别为第 15min、30min，以后每隔 30min 测读一次桩顶残余沉降量。

工程桩验收检测宜采用慢速维持荷载法。当有成熟的地区经验时，也可采用快速维持荷载法。

快速维持荷载法的每级荷载维持时间不应少于 1h，且当本级荷载作用下的桩顶沉降速率收敛时，可施加下一级荷载。

（2）当出现下列情况之一时，可终止加载：

终止加载条件：

1）某级荷载作用下，桩顶沉降量大于前一级荷载作用下沉降量的 5 倍（注：当桩顶沉降量能相对稳定且总沉降量小于 40mm 时，宜加载至桩顶总沉降量超过 40mm。）；

2）某级荷载作用下，桩顶沉降量大于前一级荷载作用下沉降量的 2 倍，且经 24h 尚未达到相对稳定标准；

3）已达到设计要求的最大加载量；

4）当工程桩作锚桩时，锚桩上拔量已达到允许值；

5）当荷载-沉降曲线呈缓变型时，可加载至桩顶总沉降量 60～80mm；在特殊情况下，可根据具体要求加载至桩顶累计沉降量超过 80mm。

非嵌岩的长（超长）桩和大直径（扩底）桩的 Q-S 曲线一般呈缓变型，前者由于长径比大、桩身较柔，弹性压缩量大，当桩顶沉降较大时，桩端位移还很小；后者虽然桩端位移较大，但尚不足以使端阻力充分发挥。在桩顶沉降达到 40mm 时，桩端阻力一般不能充分发挥，因此，放宽桩顶总沉降量控制标准是合理的。此外，国际上普遍的看法是：当沉降量达到桩径的 10%时，才可能达到破坏荷载。

对绝大多数桩基而言，为保证上部结构正常使用，控制桩基绝对沉降是第一重要的，这是地基基础按变形控制设计的基本原则。我国静载试验的传统做法是采用慢速维持荷载法，但在工程桩验收检测中，若有地区经验，也允许采用快速维持荷载法。1985 年 ISSMFE 根据世界各国的静载试验的有关规定，在推荐的试验方法中，建议维持荷载法加载为每小时一级，稳定标准为 0.1mm/20min，快速维持荷载法在国内从 20 世纪 70 年代就开始应用，我国港口工程规范从 1983 年、上海地基设计规范从 1989 年起就将这一方法列入，与慢速法一起并列为静载试验法。快速维持荷载法每一级荷载维持时间为 1h，各级荷载下的桩顶沉降相对慢速法要小一些，但相差不大。

表 5-4 列出了某市 23 根摩擦桩慢速维持荷载法试验实测桩顶稳定时的沉降量和 1h 时沉降量的对比结果。从表 5-4 可见，在 1/2 极限荷载点，快速法 1h 时的桩顶沉降量与慢速法相差很小（0.5mm 以内），平均相差 0.2mm；在极限荷载点相差要大些，为 0.6～6.1min，平均为 2.9mm。关于快慢速法极限承载力比较，根据该地区统计的 71 根试验桩资料（桩端在黏性土中 47 根，在砂土中 24 根），这些对比是在同一根桩或桩土条件相同的相邻桩上进行的，得出的结果见表 5-5。从表 5-5 中可以看出快速法试验得出的极限承载力较慢速法略高一些，其中桩端在黏性土中平均提高约 1/2 级荷载，桩端在砂土中平均提高约 1/4 级荷载。

相对而言，"慢速维持荷载法"的加荷速率比建筑物建造过程中的施工加载速率要快

稳定时的沉降量和 1h 时的沉降量的对比　　　　表 5-4

荷载点	与之差(mm)		百分率/(%)	
	幅度	平均	幅度	平均
极限荷载	0.57～6.07	2.89	71～96	86
1/2 极限荷载	0.01～0.51	0.20	95～100	98

快速法与慢速法极限承载力比较　　　　表 5-5

桩端土类别	快速法比慢速法极限承载力提高幅度
黏性土	0～9.6%,平均 4.5%
砂土	−2.5%～9.6%,平均 2.3%

得多,慢速法试桩得到的使用荷载对应的桩顶沉降与建筑物桩基在长期荷载作用下的实际沉降相比,一般要小几倍到几十倍,相比之下快慢速法试验引起的沉降差异是可以忽略的。而且快速法因试验周期的缩短,又可减小昼夜温差等环境影响引起的沉降观测误差。尤其在很多地方的工程桩验收试验中,最大试验荷载小于桩的极限荷载,在每级荷载施加不久,沉降迅速稳定,缩短荷载维持时间不会明显影响试桩结果,是可以采用快速法的。但有些软土中的摩擦桩,按慢速法加载,在 2 倍设计荷载的前几级,就已出现沉降稳定时间逐渐延长,即在 2h 甚至更长时间内不收敛,此时,采用快速法是不适宜的。

5.2.4　检测数据分析与判定

1. 试验资料记录

静载试验资料应准确记录。试验前应收集工程地质资料、设计资料、施工资料等,填写桩静载试验概况表（表 5-7、表 5-8）,概况表包括三部分信息:一是有关拟建工程资料,二是试验设备资料,千斤顶、压力表、百分表的编号等,三是受检桩试验前后表观情况及试验异常情况的记录。试验油压值应根据千斤顶校准公式计算确定。试验过程记录表可按表 5-6 记录,应及时记录百分表调表等情况,如果沉降量突然增大,荷载无法稳定,还应记录桩"破坏"时的残余油压值。

桩静载试验记录表　　　　表 5-6

工程名称				桩号				日期		
加载级	油压(MPa)	荷载(kN)	测读时间	位移计(百分表)读数				本级沉降(mm)	累计沉降(mm)	备注
				1号	2号	3号	4号			

检测单位:　　　　　　　　　校核:　　　　　　　　记录:

桩基静载试验概况表　　　　　表 5-7

委托单位		委托日期	
工程名称		结构形式	
建筑面积		层　数	
建设单位		基础形式	
设计单位		成桩工艺	
勘察单位		工程桩总数	
施工单位		基桩混凝土强度等级	
监理单位		持力层	
试验单位		单桩承载力特征值	

试桩基本情况表　　　　　表 5-8

工程名称			
试桩编号			
桩径(mm)		设计桩长(m)	
桩端扩径(m)		入岩深度(m)	
成孔工艺		桩端持力层	
桩底清孔		桩底是否有地下水	
设计单桩承载力特征值(kN)		预计试验最大荷载量(kN)	
成桩日期		测试日期	
千斤顶编号及校准公式		压力表编号	
百分表(1)编号		百分表(2)编号	
百分表(3)编号		百分表(4)编号	
试验前桩头观察情况			
试验后桩头观察情况			
试验异常情况			
参考柱状图及芯样照片（附件）			

2. 检测数据分析

确定单桩竖向抗压承载力时，应绘制竖向荷载沉降（Q-s）、沉降时间对数（s-$\lg t$）曲线，需要时也可绘制等其他辅助分析所需曲线，并整理荷载沉降汇总表（表 5-9）。

桩静载试验结果汇总表　　　　　　　　　　　　　表 5-9

工程名称：　　　　　日期：　　　　　桩号：　　　　　试验序号：

序号	荷载(kN)	历时(min)		沉降(mm)	
		本级	累计	本级	累计

注：同一工程的一批试桩曲线应按相同的沉降纵坐标比例绘制，满刻度沉降值不宜小于 40mm，当桩顶累计沉降量大于 40mm 时，可按总沉降量以 10mm 的整模数倍增加满刻度值，使结果直观、便于比较。

（1）单桩竖向抗压极限承载力确定

单桩竖向抗压极限承载力 Q_u 可按下列方法综合分析确定。

① 根据沉降随荷载变化的特征确定。对于陡降型 $Q\text{-}s$ 曲线，单桩竖向抗压极限承载力取其发生明显陡降的起始点所对应的荷载值。对于产生陡降的现象，有两种典型情况：一种是荷载加不上去，若继续补压则沉降量就相应增加，若暂停补压则沉降基本处于稳定状态，压力值基本维持在本级荷载对应的压力；另一种情况是在高荷载作用下桩身破坏，即在破坏之前沉降量无明显异常，总沉降量比较小，桩基试验没有明显的破坏前兆，施加下一级荷载时，沉降量突然增大，油压陡降，且压力值降至较低水平并维持在这个水平。

② 根据沉降随时间变化的特征确定。在前面若干级荷载作用下，$s\text{-}\lg t$ 曲线呈直线状态，随着荷载的增加，$s\text{-}\lg t$ 曲线变为双折线甚至三折线，尾部斜率呈增大趋势，单桩竖向抗压极限承载力取 $s\text{-}\lg t$ 曲线尾部出现明显向下弯曲的前一级荷载值。采用 $s\text{-}\lg t$ 曲线判定极限承载力时，还应结合各曲线的间距是否明显增大来判断，如果 $s\text{-}\lg t$ 曲线尾部明显向下弯曲，本级荷载对应的 $s\text{-}\lg t$ 曲线与前一级荷载的间距明显增大，那么前一级荷载即为桩的极限承载力，必要时应结合 $Q\text{-}s$ 曲线综合判定。

③ 如果在某级荷载作用下，桩顶沉降量大于前一级荷载作用下沉降量的 2 倍，且经过 24h 尚未达到稳定标准，在这种情况下，单桩竖向抗压极限承载力取前一级荷载值。

④ 如果因为已达加载反力装置或设计要求的最大加载量，或锚桩上拔量已达到允许值而终止加载时，且桩的总沉降量未超过相应规范规定限值，桩的竖向抗压极限承载力取不小于实际最大试验荷载值。

⑤ 对于缓变型 $Q\text{-}s$ 曲线可根据沉降量确定，宜取 $s=40$mm 对应的荷载值；当桩长大于 40m 时，宜考虑桩身弹性压缩量；对直径大于或等于 800mm 的桩，可取 $s=0.05d$ 对应的荷载值。桩身弹性压缩量可根据最大试验荷载时的桩身平均轴力 $\overline{Q}$、桩长 L、横截面面积 A、桩身弹性模量 E，按 $\overline{Q}L/AE$ 来近似计算。桩身轴力一般按梯形分布考虑（桩端轴力应根据实践经验估计），对于摩擦桩，桩身轴力可按三角形分布计算（近似假设桩端轴力为零）；对于端承桩，桩身轴力可按矩形分布计算（近似假设桩端轴力等于桩顶轴力）。

对大直径桩，按 $Q\text{-}s$ 曲线沉降量确定直径大于等于 800mm 的桩极限承载力，取 $s=0.05d$ 对应的荷载值。因为 $d\geqslant800$mm 时定义为大直径桩，当 $d=800$mm，$0.05d=$

40mm，这样正好与中、小直径桩的沉降标准衔接。应该注意的是，世界各国按桩顶总沉降确定极限承载力的规定差别较大，这与各国安全系数的取值大小、特别是上部结构对桩基沉降的要求有关。因此当按桩顶沉降量确定极限承载力时，尚应考虑上部结构对桩基沉降的具体要求。

对于缓变型 $Q\text{-}s$ 曲线，根据沉降量确定极限承载力，各国标准和国内不同规范规程有不同的规定，其基本原则是尽可能挖掘桩的极限承载力而又保证有足够的安全储备。

（2）单桩竖向抗压极限承载力统计值确定

岩土工程和地基基础工程的参数统计主要有以下几种方法：

①《建筑结构可靠度设计统一标准》GB 50068 指出，岩土性能指标和地基、桩基承载力等，应通过原位测试、室内试验等直接或间接的方法确定，岩土性能的标准值宜采用原位测试和室内试验的结果，当有可能采用可靠性估值时，可根据区间估计理论确定。

《岩土工程勘察规范》GB 50021 为了便于应用，也为了避免工程上误用统计学上过小样本容量（如 $n=2$，3，4），取置信概率 σ 为 95%，通过拟合求得下列公式：

$$\varphi_k = \gamma_s \varphi_m \tag{5-1}$$

$$\gamma_s = 1 \pm (1.704/\sqrt{n} + 4.678/n^2)\delta \tag{5-2}$$

式中　φ_k——岩土参数的标准值；

　　　φ_m——岩土参数的平均值；

　　　δ——岩土参数的变异系数；

　　　γ_s——统计修正系数。

《建筑地基基础设计规范》GB 50007 关于岩石单轴抗压强度标准值的计算就是采用上述公式。

②《建筑地基基础设计规范》GB 50007 中指出，参加统计的试桩，当满足其极差不超过平均值的 30% 时，可取其平均值为单桩竖向极限承载力。极差超过平均值的 30% 时，宜增加试桩数量并分析极差过大的原因，结合工程具体情况确定极限承载力，对桩数为 3 根及 3 根以下的桩台，取最小值。

当一批受检桩中有一根桩承载力过低，若恰好不是偶然原因，则该验收批一旦被接受，就会增加使用方的风险。因此规定级差超过平均值的 30% 时，首先应分析原因，结合工程实际综合分析判别。例如一组 5 根试桩的承载力值依次为 800，900，1000，1100，1200kN，平均值为 1000kN，单桩承载力最低值和最高值的极差为 400kN，超过平均值的 30%，则不得将最低值 800kN 去掉将后面 4 个值取平均，或将最低值和最高值都去掉取中间 3 个值的平均值，应查明是否出现桩的质量问题或场地条件变异；若低值承载力出现的原因并非由偶然的施工质量造成，则按本例依次去掉高值后取平均，直至满足极差不超过 30% 的条件。此外，对桩数小于或等于 3 根的柱下承台或试桩数量仅为 2 根时，应采用低值，以确保安全。对于仅通过少量试桩无法判明极差大的原因时，可增加试桩数量。

综上所述，《建筑基桩检测技术规范》JGJ 106 规定单桩竖向抗压极限承载力按以下方法确定：

成桩工艺、桩径和单桩竖向抗压承载力设计值相同的受检桩数不小于 3 根时，对参加算术平均的试验桩检测结果。参加统计的受检桩试验结果，当满足其极差不超过平均值的 30% 时，取其平均值为单桩竖向抗压极限承载力。当极差超过平均值的 30% 时，应分析极差过大的原因，结合工程具体情况综合确定。必要时可增加受检桩数量。对桩数为 3 根或 3 根以下的柱下承台，或工程桩抽检数量少于 3 根时，应取低值。

③ 单桩竖向抗压承载力特征值

单位工程同一条件下的单桩竖向抗压承载力特征值应按单桩竖向抗压极限承载力统计值的一半取值。《建筑地基基础设计规范》GB 50007 规定的单桩竖向抗压承载力特征值是按单桩竖向抗压极限承载力除以安全系数 2 得到的。

5.3　单桩竖向抗拔静载试验

5.3.1　一般规定

单桩竖向抗拔静载试验就是采用接近于竖向抗拔桩实际工作条件的试验方法确定单桩的竖向抗拔极限承载能力，是最直观、可靠的试验方法。现场原位试验在确定单桩竖向抗拔承载力中发挥了重要作用。其试验目的主要有：为设计提供依据、为工程验收提供依据、验证试验等，静载试验方法主要是慢速维持荷载法。

单桩竖向抗拔静载试验一般按设计要求确定最大加载量，为设计提供依据的试验桩，应加载至桩侧岩土阻力达到极限状态或桩身材料达到设计强度；工程桩验收检测时，施加的上拔荷载不得小于单桩竖向抗拔承载力特征值的 2.0 倍或使桩顶产生的上拔量达到设计要求的限值。

基础承受上拔力的建（构）筑物主要有以下几种类型：（1）高压送电线路塔；（2）电视塔等高耸构筑物；（3）承受浮托力为主的地下工程和人防工程，如深水泵房、（防空）地下室或其他工业建筑中的深坑；（4）在水平力作用下出现上拔力的建（构）筑物；（5）膨胀土地基上的建筑物；（6）海上石油钻井平台；（7）索拉桥和斜拉桥中所用的锚桩基础；（8）修建船舶的船坞底板等等。

5.3.2　设备仪器及其安装

单桩竖向抗拔静载荷试验设备装置与单桩竖向抗压静载试验装置基本相同，但是其使用及安装方式有所差异，现介绍如下：

1. 反力装置

抗拔试验反力装置宜采用反力桩（或工程桩）提供支座反力，也可根据现场情况采用天然地基提供支座反力；反力架系统应具有不小于极限抗拔力 1.2 倍的安全系数。

采用反力桩（或工程桩）提供支座反力时，反力桩顶面应平整并具有一定的强度，并应确保反力桩顶面直径（或边长）不宜小于反力梁的梁宽，否则应加垫钢板以确保试验设备安装的稳定性。

采用天然地基提供反力时，两边支座与地面的接触面积宜相同，地基强度应相近，施加于地基的压应力不宜超过地基承载力特征值的 1.5 倍，避免两边沉降不均造成试桩偏心受拉，反力梁的支点重心应与支座中心重合。

2. 加荷装置

加载装置采用油压千斤顶，千斤顶有两种方式安装方式：一种是把千斤顶放在试桩的上方、主梁的上面，采用一个千斤顶。如对预应力管桩进行抗拔试验时，可采用穿心张拉千斤顶，将管桩的主筋直接穿过穿心张拉千斤顶的各个孔，然后锁定，进行试验。另一种是将两个千斤顶分别放在反力桩或支承墩的上面、主梁的下面，千斤顶顶主梁，如图 5-7 所示，通过"抬"的形式对试桩施加上拔荷载。对于大直径、高承载力的桩，宜采用后一种形式。

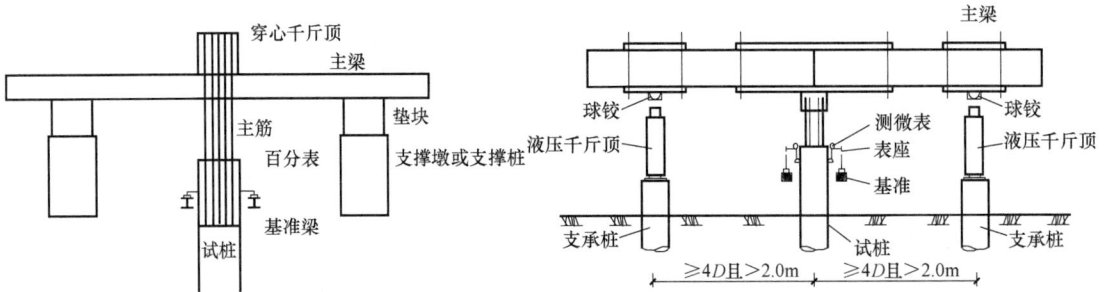

图 5-7 单桩竖向抗拔静载试验示意图

3. 荷载量测装置

荷载可用放置于千斤顶上的应力环、应变式压力传感器直接测定，也可采用连接于千斤顶上的标准压力表测定油压，根据千斤顶荷载的油压率定曲线换算出实际荷载值。一般说来，桩的抗拔承载力远低于抗压承载力，在选择千斤顶和压力表时，应注意量程问题，特别是试验荷载较小的试验桩，采用"抬"的形式时，应选择相适应的小吨位千斤顶。对于大直径、高承载力的试桩，可采用两台或四台千斤顶对其加载。当采用两台及两台以上千斤顶加载时，为了避免受检桩偏心受荷，千斤顶型号、规格应相同且应并联同步工作。

4. 位移量测装置

（1）基准桩

基准桩的安装按照单桩竖向抗压的要求执行，注意安装距离。

（2）基准梁

基准梁的一端应固定在基准桩上，另一端应简支于基准桩上，并采取有效遮挡措施。

（3）百分表或位移传感器

桩顶上拔量测量平面必须在桩顶或桩身位置，安装在桩顶时应尽可能远离主筋，严禁在混凝土桩的受拉钢筋上设置位移观测点，避免因钢筋变形导致上拔量观测数据失实。

试桩、反力支座和基准桩之间的中心距离的规定与单桩抗压静载试验相同。在采用天然地基提供支座反力时，拔桩试验加载相当于给支座处地面加载。支座附近的地面也因此会出现不同程度的沉降。荷载越大，这种变形越明显。为防止支座处地基沉降对基准梁的影响，一是应使基准桩与反力支座、试桩各自之间的间距满足表 5-2 的规定，二是基准桩需打入试坑地面以下一定深度（一般不小于 1m）。

5. 自动测试装置

参照 5.2 节中的自动测试装置部分。

5.3.3　现场检测

1. 桩头处理及系统检查

（1）对受检桩应进行桩头处理，以保证在试验过程中，不会因桩头破坏而终止试验。

对预应力管桩进行植筋处理，并且对桩头应用夹具夹紧，防止拉裂桩头；对于混凝土灌注桩，对桩顶部应作处理，并且预留出足够的主筋长度。

（2）对现场使用的仪器进行检查，对现场的锚拉钢筋等进行详细的检查，对现场的用于支座场地地基等进行处理等。

2. 试验中的加载方法

《建筑基桩检测技术规范》JGJ 106—2014 中规定抗拔静载试验宜采用慢速维持荷载法。需要时，也可采用多循环加、卸载方法。慢速维持法的加卸载分级、试验方法及稳定标准同抗压试验。《建筑地基基础检测技术规范》DB 42/269 规定加载量不宜少于预估或设计要求的单桩抗拔极限承载力。每级加载为设计或预估单桩极限抗拔承载力的 1/10～1/8，每级荷载达到稳定标准后加下一级荷载，直至满足加载终止条件，然后分级卸载到零。

（1）慢速法载荷试验沉降测读时间规定

每级加载后按第 5、10、15min 各测读一次，以后每隔 15min 测读一次，累计 1h 以后每隔 30min 测读一次。

（2）慢速荷载试验的稳定标准

每一级荷载作用下，1h 内上拔变形量不超过 0.1mm，达到相对稳定标准。

（3）试验加载终止条件

《建筑基桩检测技术规范》JGJ 106 规定试验过程中，当出现下列情况下之一时，即可终止加载：

① 在某级荷载作用下，桩顶上拔量大于前一级上拔荷载作用下的上拔量 5 倍；

② 按桩顶上拔量控制，累计桩顶上拔量超过 100mm；

③ 按钢筋抗拉强度控制，钢筋应力达到钢筋强度设计值，或某根钢筋拉断；

④ 对于工程桩验收检测，达到设计或抗裂要求的最大上拔量或上拔荷载值。

（4）试验的卸载规定

卸载后间隔 15min 测读一次，读两次后，隔 30min 再读一次，即可卸下一级荷载。全部卸载后，隔 3h 再测读一次。

3. 抗拔检测注意事项

（1）在拔桩试验前，对混凝土灌注桩及有接头的预制桩采用低应变法检测桩身质量，目的是防止因试验桩自身质量问题而影响抗拔试验成果。

（2）对抗拔试验的钻孔灌注桩在浇注混凝土前进行成孔检测，目的是查明桩身有无明显扩径现象或出现扩大头，因这类桩的抗拔承载力缺乏代表性。

（3）对有接头的预制桩应进行接头抗拉强度验算。

（4）对于管桩抗拔试验，存在预应力钢棒连接的问题，可通过在桩管中放置一定长度的钢筋笼并浇筑混凝土来解决。

（5）从成桩到开始试桩的时间间隔一般应遵循下列要求：在确定桩身强度已达到试验

要求的前提下，对于砂类土，不应少于 10 天；对于粉土和黏土，不应小于 15 天；对于淤泥质土或淤泥，不应小于 25 天。

（6）试桩桩身钢筋伸出长度不宜小于 $40d+500$mm（d 为钢筋直径）。为设计提供依据时，试桩按钢筋强度标准值计算的抗拉力应大于预估极限承载力的 1.25 倍。试桩的成桩工艺和质量控制应遵循有关规程。

4. 试验资料记录

静载试验资料应准确记录。试验前应收集工程地质资料、设计资料、施工资料等，填写桩静载试验概况表。概况表包括三部分信息：一是有关拟建工程资料；二是试验设备资料，如千斤顶、压力表、百分表的编号等；三是受检桩试验前后表观情况及试验异常情况的记录。试验油压值应根据千斤顶校准公式计算确定。试验过程记录表可按表 5-10 记录，应及时记录百分表调表等情况，如果上拔量突然增大，荷载无法稳定，还应记录桩"破坏"时的残余油压值。

单桩静载试验记录表　　　　　　　　　　　　表 5-10

工程名称：　　　　　日期：　　　　　桩号：　　　　　试验序号：

油压表读数（MPa）	荷载(kN)	读数时间	时间间隔（min）	读数(mm)					上拔量(mm)		备注
				表1	表2	表3	表4	平均	本次	累计	

试验记录：　　　　　校对：　　　　　审核：　　　　　页次：

5.3.4 检测数据分析与判定

1. 绘制表格

单桩竖向抗拔静载荷试验概况可整理成图 5-8 的形式，并对试验出现的异常现象作补充说明。

绘制单桩竖向抗拔静载荷试验上拔荷载和上拔量之间的 $U\text{-}\delta$ 曲线以及 $\delta\text{-}\lg t$ 曲线；当进行桩身应力、应变量测时，尚应根据量测结果整理出有关表格，绘制桩身应力、桩侧阻力随桩顶上拔载荷的变化曲线；必要时绘制相对位移 $\delta\text{-}U/U_u$（U_u 为桩的竖向抗拔极限承载力）曲线，以了解不同入土深度对抗拔桩破坏特征的影响。

2. 单桩竖向抗拔承载力极限值的确定

（1）根据上拔量随荷载变化的特征确定

对陡变型 $U\text{-}\delta$ 曲线，取陡升起始点对应的荷载值。

（2）根据上拔量随时间变化的特征确定

取 $\delta\text{-}\lg t$ 曲线斜率明显变陡或曲线尾部明显弯曲的前一级荷载值，如图 5-9 所示。

根据 $\lg U\text{-}\lg \delta$ 曲线来确定单桩竖向抗拔极限承载力时，可取 $\lg U\text{-}\lg \delta$ 双对数曲线第二拐点所对应的荷载为桩的竖向极限抗拔承载力。当根据 $\delta\text{-}\lg U$ 曲线来确定单桩竖向抗拔极限承载力时，可取 δ-lg$U$ 曲线的直线段的起始点所对应的荷载值作为桩的竖向抗拔极限承载力。

工程桩验收检测时，混凝土桩抗拔承载力可能受抗裂或钢筋强度制约，而土的抗拔阻力尚未发挥到极限，若未出现陡变型 U-δ 曲线、δ-lg$t$ 曲线斜率明显变陡或曲线尾部明显弯曲等情况时，应综合分析判定，一般取最大荷载或取上拔量控制值对应的荷载作为极限荷载，不能轻易外推。

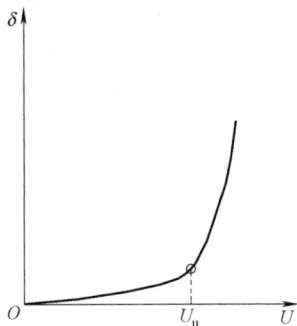

图 5-8　陡变型 **U-δ** 曲线确定单桩竖向
　　　　抗拔极限承载力

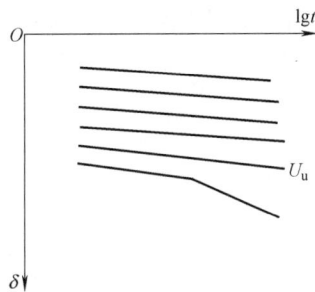

图 5-9　根据 **δ-lg$t$** 曲线确定单桩竖向
　　　　抗拔极限承载力

（3）当在某级荷载下抗拔钢筋断裂时，应取前一级荷载。

这里所指的"断裂"，是指因钢筋强度不足情况下的断裂。如果因抗拔钢筋受力不均匀，而断裂时，应视为该桩试验失效，并进行补充试验。

3. 抗拔承载力特征值的确定

单桩竖向抗拔承载力特征值应按单桩竖向抗拔极限承载力的 50% 取值。当工程桩不允许带裂缝工作时，应取桩身开裂的前一级荷载作为单桩竖向抗拔承载力特征值，并与按极限荷载 50% 取值确定的承载力特征值相比，取低值。

5.4　单桩水平静载试验

5.4.1　一般规定

单桩水平静荷载试验一般以桩顶自由的单桩为试验对象，采用接近于水平受荷桩实际工作条件的试桩方法来达到以下目的：

1. 检测单桩的水平承载力；

2. 当桩身埋设有应变测量传感器时，可按《建筑基桩检测技术规范》JGJ 106—2014 附录 A 测定桩身横截面的弯曲应变，计算桩身弯矩以及确定钢筋混凝土桩受拉区混凝土开裂时对应的水平荷载；

3. 确定弹性地基系数，在进行水平荷载作用下单桩的受力分析时，弹性地基系数的选取至关重要；

4. 推求桩侧土的水平抗力（q）和桩身挠度（y）之间的关系曲线。通过试验可直接获得不同深度处地基土的抗力和挠度之间的关系，绘制桩身不同深度处的 q-y 曲线，并用它来分析工程桩在水平荷载作用下的受力情况。

5.4.2 设备仪器及其安装

1. 反力装置

最常用的方法是利用试桩周围的工程桩或垂直加载力试验用的锚桩作为反力墩（图 5-10）。根据需要可把 2 根甚至 4 根桩连成一整体作为反力座。有条件时，也可利用周围现有结构物作反力座。必要时，可浇筑专门的支架来作反力架。反力装置应符合下列规定：

（1）水平推力的反力可由相邻桩提供；

（2）当专门设置反力结构时，其承载能力和刚度应大于试验桩的 1.2 倍。

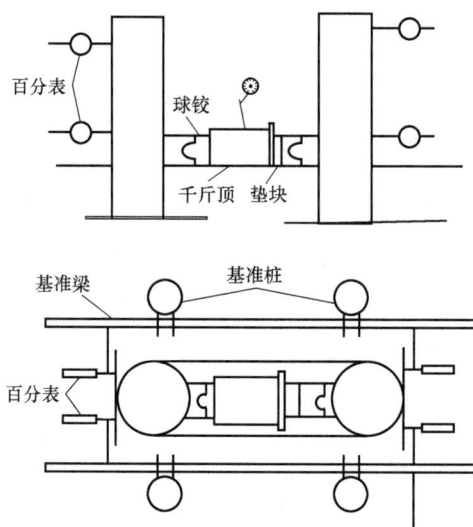

图 5-10 水平静载试验装置

2. 加载装置

水平推力加载设备宜采用卧式千斤顶，对往复式循环试验可采用双向往复式油压千斤顶。加载装置的加载能力不得小于最大试验加载量的 1.2 倍。水平荷载试验，特别是悬臂较长的试桩，作用点位移较大，所以要求千斤顶有较大行程。为更准确地模拟桩基水平受力状态，水平力作用点宜与实际工程的桩基承台底面标高一致。为保证千斤顶施加作用力水平通过桩身轴线，千斤顶与试桩接触面处安置球形铰座。在试验时，为防止力作用点处基桩产生局部挤压破坏，须用钢垫板进行局部补强。

3. 荷载量测装置

荷载可用放置于千斤顶上的应力环、应变式压力传感器直接测定，或采用联于千斤顶的压力表测定油压，根据千斤顶率定曲线换算油压对应的荷载值。荷载测量及其仪器精度等技术要求与单桩竖向抗压承载力静载试验相同。

4. 位移量测装置

（1）基准桩

整段更改为：固定百分表的基准桩应设置在试桩及反力结构影响范围以外。当基准桩设置在与加荷轴线垂直方向上或试桩位移相反方向上，净距可适当减小；但不宜小于 2m。

（2）基准梁

基准梁的一端应固定在基准桩上，另一端应简支于基准桩上，以减少温度变化引起的基准梁挠曲变形，并采取有效的遮挡措施，减少环境变化对位移的影响。

（3）百分表和位移传感器架设

桩的水平位移测量及其仪器的技术要求与单桩竖向抗压承载力试验相同。试验桩的水平位移测量宜采用大量程位移计。在水平力作用平面的受检桩两侧应对称安装两个位移计，以测量地面处的桩水平位移；当需测量桩顶转角时，尚应在水平力作用平面以上 50cm 的受检桩两侧对称安装两个位移计，利用上下位移量的差值与位移计距离的比值可求得地面以上桩的转角。

固定位移计的基准点宜设置在试验影响范围之外（影响区见图 5-11），与作用力方向垂直且与位移方向相反的试桩侧面，基准点与试桩净距不小于 1 倍桩径。在陆上试桩可用入土 1.5m 的钢钎或型钢作为基准点，在港口码头工程设置基准点时，因水较深，可采用专门设置的桩作为基准点，同组试桩的基准点一般不少于 2 个。搁置在基准点上的基准梁要有一定的刚度，以减少晃动，整个基准装置系统应保持相对独立。为减少温度对测量的影响，基准梁应采取简支的形式，顶上用篷布遮阳。

5.4.3　现场检测

单桩水平静载荷试验宜根据工程桩实际受力特性，选用单向多循环加载法或与单桩竖向抗压静载试验相同的慢速维持荷载法。单向多循环加载法主要是模拟实际结构的受力形式，对于长期承受水平荷载作用的工程桩，加载方式宜采用慢速维持荷载法。对需测量桩身应力或应变的试验桩不宜采取单向多循环加载法，此时应采用慢速或快速维持荷载法。

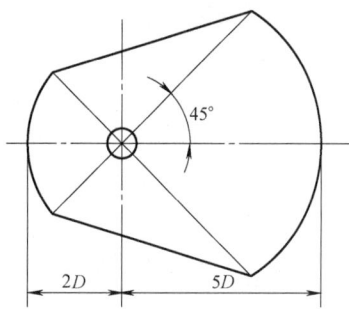

图 5-11　影响区图

1. 桩头处理及系统检测

（1）桩头处理

预应力管桩桩头在必要的时候应浇筑混凝土桩帽；混凝土灌注桩桩头处理应凿掉桩顶部的松散破碎层和低强度混凝土，露出主筋，冲洗干净桩头后再浇筑桩帽。桩帽的规格可参考前面的章节。

（2）系统检查

在试验设备安装完毕后，进行一次系统检测，消除整个量测系统和被检桩由于人为因素造成的非桩身位移，排出千斤顶内的空气等。

2. 确定加卸载方式

（1）加卸载方式和水平位移测量

单向多循环加载法，取预计最大试验荷载的 1/15～1/10 作为每级加载量。每级荷载施加后，恒载 4min 后测读水平位移，然后卸载到零，停 2min 后测读残余水平位移，至此完成一个加、卸载循环，如此循环 5 次便完成一级荷载的试验观测。为保证试验结果的可靠性，加载时间尽量缩短，测量位移的时间间隔应准确，试验不得中途停歇。

慢速维持荷载法的加卸载分级、试验方法及稳定标准应按"单桩竖向抗压静载试验"一节的相关规定执行。测量桩身应力或应变时，测试数据的测读宜与水平位移测量同步。

（2）终止加载条件

当出现下列情况之一时，可终止加载：

① 桩身折断；

② 水平位移超过 30～40mm；软土中的桩或大直径桩时可取高值；

③ 水平位移达到设计要求的水平位移允许值。

对抗弯性能较差的长桩或中长桩而言，承受水平荷载桩的破坏特征是弯曲破坏，即桩身发生折断，此时试验自然终止。在工程桩水平承载力验收检测中，终止加荷条件可按设计要求或标准规范规定的水平位移允许值控制。考虑软土的侧向约束能力较差以及大直径桩的抗弯刚度大等特点，终止加载的变形值可取上限值。

3. 现场检测前注意事项：

（1）试桩的位置应根据场地地质、地形条件和设计要求及地区经验等因素综合考虑，选择有代表性的地点，一般位于工程建设或使用过程中可能出现最不利条件的地方；

（2）试验前应在试桩边 2～6m 范围内布置工程地质钻孔，在 16d（d 为桩径）的深度范围内，按间距为 1m 取上样进行常规的物理力学试验，有条件时亦应进行其他原位测试，如十字板剪切试验、静力触探试验、标准贯入试验等；

（3）试桩数量应根据设计要求和工程地质条件确定，为设计提供依据的水平极限承载力和水平临界的确定方法与单桩竖向抗压承载力试验相同；

（4）成桩时桩基的桩位偏差、垂直度偏差及强度等应符合《建筑地基基础工程施工质量验收标准》GB 50202 规定的相关要求。当桩身埋设有量测元件时，各测试断面的测量传感器应沿受力方向对称布置在远离中性轴的受拉和受压主筋上；埋设传感器的纵剖面与受力方向之间的夹角不得大于 10°。地面下 10 倍桩径或桩宽的深度范围内，桩身的主要受力部分应加密测试断面，断面间距不宜超过 1 倍桩径；超过 10 倍桩径或桩宽的深度，测试断面间距可以加大。桩身传感器的埋设应符合《建筑基桩检测技术规范》JGJ 106 规范附录 A 的规定。

4. 试验资料记录

静载试验资料应准确记录。

单桩水平静载试验记录表

表 5-11

工程名称								桩号		日期		表距	
油压 (MPa)	荷载 (kN)	观测 时间	循环 数	加载		卸载		水平位移（mm）		加载上下 表读数差	转角	备注	
				上表	下表	上表	下表	加载	卸载				

检测单位：　　　　　　　校核：　　　　　　　记录：

试验前应收集工程地质资料、设计资料、施工资料等，填写桩静载试验概况表。概况表包括三部分信息：一是有关拟建工程资料；二是试验设备资料，如千斤顶、压力表、百分表的编号等；三是受检桩试验前后表观情况及试验异常情况的记录。试验油压值应根据千斤顶校准公式计算确定。试验过程记录表可按表 5-11 记录，应及时记录百分表调表等情况，如果位移量突然增大，荷载无法稳定，还应记录桩"破坏"时的残余油压值。

5.4.4　检测数据分析与判定

1. 绘制有关试验成果曲线

（1）采用单向多循环加载法，应绘制水平力-时间-作用点位移（H-t-Y_0）关系曲线和水平力-位移梯度（H-$\Delta Y_0/\Delta H$）关系曲线。

（2）采用慢速维持荷载法，应绘制水平力-力作用点位移（H-Y_0）关系曲线、水平力-位移梯度（H-$\Delta Y_0/\Delta H$）关系曲线、力作用点位移-时间对数（Y_0-$\lg t$）关系曲线和水平力-力作用点位移双对数（$\lg H$-$\lg Y_0$）关系曲线。

（3）绘制水平力、水平力作用点位移-地基土水平抗力系数的比例系数的关系曲线（H-m、Y_0-m）。

当桩顶自由且水平力作用位置位于地面处时，m 值可根据试验结果按下列公式确定：

$$m = \frac{(v_y H)^{\frac{5}{3}}}{b_0 Y_0^{\frac{5}{3}} (EI)^{\frac{2}{3}}} \tag{5-3}$$

$$\alpha = \left(\frac{mb_0}{EI}\right)^{\frac{1}{5}} \tag{5-4}$$

式中　m——地基土水平土抗力系数的比例系数（kN/m^4）；

　　α——桩的水平变形系数（m^{-1}）；

　　v_y——桩顶水平位移系数（见表 5-12）；

　　H——作用于地面的水平力（kN）：

　　Y_0——水平力作用点的水平位移（m）；

　　EI——桩身抗弯刚度（$kN·m^2$）；

　　b_0——桩身计算宽度（m）；对于圆形桩：当桩径 $D \leqslant 1m$ 时，$b_0 = 0.9(1.5D + 0.5)$；当桩径 $D > 1m$ 时，$b_0 = 0.9(D+1)$。对于矩形桩：当边宽 $B \leqslant 1m$ 时，$b_0 = 1.5B + 0.5$；当边宽 $B > 1m$ 时，$b_0 = B+1$。对 $\alpha h > 4.0$ 的弹性长桩（h 为桩的入土深度），可取 $\alpha h = 4.0$，$v_y = 2.441$；对 $2.5 < \alpha h < 4.0$ 的有限长度中长桩，应根据表 5-12 调整 v_y 重新计算 m 值。

桩顶水平位移系数　　　　　　　　　　　　　表 5-12

桩的换算埋深 h	4.0	3.5	3.0	2.8	2.6	2.4
桩顶自由或铰接时	2.441	2.502	2.727	2.905	3.163	3.526

注：当 $\alpha h > 4.0$ 时取 $\alpha h = 4.0$。

试验得到的地基土水平抗力系数的比例系数 m 不是一个常量，而是随地面水平位移及荷载变化的曲线。

2. 单桩水平临界荷载的确定

对中长桩而言，桩在水平荷载作用下，桩侧土体随着荷载的增加，其塑性区自上而下逐渐开展扩大，最大弯矩断面下移，最后造成桩身结构的破坏。所测水平临界荷载即当桩身产生开裂时所对应的水平荷载。因为只有混凝土桩才会产生开裂，故只有混凝土桩才有临界荷载。单桩水平临界荷载可按下列方法综合确定：

（1）取单向多循环加载法时的 $H\text{-}t\text{-}Y_0$ 曲线或慢速维持荷载法时的 $H\text{-}Y_0$ 曲线出现拐点的前一级水平荷载值。

（2）取 $H\text{-}\Delta Y_0/\Delta H$ 曲线或 $\lg H\text{-}\lg Y_0$ 曲线上第一拐点对应的水平荷载值。

（3）取 $H\text{-}\sigma_s$ 曲线第一拐点对应的水平荷载值。

3. 单桩水平极限承载力的确定

单桩水平极限承载力是对应于桩身折断或桩身钢筋应力达到屈服时的前一级水平荷载。

（1）取单向多循环加载法时的 $H\text{-}t\text{-}Y_0$ 曲线产生明显陡降的前一级，或慢速维持荷载法时的 $H\text{-}Y_0$ 曲线发生明显陡降的起始点对应的水平荷载值。

（2）取慢速维持荷载法时的 $Y_0\text{-}\lg t$ 曲线尾部出现明显弯曲的前一级水平荷载值。

（3）取 $H\text{-}\Delta Y_0/\Delta H$ 曲线或 $\lg H\text{-}\lg Y_0$ 曲线上第二拐点对应的水平荷载值。

（4）取桩身折断或受拉钢筋屈服时的前一级水平荷载值。

对于单向多循环加载法中利用 $H\text{-}t\text{-}Y_0$ 曲线确定水平临界荷载和极限荷载，可参照图 5-12。

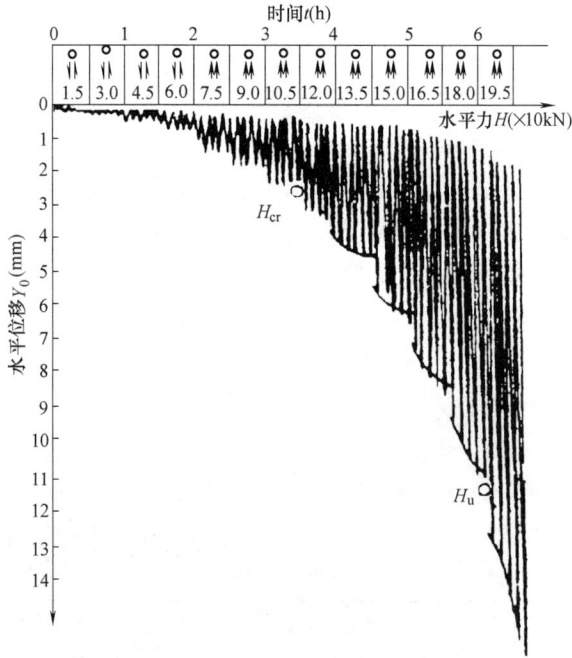

图 5-12　单向多循环加载法 $H\text{-}t\text{-}Y_0$ 曲线

4. 单桩水平承载力特征值的确定

单位工程同一条件下的单桩水平承载力特征值的确定应符合下列规定：

（1）当桩身不允许开裂或灌注桩的桩身配筋率小于 0.65％时，可取水平临界荷载的 0.75 倍作为单桩水平承载力特征值。

（2）对钢筋混凝土预制桩、钢桩和桩身配筋率不小于 0.65％的灌注桩，可取设计桩顶标高处水平位移所对应荷载的 0.75 倍作为单桩水平承载力特征值；水平位移可按下列规定取值：

　　① 对水平位移敏感的建筑物取 6mm；

　　② 对水平位移不敏感的建筑物取 10mm。

（3）取设计要求的水平允许位移对应的荷载作为单桩水平承载力特征值，且应满足桩身抗裂要求。

单桩水平承载力特征值除与桩的材料强度、截面刚度、入土深度、土质条件、桩顶水平位移允许值有关外，还与桩顶边界条件（嵌固情况和桩顶竖向荷载大小）有关。由于建筑工程基桩的桩顶嵌入承台深度通常较浅，桩与承台连接的实际约束条件介于固接与铰接之间，这种连接相对于桩顶完全自由时可减少桩顶位移，相对于桩顶完全固结时可降低桩顶约束弯矩并重新分配桩身弯矩。如果桩顶完全固接，水平承载力按位移控制时，是桩顶自由时的 2.60 倍；对较低配筋率的灌注桩按桩身强度（开裂）控制时，由于桩顶弯矩的增加，水平临界承载力是桩顶自由时的 0.83 倍。如果考虑桩顶竖向荷载作用，混凝土桩的水平承载力将会产生变化，桩顶荷载是压力，其水平承载力增加，反之减小。

桩顶自由的单桩水平试验得到的承载力和弯矩仅代表试桩条件的情况，要得到符合实际工程桩嵌固条件的受力特性，需将试桩结果转化，而求得地基土水平抗力系数是实现这一转化的关键。考虑到水平荷载-位移关系的非线性且 m 值随荷载或位移增加而减小，有必要给出 $H\text{-}m$ 和 $Y_0\text{-}m$ 曲线并按以下考虑确定 m 值：

　　① 可按设计给出的实际荷载或桩顶位移确定 m 值；

　　② 设计未作具体规定的，可取水平承载力特征值对应的 m 值。

与竖向抗压、抗拔桩不同，混凝土桩在水平荷载作用下的破坏模式一般为弯曲破坏，极限承载力由桩身强度控制。所以，《建筑基桩检测技术规范》JGJ 106 在确定单桩水平承载力特征值时，未采用按试桩水平极限承载力除以安全系数的方法。而按照桩身强度、开裂或允许位移等控制因素来确定。不过，也正是因为水平承载桩的承载能力极限状态主要受桩身强度制约，通过试验给出极限承载力和极限弯矩对强度控制设计是非常必要的。抗裂要求不仅涉及桩身强度，也涉及桩的耐久性。《建筑基桩检测技术规范》虽允许按设计要求的水平位移确定水平承载力，但根据《混凝土结构设计规范》GB 50010，只有裂缝控制等级为三级的构件，才允许出现裂缝，且桩所处的环境类别至少是二级以上（含二级）。裂缝宽度限值为 0.2mm。因此，当裂缝控制等级为一、二级时，按第 3 条确定的水平承载力特征值就不应超过水平临界荷载。

5.5　自平衡法静载试验

5.5.1　概述

自平衡法的检测试验原理是将一种特制的加载装置—荷载箱，在桩身混凝土浇筑之前和钢筋笼一起埋入桩内相应的位置（具体位置根据试验的不同目的而定），将加载箱的加压管以及所需的其他测试装置从桩体引到地面，然后灌注成桩。由加压泵在地面向荷载箱加压加载，荷载箱产生上下两个方向的力，并传递到桩身。由于桩体及桩周岩土体侧阻自成反力，我们将得到相当于两个静载试验的数据：荷载箱以上部分，我们获得反向加载时上部分桩体的相应反应系列参数；荷载箱以下部分，我们获得正向加载时下部分桩体的相应反应参数。通过对加载力与这些参数（位移等）之间关系的计算和分析，我们不仅可以获得桩基单桩承载力，而且可获得每层岩土体的极限侧阻力参数、桩端极限端阻力等一系列桩基工程设计数据。此原理试桩被国内业界称为自平衡法试桩。

自平衡法是相对于常规基桩静载试验的一种安全、经济及快捷的方法，该方法已广泛使用在各类工程实例中，但因其试验受力基理与建筑桩基实际受力基理不同，检测单位不可将其简单的替换传统的基桩静载试验方法。

5.5.2 设备仪器及其安装

1. 设备仪器

自平衡试验使用的仪器设备与传统的基桩静载试验不同，主要使用设备仪器包括（图 5-13）：

（1）荷载箱：为特定的加压设备，桩基施工时埋入桩内，不可重复使用；

（2）加压油管：加压油管与荷载箱同时埋入桩内，不可重复使用，为易损设备，设备安装、桩基施工及桩基养护过程中须做好保护措施；

（3）位移杆、位移杆护管：为位移传导装置，位移杆传导的位移为荷载箱顶部与荷载箱底部的位移；位移杆护管为保护位移杆，防止其与桩基混凝土接触而导致其位移传导功能的破坏；

（4）基准梁、加压系统、数据采集系统及位移测量装置与传统基桩静载试验相同；

自平衡试验中，当受地质条件影响，荷载箱上部反力不足时，可采用传统的方法辅助增加反力，包括堆载法锚桩反力梁法等。

2. 荷载箱的安装

荷载箱的埋设位置：极限桩端阻力小于桩周总极限侧摩阻力时，荷载箱置于桩底以上的某一平衡点处，使上、下段桩的极限承载力基本相等；极限桩端阻力大于极限桩侧摩阻力时，荷载可箱置于桩端，根据桩的长径比、地质情况采取桩顶配重或小直径桩模拟试验进行模拟；试桩为抗拔桩时，荷载箱直接置于桩端；有特殊需要时，可采用双层荷载箱或多层荷载箱，以分别测试桩的极限端阻力和各段岩层的极限侧摩阻力。荷载箱的埋设位置则根据特殊需要确定。

荷载箱必须平放在桩中心，以防产生偏心轴向力。荷载箱焊接时钢筋笼与荷载箱必须保持垂直，荷载箱位移方向与桩身轴线的夹角不应大于1°。荷载箱的上下板必须分别与上下钢筋笼的主筋焊接在一起，焊接牢固。

钢筋笼在荷载箱位置断开，上段钢筋笼的主筋与荷载箱的上板牢固焊接在一起，下段钢筋笼的主筋与荷载箱的下板牢固焊接在一起，焊接工艺必须满足钢筋笼吊装及下笼时产生的荷载的强度要求，以避免施工过程中荷载箱脱落。当荷载箱和下段钢筋笼重量较大，仅仅靠钢筋笼主筋与荷载箱板的焊接强度不能承受荷载箱和下段钢筋笼重量时，应分别在

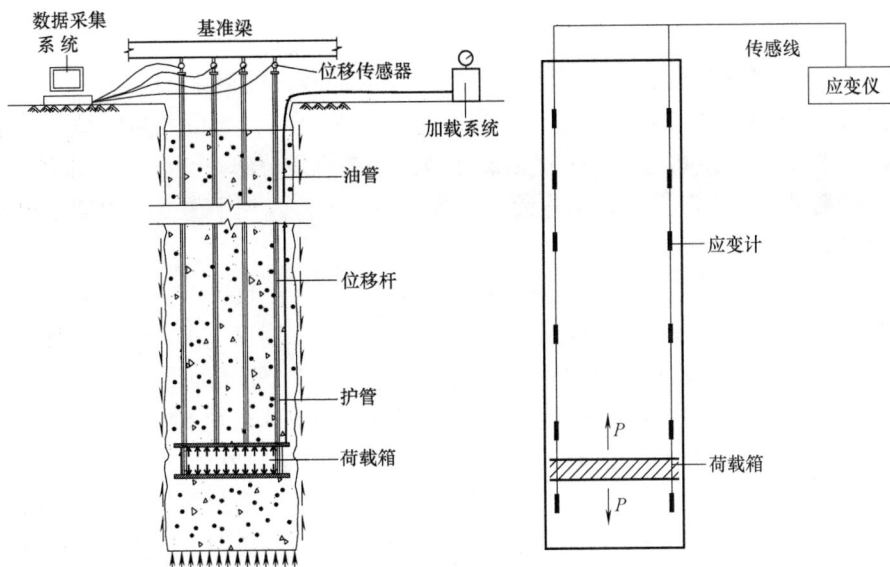

图 5-13　自平衡法试验装置示意图

上下板主筋焊接位置设 L 形加强筋。

荷载箱上、下应设置喇叭状的导向钢筋，其作用是为了钻孔灌注桩在灌注混凝土时，导管能顺利通过荷载箱，避免导管的上下移动对荷载箱产生碰撞，从而影响荷载箱的埋设质量。

5.5.3　现场检测

1. 检测数量

自平衡试验仍属于基桩静载荷试验的一种方法，其检测数量应根据其建筑类型及检测目的按相关规范执行。如《建筑基桩检测技术规范》JGJ 106 规定：设计等级为甲级的桩基，应采用单桩竖向抗压静载试验进行承载力验收检测，检测数量不应少于同一条件下桩基分项工程总数的 1%，且不应少于 3 根；当总桩数小于 50 根时，检测数量不应少于 2 根。

2. 试桩位置

试桩位置应根据勘察单位对整个建筑场地的把控，选择具有代表性的位置，并符合设计要求。试验点应经过钻探勘察，并具备钻探柱状图层地勘成果资料后方可设计自平衡试验试桩。

3. 试验方法

试验方法一般采用慢速维持荷载法，也可根据实际工程特征，采用多循环加、卸载法，当考虑缩短试验时间，对工程桩作验收试验时，也可采用快速维持荷载法。试验的荷载分级、相对稳定标准、位移观测、终止加载条件等与传统试验方法相同。试验中应测读在各级荷载作用下，桩底的向上位移 S_u 和桩底的向下位移 S_d，需要时，也可测读桩顶的向上位移 S_t。

现阶段的自平衡规范主要有交通运输部《基桩静载试验自平衡法》JT/T 738，以及各地方标准和方法，如江苏省《桩承载力自平衡测试技术规程》DB32/T291；山东省的

《基桩承载力自平衡检测技术规程》等地方标准。

加载方式以及判稳标准详细如下：

交通运输部《基桩静载试验自平衡法》JT/T 738 加载方式和判定标准

加载方式：每级加载量为预估最大加载量的 1/15～1/10，当桩端为巨粒土、粗粒土或坚硬黏质土时，第一级可按两倍分级荷载加载。卸载也应分级进行，每级卸载量为 2～3 个加载级的荷载值。加卸载应均匀连续，每级荷载在维持过程中的变化幅度不得超过分级荷载的 10%。

位移观测：采用慢速维持荷载法，每级加（卸）载后第 1h 内应在第 5min、10min、15min、30min、45min、60min 测读位移，以后每隔 30min 测读一次，达到相对稳定后方可加（卸）下一级荷载。卸载到 0 后应至少观测 2h，测读时间间隔同加载。

稳定标准：每级加（卸）载的向上、向下位移量在下列时间内均不大于 0.1mm；桩端为巨粒土、粗粒土或坚硬黏质土，最后 30min；桩端为半坚硬黏质土或细粒土，最后 1h。

终止加载条件：向上、向下两个方向分别判定和取值，平衡状态下两个方向都应达到终止加载条件再终止加载。每个方向的加载终止条件和相应的极限加载值的取值符合以下规定：

（1）总位移量大于或等于 40mm，且本级荷载的位移量大于或等于前一级荷载的位移量的 5 倍时，加载可终止。取此终止时荷载小一级的荷载作为极限加载值；

（2）总位移量大于或等于 40mm，且本级荷载加上 24h 后未达稳定，加载即可终止。取此终止时荷载小一级荷载为极限加载值；

（3）巨粒土、密实砂土类土以及坚硬的黏质土中，总位移量小于 40mm，但荷载已大于或等于设计荷载乘以设计规定的安全系数，加载即可终止，取此时的荷载为极限加载值；

（4）施工过程中的检验性试验，一般加载应继续到桩两倍的设计荷载为止。如果桩的总位移量不超过 40mm，以及最后一级加载引起的位移不超过前一级加载引起的位移的 5 倍，则该桩可予以检验。

5.5.4 检测数据分析与判定

1. 试验资料整理

试验过程中对于试验中的压力及位移进行详细的记录，同时对于桩的基本情况也应该做好详细的记录。

实测数据记录表及整理的表 5-13、表 5-14：

单桩竖向静载试验记录表　　　　　　　　　　　　表 5-13

试桩编号		试桩类型		桩径(mm)		桩长(m)	
桩端持力层		成桩日期		测试日期		加载方法	

荷载编号	荷载值(kN)	记录时间(d h min)	间隔(min)	各表读数(mm)				位移(mm)			温度(℃)
								下沉	上拔	桩顶	

单桩竖向静载试验结果汇总表　　　　　　　表 5-14

试桩名称				工程地点					
建设单位				施工单位					
桩型		桩径(mm)			桩长(m)			桩顶高程(m)	
成桩日期		测试日期			加载方法				
荷载编号	加载值(kN)	加载历时(min)		向上位移(mm)		向下位移(mm)		桩顶位移(mm)	
		本级	累计	本级	累计	本级	累计	本级	累计

2. 结果分析及承载力的确定

确定单桩极限承载力一般应绘制 Q_u-s_u，Q_d-s_d，s_u-lg$t$，s_d-lg$t$，s_u-lg$Q$，s_d-lg$Q$ 曲线。

将自平衡法测得的上下两段 Q-s 曲线等效地转换为常规方法桩顶加载的一条 p-s 曲线，转换方法分为桩身无实测轴力值和桩身有实测轴力值的转换方法，统一叫作等效转换法，详见图 5-14。

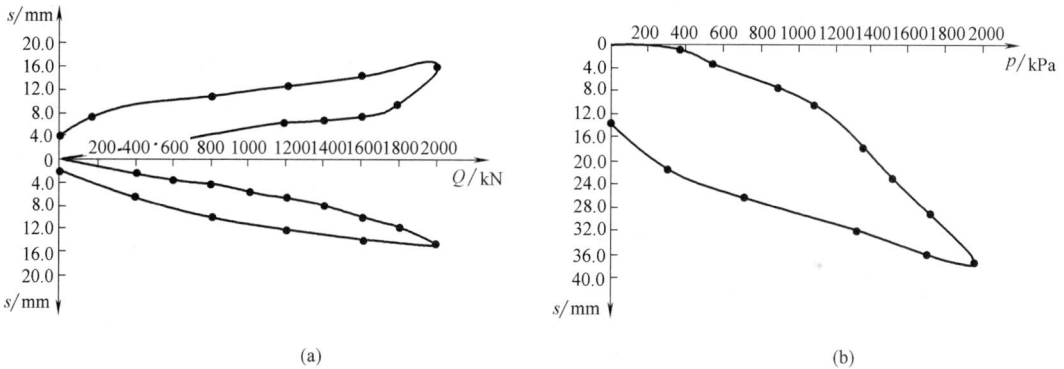

(a)　　　　　　　　　　　　　　　　(b)

图 5-14　自平衡转换结果示意图

(a) 自平衡曲线图；(b) 等效转换曲线图

等效转换法的转换假定如下：

(1) 桩为弹性体；

(2) 等效的试桩分为上、下段桩，分界面即为自平衡桩的平衡点 a 截面；

(3) 自平衡法中，桩端的承载力—位移量关系及不同深度的桩侧阻力—变位量关系与传统试验法是相同的；

(4) 桩上段的桩身压缩量 s 为荷载箱下段荷载及上段荷载引起的上段桩的弹性压缩变形之和，即

$$\Delta s = \Delta s_1 + \Delta s_2 \tag{5-5}$$

式中　Δs_1 为受压桩上段在荷载箱下段力作用下产生的弹性压缩变形量；

　　　　Δs_2 为受压桩上段在荷载箱上段力作用下产生的弹性压缩变形量。

(5) 计算上段桩弹性压缩量 Δs_2 时，侧摩阻力使用平均值 q_{sm}；

（6）可由单元上下两面的轴向力和平均断面刚度来求各单元应变。

1）桩身无轴力实测值

桩身无轴力实测值时，根据上述假定，有：

$$\Delta s_1 = \frac{Q_1 l}{E_P A_P} \tag{5-6}$$

$$\Delta s_2 = \frac{(Q_u - W) l}{2 E_P A_P \gamma} \tag{5-7}$$

式中 Q_1 为荷载箱向下荷载，单位为 kN，可直接测定；

Q_u 为自平衡法 Q_u-s_u 曲线中上段桩位移绝对值等于 s_u 时上段桩荷载，单位为 kN，可根据曲线确定。

l 为上段桩长度，单位为 m；

E_P 为桩身弹性模量，单位为 kPa；

A_P 为桩身截面面积，单位为 m^2；

W 为试桩荷载箱上部自重，单位为 kN；

γ 为修正系数，根据荷载箱上部土的类型确定：黏性土、粉土 $\gamma = 0.8$，砂土 $\gamma = 0.7$，岩石 $\gamma = 1$；若上部有不同类型的土层，取加权平均值。

Q_u 的取值对于自平衡法而言，每一级加载等级由荷载箱产生的向上、向下的力是相等的，但所产生的位移量是不相等的。因此，Q_u 应该是对应于自平衡 Q_u—s_u 曲线中上段位移绝对值等于 s_1 时的上段桩荷载，即在自平衡法向上的 Q_u—s_u，曲线上使 $su = s_1$ 时所对应的荷载。

而桩身的弹性压缩量为：$\Delta s = \Delta s_1 + \Delta s_2 = \dfrac{[(Q_u - W)\gamma + 2Q_1] l}{2 E_P A_P}$

桩顶等效荷载为：$P = (Q_u - W)/\gamma + Q_1$

可得等效桩顶荷载 P 对应的桩顶位移 s 为：$s = s_1 + \Delta s$

式中：s_1 为荷载箱向下位移，可直接测定。

根据公式算出对应的荷载，可直接画出等效法的 p-s 曲线。

2）桩身有轴力实测值

当桩身中埋设内力测试装置，可测出桩身轴向力值时，根据假定，可将荷载箱上部分割成 n 个单元，任意一单元 i 的轴向力 Q_i 和变位量 s_i，可用下式表示：

$$Q(i) = Q_j + \sum_{m=1}^{n} \tau(m)\{U(m) + U(m+1)\} h(m) \tag{5-8}$$

$$s(i) = s_j + \sum_{m=i}^{n} \frac{Q(m) + Q(m+1)}{A(m)E(m) + A(m+1)E(m+1)} h(m)$$

$$= s_p(i+1) + \frac{Q(i) + Q(i+1)}{A_P(i)E_P(i) + A_P(i+1)E_P(i+1)} h(m) \tag{5-9}$$

式中　Q_j 为 $i = n+1$ 点（荷载箱深度）桩的轴向力（荷载箱荷载），单位为 kN；

s_j 为 $i = n+1$ 点桩向下的变位量，单位为 m；

τ_m 为 m 点（$i \sim n$ 之间的点）的桩侧摩阻力（假定向上为正值），单位为 kPa；

$U(m)$ 为 m 点处桩周长，单位为 m；

$A_P(m)$ 为 m 点处桩截面面积，单位为 m^2；

$E_P(m)$ 为 m 点出桩弹性模量，单位为 kPa；

$h(m)$ 为分割单元 m 的长度，单位为 m。

单元 i 的中点变位量 $s_m(i)$ 可用下式表示：

$$s(i)=s(i+1)+\frac{Q(i)+3Q(i+1)}{A_P(i)E_P(i)+3A_P(i+1)E_P(i+1)}$$

$$\left\{2Q_j+\sum_{m=i+1}^{n}\tau(m)[U(m)+U(m+1)]h(m)+\tau(i)[U(i)+U(i+1)]\frac{h(i)}{2}\right\}$$

$$s_m(i)=s(i+1)+\frac{h(i)}{A_P(i)E_P(i)+3A_P(i+1)E_P(i+1)}$$

$$\left\{2Q_j+\sum_{m=i+1}^{n}\tau(m)[U(m)+U(m+1)]h(m)+\tau(i)[U(i)+U(i+1)]\frac{h(i)}{4}\right\}$$

当 $i=n$ 时，则：

$$s(n)=s(j)+\frac{h(n)}{A_P(n)E_P(n)+A_P(n+1)E_P(n+1)}\left\{2Q_j+\tau(n)[U(n)+U(n+1)]\frac{h(n)}{2}\right\}$$

$$s_m(n)=s(j)+\frac{h(n)}{A_P(n)E_P(n)+3A_P(n+1)E_P(n+1)}\left\{2Q_j+\tau(n)[U(n)+U(n+1)]\frac{h(n)}{4}\right\}$$

用以上公式，由自平衡法测试出的桩侧摩阻力 $\tau_m(i)$ 与变位量 $s_m(i)$ 的关系曲线，可将 $\tau(i)$ 作为 $s_m(i)$ 的函数，对于任 $s_m(i)$ 可求出 $\tau(i)$，还可由荷载箱荷载 Q_j 与位移量 s_j 的关系曲线求出 Q_j。所以，对于 s_i 和 $s_m(i)$ 的 $2n$ 个未知数，可建立 $2n$ 个联系方程式。

根据位移随荷载的变化特征确定极限承载力，对于陡降型 $Q\text{-}s$ 曲线取 $Q\text{-}s$ 曲线发生明显陡降的起始点。对于缓变形 $Q\text{-}s$ 曲线，按位移值确定极限值，极限侧阻 Q_u 取 $s_u=40\sim60\text{mm}$ 对应的荷载；极限端阻 Q_d 取 $s_d=40\sim60\text{mm}$ 对应的荷载。当 $s\text{-}\lg t$ 尾部有明显弯曲时，取其前一级荷载为极限荷载。

分别求出上、下段桩的极限承载力 Q_u 和 Q_d，然后考虑桩自重影响，得出单桩竖向抗压极限承载力为：

$$Q_u=(Q_u-W)/\gamma+Q_d \tag{5-10}$$

式中 γ 对于黏性土、粉土取 0.8，对于砂土取 0.7；W 为荷载箱上部桩的自重。

5.5.5 工程案例

1. 毕节市赫章县某高层建筑某三根基础桩采用自平衡法进行试验，试桩主要参数如表 5-15 所示：

试桩主要参数　　　　　　　　　　　　　　　　表 5-15

试桩编号	SZ1	SZ2	SZ3
试验桩径(mm)	1500	1500	1500
试桩位置与岩土层参考	/	/	/
桩端岩土单元	碎石土	碎石土	碎石土

续表

试桩编号	SZ1	SZ2	SZ3
试验预计桩长（m）	23	22	22
预估最大试验荷载（kN）	不小于 19844	不小于 14883	不小于 14883
荷载箱埋设位置	见下图		

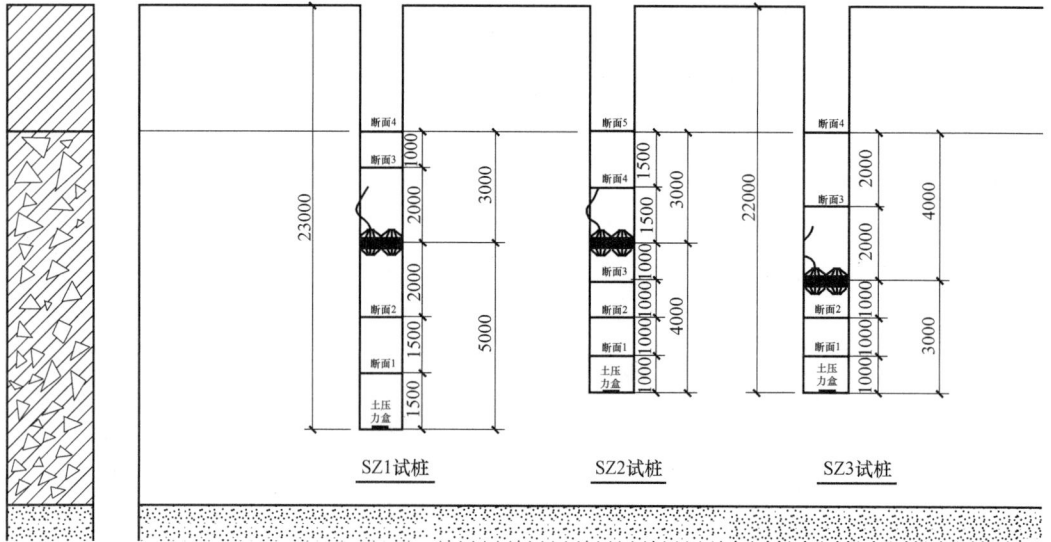

2. 场地工程地质条件

根据钻探揭露，场内岩土组成自上而下分述如下：

第（1-1）层黏土（Q_4^{ml}）：暗褐色、褐黄色，主要呈硬塑状态，含少量粒径较小的碎石及砂，约占 5%，土质均匀性较褐黄色，松散，稍湿，主要由黏土、耕土夹碎石组成，碎石含量约占 10%～15%。层顶埋深 0.00m，层厚 1.20～5.50m，平均 2.33m。

第（1-2）层 含碎石黏土（Q_4^{ml}）：褐黄色，呈可塑状态，碎石及粗砂含量约在 5%～15%，均匀性较差。层顶埋深 0.00m，层厚 1.20～5.50m，平均 2.33m。

第（2-1）碎石土：碎石、砾石含量约占 50%～60%，母岩主要为灰岩、钙质砂岩，粒径从 5cm～30cm 的块石，土质部分呈可塑状态，结构较密实。

第（2-2）层 碎石土：碎石、砾石含量约占 60%～80%，母岩主要为紫红色凝灰岩、钙质砂岩，粒径从 10cm～100cm 的。

第（3）层 沉积砂层：褐色、深灰色，主要为粗砂、砂砾，底部含少量碎石、卵石。

第（4）层 淤泥质黏土：褐色，有轻微的铁锈味，主要呈软塑状态或可塑接近软塑状态，冲洪积成因，土中夹砂砾及很少量碎石。

第（5-1）层 强风化质灰岩：灰色、深灰色，灰绿色，碎裂状结构，节理裂隙很发育，岩体较破碎，岩芯呈碎块状。

第（5-2）层 中风化质灰岩：灰色、深灰色，灰绿色，块状-层状结构，节理裂隙较发育，裂隙面偶见钙质填充，岩体较破碎，岩芯呈块状、短柱状及少量柱状。

岩芯采取率一般 40%～65%，RQD 值一般 10%～20%。层顶埋深 14.80～29.70m。

场地中风化泥质灰岩芯样单轴饱和抗压强度平均值 44.07MPa，场地中风化泥质灰岩属较破碎的较硬质岩体，岩体基本质量等级Ⅳ级。

3. 以 SZ1 桩为例，由于未知桩的极限承载力，采用以荷载箱工作油压每级 2～3.5MPa 递增加载，现场测试曲线及数据如表 5-16 及图 5-15 所示。

加、卸载分级荷载表

表 5-16

加载分级	荷载箱对应荷载(kN)		
	SZ1	SZ2	SZ3
0	0	0	0
1	1500	1200	1320
2	3000	2400	2640
3	4500	3600	3960
4	6000	4800	5280
5	7500	6000	6600
6	9000	7200	7920
7	10500	8400	9240
8	12000	9600	10560
9	13500	10800	11880
10	15000	—	—

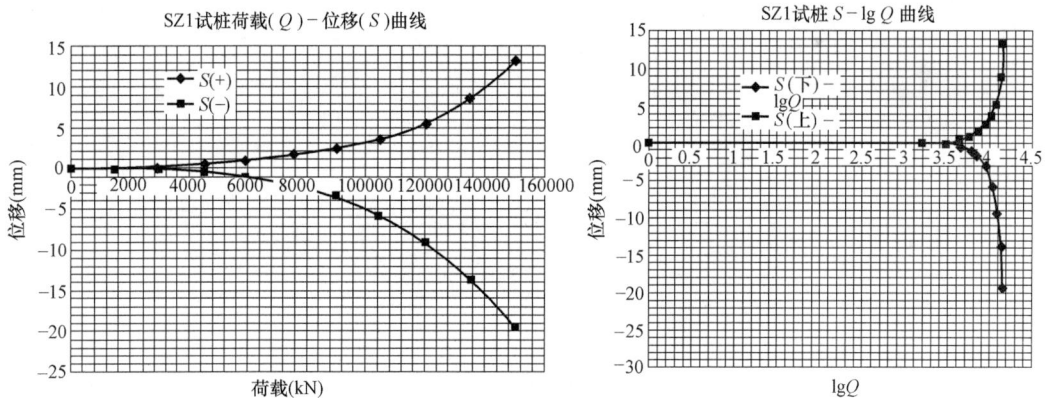

图 5-15　SZ1 试桩自平衡试验荷载位移图

荷载箱加载分级按每级 1500kN 进行，累计加载 10 级。试验在油压为 35MPa 时（15000kN），桩身混凝土压溃，无法继续进行试验，随终止试验。

下半段桩直径 $D=1500$mm，桩长 $L=5$m，该桩在加载至 15000kN 之前下段桩向下位移 $Q_d \sim S_d$ 曲线呈缓变形，累计变形量 19.27mm，故我们取下半段桩体极限荷载值为大于 15000kN。

上半段桩直径 $D=1500$mm，桩长 $L=18$m，上段桩在加载至 12000kN 之前下段桩向

上位移 $Q_u \sim s_u$ 曲线呈线性变化，表明上半段桩体在本阶段尚处在弹性阶段，加载至 12000kN 时位移 5.06mm 后，塑性特征显现，$Q_u \sim s_u$ 曲线出现第一拐点，地面沿桩周护壁开裂，最大裂缝宽度 1mm，但上半段桩仍然尚未破坏。故取 $Q_u \geqslant 15000$kN。

单桩竖向抗压极限承载力为：

$$Q = (Q_u - W)/\gamma + Q_d;$$

钢筋混凝土容重取 25kN/m^3；γ 取 0.7；

该试验桩单桩竖向承载力极限值为不小于 35356kN。

第6章 基桩承载力高应变检测

6.1 概　述

6.1.1 高应变的发展历史

动力打桩公式在打入式预制桩施工中的应用已有近百年历史，可以说，动力试桩技术的发展始于动力打桩公式。据不完全统计，这些公式，包括修正公式有百余个，它们大多都是依据牛顿刚体碰撞理论、能量和动量守恒原理，针对不同锤型、桩型并结合各国、各地经验建立起来的。通过对预制桩在打桩收锤阶段或休止一定时间后的一些参数的简单测试，如桩的贯入度与回弹量、锤的落高与回跳高度等，结合与锤或土有关的经验系数，达到预测或评价单桩承载力的目的。

锤击对桩产生的瞬态作用将在桩身中引起应力波的传播，特别是当锤击力脉冲波长与桩长相比逐渐减少时，桩身中的波传播现象、即桩身中不同截面的受力和运动状态差别将趋于显著，并非刚体力学问题。虽然对弹性波在固体介质中的传播现象研究始于19世纪中叶的Poisson和Stokes等人，几乎和建立在刚体力学基础上的动力打桩公式同步，但直到1931年才有人意识到打桩问题是一波传播问题。限于当时电子技术发展水平，波动方程的定解问题——也就是边界条件无法通过测试来确定，从而使应力波理论在桩基工程中的实际应用要比应力波理论的出现晚了约一个世纪。

1960年，Smith提出了桩-锤-土系统的集中质量法差分求解模型。该模型将桩、锤、土系统分别离散为：①桩锤系统由锤体、铁砧（冲击块）、桩等刚性质量块和无质量的锤垫、桩垫弹簧组成；②桩离散为若干个桩段单元，每一单元用刚性质量块代替，每一刚性质量块间用无质量弹簧连接，该弹簧的刚度等于桩单元长度的竖向刚度；③桩单元相邻的桩周土弹、塑性静阻力分别由弹簧和摩擦键模拟，土的阻力由黏壶模拟。从而提供了一套较为完整的桩－锤－土系统打桩波动问题的处理方法，建立了目前高应变动力检测数值计算方法的雏形，为应力波理论在桩基工程中的应用奠定了基础。

1960年后，世界上大部分国家开展了系列动力测试桩承载力的研究工作，并于20世纪80年代形成了实用的高应变现场测试技术和室内波动方程分析方法。

我国的桩动力检测理论研究与实践始于20世纪70年代，其中包括两部分内容；其一是研究开发具有我国特色的方法，如湖南大学的动力参数法、四川省建筑科学研究院和中国建筑科学研究院共同研究的锤击贯入试桩法、西安公路研究所的水电效应法、成都市城市建设研究所的机械阻抗法、冶金部建筑研究总院的共振法等；其二是对国外刚开始流行的高应变动测技术进行尝试，如南京工学院等单位在渤海12号平台进行的铜管桩动力测试、甘肃省建筑科学研究所与上海铁道学院合作研制我国第一台打桩分析仪。这些早期的探索与实践加速了动测技术的推广普及，为我国在短期内达到桩动测技术的国际先进水平创造了有利条件。

20 世纪 80 年代，以波动方程为基础的高应变法进入了快速发展期，是当时国际上所有基桩承载力动测方法研究中最热门的一种，但其检测仪器及其分析软件非常昂贵，功能和分析操作复杂。国内上海、福建、北京、天津、广东等地近 10 家单位相继从瑞典、美国引进了打桩分析仪 PDA，其中少数单位还同时引进了波形拟合分析软件 CAPWAP。此后几年间，几乎在国内所有用桩量大的地区，均开展了高应变法的适用性、可靠性研究，动测设备的软硬件研制也取得了长足进展。获得了大量静动对比资料，取得了灌注桩承载力检测的经验；如：交通运输部第三航务工程局科研所研制出 SDF-1 型打桩分析仪，成都市城市建设研究所的 ZK 系列基桩振动检测仪，中国建筑科学研究院地基所推出了 FEIPWAPC 波形拟合分析软件、FEI-A 桩基动测分析系统和 DJ-3 型试桩分析仪，中国科学院武汉岩土力学研究所推出 RSM 系列以及武汉岩海公司的 RS 系列基桩动测仪等。

20 世纪 90 年代中期，建工行业标准《基桩高应变动力检测规程》JGJ 106—97 的相继颁布，标志着我国基桩动测技术发展进入了相对成熟期。发展至今，检测标准已更新为《建筑基桩检测技术规范》JGJ 106—2014，其第 9 章已对高应变法作出了明确规定，至 2020 年 7 月，交通运输部《基桩高应变仪》JJG 144—2020 已对高应变的检测仪器亦作出了明确规定。以后广东、上海、天津、湖北等地也开始陆续编制地方标准，如《深圳地区基桩质量检测技术规程》SJG 09—99、广东省标准《基桩反射波法检测规程》DBJ15-27-2000、天津市标准《建筑基桩检测技术规程》DBJ29-38-2002 等。由于中国的经济发展速度快、建设规模大，客观上的市场需求使国内从事桩动测业务的人员、机构、所用仪器种类、动测验桩总量及其涉及的桩型，均居世界各国首位。

高应变法包括锤击贯入试桩法、波动方程法和静动法（STATNAMIC）三种方法。锤击贯入法属经验法，主要适用于中小直径的摩擦型桩，但目前已基本被波动方程法取代；波动方程法实际是我国目前最广泛采用的方法；静动法始于 20 世纪 80 年代末，从减少波传播效应，提高承载力检测结果可靠性角度上讲，是对波动方程法的合理改进，新编的《建筑基桩检测技术规范》JGJ 106—2014 在高应变法一章的条文说明中有所反映，可惜该法试验所需配重和费用偏高，目前我国仅进口了一套设备。

虽然，国际上动测法的主流目前仍是一维杆波动理论基础的高、低应变两种方法，与我国状况相似，但这两种方法的成熟性是相对的。所谓动测法理论体系较为完备只有将桩视为一单独自由杆件时才能成立，而考虑桩与土相互作用机理后，其复杂性不言而喻。当我们通过积累更多的对比资料和经验、可能会发现对机理的认知还相当肤浅，一些失败的例子说明我们可能夸大了动测法的一些功能。所以要特别强调机理明确，具有可靠经验。高应变法历经 40 余年的发展与实践，虽基本为岩土工程界认同，但笔者认为，该方法除了软硬件功能的不断改善和在大量实践中其局限性被认识外，从基本原理、测试方法、分析用桩、土模型及其参数选取等几方面，在近 20 年间未取得实质性进展的说法并非过分。所以，任何一种动测法，即使是几种动测方法搭配组合，尚不能在基桩质量检测中包打天下，只能是各种方法取长补短、共同发展。

6.1.2 高应变与低应变的划分

1. 按位移大小划分

高应变动力试桩利用几十甚至几百千牛的重锤打击桩顶，使桩产生的动位移接近常规静载试桩的沉降量级，以便使桩侧和桩端岩土阻力大部分乃至充分发挥，即桩周土全部或大部分产生塑性变形，直观表现为出现贯入度。不过，对于嵌入坚硬基岩的端承型桩、超长的摩擦型桩，不论是静载还是高应变试验，欲使桩下部及桩端岩土进入塑性变形状态，从概念上讲似乎不太可能。

低应变动力试桩采用几牛至几百牛重的手锤、力棒锤击桩顶，或采用几百牛出力的电磁激振器在桩顶激振，桩-土系统处于弹性状态，桩顶位移比高应变低 $2\sim3$ 个数量级。

2. 按桩身应变量级划分

高应变桩身应变量通常在 $0.1\%\sim1.0\%$ 范围内。对于普通钢桩，超过 1.0% 的桩身应变已接近钢材屈服阶段所对应的变形；对于混凝土桩，视混凝土强度等级的不同，桩身出现明显塑性变形对应的应变量为 $0.5\%\sim1.0\%$。

低应变桩身应变量一般小于 0.01%。

3. 关于桩身材料应力-应变关系的非线性

众所周知，钢材和在很低应力应变水平的混凝土材料具有良好的线弹性应力-应变关系。混凝土是典型的非线性材料，随着应力或应变水平的提高，其应力-应变关系的非线性特征趋于显著。打入式混凝土预制桩在沉桩过程中已历经反复的高应力水平锤击，混凝土的非线性大体上已消除，因此高应变检测时的锤击应力水平只要不超过沉桩时的应力水平，其非线性可忽略。但对灌注桩，锤击应力水平较高时，混凝土的非线性会多少表现出来，直观反映是通过应变式力传感器测得的力信号不归零（混凝土出现塑性变形），所得的一维纵波速比较低应变法测得的波速低。更深层的问题是桩身中传播的不再是线性弹性波，一维弹性杆的波动方程不能严格成立。而在工程检测时，一般不深究这一问题，以使实际工程应用得以简化。

6.2　高应变承载力检测原理

凯司法是美国凯司技术学院（CASE Institute of Technology）Goble 教授等人经十余年努力，逐步形成的一套以行波理论为基础的桩动力测量和分析方法[33,36]。这个方法从行波理论出发，导出了一套简洁的分析计算公式并改善了相应的测量仪器，使之能在打桩现场立即得到关于桩的承载力、桩身应力和锤击能量传递等分析结果，其优点是具有很强的实时测量分析功能。

凯司法的承载力计算公式在推导过程中采用了不少简化，从数学上看是不够严格的，故通常将它的计算公式称为一维波动方程的准封闭解。尽管如此，凯司法的承载力基本计算公式及其修正方法，在概念上可视为高应变法的理论基础。

6.2.1　利用叠加原理的打桩总阻力估算公式

设桩端阻力为 R_{toe}，在 $t=L/c$ 时刻，应力到达桩端，将产生一个大小为 R_{toe} 的上行压力波，同时引起质点的速度增值 $\Delta V_{toe}=-R_{toe}/Z$，该压力波于 $2L/c$ 时刻到达桩顶。

如果在整个深度 L 的桩段上连续作用有侧阻力以及端阻力，且土阻力是自上而下依次激发的，记初始速度曲线第一峰的时刻为 t_1，则在 $t_2=t_1+2L/c$ 时刻，桩顶实测的力和速度记录中将包含以下四种影响：

（1）由土阻力产生的全部上行压缩土阻力波的总和 $R_T/2$；

（2）由初始的下行压力波经桩底反射产生的上行拉力波，其大小即为 $F_d(t_1)$，但符号为负；

（3）由土阻力产生的下行拉力波经桩底反射后以压缩波的形式上行，并与第（2）项的上行波同时到达桩顶，其大小也为 $R_T/2$；

（4）全部的上行波在桩顶反射而形成的下行波 $F_d(t_2)$。

在 $t_2 = t_1 + 2L/c$ 时刻，上述四项影响并非同时到达桩顶，比如第（1）项陆续到达桩顶，对桩顶力产生的影响将先于其他三项。假设桩顶力是以上四项影响的总和

$$F(t_2) = F_d(t_2) + F_u(t_2) = \frac{R_T}{2} - F_d(t_1) + \frac{R_T}{2} - F_d(t_2)$$

即

$$F_u(t_2) = R_T - F_d(t_1) \tag{6-1}$$

式（6-1）中 R_T 中包含了 $2L/c$ 时段内全部侧阻力和端阻力。所以，t_2 时刻全部上行波的总和将包括土阻力波和 t_1 时刻入射波在桩底的反射波（负号）。将上行力波和下行力波的表达式代入式（6-1）得：

$$R_T = \frac{1}{2}[F(t_1) + F(t_2)] + \frac{Z}{2}[V(t_1) - V(t_2)] \tag{6-2}$$

式中 R_T 就是应力波在一个完整的 $2L/c$ 历程所遇到的土阻力。

对于均匀等截面桩，其总质量 $m = \rho AL$，阻抗 $Z = mc/L$，注意到 $2L/c = t_2 - t_1$，代入式（6-2），得到如下形式的表达式：

$$R_T = \frac{1}{2}[F(t_1) + F(t_2)] - m \cdot \frac{[V(t_1) - V(t_2)]}{t_2 - t_1} \tag{6-3}$$

上式右边第二项中的分式即为 $t_2 - t_1$ 时段桩顶的实测加速度平均值。由此很容易看出式（6-3）与刚体力学理论的差别；以 t_1 和 t_2 时刻受力的算术平均值和该时段的惯性力平均值分别取代了刚性力学的瞬间受力和瞬时惯性力。

6.2.2 凯司承载力计算方法

根据式（6-2），已经得到了应力波在 $2L/c$ 一个完整行程中所遇到的总的土阻力计算公式。但是，式（6-2）并不能回答总阻力 R_T 与桩的极限承载力之间的关系。因为 R_T 中包含有土阻力的影响，也即土的动阻力 R_d 的影响，是需要扣除的；而根据桩的荷载传递机理，桩的承载力是与竖向位移有关的，位移的大小决定了桩周土的静阻力发挥程度。显然，R_T 中所包含的静阻力的发挥程度也需要探究。所以，需要更具体地考虑以下几方面问题：

（1）去除土阻尼的影响。

（2）对给定的 F 和 V 曲线，正确选择 t_1 时刻，使 R_T 中包含的静阻力充分发挥。

（3）对于桩先于 $2L/c$ 回弹（速度为负），造成桩中上部土阻力 R_X 卸载，需对此做出修正。

（4）在试验过程中，桩周土应出现塑性变形，即桩出现永久贯入度，以证实打桩时土的极限阻力充分发挥；否则不可能得到桩的极限承载力。

（5）考虑桩的承载力随时间变化的因素。因为动测法得到的土阻力是试验当时的，而土的强度是随时间变化的。打桩收锤时（初打）的承载力并不等于休止一定时间后桩的承载力，则应有一个合理的休止时间使上体强度恢复，即通过复打确定桩的承载力。

1. 去除土阻力的影响

凯司法将打桩总阻力 R_T 分为静阻力 R_s 和动阻力 R_d 两个不相关项。为了从 R_T 中将静阻力部分提取出来，凯司法采用以下四个假定：

（1）桩身阻抗恒定，即除了截面不变外，桩身材质均匀且无明显缺陷。

（2）只考虑桩端阻尼，忽略桩侧阻力的影响。

（3）应力波在沿桩身传播时，除土阻力影响外，再没有其他因素造成的能量耗散和波行畸变。

（4）上阻力的本构关系隐含采用了刚-塑性模型，即土体对桩的静阻力大小与桩土之间的位移大小无关，而仅与桩土之间是否存在相对位移有关。具体地讲：桩土之间一旦产生变动（应力波一旦到达），此时土的阻力立即达到极限静阻力 R_U，且随位移增加不在改变。

由假定（2）可知，土阻尼存在于桩端，只与桩端运动速度有关。利用下面恒等式：

$$V(toe,t) = \frac{F_d(toe,t) - F_u(toe,t)}{Z} \tag{6-4}$$

式中的 $F_d(toe,t)$ 和 $F_u(toe,t)$ 都是无法直接测量的，但可根据行波理论由桩顶的实测力和速度（或下行波）表出：在 $t-L/c$ 时刻由桩顶下行的力波将于 t 时刻到达桩底。假设在 L/c 时程段上遇到的阻力之和为 R，则运行至桩端后下行力波的量值为：

$$F_d(toe,t) = F_d(0,t-L/c) - \frac{R}{2} \tag{6-5}$$

在同样的假设下，从时刻 t 由桩端上行的力波将于 $t+L/c$ 到达桩顶，在同样的阻力作用下其量值变为：

$$F_u(toe,t) = F_u(0,t+L/c) - \frac{R}{2} \tag{6-6}$$

将式（6-5）和（6-6）代入式（6-4），得到桩端运动速度计算公式：

$$V(toe,t) = \frac{F_d(0,t-L/c) - F_u(0,t+L/c)}{Z} \tag{6-7}$$

假设由阻尼引起的桩端土的动阻力 R_d 与桩端运动速度 $V(toe,t)$ 成正比，即：

$$R_d = J_c Z V(toe,t) = J_c[F_d(0,t-L/c) - F_u(0,t+L/c)]$$

式中　J_c——凯司法无量纲阻尼系数。

若将上式中的时间 $t-L/c$ 和 $t+L/c$ 分别替换为 t_1 和 t_2，代入式（6-1）得：

$$R_d = J_c(2F_d(t_1) - R_T) = J_c[F(t_1) + ZV(t_1) - R_T]$$

将总阻力视为独立的静阻力和动阻力之和，则静阻力可由下式求出：

$$R_s = R_T - R_d = R_T - J_c[F(t_1) + ZV(t_1) - R_T]$$

最后利用式（6-2），将 R_s 用《规范》所用的符号 R_c 代替，得到：

$$R_c = \frac{1}{2}(1-J_c) \cdot [F(t_1) + ZV(t_1)] + \frac{1}{2}(1+J_c) \cdot \left[F\left(t_1+\frac{2L}{c}\right) - ZV\left(t_1+\frac{2L}{c}\right)\right] \tag{6-8}$$

这就是标准形式的凯司法计算桩承载力公式，较适宜长度适中且截面规则的中、小型桩。以后的分析还可说明，它较适宜于摩擦型桩。

2. 关于极限承力

当单击锤击贯入度大于 2.5mm 时，一般认为公式（6-8）可给出桩的极限承载力。阻尼系数与桩端土层的性质有关，它是通过静动对比试验得到的。由于世界各国的静载试验破坏标准或判定极限承载力标准的差异，加之与地质条件相关的桩型、施工工艺不同，因此具体应用到某一国家甚至是该国家某一地区时，该系数都应结合地区特点进行调整。表 6-1 是美国 PDI 公司早期通过预制桩的静动对比试验推荐的阻尼系数取值。对比时采用的静载试验相当于我国的快速维持荷载法，极限承载力判定标准采用 Davisson 准则。该准则根据桩的竖向抗压刚度和桩径大小，按桩顶沉降量来确定单桩极限承载力，通常比用我国规范确定的承载力保守。

PDI 公司凯司法阻尼系数经验取值 表 6-1

桩端土质	砂土	粉砂	粉土	粉质黏土	黏土
J_c	0.1～0.15	0.15～0.25	0.25～0.4	0.4～0.7	0.7～1.0

根据我国 20 世纪 80 年代后期至 90 年代初期的静动对比结果以及对静动对比条件的仔细考察，发现表 6-1 给出的 J_c 取值的离散性较大，而且有些静动对比的试验条件本身并不具有可比性。所以，1997 年发布的《基桩高应变动力检测规程》就已不再推荐 J_c 的取值，而是要求采用波形拟合法确定 J_c。在《规范》中，则突出了静载试验校核，即尽可能进行同条件静载试验校核，或在积累相近条件静动对比资料后，再用波形拟合法校核。

3. 最大阻力修正法

如前所述，公式（6-8）的推导是建立在土阻力的刚-塑性模型基础之上，此时 t_1 选择在速度曲线初始第一峰处，见图 6-1。事实上，被激发的静阻力是位移的函数，而 t_1 点虽是桩顶速度的最大值，但非桩顶位移的最大值，出现位移最大值的滞后时间为 $t_{u,0}$。如果桩的承载力以侧摩阻力为主，当桩侧土极限力 R_u 发挥所需最大弹性变形值 S_q 较大时，则土阻力-位移关系与刚-塑性模型相差甚远，按 $t_1 \sim t_2$ 时段确定的承载力不可能包含整个桩段的桩侧土阻力充分发挥的信息。同样道理，假设应力波在桩身中传播（包含桩底反射）只引起波形幅值的变化，而不改变波形的形状，则桩端最大位移出现的时刻也要滞后 t_2 和点 t_{u0}。显然，当端阻力所占桩的总承载力比重较大（端承型桩），或桩端阻力的充分发挥所需的桩端位移较大时（如大直径桩），按式（6-8）承载力计算公式得出的承载力也不可能包含全部端阻力充分发挥的信息。不少情况下，桩侧土阻力和桩端土阻力的发挥是相互影响和相互制约的，因此桩周土的 S_q 值较大时，刚-塑性假定与实际情况之间的差异便暴露出来。于是将 t_1 向右移动找出 R_S 的最大值 $R_{S,max}$；或者当毗邻第一峰 t_1 还有明显的第二峰。这就是凯司法的最大阻力修正法，也称 RMX 法。

这种修正法主要适用于端承型桩且端阻力发挥所需位移较大的情况，也称为大 Quake 值情况。图 6-2 给出一个典型的摩擦端承型桩的实测波形，桩上部土层主要为淤泥质土，桩端土层为全风化、强风化泥岩，虽然桩端阻力似乎尚未充分发挥，但用该方法修正，延时 2.7ms，用公式（6-8）计算出的 R_c 值比不延长的高 1.32 倍。显然，静载试验 Q-S 曲线为陡降型且桩长适中或较短的摩擦型桩，从机理上讲就不属于该修正方法的范畴。

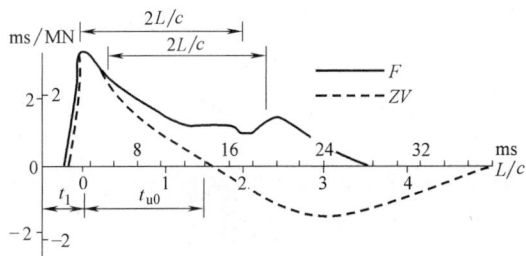

图 6-1　最大阻力法修正法

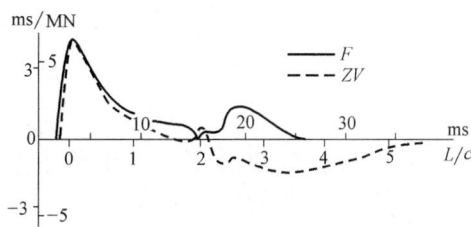

图 6-2　适合最大阻力法修正的摩擦端承型桩

图 6-3 给出了桩侧土层条件为粉质黏土、粉土、黏土及夹砂层，桩端持力层为粉质黏土的典型摩擦型灌注桩实测波形，该波形的特点是土阻力的反射主要在 $2L/c$ 之前，超过 $2L/c$ 后的摩阻力和端阻力反射均不明显。

另外，这种修正方法在不少情况下也未必奏效，比如脉冲有效持续时间不可能很长，桩顶以下部分甚至较大部分桩段在 $2L/c$ 之前已出现明显回弹（速度为负）使土阻力卸载，从而无法产生修正效果。

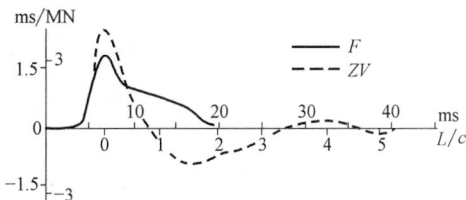

图 6-3　不适合最大阻力法修正的摩擦型桩

4. 卸载修正法

公式（6-8）计算的承载力只代表 $t_1 \sim t_2 + 2L/c$ 时段作用于桩上的静阻力。当较高荷载水平的激励脉冲有效持续时间 $2L/c$ 相比小于 1 时，例如：长桩的大部分阻力来自于桩侧摩阻力而使桩难于打入；或者桩虽不很长，但激励能量偏小、都会使桩上部一小段或较大一段范围在 $2L/c$ 前出现过早回弹，即回弹桩段的摩阻力卸载，使凯司法低估了承载力。由式（6-1）推导说明可知，等截面均匀桩在 $2L/c$ 时刻前的任意时刻 $2x/c$ 处的桩顶力与速度曲线之差，代表了实测 x 桩段以上全部激发的土阻力影响之和 R_x，而 x 桩段的土阻力又包含了 x_u 以上桩段部分卸载土阻力的影响（图 6-4）。x_u 可由下式估算：

$$\chi_u = \frac{c}{2}(t_{u,x} - t_{u,0}) = x - \frac{c}{2}t_{u,0} \tag{6-9}$$

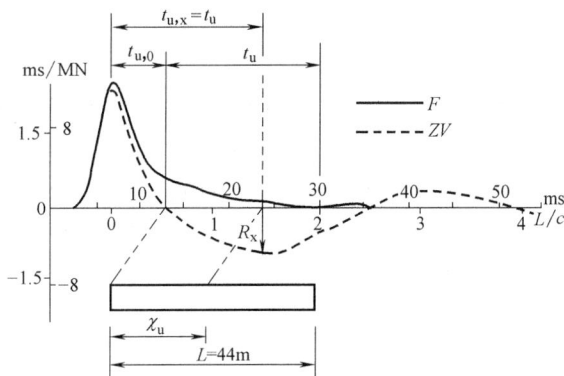

图 6-4　卸载修正法（信号采自天津经济技术开发区，钻孔灌注桩桩径 800mm，锤重 120kN，落距 1.7m）

x_u 段的卸载位移由桩顶向下依次渐弱。从图 6-4 中发现，卸载起始时刻 $t_1 + t_{u,0} <$

t_1+L/c，可以想见，桩身下部随压力波的下行而向下运动，但其上部由于回弹将向上运动。尤其对于长桩，这种极不均匀的桩身运动状态实际就是明显的波传递现象，与桩受静荷载作用时的运动状态完全相悖，主观上讲，这不是我们希望的；从机理上讲，也是制约高应变法检测桩承载力准确性提高的主要因素之一。

凯司法给出了一种近似的卸载修正方法。不过，与式（6-9）不同的是，它要考虑在$2L/c$时段内卸载的全部土阻力，所以卸载时间和卸载段长度分别按下两式计算：

$$t_u=t_1+\frac{2L}{c}-t_{u,0}$$

$$x=\frac{c}{2}\cdot t_u$$

为了估计卸载土阻力R_{UN}，令t_1+t_u时刻力与速度曲线之差为x_u段激发的总阻力R_x，取$R_{UN}=R_x/2$，将R_{UN}加到总阻力R_T上，以补偿由于提前卸载所造成的R_T减小，然后从其中减去阻尼分量而得到修正后的静阻力R_x。这个方法也称为RSU法。

5. 其他方法

（1）自动法：在桩尖质点运动速度为零时，动阻力也为零，此时有两种计算承载力与Jc无关的"自动"法，即RAU法和RA2法。

RAU法适用于桩侧阻力很小的情况。正如最大阻力修正法所指出的，桩顶位移的最大值滞后于速度最大值得时间为$t_{u,0}$，同理可推知桩端位移最大值也会滞后于桩端最大速度。在桩端速度变为零的时刻，RAU法计算出的土阻力显然包含了端阻力的全部信息。所以，该法适宜于端承型桩。

RA2法适用于桩侧阻力适中的场合。如果桩侧阻力较强，当桩端速度为零时，用RAU法确定的土阻力实际包含了桩上部或大部卸载的土阻力。所以要采用卸载修正原理，对提前卸去的部分桩侧阻力进行补偿。

（2）通过延时求出承载力最小值的最小阻力法（RMN法）。但做法与RMX法有所差别，它不是固定$2L/c$不动，而是固定t_1，左右变化$2L/c$值用公式（6-7）寻找承载力的最小值。这个方法主要用于桩底反射不明显、桩身缺陷存在使桩底反射滞后或桩极易被打动等情况，以避免出现高估承载力的危险。它的原理是不清晰的。

6. 凯司计算承载力方法小结

上面介绍的凯司法及其各种子方法在使用中或多或少地带有经验性。各种子方法中，最有代表性的是上述 3. 和 4. 介绍的 RMX 和 RSU 修正方法。其实，两种修正方法的具体的修正步骤和计算结果并不重要，重要的是它们体现了高应变法检测、分析、计算承载力的最基本概念——应充分考虑与位移相关的土阻力发挥性状和波传播效应，使土阻力的发挥程度和位移建立联系。当然，从这两个修正方法本身，也客观地揭示了高应变法在检测承载力方面存在的局限性。

6.3 高应变基桩完整性检测原理

对于等截面均匀桩，只有桩底反射能形成上行拉力波，且一定是$2L/c$时刻到达桩顶。如果动测实测信号中于$2L/c$之前看到上行的拉力波，那么一定是由桩身阻抗的减小所引起。假定应力波沿阻抗为 Z_1 的桩身传播途中，在 x 深度处遇到阻抗减小（设阻抗为 Z_2），且无土阻力的影响，则 x 界面处的反射波为：

$$F_R = \frac{Z_2 - Z_1}{Z_1 + Z_2} F_1$$

定义桩身完整性系数 $\beta = Z_2/Z_1$，根据上式得到：

$$\beta = \frac{F_1 + F_R}{F_1 - F_R} \tag{6-10}$$

由于 F_1 和 F_R 不能直接测量，而只能通过桩顶所测的信号进行换算。如果不计土阻力的影响，则 x 位置处的入射波（下行波）与桩顶 $x=0$ 处的实测力波有以下对应关系：

$$F_1 = F_d(t_1)$$
$$F_R = F_u(t_x)$$

式中　$t_x = t_1 + 2x/c$。

所以，无土阻力影响的桩身完整性计算公式为：

$$\beta = \frac{F_d(t_1) + F_u(t_x)}{F_d(t_1) - F_u(t_x)} \tag{6-11}$$

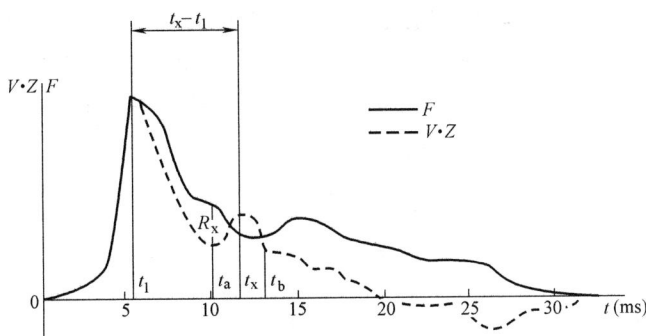

图 6-5　桩身完整性系数计算

当考虑土阻力影响时（图 6-5），桩顶处 t_x 时刻的上行波 $F_u(t_x)$ 不仅包括了由于抗变化所产生的 F_R 作用，同时也受到了 x 界面以上桩段所发挥的总阻力 R_x 影响，此时，$F_u(t_x)$ 用以下公式计算：

$$F_u(t_x) = F_R + \frac{R_x}{2}$$

或

$$F_R = F_u(t_x) - \frac{R_x}{2}$$

或

$$F_R = F_u(t_x) - \frac{R_x}{2}$$

同样对于 x 位置处的入射波 F_1，可以通过把桩顶初始下行波 $F_d(t_1)$ 与 x 桩段全部土阻力所产生的下行拉力波叠加求得：

$$F_1 = F_d(t_1) - \frac{R_x}{2}$$

将上两式代入 (6-10)，得：

$$\beta = \frac{F_d(t_1) - R_x + F_u(t_x)}{F_d(t_1) - F_u(t_x)} \tag{6-12}$$

用桩顶实测力和速度表示为：

$$\beta = \frac{F(t_1) + F(t_x) - 2R_x + Z \cdot [V(t_1) - V(t_x)]}{F(t_1) - F(t_x) + Z \cdot [V(t_1) + V(t_x)]} \tag{6-13}$$

这里，Z 为传感器安装点处的桩身阻抗，相当于等截面均匀桩缺陷以上桩段的桩身阻抗。显然式（6-13）对等截面桩桩顶下的第一个缺陷程度计算才严格成立。缺陷位置按下式计算：

$$x = c \cdot \frac{t_x - t_1}{2} \tag{6-14}$$

式中　x——桩身缺陷至传感器安装点的距离；

　　　t_x——缺陷反射峰对应的时刻；

　　　R_x——缺陷以上部位土阻力的估计值，等于缺陷反射波起始点的力与速度乘以桩身截面力学阻抗之差值，取值方法见图 6-5。

根据公式（6-1），对于均匀截面桩，显然有 $F_u = R_x/2$。所以，式（6-12）的意义是：只要 $F_u(t_x)$ 在 $2L/c$ 以前是单调不减的（除由于位移减小引起的土阻力卸载外，加载引起的土阻力反射只能是上行压力波），也就是不存在因为桩身阻抗减小产生上行的拉力波，则 $\beta_1 = 1$。根据式（6-13）计算的 β 值，我国及世界各国普遍认可的桩身完整性分类见表 6-2。

桩身完整性判定　　　　　　　　　　　　　　　　表 6-2

类别	β 值
Ⅰ	$\beta = 1.0$
Ⅱ	$0.8 \leqslant \beta < 1.0$
Ⅲ	$0.6 \leqslant \beta < 0.8$
Ⅳ	$\beta < 0.6$

6.4　仪器设备

高应变动力试桩测试系统主要由传感器、基桩动测仪、冲击设备三部分组成。

6.4.1　传感器

传感器是实现被测物理量转化为易被传输和处理的电量的器件。目前，在高应变动力试桩中一般用应变式传感器来测定桩顶附近截面的受力，用加速传感器（加速度计）来测定桩顶附近截面的运动状态。

1. 测力传感器——工具式应变传感器

通常采用环形应变式力传感器来检测高应变动力试桩中桩身界面受力，其外观如图 6-6 所示，它有一个弹性铝合金环形框架，在框架内壁贴有四片箔式电阻片，电阻片组成一个桥路，当轴向受力时，两片受压，另两片受拉。

工具式力传感器轻便，安装使用都很方便，可重复使用。它量测的是桩身77mm（传感器标距）段的应变值，换算成力还要乘以桩身材料的弹性模量 E，因此力不是它的直接测试量，而是通过下式换算：

$$F = EA\varepsilon = c^2 \rho A$$

图 6-6　应变动力传感器外观

式中　F——传感器安装处桩身截面受力；

　　　A——桩身横截面面积；

　　　E——桩身材料的弹性模量；

　　　ε——应变式传感器测得的应变值；

　　　ρ——桩身材料质量密度；

　　　c——桩身材料弹性波速。

虽然在一般的测试中，实测轴向平均一般在 $\pm 1000\mu\varepsilon$ 以内，但考虑到锤击偏心，传感器安装初变形以及钢桩测试等极端情况，一般可测最大轴向应变范围不宜小于 $\pm 2500\mu\varepsilon \sim \pm 3000\mu\varepsilon$。而相应的应变适调仪应具有较大的电阻平衡范围。

应变式传感器应满足带宽 $0 \sim 1200Hz$，幅值线性度优于 5% 等技术指标。

建筑行业标准《建筑基桩检测技术规范》JGJ106 中推荐了一种在重锤上安装加速度计测力的方法，它利用牛顿第二定律 $F = ma$，由安装在重锤锤体中部的加速度计测得锤体质心在冲击过程中的加速度乘以锤体质量作为锤在冲击过程中的受力，再根据牛顿第三定律（作用力与反作用力），桩顶受力与锤体受力值相等。这种方法可有效地克服混凝土本构关系的非线性（尤其是混凝土灌注桩）对测力精度的影响，但对锤体有严格要求：重锤必须是整体锤，且锤的高度明显小于冲击脉波长。只有满足这两个条件，才可以把锤简化成刚体。

此外，锤击瞬间导向架须与锤体完全分离，加速度测量系统的低频特性足够好。

2. 测振传感器——加速度计

目前一般采用压电式（或电阻式）加速度传感器来测试桩顶截面的运动状况（图 6-7）。

压电式加速度计具有体积小、质量轻、低频特性好、频带宽等特点。

压阻式加速度计是利用半导体应变片的压阻效应工作的。压阻式加速度计具有灵敏度高、信噪比大、输出阻抗低、可测量很低频率等优点，因此常用于低频振动测量中。

在《建筑基桩检测技术规范》中对加速度计的量程未作具体规定。原因是不同类型的桩，各种因素影响使其最大冲击加速度变化很大，建议根据实测经验合理选择，一般原则是选择量程大于预估最大加速度的一倍以上，因为加速度计量程愈大，其自振频率越高。加速度计量程用于混凝土桩测试时为 $1000 \sim 2000g$，用于钢桩测试时为 $3000 \sim 5000g$（g 为重力加速度）。

在其他任何情况下，如采用自制自由落体，加速度计的量程也不应小于 $1000g$。这也包括锤体上安装加速度计的测试，但根据重锤低击原则，锤体上的加速度峰值不应超过 $150 \sim 200g$。

图 6-7　加速度传感器

6.4.2　基桩动测仪

基桩动测技术是一项多学科的综合技术，涉及波动、振动、动态力学测试、信号处理、电子、计算机和桩基工程等方面的知识。将这些技术以软件。硬件的形式在基桩动测仪器上部分乃至全部实现，已经历 20 余年的演变。

世界上有不少国家和地区生产用于高应变动力试桩的动测仪，有代表性的是美国的 PDI 公司的 PAK、PAL 系列打桩分析仪，瑞典生产的 PID 打桩分析系统，以及荷兰傅国公司生产的打桩分析系统。

基桩高应变动测技术自 20 世纪 80 年代引入我国后，国内的工程人员在吸收、消化国外先进技术的基础上，逐步开始研制自己的基桩动测仪，近些年，国内外一体化动测仪已作为主流产品投放我国市场，表观上更具专业化水准。它在现场操作、携带、可靠性和环境适应性等方面明显优于过去分离式结构的动测仪。特别是随着集成电路技术的发展，是的元器件、模块和线路板的尺寸大幅度减小，进而是仪器的体积、重量和功耗进一步下降。所以，小型、便携、一体化代表着专业化基桩动测仪器的发展潮流。

一体化动测仪一般采用小尺寸，低功耗、可靠性较高的工业级微机主板和液晶屏，与内置的显卡、外存、外部接口、采集板（模块）、适调线路板（模块）、交直流电源等构成起硬件部分，使用操作与分析功能全部由软件实现。一般情况下，生产厂家主要研制采集仪、适调仪和电源部分，其他散件均可外购或协外生产。

目前国内已有许多单位能生产成熟的基桩高应变动测仪器和分析软件，如中国科学院武汉岩土力学研究所、武汉中岩科技有限公司、武汉岩海公司、中国建科院地基所等。

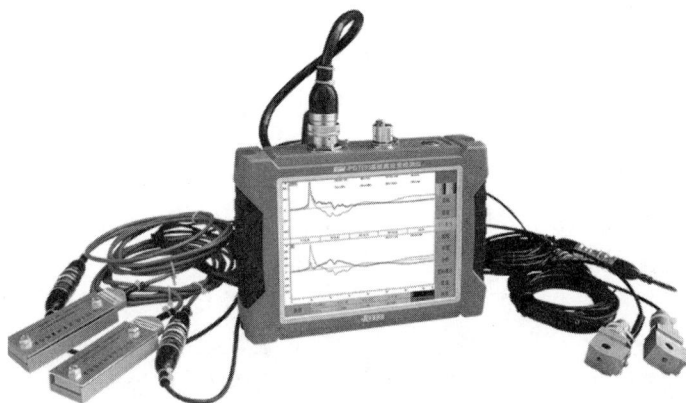

图 6-8　基桩动测仪

建工行业标准《基桩动测仪》JG/T 3055 对基桩动测仪的主要性能指标做了具体规定（图 6-8）。在《建筑基桩检测技术规范》中规定检测仪器的主要技术性能指标不应低于《基桩动测仪》JG/T 3055 中规定的 2 级标准（表 6-3）。

基桩动测仪主要技术性能　　　　表 6-3

项　目		级　别	1	2	3
A/D 转换器		分辨率,bit	≥8	≥12	≥16
		单通道采样频率,kHz	≥20		≥25
加速度量子系统	频率响应	幅频误差小于等于±5%,Hz	5～2000	3～3000	2～5000
		幅频误差小于等于±10%,Hz	3～3000	2～5000	1～800
	幅值非线性	振动	≤5%		
		冲击	≤10%	≤5%	
	冲击测量时零漂		≤2%FS	≤1%FS	≤0.5%FS
	传感器安装谐振频率,kHz		≥5	≥10	
速度测量子系统	频率响应	幅频误差小于等于 10%,Hz	15～1000	10～1200	不适用
		相频非线性误差小于等于 10 度	$3f_n$～$0.5f_n$	不适用	不适用
	幅值非线性		≤10%		不适用
	传感器安装谐振频率,kHz		≥2		
应变测量子系统	传感器静态性能	非线性、滞后、重复性	≤0.5%FS		
		零点输出	≤±10%FS	≤5%FS	
	应变信号适调仪	电阻平衡范围	≥±1.0%	≥±1.5%	
		零漂	≤±1%FS	≤±0.5%FS	≤±0.2%FS
		误差小于等于 5%时的频率范围上限,Hz	≥100	≥1500	≥20000
	传感器安装谐振频率,kHz		≥2		
动态力测量子系统	传感器静态性能	非线性、滞后、重复性	≤0.5%FS		
		零点输出(应变式)		≤±10%FS	≤±5%
	幅值非线性		≤5%	≤2%	
	传感器安装谐振频率,kHz	应变式	≥1.5	≥2	
		压电式	≥5	≥10	
单通道采样点数			≥1024		
系统动态范围,dB			≥40	≥66	≥80
输出噪声有效值,mVims			≤20	≤2	≤0.5
衰减档(或称控放大)误差			≤2%	≤1%	≤0.5%
任意两通道间的一致性误差		幅值,dB	≤±0.5	≤±0.2	≤±0.1
		相位,ms	≤±0.1	≤±0.05	

注:1. 指传感器的安装方式与实际使用接近时,在实验室内测得的第一谐振频率。

　　2. 对于"动力参数法"测量,其频响范围可为 10～300Hz,对于"稳态机械阻抗法"测量,其相频非线性误差可不予考虑。

　　3. f_n 指速度计在相位差为 90°时所对应的固有频率;f_H 为频响范围上限。

　　4. 当不采用前段放大或六限制接法时,应给出电缆电阻对桥压影响的修正值。

6.4.3 冲击设备

1. 冲击设备的形式

现场高应变试验用锤击设备分为两大类：预制桩打桩机械和自制自由落锤。

（1）预制桩打桩机械

这类打桩机械有单动或双动筒式柴油锤、导杆式柴油锤、单动或双动蒸汽锤或液压锤、振动锤、落锤。在我国，单动筒式柴油锤、导杆式柴油锤和振动锤在沉桩施工中的应用均很普遍。由于振动锤施加给桩的是周期激振力，目前尚不适用于瞬态法的高应变测试。导杆式柴油锤靠落锤下落压缩汽缸中气体对桩施力，造成力和速度上升前沿十分缓慢，由于动测仪器的复位（隔直流）作业，加上压电加速度传感器的有限低频响应（低频相应不能到零），试响应信号发生畸变，所以一般不用于高应变测试。蒸汽锤和液压锤在常规的预制桩施工中较少采用，主要在陆地和海洋上一些大直径超长钢管桩沉桩施工中使用。如我国进口的液压锤的最大锤芯质量为 30t，国产的蒸汽锤锤芯质量为 42t，这些锤的下落高度一般不超过 1.5m。常说液压锤的效率高，实际从桩锤匹配角度上考虑能量传递，它符合前面所讲的"重锤低击"原则。筒式柴油锤在一般常规桩型沉桩施工时广为采用，国外最大的柴油锤锤芯质量为 15t，我国建筑工程常见的锤击预制桩横截面尺寸一般不超过 600mm，用最大锤芯质量为 6.2t（跳高 3m 左右）的柴油锤可满足沉桩要求。柴油锤是目前打桩过程监测（初打）和休止一定时间后复测（复打）或承载力验收监测采用最多的、能兼顾沉桩施工和检测的锤击设备，缺点是噪声大并伴有油烟污染。

（2）自制锤击设备

一般由锤体（整体或分块组装式）、脱钩装置、导向架及其底盘组成，主要用于承载力验收检测或复打。

常见的自制自由落锤脱钩装置大体分为力臂式、锁扣式和钳式三类。第一类是利用杠杆原理，在长臂端施加下拉力使脱钩器旋转一定角度，使锤体的吊耳从吊钩中滑出，使锁扣机构打开。该脱钩装置的优点是制作简单，最大缺点是锤脱钩时受到的偏心力作用，由于锤的重力突然释放，吊车起重臂将产生强烈反弹。第二类是锤在提升时是锁死的，当锤达到预定高度时，脱钩装置锁扣与凸出的限位机构碰撞使锁扣打开。这种装置的优点是锤脱钩时不受偏心力作用。第三类是利用两钳臂在受提升力时产生的水平分力将锤吊耳自动抱紧，锤上升至预定高度后，将脱钩装置中心吊环用钢丝绳锁定在导向架上，缓慢下放落锤使锤的重力逐渐递给中心吊环的钢丝绳，此时两钳臂所受上拉力逐渐减小，抱紧力也随之减小，抱紧力减小到一定程度后锤将自动脱钩；该装置制作简单，脱钩时无偏心力，几乎没有吊车起重臂反弹；但要求锤击装置的导向架应有足够的承重能力，试桩架底盘下的地基土不得在导向架承重期间产生不均匀沉降。

2. 《基桩检测技术规范》对冲击设备的要求

对于锤击设备类型的选择，《建筑基桩检测技术规范》JGJ 106—2014 规定：除导杆式柴油锤、振动锤外，筒式柴油锤、液压锤、蒸汽锤等具有导向装置的打桩机械都可作为锤击设备。

《建筑基桩检测技术规范》JGJ 106—2014 高应变法中对冲击设备还有以下规定：

（1）高应变检测专用锤击设备应具有稳定的导向装置。重锤应形状对称，高径（宽）

比不得小于 1。

（2）当采取落锤上安装加速度传感器的方式实测锤击力时，重锤的高径（宽）比应在 1.0～1.5 范围内。

（3）进行高应变承载力检测时，锤的重量与单桩竖向抗压承载力特征值的比值不得小于 2.0%。

（4）当作为承载力检测的混凝土桩的桩径大于 600mm 或桩长大于 30m 时，尚应考虑桩径或桩长增加引起的桩-锤匹配能力下降，对锤的质量与单桩竖向抗压承载力特征值的比值予以提高补偿。

无导向锤的脱钩装置多基于杠杆式原理制成，操作人员需在离锤很近的范围内操作，缺乏安全保障，且脱钩时会不同程度地引起锤的摇摆，更容易造成锤击严重偏心。另外，如果采用吊车直接将锤吊起并脱钩，因锤的重量突然释放造成吊车吊臂的强烈反弹，对吊臂造成伤害。因此稳固的导向装置的另一个作用是：在落锤脱钩前需将锤的重量通过导向装置传递给锤击装置的地盘，使吊车吊臂不再受力。扁平状锤如分片组装式锤的单片或混凝土浇筑的强夯锤，下落时不易导向且平稳性差，容易造成严重锤击偏心，影响测试质量。因此规定锤体的高径（宽）比不得小于 1。

自由落锤安装加速度计测量桩顶锤击力的依据是牛顿第二定律和第三定律。其成立条件是同一时刻锤体内各质点的运动和受力无差异，也就是说，虽然锤为弹性体，只要锤体内部不存在波传播的不均匀性，就可视锤为一刚体或具有一定质量的质点。波动理论分析结果表明：当沿正弦波传播方向的介质尺寸小于正弦波波长的 1/10 时，可认为在该尺寸范围内无波传播效应，即同一时刻锤的受力和运动状态均匀。除钢桩外，较重的自由落锤在桩身产生的力信号中的有效频率分量（占能量的 90% 以上）在 200Hz，超过 300Hz 后可忽略不计。按不利条件估计，对力信号有贡献的高频分量波长一般也不小于 20m。所以，在大多数采用自由落锤的场合，牛顿第二定律能较严格地成立。规定锤体高径（宽）比不大于 1.5 正是为了避免波传播效应造成的锤内部运动状态不均匀。这种方式在桩头附近的桩测表面安装应变式传感器的测力方式相比，优缺点是：

（1）避免了桩头损伤和安装部位混凝土质量导致的测力失败以及应变式传感器的经常损坏；

（2）避免了因混凝土非线性造成的力信号失真（混凝土受压时，理论上是对实测力值放大，是不安全的）；

（3）直接测定锤击力，即使混凝土的波速，弹性模量改变，也无需修正；当混凝土应力-应变关系的非线性严重时，不存在通过应变环测试换算冲击力造成的力值放大；

（4）测量响应的加速度计只能安装在距桩顶较近的桩侧表面，尤其不能安装在桩头变阻抗截面以下的桩身上；

（5）桩顶只能放置薄层桩垫，不能放置尺寸和质量较大的桩帽（替打）；

（6）需采用重锤或软锤垫以减少锤上的高频分量，但锤高一般不易突破 2m 的限值，则最大使用的锤重可能受到限值；

（7）当以信号前沿为基准进行基线修正时，锤体加速度测量存在 $-1g$（g 为重力加速度）的恒定误差，锤体冲击加速度小时相对误差增大；

（8）重锤撞击桩顶瞬时难免与导架产生碰撞或摩擦，导致锤体上产生高频纵、横干扰波，锤的纵横尺寸越小，干扰波频率就越高，也就越容易被滤除。

高应变检测承载力成败的关键在于所获取的锤击信号的有效性：即信号是否包含了桩侧、桩端岩土阻力充分发挥的信息，而锤的重量大小直接关系到土阻力充分发挥的程度。

《建筑基桩检测技术规范》JGJ 106 对锤重的增加无上限限值。主要理由如下：

（1）桩较长或桩径较大时，使侧阻、端阻充分发挥所需的位移增大；

（2）桩是否容易被"打动"也取决于桩身"广义阻抗"的大小。广义阻抗与桩身截面波阻抗和桩周土岩土阻力均有关。随着桩直径增加，波阻抗的增加通常快于土阻力，而桩身阻抗的增加实际上就是桩的惯性质量增加，任按承载力特征值的 2% 选取锤重，将使锤对抓那个的匹配能力下降。

因此，不仅从土阻力，也要从桩身惯性质量两方面考虑提高锤重的措施是更科学的做法。当锤重或桩长明显超过本身底线值时，根据现有设备及场地移动吊装能力情况，锤重与承载力特征值的比值可能接近甚至明显超过 3%。例如，1200mm 直径灌注桩，桩长 20m，设计要求的承载力特征值较低，仅为 2000kN，一般即使用 60kN 的重锤也感锤重偏轻。

6.5 现场检测技术

6.5.1 现场准备与桩身处理

现场检测示意图及实物图见图 6-9 及图 6-10。

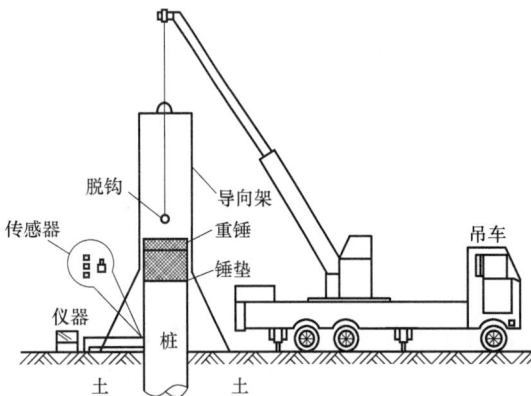

图 6-9 高应变现场检测示意图

图 6-10 高应变现场检测实物图

1. 预制桩处理

预制桩的桩头处理较为简单，使用施工用柴油锤跟打时，只需要留出足够深度以备传感器安装；使用自由锤测试时，则应清理场地确保锤击系统的使用及转场空间。预制桩混凝土强度较高，桩头较平整，一般垫上合适的桩垫即可，无须进行桩头处理，但有些桩是在截掉桩头或桩头打烂后才通知测试的，有时也有必要进行处理，或将凸出部分敲掉（割掉，尤其出露的钢筋），或重新涂上一层高强度早强水泥使桩头平整。大部分预制桩桩侧非常平整，可直接安装传感器；小口径预应力管桩，则因曲率半径太小，不利于应力环与桩身的紧贴，有时需要进行局部处理。

2. 灌注桩处理

灌注桩的桩身处理较为复杂，由于使用的都是自由锤（组合锤、整体锤），现场准备也殊为不易。针对不同桩型，一般可采用下列几种方法：

（1）制作长桩帽（一般不低于两倍桩径），传感器安放在桩帽上。

这种方法因便于传感器安装（原则上传感器应安装在本桩上）、不会砸烂桩头，桩帽强度可以自由配置、信号质量较好而被许多单位喜爱。但是一旦接效果较差，便会严重影响上方传感器的测试信号；上下介质广义波阻抗相差较大时，也将使测试信号的可信度降低。常有人进行高应变法动静对比试验时，在静压桩桩帽上安装传感器，这种桩帽的截面积比桩身截面积往往大很多，测得的信号有如断桩信号，给后续分析增加了难度。本方法的另一缺点是成本高、工期长。

制作桩帽时一般注意以下几点：

1）接头处一定要毛边且清理干净，确保上下衔接时无接缝影响，其处理方法应远比静压桩桩帽细致；

2）桩帽和桩身的截面积应尽量保持一致。由于广义波阻抗和力幅均与面积成正比，测点面积稍有变化，即严重影响测试和分析结果；

3）桩帽和桩身的强度尽可能接近。这种举措旨在减小对测试信号的影响；

4）桩帽混凝土骨料应尽可能细，保证冲击钻打入和传感器的安装效果；

5）为防止测试时桩帽开裂或砸烂，桩帽应多配制横向匝筋和纵向钢筋并绕丝，桩帽头部应多加钢筋网加固；

6）帽的上方和侧面应制作平整，前者便于捶击时不偏心或连击，后者则有利于传感器的安装；

7）桩帽不应偏心，为确保这一点，制作时，应将桩体开挖一定深度让二者截面结合；

8）由于传感器安装在桩帽上，桩帽应当足够长，同时保证传感器的安装位置离桩帽顶端和底部足够距离；

9）桩帽应于测试前一周以上制作完成，并加兑早强水泥，确保测试强度符合要求。

图 6-11 为制作在武汉轻轨首根高应变被测桩上的长桩帽。

（2）制作短桩帽，传感器在本桩上安装。

这是较合理的一种处理方法，利用桩头承受锤击时的不均匀打击力，以防止桩头的开裂；因传感器在本桩上安装，接头处并无特别的处理要求。工程桩难有安装传感器的平整面，当桩头位于地面以下时，需大量开挖以保证传感器的安装等是本方法的缺点。

此方法的注意事项与上一方法基本相同，但桩帽一般仅几十厘米，施工难度不大。对强度和截面积亦没有过多要求，如静压桩桩帽便可直接以这种方法用于测试。长桩帽不合要求时也可视为短桩帽，而将传感器装在本桩上。由于桩帽较短较薄，

图 6-11　长桩帽

153

锤击有时会导致桩头开裂，因此处理时应视桩身强度等情形在桩头处适当匝筋。

（3）桩头缠绕几圈箍筋，并在桩顶刷上约 10cm 厚的早强水泥。

箍钢筋的目的是防止桩头开裂，这是一种比较简单的处理方法。桩头开裂时有发生开裂的缝隙过深时，极易将应力环拉坏。采取这种方法，测试时需垫有足够厚的桩垫、锤击也不应偏心，总之应尽量防止开裂。强度较低的桩最好不要用这种办法。

3. 基坑开挖和桩侧清理

无论预制桩还是灌注桩，如果传感器必须安装在地表以下，那么合理挖出桩上段就很有必要，而且桩头开挖也有一定要求。如果仅在安装传感器的部位挖出一个小洞，将使得选择的余地太小，从而很难找到合适传感器安装的平整面，自然测试效果难如人意。

传感器的安装位置以距桩顶（$1.5 \sim 3$）d 为佳，多为 $2d$，考虑到传感器离坑底必须要有 20cm 以上的高度，一般开挖深度以距桩顶（$2d + 0.5$m）为宜；为便于寻找平整面和安装传感器，必须将离桩侧 50cm 范围内的土挖掉，总之一般要求开出（$1.00 + d$）$\times$（$1.00 + d$）$\times$（$2d + 0.5$）m^3 的矩形坑。由于有些锤击系统的锤架坐落在坑中，其尺寸可能会要求更大；基坑应当堵漏并将渍水抽干，至少应在测试时抽净；坑底也有必要垫上碎石和砂。当使用百分表测贯入度时，还应根据百分表基准梁的尺寸在基坑的边缘挖出适当台阶。

灌注桩的侧面与桩周土体犬牙交错，因此桩头出露后，有必要清洗或用斧头和钢刷清除桩侧杂土，以及平整面寻找和传感器安装。如果桩的成型较差，清理桩侧时最好利用地质锤和斧头进行敲打，删除过于露出的骨料和深陷的杂土。

6.5.2 传感器安装

1. 膨胀螺栓和冲击钻的选择

应力环和加速度计都是通过膨胀螺栓与桩相连的所用膨胀螺栓一般为 16mm，安装加速度计的膨胀螺栓可选用 60mm 长的，安装应力环的膨胀螺栓可为 40mm 的，对应16mm 的冲击钻钻头以 8mm 为宜，有的膨胀螺栓膨胀头和套筒较大，钻头须用 10mm。由于膨胀螺栓的选择比较重要，不少单位自己定做了特制膨胀螺栓，效果较好。安装孔位孔应用带电锤的专用冲击钻，而非普通电钻。

2. 安装面的选择与处理

安装面应对称地选在桩两侧相同高度处（图 6-12，请注意该图与规范 JGJ 106—2014附图 F.0.1 的区别），其尺寸可为 100mm×100mm。选择安装面时，应在适合传感器安装高度的桩周围反复的用地质锤敲挖，寻找较少突出物，较少软砂浆而又平整的较少凸出物、较少软砂浆而又平整的平面。大多数灌注桩，只有将桩头全部挖出才能寻找出合适的部位，只对称挖出两侧的做法是不合理的。装成型较差时，只能找到相对较好的侧面，对于这些侧面，必须有专人再次进行合理的人工处理。

首先将传感器的安装面凿平，常用的凿平工具有平口凿子和地质锤。平口凿子可在工地就地取材，利用螺纹钢加工或买成品，这是非常有用的凿平桩头桩侧用工具，比打磨机有效。对于加速计和应力环，凿过的平面必须磨光。安装面的平整度必须保证加速度计底座紧贴桩壁（防止悬背梁振荡干扰），应力环四点在同一个平面，中间又无导致应力环产生预应变的障碍物。安装面的强度也必须能反映桩身强度。曾有测试人员因安装出软泥未清理干净而测不出信号的情况发生。总之，安装面的处理是一项复杂而细致的工作，非熟练工人不可。预制桩和桩帽侧面较平整，安装面较易处理，这也正是预制桩好测和人们偏爱传感器装在桩帽上的主要原因。

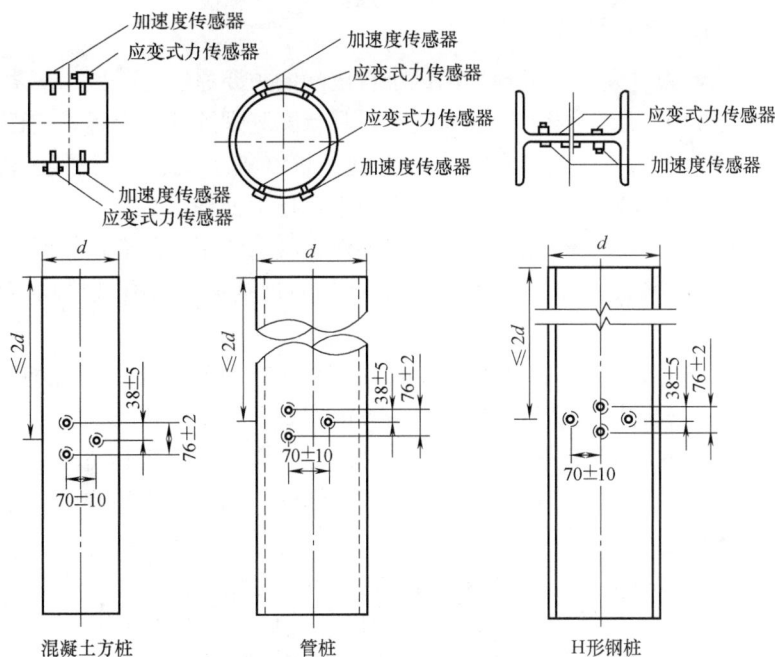

图 6-12　高应变传感器现场安装示意图（单位：mm）

3. 定位与打孔

用冲击钻打孔时，一定要量好尺寸并在被钻处作好清晰的标记。钻孔位置应该按规定设置，即应力环和应力环对称，加速度计和加速度计对称。同一侧面加速度计和应力环间的间距不宜超过 8cm，当然也不应影响到两个传感器的安装。安装加速度计的膨胀螺栓应在应力环两膨胀螺栓的平均高度处。钻孔不能太浅，避免膨胀螺栓的套筒不能安全进入桩内，但也不宜过长，一般以套筒能够全部埋入桩中为宜，桩身强度很高时，18 钻头极易将入孔处打破，此时有必要用一小直径钻头轻打引孔，确保表面完整（这种工作往往不太引起人们的重视）。冲击钻打入后，成孔一般存在偏移或倾斜，因此在打应力环的第二个安装孔时，应重新定位，两孔间的待打出的凹痕位置准确时再用力钻入。打孔时极易碰上钢筋或粗硬骨料，此时能打就打，不能打时最好重新定位，在预应力管桩上打孔时，最好不要将管壁打穿，因为那样螺栓将很难固定。

安装膨胀螺栓可用一种敲入螺栓套筒的专用套筒，现将螺帽卸下，将膨胀螺栓插入孔中，保证螺杆到位，如果尚能晃动，则应继续膨胀直至不能晃动为止。当螺杆倾斜或两螺杆间的间距不便于应力环安装时，也可利用铁锤和改锥将出露部位敲实与杆紧贴以利于传感器安装。

4. 传感器安装与局部调整

传感器的安装是所有现场试验技术关键中的关键，如有不慎极可能前功尽弃。

（1）加速度计安装

加速度计和底座系分离体时，二者间必须用扳手拧紧，有可能的话还宜用502胶或硅胶粘牢，如无必要一般不要拆开，计线座合一的可不必考虑二者间的紧密程度。加速度计的底座应紧贴桩侧，但拧紧膨胀螺栓时不可用力过猛，以免底座破碎。加速度计安装后用手应当不能晃动，传感方向必须与桩的轴向一致。

（2）应力环安装

应力环的安装最为讲究，一般现场测试难获成功的主要原因便是因为应力环安装效果不理想。在预制桩和桩帽上，应力环较易安装，只要膨胀螺栓孔距合适，表面平整，螺栓又生根紧密，即可获得满意的安装效果；而在灌注桩本桩上安装，当强度合理、桩侧平整，螺栓间距合适、生根紧凑时尚可，否则必须进行技术处理。

螺栓斜入或间距不合时，可用铁锤在其根部轻轻敲击纠正，外套出露时，亦可用改锥或凿子打击使其与螺栓贴紧，以保证应力环能够紧贴近桩面，所有螺栓均应紧固，不宜晃动。

将应力环带有四角的一面朝向桩面顺螺杆贴到桩上，反复用手上下左右移动应力环，开始上垫圈和螺帽，然后用扳手将其拧紧。一方面安装人员要密切注视应力环中间的传感器，防止其出现可见的变形，另一方面，最好用测桩仪监控，防止其超出仪器的自平衡调节范围。从测试角度来看，应力环自然是拧得越紧越好，但过紧容易造成应力环的伤害。

（3）传感器的固定与检查

安装螺帽和垫圈时有一个细节值得一提，PDA的说明书上认为："规整的平垫片可用来防止传感器的擦伤，不得使用弹簧垫"，其原因是可能会产生寄生振荡，而《桩的动测新技术》则认为"当采用螺栓连接时，应加弹簧垫圈"。曾做过这两种安装方式的比较试验，也发现广大使用人员有的加有的不加，而效果却差不多，这里无意指出哪种方式正确，主要想借此说明传感器的安装细节的重要性，以及专家们对这些细节的重视程度。事实上，许多细节问题常常会严重影响到测试信号的质量。

为保证正确传感，传感器特别是应力环应紧贴桩面。加速度计未紧贴时，容易产生悬臂梁效应，产生寄生振荡和传感差；应力环未紧贴时产生寄生传感事小，而信号失真事大。应力环主要是通过测量上下角的相对变形而完成应变和应力测量的，任意部位不仅都不可能做到正确的变形。很多人误解为力传感器通过膨胀螺栓传感。这是极端错误的。

图6-13 安装完成后的传感器

现场安排非常复杂，有时应力环的四角很难保证位于同一平面，有人采用"垫角"的方法处理。进行这种试验后发现它虽是下策，影响测试效果，但总比测到无用信号强。由于双侧强度并非很强只要垫脚得到对测试效果的影响未必严重。所谓"垫角"就是在不能靠近桩侧强的支点下方塞些垫片、木片、硬香烟盒一类再将螺栓上紧，原则上这种方法应谨慎使用。

传感器安装完毕（图6-13），联机调试，检查应力环的平衡程度。当仪不能自平衡时必须重新安装，用扳手垂直敲击固定传感器的膨胀螺栓，边检查路线的联通情况，边注意应力环是否装紧，如果一击之下应力环的直流分量变化且不再回复，则需继续拧紧。由于测试时打击力较大，产生的振荡频率较高，加速度计和应力环亦较重，它们一般不适合于石膏等粘贴法安装。

（4）贯入度测量装置的安装

高应变测试，最好有测量贯入度的设备或传感器，其所测量一方面可用来准确记录桩的贯入度，确信阻力是否得到了充分发挥，另一方面可用所测灌入度修正利用加速度信号得来的位移和速度信号，是测试信号更加可靠结果分析特别是波形拟合分析更加准确，常用测量沉降的设备有百分表、水准仪、经纬仪，后两种只需在桩上用鲜艳的粉笔等画好刻度，然后远距离对准测量即可，而用百分表测量则应在基坑处先装好一个基准梁，梁的两端固定在远端，然后将百分表的磁座置于梁上合适位置，调节连杆高度和角度，使百分表的触针抵死加速度系底座或另行安装的底座后调零，基础梁的固定点离本桩越远越好。没有基坑时，应架设基准桩。

6.5.3　锤击系统的选择与使用

1. 锤的种类与特点

本节所述不包括柴油锤的选择，仅介绍国内试桩工作中常见的几种自由锤及各自的优缺点与使用注意事项。

理论上讲高应变测试时，激振信号的上升越陡越好，因为它既可以提高分辨率又可以减少进阻力相对于动阻力的延迟，还可应冲击波的出现减少阻力和缺陷对波正面的影响，提高多种分析的精度，但遗憾的是到目前为止除打桩用柴油锤起始信号较陡外，所有自由落体锤所得力信号几乎都会呈馒头状波形。

国内的自由锤大体上可分为两大类，即组合锤和整体锤，整体锤一般为铸铁段打，多为一长方体或圆柱体其下方平整或略有突出圆弧。一般有 2t、4t、8t、10t、12t 等多种，也见有 26t 整体锤的报道。较大的质量锤也可由小锤组合成，岩海公司监制加工的铁锤便是由 2t、4t、6t 或者 3t、4t、5t 组成，三锤既可单独使用，又可和为几整体锤完成打桩测试，这是一种较为经济的组合方式（图 6-14 为 5＋3 组合）。

所谓组合锤就是便于装卸和搬运将一数吨重的铁锤分割为一片片的铁片，每一铁片质量约为 100～200kg，3～4 人可以抬动。根据桩的承载力大小选择不同数量的铁片由铁杆穿过各铁片的孔位相联构成不同质量的锤体进行测试。整体锤则顾名思义，为一不能分开的实心锤体，使用时须由吊车和卡车配合。从测试效果、打击力、能量利用率等诸多因素看，组合锤由锤片与锤片的空隙较大，锤击时松垮现象不可避免，锤片越多，测试效果往往越差（振荡、连击、力信号平坦、锤击力不够等），只要没装好，实测效果远较整体锤差。组合锤视材料和加工方便程度有圆锤和方锤之分。一般上下两片为铸钢，中间为铸铁（节省开支），最下一片底面略有弧度，每一片的周围均有 3～4 个预留孔供人们插销搬卸。为了耦合得更好，片与片之间上下面可加工出嵌固用的凸凹形态，必要时上下两锤片或其他锤片两侧相同位置处应对称地焊上滑槽，以利于锤体在导向杆中上下移动（图 6-15 系

2t 的组合锤）。

有三种方式用来连接锤片与锤片，使之变成一个锤体：其一为在每片锤的相同部位对称预留三个（四个）孔，安装时螺杆自下而上穿出，然后用螺帽固定；其二为在所有脆片的中心部位留一粗孔，安装时螺杆自下而上穿过，上下拧紧；其三为在椎体的侧面预留三到四个楔入连杆的凹槽。前两个办法需待螺杆就位后再放锤片，后一种方法可待锤片装好后再上螺杆，第二种方法的锤杆还可供起吊之用。上述方法都要求椎体底面不能有突出物，顶面应有起吊耳环。紧固螺杆时必须最大程度的拧紧，上部锤片可夹入枕木或其他软性材料以便锤体紧凑（如图 6-15 的顶部 1～2 节锤片间）。

图 6-14　大吨位组合

图 6-15　常见组合锤

2. 脱钩的选择

脱钩的好坏，对测试信号的影响很大，笔者所见国内重锤的脱钩装置种类繁多，但从原理方面分析，不外乎有力矩无力矩两种，所谓无力矩脱落，也称中心脱落，结构相当于变体剪刀的中轴处再向上添增一臂（图 6-16），起吊时剪刀向上的两臂承拉，下端钩吊重锤的两臂自动锁死，两侧剪刀臂受力减小，下端锁力也随之减小，当锁力足够小时，锤体移动落下，此方法可确保锤体下落时没有偏心，起重机的反弹力也被提前卸去很多，但该方法需要导向架配合，脱钩也偏重，有力矩脱钩常见于组合锤和不用导向架的测试场合（如图 6-14 及图 6-15 的上部）。该方法利用杆钩将脱钩锁死后，起吊锤体，起吊一定高度后，施加一外力，使杆钩松动，锤体下落。由于这种方法必须产生力矩，导致锤体偏心，实际设计时必须在保证结构强度的前提下，尽量缩短力臂。许多应用单位都有这种脱钩的设计和使用经验，直接利用钢板进行简易的剪裁加工是值得推荐的一种方法。

3. 导向架的选择

高应变测试时，要将桩打出 2.5mm 以上的贯入度，往往需选择足够的锤重（1.2%～1.5% 预计极限荷载）并提升足够高度。柴油锤点火时尚且要提至 2～3.5m 高（满程）才有可能将桩打动，使用自由锤的难度可想而知，曾见过落距高达 5m 的记录

（多见 1～2m），在这种情形下，没有导向架非常危险。

常用导向架有门字架、矩形架两种。门字架利用方框固定两根导杆，下方框置于坑底地面，上方框通过一端钉在地面的钢索固定，结构简单、安装方便，但锤体较重时不易稳定，导向杆也容易变形，因而这种导向架多用于 2t 组合锤。由于需要就地安装，比较费事，实际工作中多被弃用。还有一种门字架（图 6-16）结构简单，但整体较重，需要吊车配合；矩形架分组和整体两种，上方为一较长长方体，下方则为台体结构，整体有如一只桁架，必须用吊车配合（图 6-17）。

图 6-16　无力矩脱钩

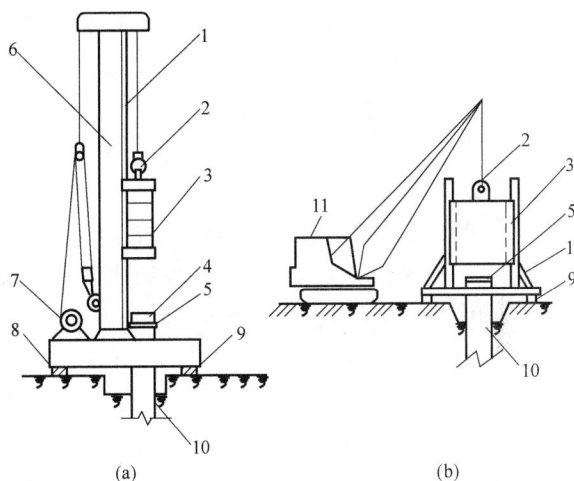

(a)　　　　　　　　　(b)

图 6-17　锤击装置

1—导向杆；2—自动脱钩；3—锤；4—砧座；6—导向杆；
7—电机；8—底盘；9—道木；10—桩；11—吊车

4. 起吊装置的选用与安装

除用吊车起吊外，还有两种起吊装置可用于测桩，一为卷扬机（图 6-18），须有上文提及的门字架、矩形架等必不可少的承力和支撑工具；二为葫芦钩（电动、手动），采用三角架支撑，一般的三角架可设计为架长可伸缩，且在三角架的一根杆上焊上云梯供人上下，底部则宜装上三根等长度的横梁（或钢索），防止打滑，也防止不能形成等边三角形。安装时架下受力处可用碎石、沙包、枕木或砖块垫实。如果高度不够，也可在底下垫上大量枕木和沙包。

5. 桩垫的选择和使用

分析柴油锤工作特性及打桩效果可知，桩垫的改变对打击过程影响很大，稍有改变就可能极大地影响打桩效率。高应变测试时桩垫的影响更是如此，一个适合的桩垫即可延缓高频冲击保护桩头，又可降低高频成分的不良影响（如锤体的相互碰撞），还可使测试信号更符合传感器的测量范围。但桩垫太厚时也可能使信号脉冲过于平缓，打击力下降。目前常用的桩垫有：1～2cm 厚传送带或橡胶、三夹板（数块）、毛毡、

图 6-18　华南地区常用锤架

1～2cm 厚木板等，桩垫的下方通常还应铺上一层细沙以弥补桩头的不平影响。桩垫的选用原则以测试质量的好坏为准，无桩垫也可能会测到较好信号。

6.5.4 信号采集与信号质量的判断

1. 室内准备

在去现场从事高应变实验以前，应在室内系统地检查仪器各个部位包括传感器的标定值等，检查电锤、螺栓等附件情况，确信无误后方可进场。

2. 干扰防治

高应变测量特别用应变片测量时，交流干扰的防治极为重要，与低应变桩法不同，高应变测量是一种定量测量，因而交流干扰的危害程度很大，不仅会产生一些违背物理现象的信号，而且会使计算结果毫无价值可言。应用应力环时可能会伴随交流干扰。排除交流干扰的办法很多，一般均采用接地处理：

（1）在主机处接地；

（2）在电源的输入端接地（地线处）；

（3）在传感器的膨胀螺栓处引一根地线与主机相联；

（4）在电桥盒（应变片）的外壳接地；

（5）各联线悬空；

（6）使用直流电。

接地前应仔细检查线路，防止有裸露体与地面接触，触地时一定要注意单点接地，接地点一定要置于潮湿处，确保其与大地相联时不存在接触电阻。一般来说，反复选用上述方法之一，应能排除掉交流干扰。

3. 采样时参数的设置

正常的高应变测试，应变幅值一般为 $10^2 g$ 量级，因此采集时仪器的增益不可太高（浮点仪不用考虑这一点）。以恰好能够触发为宜，越低越好。

高应变测试要求采集到桩开始振动至桩完全或几乎不动时的全段振动波形，这就要求记录时间必须足够长，一般约为 100ms。考虑到记录长度为 1024 点，仪器的采样间隔一般设置为 100s，但是这种采样间隔对于特长桩（如 50m 以上）仍嫌不足，有时需要用更大的采样间隔来满足要求。

仪器的滤波挡低频应自 5Hz 以下，零频开始尤佳，高频则宜超过 3000Hz。

4. 信号质量的判断与曲线特征

现场测量时应仔细分析桩型以及土层的分布特点，尤其持力层特点，只有这样才能对信号作出恰当解释。

使用柴油锤测试时，除非传感器安装效果差，信号的质量应当有保证。此时如有缺陷，连续记录还可发现缺陷完整性指数的变化。由于柴油锤打击力较大，桩的振动时间较长，测试时更应有足够长的记录时间，一般不应低于 100ms。柴油锤信号多能看见清晰的桩底反射，特别是初打和复打的后几锤信号。所测位移曲线亦应合乎物理现象，残余位移出现负值，多因加速度计没有很好安装或加速度计低频响应差或仪器滤波挡设置不合理所致，也可能系记录时间偏短或打击力不够造成的。加速度缺乏零频也是原因之一。速度出现较大负值也属这种情况，此时应先检查系哪一接收道，然后加以改进，力信号也一样。

正确测试时，$F(t)$ 和 $Zv(t)$ 曲线及结果一般具有如下特征：

（1）信号没有不规则的毛刺或震动、不削顶、没有各种干扰。

（2）应力和速度尾部归零（表明桩已静止）。

（3）除外柴油锤信号的其实平坦段外，$F(t)$ 和 $Zv(t)$ 起始段重合且几乎共同达到峰值点（说明传感器锤击系统和桩头上部基本正常）。

（4）FMX、FVX、FHM 三值接近。由于它们分别为根据力传感器、加速度传感器、冲量定理所求得的三种最大打击力，前两者在前沿曲线重合的前提下接近，表明两传感器及桩上部无明显缺陷或硬土层出现；而三值接近则表明锤击系统比较紧凑、内耗少、其所做功大部都转到桩上。当然，FHM 的精确与否，有赖于锤重和落距的正确输入，对于柴油锤，此值不可信。如果 FHM 可信度高，FMX、FVX 中一值与其相差太远，一值接近，那么相差太远者所对应的传感器及安装很可能存在问题，必须检查传感器（包括灵敏度）和锤击偏心情况。

（5）除个别情况有极小负值（拉应力）出现外，力值不应当出现负值，因此桩顶附近应力应当为零或受压。当然，传感器离桩顶较远而注射波波长较短时，桩底反射上来的拉应力也能使测试信号出现负值。有时力信号尾部会出现一稳定的正值或负值。表明桩头一侧已经开裂，产生了不可恢复的残余变形，也有可能与传感器安装不紧有关；力信号还应较少毛刺，毛刺太多因传感器安装和锤击系统较差所致，锤击系统造成的，速度信号上亦应出现。这种毛刺可以平滑掉（平滑会使力的负值降低），但改善锤击系统，加垫或拧紧组合锤才是最好的办法；传感器安装造成的干扰，不仅频率低，而且振荡规则，这种情形只能重新安装传感器。

（6）没有缺陷和负摩阻时。桩底反射信号出现以前，$Zv(t)$ 应在 $F(t)$ 的下方，它们差值的一半与对应时接收到的阻值波值对应。由于少有负摩阻情形，缺陷的反应一般又为突然起跳的尖峰，容易区别，因此如果速度曲线在力的上方面又没有上述特征，那么测试信号肯定有误，有些试验细节没有正确处理。

（7）速度信号出现负值的时间不能太早，负值亦不能太大，负值太大多为测试系统缺乏高频。速度出现负值一方面表示质点出现震荡，另一方面表示土层开始卸载，较早出现卸载意味着土的极限阻力没有充分发挥。与这种现象相对应的是由于向下的动位移值较小，土层没有进入塑性变形，桩体易于反弹。甚至出现负值位移的反弹（超过原装面向上反弹跳，当视土为完全弹性体时，很容易证明这种反弹的存在）。打击力不够，极限阻力未得到充分发挥的另外几个特征是，桩底反射不明显、没有残余位移、最大打击力与预计极限荷载相差太远，$F(t)$ 和 $Zv(t)$ 差值相对较大等，解决的办法便是增加锤的落距，加大打击力。

（8）上行波大部分曲线应在轴线的上方且前沿段为零，一般可清晰地反映土层变化、阻力发挥情况、缺陷和桩底反射情况（图 6-19）。当上行波与下行波最大值之比较小（真实幅值比未打动时更大）时，因为这桩被打动，土阻力得到充分发挥。阻力的作用，使上行波产生正值，而出现缺陷或桩底反射时，则突然下拐，可以利用光标查找对应的完整性指数。上下行波出现负值表示桩头质点的反向振荡使得传感器截面的入射波（下形波）产生拉应力，但这并不意味着传感器处真实的应力为拉应力。下行波的起始沿与上形波中的桩底反射引起的下降沿时差与 $2L/C$ 对应，下行波的峰值与上行波最小值对应的时差亦与 $2L/C$ 对应。

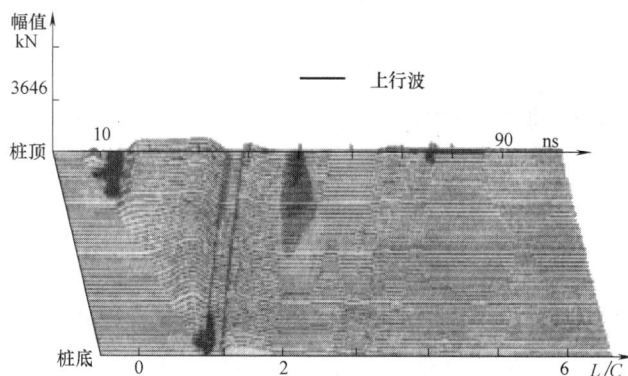

图 6-19　CCWAPC 上行波传播图

（9）正确的位移曲线应当是先急剧上升，后突然下降（反弹），下降到最小值（有时为负）而后又缓缓上升，直至最后出现一固定的平台。其最大值就是最大动位移，而后方平面则与残余位移（贯入度）对应。由于测量上的原因，残余位移与实测贯入度可能不相等（但亦不应相差太远），可适当调整以使其相等。位移曲线的尾部不是平台，除加速度计缺乏零频的影响外，要么采样时间不够，要么加速度计安装有误；而位移曲线出现较大负值则可能是因为桩未打动、采样时间不够或加速度计安装不好。一般来说残余位移必须大于 2.5mm，最大动位移亦应在 5mm 以上，初打桩甚至应当更高，达 15mm 以上。

（10）极限承载力曲线以及所对应计算值，不仅能反映 J 值的选取及承载力情形，同时也能反映测试信号的好坏。当极限承载力曲线 t 处速度成分偏多时说明 J 值取低了，所得承载力真正激发出现的静阻力高；而出现负值时，则说明 J 值取高了，只有当自 t 开始时有一段较平坦的极限承载力曲线，所对应的 J 值方为合理。提供的承载力代表真正激发出来的。如果此时出现的值比预计的极限阻率低而动位移或残余位移又不够，说明桩未被打动，需要加大打击力两侧。当利用几种自动法（RAU，RAI，RA2，RA2′）计算出的承载力值偏小或不合理时，一般也意味着桩未打动或传感器安装不良。

（11）信号的重复性也是高应变测试所追求的，但高应变测试中的信号重复与小应变完全不同。由于锤的高低及效率不同，土阻力发挥与扰动各异，一根桩上不可能出现完全一致的高应变信号。因此，这里所说的重复性乃指其主要特性，包括缺陷一致，土层阻力分布情况大体一致等。成果分析时，如系自由锤，一般以最大提升高度测试的曲线为准；如系柴油锤，初打时以收锤前一阵锤中的某击值为准，而复打是则需待锤打熟达到最大效率即开打后的第二或第三锤为准。

高应变测试是一项复杂的现场实验技术，疏忽一个细节即有可能得到失败的无用信号。不少测试人员随意的测试已经给高应变法的信誉带来了极大的伤害，社会上许多高应变测试，许多现场实验和提交结果完全经不起推敲。笔者见到过很多荒唐的高应变测桩报告和实例，如有的对一个 1m 直径 4m 长的桩进行高应变测试；有的将满是交流干扰或出现严重拉应力的曲线附在报告之中；有的没有信号也能造出报告。问题五花八门。高应变本身是一项仍在发展中的技术，尚有许多问题有待解决，提交承载力或多或少有些人为因素与误差，但测试人员多练内功提高测试水平仍是当务之急，否则先天不足的高应变必将陷入死胡同。

图 6-20 分别为自由锤作用下预制桩和灌注桩的现场实测及分析曲线。

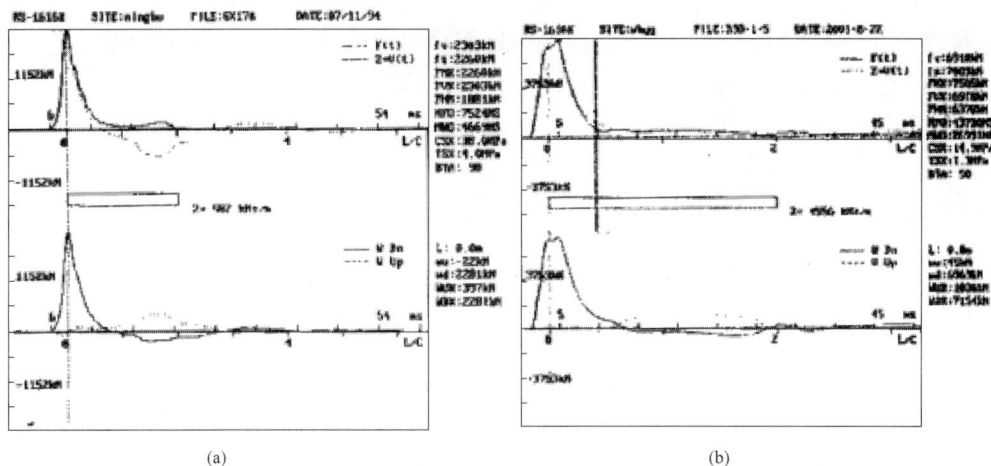

图 6-20　自由锤作用下高应变实测曲线

（a）预制桩；（b）钻孔灌注桩

6.6　检测数据的分析与判定

6.6.1　分析前的信号选取

1. 一般要求

对以检测承载力为目的的试桩，从一阵锤击信号中选取分析用信号时，宜取锤击能量较大的击次。除要考虑有足够的锤击能量使桩岩土阻力发挥这一主因外，还应注意下列问题：

——连续打桩时桩周土的扰动及残余应力。

——锤击使缺陷进一步发展或拉应力使桩身混凝土产生裂隙。

——在桩易打或难打以及长桩情况下，速度基线修正带来的误差。

——对桩垫过厚和柴油锤冷锤信号，加速测量系统的低频特性所造成的速度信号误差或严重失真。

2. 强制性规定

可靠的信息是得出正确分析计算结果的基础，对劣质信号的分析计算只能是垃圾进、垃圾出。除柴油锤击桩信号外，力的时程曲线应最终归零。对于混凝土桩，高应变测试信号质量不但受传感器安装好坏、锤击偏心程度和安装面处混凝土是否开裂的影响，也受混凝土的不均匀性和非线性的影响。

应变式传感器测得的力信号对上述影响尤其敏感：环式应变传感器某一固定螺栓松动可引起略大于 1kHz 的振荡；传感器安装面未与桩侧表面紧贴或悬挑、附近混凝土出现微裂可使实测力曲线基线突变甚至出现巨大的正、负过冲。混凝土的非线性一般表现为：随应变的增加，弹性模量减少（如第 4 章竖向压静载试验中介绍的割线模量大幅减小实例），并出现塑性变形，使根据应变换算到的力值偏大且力曲线尾部不归零。《规范》所指的锤击偏心相当于两侧力信号之一于力平均值之差的绝对值超过平均值的 33%。通常锤击偏心很难避免，因此严禁用单侧力信号代替平均力信号。据此，《规范》以强制性条文做出如下规定：

但出现下列情况之一时，高应变锤击信号不得作为承载力分析计算的依据：

1）传感器安装处混凝土开裂或出现严重塑性变形使力曲线最终未归零。

2）严重锤击偏心，两侧力信号幅值相差超过 1 倍。

3）触变效应的影响，预制桩在多次锤击下承载力下载。

4）四通道测试数据不全。

6.6.2　桩身平均波速的确定以及相应的应变力信号调整

桩身波速可根据下行波波形起升沿的起点到上行波下降沿起点之间的时差与已知桩长值确定（图 6-21）；桩底反射明显时，桩身平均波速也可根据速度波形第一峰起升沿的起点和桩底反射峰起点之间的时差与已知桩长值的确定。桩底反射信号不明显时，可根据桩长、混凝土波速的合理取值范围以及邻近桩的桩身波速值综合确定。

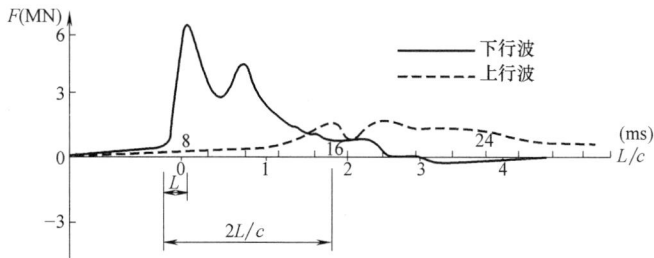

图 6-21　桩身波速的确定

对桩底反射峰变宽或有水平裂缝的桩，不应根据峰与峰间的时差来确定平均波速。对于桩身存在缺陷或水平裂缝桩，桩身平均波速一般低于无缺陷段桩身波速，如水平裂缝处的质点运动速度 1m/s，则 1mm 宽的裂缝闭合所需时间为 1ms。桩较短且锤击力波上升缓慢时，反射峰与起始入射峰发生重叠，以致难于确定波速，可采用低应变法确定平均波速。

当测点处原设定波速随调整后的桩身平均波速改变时，桩身弹性模量应重新计算。当采用应变式传感器测力时，应对原实测力值校正，除非原实测力信号是直接以实测应变值保存的。这里需特做解释以引起读者的注意：

通常，当平均波速按实测波形改变后，测点处的原设定波速也按比例线性改变，模量则应按平方的比例关系改变。当采用应变式传感器测力时，多数仪器并非直接保存实测应变值，如有些是以速度（$V = C \times \varepsilon$）的单位存储。若模量随波速改变后，仪器不能自动修正以速度为单位存储的力值，则应对原始实测力值进行校正。由

$$F = Z \cdot V = Z \cdot C \cdot \varepsilon = \rho \cdot C2A \cdot \varepsilon$$

可见，如果波速调整变化幅度为 5%，则对于力曲线幅值的影响约为 10%。因此，测

试人员应了解所用仪器的"力"信号存储单位。

6.6.3　实测力和速度信号第一峰比例失调

可进行信号幅值调整的情况只有以下两种：上述因波速改变需要调整通过实测应变换算得到的力值；传感器设定值或仪器增益的输入错误。在多数情况下，正常施打的预制桩，由于锤击力波上升沿非常陡峭，力和速度信号第一峰应基本成比例。但在以下几种情况下，比例失调属于正常：

（1）桩浅部阻抗变化和上阻力影响。

（2）采用应变式传感器测力时，测点处混凝土的非线性造成力值明显偏离。

（3）锤击力波上升缓慢或桩很短时，土阻力波或桩底反射波的影响。

除第（2）种情况当减小力值时，可避免计算的承载力过高外，其他情况的随意比例调整均是对实测信号的歪曲，并产生虚假的结果，因为这种比例调整往往是对整个信号乘以一个标定常数。因此，禁止将实测力或速度信号重新标定。这一点必须引起重视，因为有些仪器具有比例自动调整功能。高应变法最初传入我国时，曾把力和速度信号第一峰比例是否失调作为判断信号优劣（漂亮）的一个标准，但我国现实情况与国外不同，由于高应变法主要用于验收阶段的检测，采用自制自由落锤的机会较多。所以，新编《规范》做出如下强制性规定：

高应变实测的力和速度信号第一峰起是比例失调时，不得进行比例调整。

6.6.4　对波形直观判断的重要性

对波形的直观正确判断是指导计算分析过程并最终产生合理结果的关键。

高应变分析计算结果的可靠性高低取决于动测仪器、分析软件和人员素质三要素。其中起决定作用的时具有坚实理论基础和丰富实践经验的高素质检测人员。高应变法之所以有生命力，表现在高应变信号具有不同于随机信号的可解释性——即使不采用复杂的数学计算和提炼，只要检测波形质量有保证，就能定性地反映桩的承载性状及其他相关的动力问题。在住建部工程桩动测资质复查换证过程中，发现不少检测报告中对波形的解释与分析计算已达到盲目甚至是滥用的地步。对此如果不从提高人员素质入手加以解决，这种状况的改观显然仅靠技术规范以及仪器和软件功能的增强是无法做到的。事实上，再通过计算分析确定单桩承载力时，不仅是凯司法，就是实测曲线拟合法往往也在人的主观意念干预下进行，否则很多情况下会得到不合理的结果，当然也不能排斥用高效应变检测结果去与设计要求的承载力值"凑大数"。波形拟合法的解不是唯一的，其变异程度与地质条件、桩的尺寸、桩型等很多因素有关。所以，承载力分析计算前，应该结合地质条件、设计参数，对实测波形特征进行定性检查：

——实测曲线特征反映出的桩承载性状；

——观察桩身缺陷程度和位置，连续锤击时缺陷的扩大或逐步闭合情况。

这一工作应由高素质和具有丰富经验的检测人员完成。

6.6.5　实测曲线拟合法判定单桩承载力

实测曲线拟合法是通过波动问题数值计算，反演确定桩和土力学模型及其参数值。其过程为；假定各桩单元的桩和土力学模型参数，利用实测的速度（或力、上行波、下行波）曲线作为输入边界条件，数值求解波动方程，反算桩顶的力（或速度、下行波、上行波）曲线。若计算的曲线与实测曲线不吻合，说明假设的模型或其参数不合理，有针对性地调整模型及参数再行计算，直至计算曲线与实测曲线（以及贯入度的计算值与实测值）的吻合程度良好且不易进一步改善为止。虽然从原理上讲，这种方法是客观唯一的，但由于桩、以上及它们之间的相互作用等力学行为的复杂性，实际运用时还不能对各种桩型、成桩工艺、地质条件，都达到十分准确的求解桩的动力学和承载力问题的效果。所以，《规范》针对实测曲线拟合法判定桩承载力应用中的关键技术问题，作了具体阐述和规定：

（1）所采用的力学模型应明确合理，桩和土的力学模型应能分别反映桩和土质的实际力学性状，模型参数的取值范围应能限定。

（2）拟合分析选用的参数应在岩土工程的合理范围内。

（3）曲线你呢时间段长度在 $t_1 + 2L/c$ 时刻后续时间不应小于 20ms；对于柴油捶打信号，在 $t_1 + 2L/c$ 时刻后延续时间不应小于 30ms。

（4）各单位所选用的土的最大弹性位移不应超过相应桩单元的最大计算位移值。

（5）拟合完成时，土阻力响应区段的计算曲线与实测曲线应吻合，其他区段的曲线应基本吻合。

（6）贯入度的计算值应与实测值接近。

下面对以上六项规定依次解释如下；

（1）关于桩与土模型：①目前已有成熟使用经验的土的静阻力模型为理想弹塑性或考虑土体硬化或软化的双线性模型；模型中有两个重要参数——土的极限静阻力 R_u 和土的最大弹性位移 s_q，可以通过静载试验（包括桩身内力测试）来验证。在加载阶段，土体变形小于或等于 s_q 时，上体在弹性范围工作；变形超过 s 后，进行塑性变形阶段（理想弹-塑性时，静阻力达到 R_u 后不再随位移增加而变化）。对于卸载阶段，同样要规定卸载路径的斜率和弹性位移限。②土的动阻力模型一般习惯采用与桩身运动速度成正比的线性黏滞阻尼，带有一定的经验性，且不易直接验证。③桩的力学模型一般为一维杆模型，单元划分采用等时单元（实际为连续模型或特征线法求解的单元划分模型），即应力波通过每个桩单元时间相等，由于没有高阶项的影响，计算精度高。④桩单元除考虑 A、E、c 等参数外，还可考虑桩身阻尼和裂缝。另外，还可以考虑桩底的缝隙、开口桩和异性桩的土塞、残余应力的影响和其他阻尼形式。⑤所用模型的物理力学概念应明确，参数取值应能限定；避免采用可使承载力计算结果产生较大的变异的桩-土模型及参数。

（2）拟合时应根据波性特征，结合施工和地质条件合理确定桩土参数取值。因为拟合所用的桩土参数的数量和模型繁多，参数各自和相互间耦合的影响非常复杂，而拟合结果并非唯一解，需要通过综合比较判断取舍。正确判断取舍条件的要点是参数值应在岩土工程的合理范围内。

（3）拟合时间长短考虑基于以下两点；一是自由落锤产生的脉冲持续时间通常不超过20ms（除非采用很重的落锤），但柴油锤信号在主峰过后的尾部仍能产生较长的低力幅持续；二是与位移相关的总静阻力一般会同程度滞后于 $2L/c$ 发挥，当端承型桩的端阻力发挥所需位移很大时，土阻力发挥将产生严重滞后，故规定 $2L/c$ 后应延时足够的时间，使曲线拟合能包含土阻力响应区段的全部上阻力信息。图 6-21 给出了一根桩端进入硬塑～

坚硬残积土层的 Φ550mm 管桩实测曲线拟合法实测（和图 6-21 是同一信号）。由图 6-22（a）的实测力和速度波形或图 6-22（d）上、下行波曲线可知，该桩承载性状介于端承摩擦和摩擦端承之间。因为 $2L/c-t_r$ 时刻前的土阻力信息不会包含桩端土阻力信息，且桩各截面土阻力的发挥滞后于相应位置处的最大速度，所以一般可取 $2L/c-t_r$ 时刻后的 5～10ms 时段作为阻力响应区段。显然，若按最大桩顶速度和桩顶最大位移出现的时间差估算，至少应取 7ms；而根据图 6-22（d），$2L/c$ 以后 6～8ms 的时间段都有明显的土阻力波反射，且这其中包含了足够的桩端土阻力信息。因此土阻力响应区段的长度并非固定值，它应根据充分发挥静阻力所需的最大位移来确定。对于较长的应提前。本例采用 FEIPWAPC 波型拟合软件计算，实测与拟合计算的力和速度曲线分别由图 6-22（b）和（c）绘出，桩顶、桩中和桩端的计算速度和位移时程曲线图分别由 6-22（e）和（f）绘出。最后，模拟的静荷载-沉降曲线、桩身剖面、静阻力和桩身轴力沿桩分布图由图 6-23（g）绘出。

（4）为防止阻力未充分发挥时的承载力外推，设定的 s_q 值不应超过对应单元的最大位移值。若桩、土间相对位移不足以使桩周岩土阻力充分发挥，则给出的承载力结果只能验证岩土力发挥的最低程度。

（5）土阻力响应区是指波形上呈现的净土阻力信息较为突出的时间段。所以应特别强调此区段的拟合质量，避免只重波形头尾，忽视中间土阻力响应区段拟合质量的错误做法，并通过合理的加权方式计算总的拟合质量系数，突出其影响。不同的实测曲线拟合程序对土阻力响应区段的划分方式和各拟合时间段加权系数大小的考虑都不尽相同，所以用拟合质量系数衡量波形拟合的标准是不同的。

（6）贯入度的计算值与实测值是否接近，是判断拟合选用参数、特别是 s_q 值是否合理的辅助指标。

6.6.6　主要土参数变化对拟合曲线的影响

下面根据图 6-22 的算例并以其计算结果作为参照（图 6-23a），通过单独改变土的静阻力 R_u、阻尼 f_c、加载与卸载最大弹性变形值 s_q 和 s_{qu}、卸载弹性限 U_{NL}，观察一下这些土参数单独改变时对拟合曲线的影响。

（1）静阻力的增减直接影响计算（拟合）力曲线的升降，见图 6-23（b）和（c）。另外，当 s_q 值增大时，其对计算曲线的影响将滞后出现。

（2）加载最大弹性变形值，s_q 的减小使土弹簧刚度增加，加载速度加快，即土阻力发挥超前；反之，则减弱土弹簧刚度，使土阻力发挥滞后。本例（图 6-23d）仅给出了 s_q 值减少一样的情况，因为这根管桩动测时的桩顶最大位移约为 15mm，而桩端最大动位移才 7mm 左右，土阻力发挥并不十分充分，在提高 s_q 值假定的 R_u 值不能发挥。

（3）上阻尼的增减作用于静阻力的增减的增减作用相近，见图 6-23（e）和（f）。但他的作用是局部的，不会像静阻力那样，随 s_q 的增大而出现明显的滞后。另外，阻尼增大将使计算曲线趋于平缓，即有减少计算波形震荡的作用。

（4）卸载弹性变形值 s_{qu} 一般以 s_q 值的百分比表示，如 $s_{qu}=100\%$ 则表示卸载弹性变形值与加载弹性变形值相等，$s_{qu}\rightarrow0$ 则表示刚性卸载，s_{qu} 值愈小，卸载愈快，造成回弹时段的计算曲线下降，见图 6-23（g）。

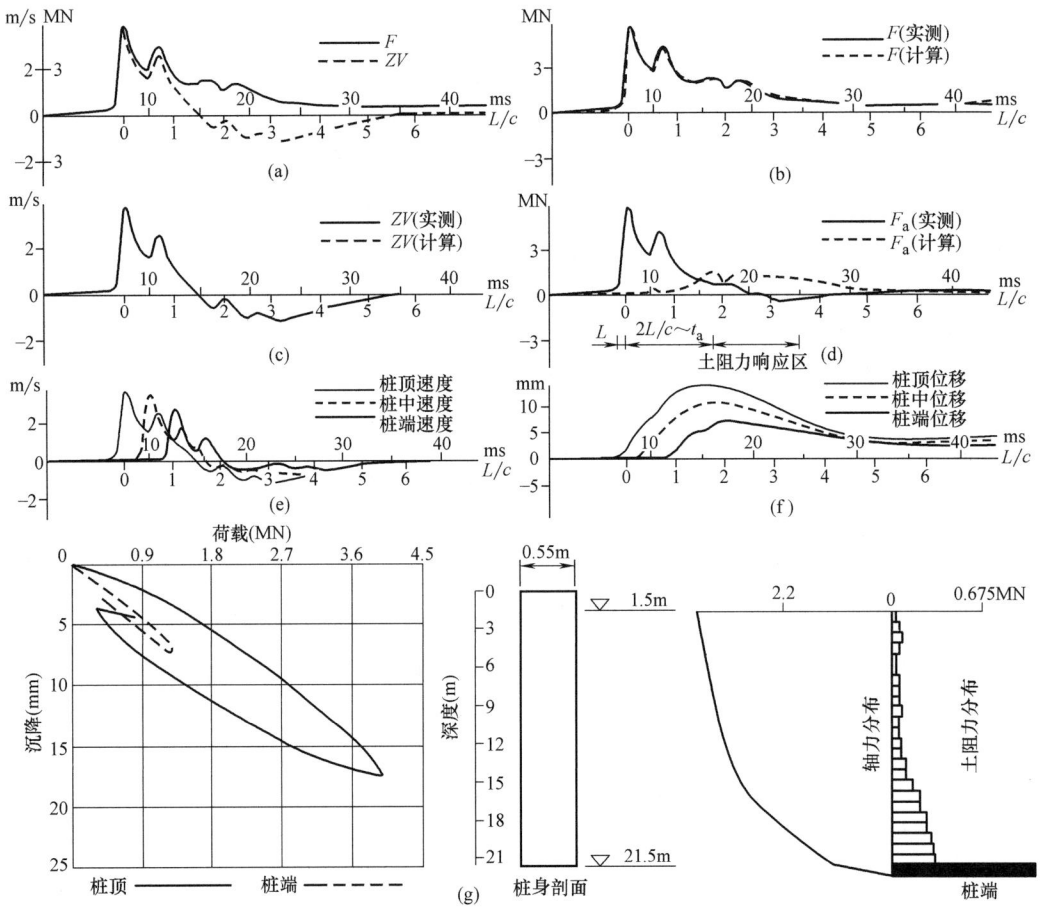

图 6-22　上阻力响应区和实测曲线拟合实例

（a）实测力和速度波形；（b）实测上、下波；（c）实测与力曲线；（d）实测与拟合的速度曲线；

（e）计算的桩顶、桩中和桩端的速度时程曲线；（f）计算的桩顶、桩中和桩端的位移时程曲线；

（g）模拟的桩顶静荷载沉降曲线、桩身剖面和静阻力及桩身分布图

（5）卸载弹性限 U_{NL} 也以 R_u 的百分比表示，显然 U_{NL} 愈大，计算力曲线就愈下移，不过，它造成的计算力曲线下降要比 s_{qu} 来得晚，见图 6-23（h）。注意，由于桩端一般不能承受拉力，所以桩端的 U_{NL} 值恒为零。

事实上，上述主要参数的影响都不是孤立的，比如：土阻尼的增强限制了桩的位移，从而使静止的发汇率延续，桩较长、侧阻力较强时，$2L/c$ 以前桩中，上部出现回弹卸载（但桩下部的岩土阻力仍处于加载阶段），则卸载弹性变形参数 s_{qu}、卸载弹性限 U_{NL} 将提前发挥作用。

6.6.7　凯司法判定单桩承载力

凯司法承载力计算式（6-8）是基于以下三个假定导出的：

——桩身阻抗基本恒定；

——动阻力只与桩底质点运动速度成正比，即全部动阻力集中于桩端；

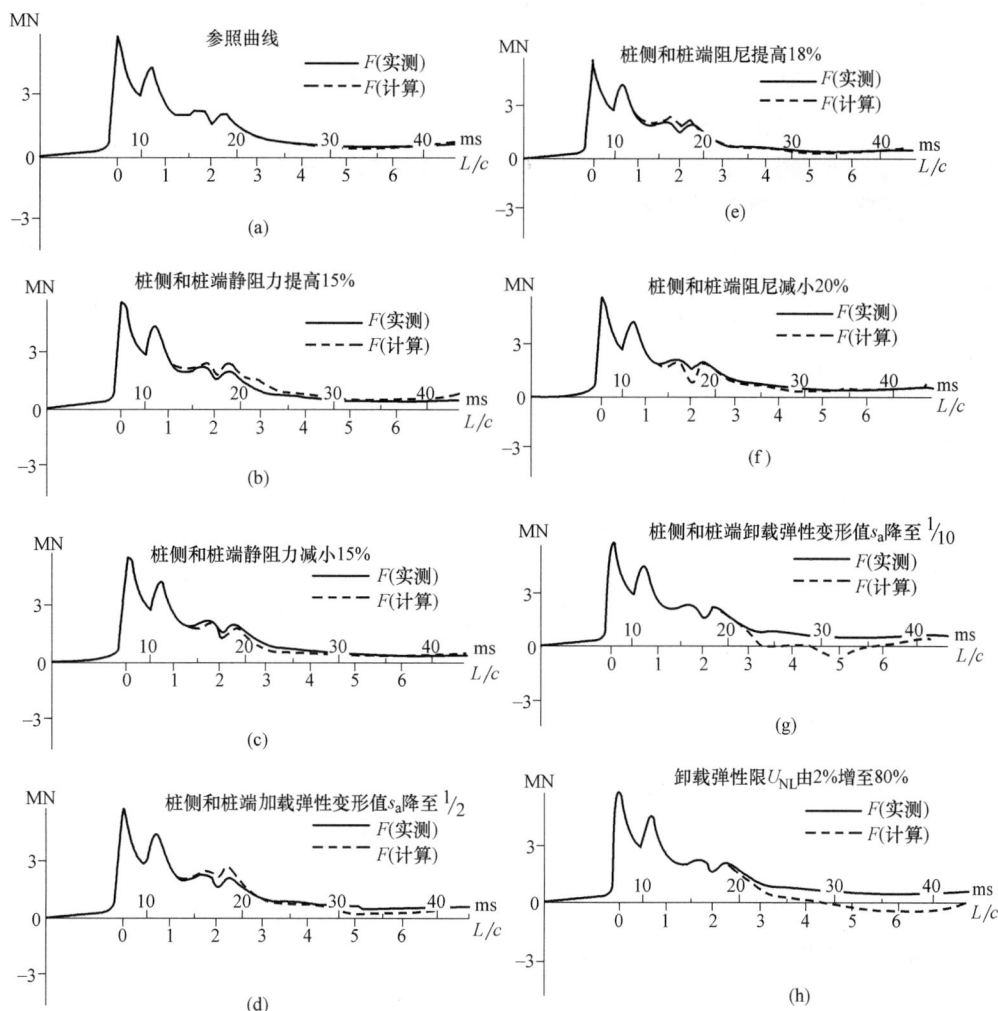

图 6-23　土参数变化对拟合曲线的影响

（a）参照曲线；（b）静阻力增加；（c）静阻力减小；（d）s_q 减小；（e）阻尼增加；

（f）阻尼减少；（g）s 减小；（h）U_{NL} 增加

——土阻力在时刻 $t_2 = t_1 + 2L/c$ 已充分发挥。

这与《规范》规定的"凯司法只限于中、小直径且桩身材质、截面基本均匀的桩"是一致的，显然，它较适用于摩擦型的中、小直径预制桩和截面较均匀的灌注桩。

式（6-8）中的唯一未知数——凯司法无量纲阻尼系数 J_c 定义为仅与桩端土性有关，一般遵循随土中细粒含量增加阻尼系数增大的规律。J_c 的取值是否合理在很大程度上决定了计算承载力的准确性。所以缺乏同条件下的静动对比校核或较大相近条件下的对比资料时，将使其使用范围受到限制。当贯入度达不到规定值或不满足上述三个假定时，J_c 值实际上变成了一个无明确意义的综合调整系数。特别值得一提的是灌注桩，也会在同一工程、相同桩型及持力层时，可能出现 J_c 取值变异过大的情况。为防止凯司法的不合理应用，阻尼系数 J_c 宜根据同条件下静载试验结果校核；或应在已取得相近条件下可靠对比资料后，采用实测曲线拟合法确定 J_c 值，拟合计算桩数不应少于检测桩总数的 30%，且不应少于 3 根。在同一场地、地质条件相近和桩型及其几何尺寸相同情况下，J_c 值的极限差不易过大于平均值的 30%。

正如 6.2 节所述：①由于式（6-8）给出的 R_c 值与位移无关，仅包含 $t_2=t_1+2L/c$ 时刻之前所发挥的土阻力信息，通过除桩长较短的摩擦型桩外，土阻力 $t_2=t_1+2L/c$ 时刻不会充分发挥，尤以端承型桩显著。所以需要采用将 t_1 延时求出承载力最大值的最大阻力法（RMX 法），对与位移相关的土阻力滞后 $2L/c$ 发挥的情况进行提高修正。②桩身在 $2L/c$ 之前产生较强的向上回弹，使桩身逐渐向下产生土阻力卸载（此时桩的中下部土阻力属于加载）。这对于桩较长、摩阻力较大而荷载作用持续时间相对较短的桩较为明显，因此，需要采用将桩中上部卸载的土阻力进行补偿提高修正的卸载法（RSU）。

于是，对土阻力滞后 t_1+2L/c 时刻明显发挥或先于 t_1+2L/c 时刻发挥并造成桩中上部强烈反弹这两种情况，建议分别采用以下两种方法对 R_c 值进行提高修正：

（1）适当将 t_1 延时，确定 R_c 的最大值。

（2）考虑卸载回弹部分上阻力对 R_c 值进行修正。

另外，还有几种凯司法的子方法可在积累了成熟经验后采用。它们是：

（1）在桩尖质点运动速度为零时，动阻力也为零，此时有两种计算承载力与 J_c 无关的在"自动"法，即 RAU 法和 RA2 法。前者适用于桩侧阻力很小的情况，后者适用于桩侧阻力适中的场合。

（2）通过延时求出承载力最小值的最小阻力法（RMN 法）。

6.6.8 动测承载力的系统和单桩竖向抗压承载力的确定

高应变法动测承载力检测值多数情况下不会与静载试验桩的明显破坏特征或产生较大的桩顶沉降相对应，总趋势是沉降量偏小。为了与静载的极限承载力相区别，称为"动测法得到的承载力或动测承载力"。这里需要强调指出：验收检测中，单桩竖向抗压静载试验常因加载量或设备能力限制，而做不出真正的试桩极限承载力。于是一组试桩往往因某一根桩的极限承载力达不到设计要求的特征值 2 倍，使一组试桩的承载力统计平均值不满足设计要求。动测承载力则不同，可能出现部分桩的承载力远离高于承载力特征值的 2 倍。所以，即使个别桩承载力不满足设计要求，但"高"和"低"取平均值后仍能满足设计要求。为了避免可能高估承载力的危险，不得将极差过大的"高值"参与统计平均。

参照静载试验关于单桩竖向抗压承载力特征的确定方法，《规范》对动测单桩承载力的统计和单桩竖向抗压承载力特征值的确定规定如下：

（1）参加统计的试桩结果，当满足极差不超过平均值的 30% 时，取其平均值为单桩承载力统计值。

（2）当极差超过 30% 时，应分析极差过大的原因，结合工程具体情况综合确定。必要时增加试桩数量。

（3）单位工程同一条件下的单桩竖向抗压承载力特征值 R_s 应按本方法的单桩承载力统计值的一半取值。

6.6.9 桩身完整性判定

高应变法检测桩身完整性具有锤击能量大，可对缺陷程度直接定量计算，连续观察缺陷的扩大和逐步闭合情况等优点。但和低应变法一样，检测的仍是桩身阻抗变化，一般不宜判定缺陷性质，在桩身情况复杂或存在多处阻抗变化时，可优先考虑用实测曲线拟合法判定桩身完整性。桩身完整性判定可采用以下方法进行：

（1）采用实测曲线拟合法判定时，拟合所选用的桩土参数应按承载力拟合时有关规定，根据桩的成桩工艺，拟合时可采用桩身阻抗拟合桩或桩身裂缝（包括混凝土预制桩的接桩缝隙）拟合。

（2）对于等截面桩，可按表 6-2 并结合经验判定；桩身完整性系数 β 和桩身缺陷位置 x 应分别按式（6-13）和式（6-14）计算。注意：式（6-14）仅适用于截面基本均匀桩的顶下第一个缺陷的程度定量计算。

（3）出现下列情况之一时，桩身完整性判定宜按工程地质条件和施工工艺，结合实测曲线拟合法或其他检测方法综合进行：

——桩身有扩径的桩。

——桩身截面渐变或多变的混凝土灌注桩。

——力和速度曲线在峰值附近比例失调，桩身浅部有缺陷的桩。

——锤击力波上升缓慢，力与速度曲线比例失调的桩。

具体采用实测曲线拟合分析桩身扩径、桩身渐变或多变的情况时，应注意合理选择土参数，因为土阻力（土弹簧刚度和土阻尼）取值过大或过小，一定程度上会产生掩盖或放大作用。

高应变法锤击的荷载上升时间一般不小于 2ms，因此对桩身浅部缺陷位置的判定存在盲区，也无法根据式（6-13）来判定缺陷程度。只能根据力和速度曲线的比例失调程度来估计浅部缺陷程度，不能定量给出缺陷的具体部位，尤其是锤击力波上升非常缓慢时，还大量耦合有上阻力的影响。对浅部缺陷桩，宜用低应变法检测并进行缺陷定位。

6.6.10 桩身最大锤击拉压应力

桩身锤击拉应力是混凝土预制桩施打抗裂控制的重要指标。在深厚软土地区，打桩时侧阻和端阻虽小，但桩很长，桩锤能正常爆发起跳，桩底反射回来的上行拉力波的头部（拉应力幅度值最大）与下行传播的锤击压力波尾部叠加，在桩身某一部位产生净的拉应力。当拉应力强度超过混凝土抗拉强度时，引起桩身拉裂。开裂部位一般在桩的中上部，且桩愈长或锤击力持续时间短，最大拉应力部位愈往下移。

有时，打桩过程中会突然出现贯入度骤减或拒锤，一般是碰上硬层（基岩、孤石，漂石、卵石等碎石土层）。继续施打会造成桩身压应力过大而破坏。此时最大压应力部位不一定出现在桩顶，而是接近桩端部位。

对于桩基施工和设计人员，由于从事专业的不同，往往不像专业人员那样，对打桩拉应力的产生和桩端碰到硬层出现的压应力放大机理十分熟悉。笔者遇到一些打桩事故引起的争议，从原因分析上看，有些确实是不该打桩或制桩单位承担的责任，却被他们承担了。

6.6.11 检测报告的要求

《规范》以强制性条文的形式规定；高应变检测报告应给出实测的力与速度信号曲线。只有原始信号才能反映出测试信号是否异常，判断信号的真实性和分析结果的可靠性。除上述强制要求的内容外，检测报告还应给出足够的信息：

（1）工程概述；

（2）岩土工程条件；

（3）检测方法、原理、仪器设备（锤重）和过程叙述；

（4）受检桩的桩号、桩位平面图和施工记录，复打休止时间；

（5）计算中实际采用的桩身波速值和 J_c 值；

（6）实测曲线拟合法所选用的各单元桩土模型参数、拟合曲线、上阻力沿桩身分布图；

（7）实测贯入度；

（8）试打桩和打桩监控所采用的桩锤型号、锤垫类型以及监测得到的锤击数、桩侧和桩端静阻力、桩身锤击拉应力、桩身完整性以及能量传递比随入土深度的变化；

（9）选择能充分并清晰反映土阻力和桩身阻抗变化信息的合理纵、横坐标尺度，信号幅值高度不宜小于 3～5cm，时间轴不宜过分压缩；

（10）必要的说明和建议，比如异常情况和对验证或扩大检测的建议。

6.7 工 程 实 例

6.7.1 检测实例

（1）近海工程桩上部海水无阻力，下部进入地层后入岩高应变反射波记录如图 6-24 所示。从图中可见在海水部位是无土阻力的，所以力曲线信号直到入射波传播到入岩后才有上行压应力信号，桩底反射为上行拉应力波；振动速度曲线信号，入岩后由于 $Z_桩 < Z_{地层}$ 振速反射系数为负，故速度曲线信号为反相信号。

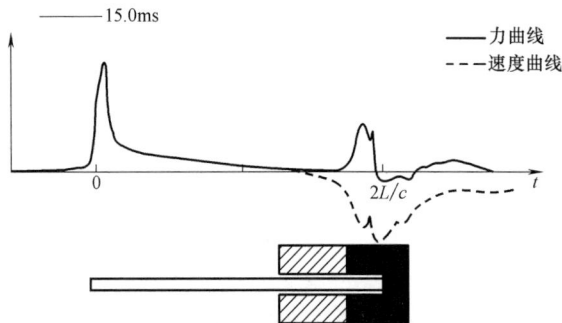

图 6-24 近海工程桩身上部无地层阻力下部进入
地层后入岩高应变反射波记录

（2）地层阻力小、端阻力大的高应变反射波信号。图 6-25 是地层阻力小、桩底阻力大的高应变反射波记录。从图中可见，力曲线信号在时间轴 O 点以后逐渐下降，说明地层的反射上行压力信号较小，即地层的阻力较小。在时间 $t = 2L/c$ 时刻，即声波传播到桩底界面，桩底反射的上行拉应力波明显；从振动速度曲线信号观察，在 $t = 2L/c$ 时刻。速度反射波反相，且波幅较大，表明桩底地层波阻抗较桩身波阻抗大，说明桩端可提供的端阻力大。

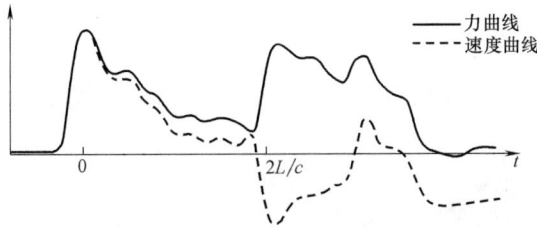

图 6-25　地层阻力小、端阻力大的高应变反射波记录

（3）地层阻力大的高应变反射波记录。图 6-26 是地层阻力特别大的高应变反射波记录。从图中可见地层阻力随桩的深度不断增加，同时可见桩底反射是压应力波，因为 $Z_\text{桩}$ $<Z_\text{地层}$，桩底界面的声压反射系数为正，上行反射波仍然是压应力波，力信号是正的；这一结果，从振动速度曲线信号也可看出，在 $t=2L/c$ 时刻，桩底反射是反相的，也说明桩底地层的波阻抗大于桩身波阻抗。

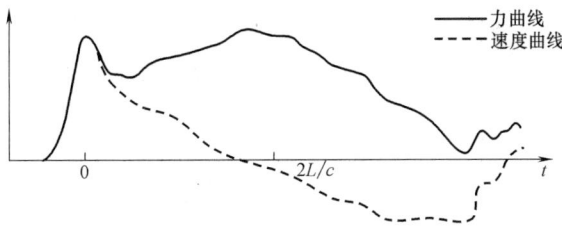

图 6-26　地层阻力很大的高应变反射波记录

（4）地层阻力对高应变反射波的影响。图 6-27 进一步说明了桩周硬地层波阻抗界面产生的反射波对高应变反射波的影响。从图 6-27（a）中可见：在 $t=2L/c$ 时刻，力曲线信号上升，这是因为桩身在深度为 A 的地层，存在一个较硬的地层 S_A（图 6-27b），在该图中 $t=2B/c$ 时刻，力信号再次上升，且上行波幅较大，这是因为桩身在深度为 B 地层，存在一个更硬的地层 S_B（图 6-27b）。这一实例说明地层中存在硬土层的部位，地层的波阻抗界面反射系数大，该界面反射的上行压应力波波幅大，由应变传感器给出的信号就大，于是我们可从力曲线的波动看出桩侧土的软硬。从另一个角度，也就是高应变常用的说法，那就是土层可能提供的侧摩阻力就大。自然，只有土层越硬才可能提供较大的侧摩阻力。所以这两种的说法的结果是一致的，不过是从声波（同样是弹性波或称应力波）反射规律去解释这一物理过程的。这样，可以和声波反射波（即低应变反射法）的反射规律解释一致起来，觉得更能说明高应变反射波的反射实质。

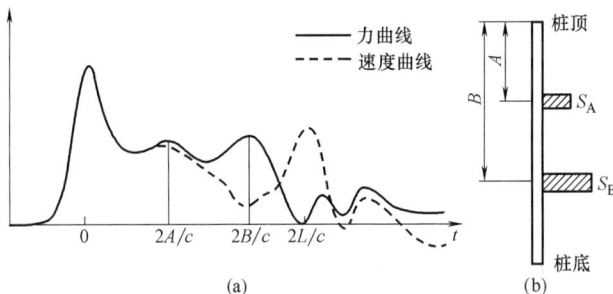

（a）　　　　　　　　（b）

图 6-27　地层阻力对实测高应变反射波信号的影响

6.7.2 典型波形

不同的桩型有会采集到不同的波形，图 6-28～图 6-43 分别列举了一些典型波形。

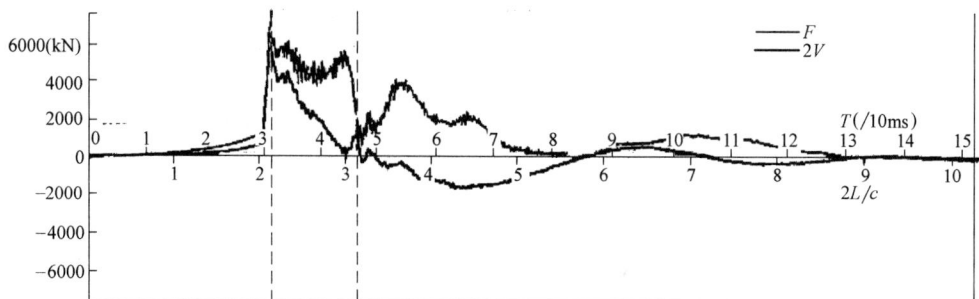

图 6-28　传感器安装不紧的波形

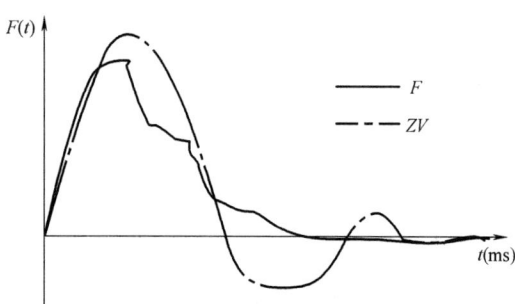

图 6-29　测点附近桩身有缩颈

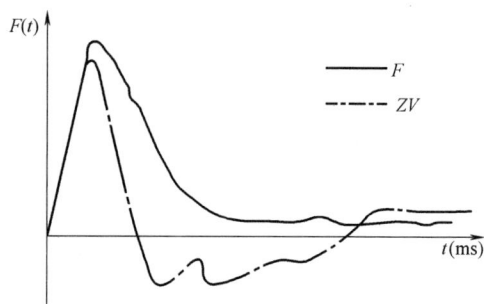

图 6-30　锤击引起测点混凝土塑性变形

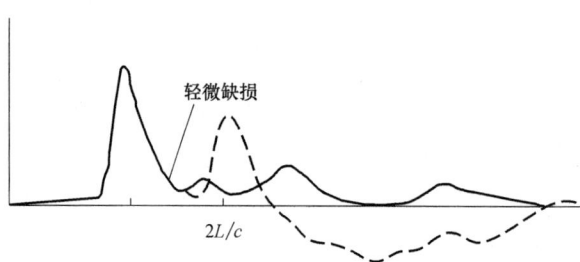

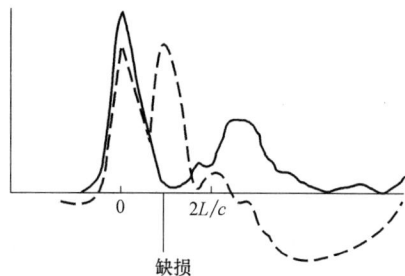

图 6-31　典型的桩身缺损在实测记录上的表现

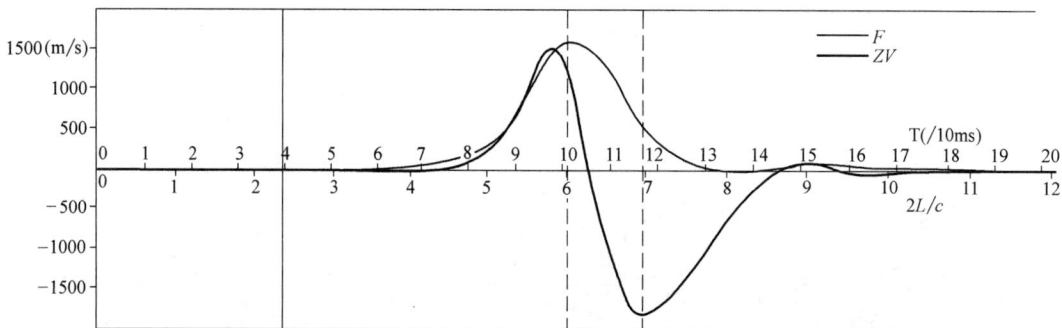

图 6-32　导杆式柴油锤采集的波形

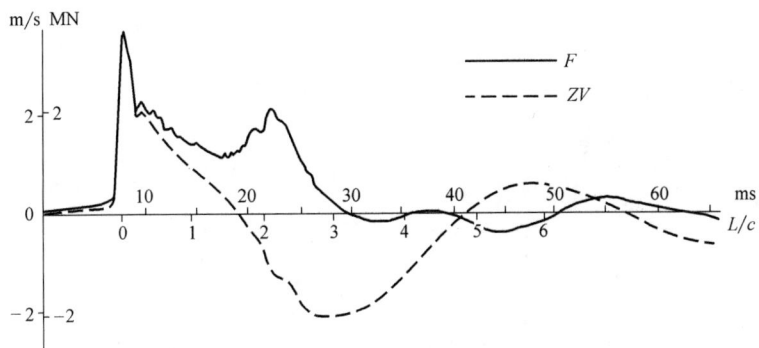

图 6-33　端阻力比较大的波形

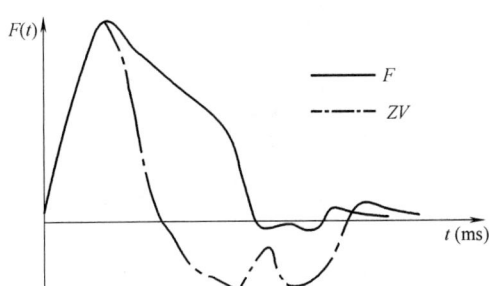

图 6-34　无缺陷的端阻力小侧阻力大的桩

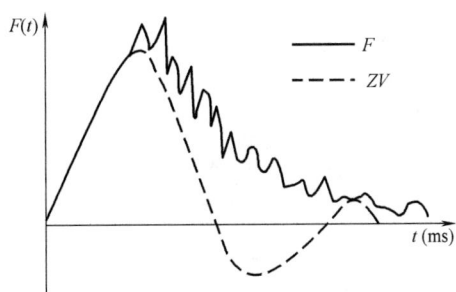

图 6-35　传感器安装不紧的波形

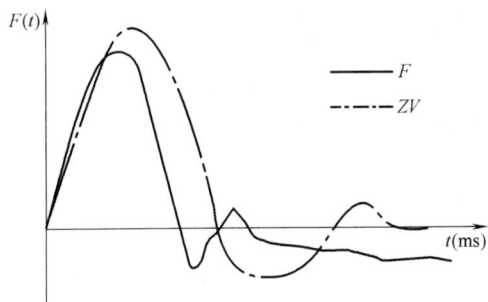

图 6-36　测点附近桩身有裂缝，或传感器
安装在新接头上，接头连接没做好

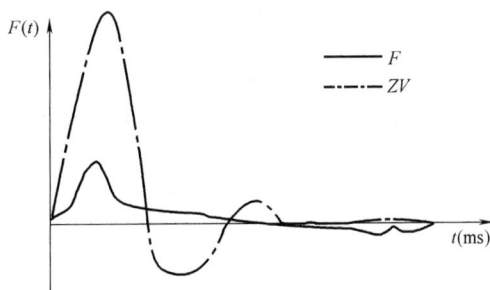

图 6-37　桩身浅部有严重缺陷或断桩

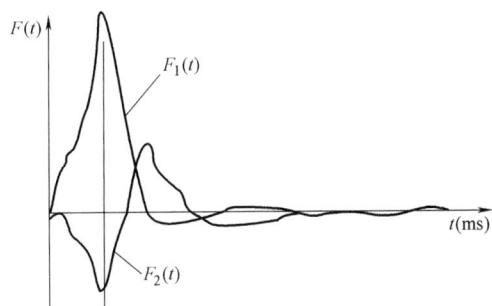

图 6-38　锤击严重偏心

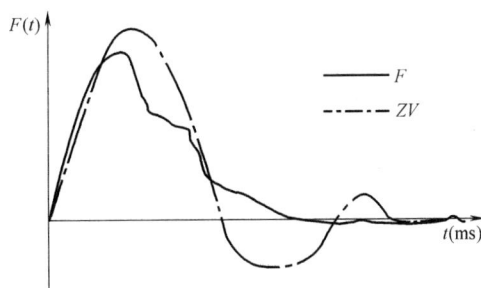

图 6-39　测点附近桩身扩颈或桩垫过厚

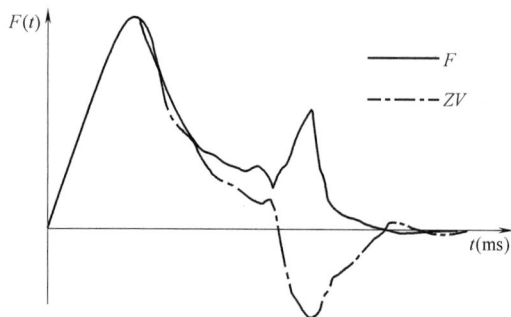

图 6-40 无缺陷的端阻力大侧阻力小的桩

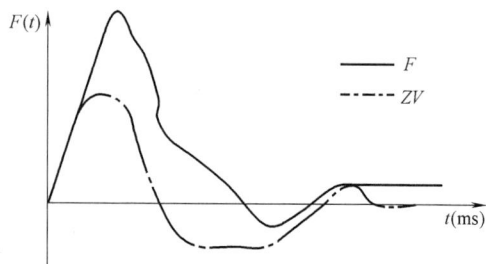

图 6-41 传感器安装处混凝土强度低

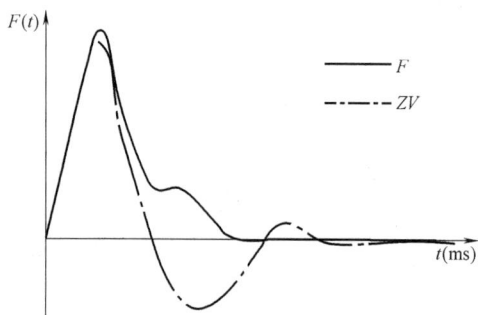

图 6-42 浅部阻力较小的桩

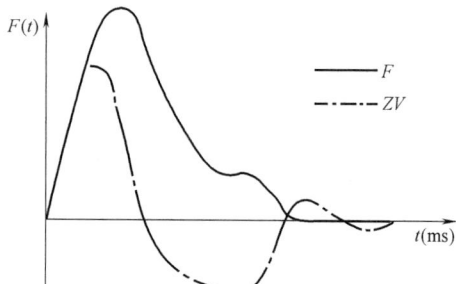

图 6-43 浅部阻力较大的桩

6.8 关于高应变法检测的若干问题

6.8.1 关于"高应变法动力试桩承载力检测精度"的问题

高应变试验从本质上说是一种半直接法：在桩顶施加冲击荷载后，通过在桩身上部安装的传感器，测得冲击过程中在传感器安装处，桩身截面的受力状况和运动状态，通过一维应力波理论和对桩—土力学模型作一些简化假设后，计算（或反演分析）桩的完整性状况和单桩竖向抗压承载力。

而静载试验则是一种直接测试法。

高应变的准确性（可靠性）主要取决于以下三方面的因素：

1. 现场检测时，数据信号的采集质量

获取能真实反映桩—土体系在冲击荷载作用下的力学性状的原始信号是确定高应变试验成败的关键。这一方面要求冲击设备和测试系统工作状态正常，另一方面也要求冲击设备有足够的能量使桩—土之间发生较大的相对位移而充分激发岩土对桩的阻力。

2. 测试人员的素质

"动力试验桩技术"是一项涉及岩土力学、振动力学、波动力学、地基与基础工程、测试技术、信号分析与处理技术等多个基础学科的综合性技术，同时又是一门实践性很强的技术，要求从业人员具备比较扎实的基础理论知识和较丰富的现场测试经验，只有这样的技术人员才能在检测现场实时判断测试信号的合理性并正确地解析动力试桩信号，得出可靠的试验结果。

3. 高应变试桩技术本身的局限性

（1）动力试桩中，所采用的土-土力学模型与桩-土实际力学性质的差异。

前面提到，动力试桩是一种半直接法，它只能通过对应力波的直接测量得到打桩时的土阻力，这个土阻力与桩的承载力无直接对应关系，因此在对动力试桩信号的分析和处理前，必须对桩-土的力学模型和参数作假定。当采用的桩-土力学模型及参数取值与工程实际情况较接近时，分析计算的结果的可靠性较高；反之，则可靠性明显下降。

目前用于高应变动力试桩信号分析的软件所采用的桩-土力学模型大同小异，都不可能与工程的实际状况完全吻合。

（2）当单桩的承载力由桩身结构承载力控制时，高应变试验无法定量评估桩身结构承载力，因而无法准确地判定单桩承载力。

岩土对桩的支撑能力的发挥程度与桩-土之间的相对位移是密切相关的。高应变试验中，桩—土之间的相对位移与静载试验相比存在明显的差距，导致岩石阻力的发挥存在差别，因此在承载力的判定上通常是小于静载试验的（这在工程上是偏于安全的）。例如因挤土效应而引起的预制桩上浮，使桩端与持力层之间出现缝隙，在这种情况下，由于高应变动力试桩过程中桩的位移量与静载试验相比较小（一般 $D_{max} < 25\text{mm}$），无法准确估算桩端间隙对单桩承载力的影响。

6.8.2　高应变法的适应范围

1. 单桩承载力检测

判定单桩承载力是否满足设计要求是高应变动力试桩法的主要功能之一，单桩承载力取决于桩身结构承载力和岩土对桩的抗力因素，通常情况下由岩土抗力控制，由于高应变无法定量评价桩身结构承载力，因此，对于桩身存在严重缺陷的桩（此时桩的承载力很可能由桩身结构承载力控制），不适合用高应变法来判定单桩承载力。

高应变法判定的单桩承载力是指动力试桩中激发的岩土对桩的阻力，只有使桩—土之间产生足够的相对位移，才能对桩的承载力有一个客观的评价，高应变法使用桩—土之间产生的相对位移与静载试验相比还是有明显距离，因此，它判定的单桩承载力一般低于静载实验的单桩极限荷载（在工程上是偏安全的），尤其是锤与桩的匹配能力明显不足时，这一矛盾就更加突出。

高应变法严格地说是半经验法半直接法，因此，在检测单桩竖向抗压承载力方面，高应变法用的是"判定"这一半定量判定性的措辞，而非"确定"这一严格定量的措辞。同样的道理，对于为设计提供依据的承载力试验应采用"直接法"，即单桩竖向抗压静载试验。

2. 桩身完整性检测

评价桩身完整性是高应变动力试桩的另一项重要功能。

与低应变法检测桩身完整性的快捷廉价相比，高应变法检测桩身完整性存在设备笨重、效率低、费用高等缺点。但由于激励能量和检测有效深度大等优点，在判定桩身水平整合型缝隙，预制桩接头等缺陷时，能够查明这些"缺陷"是否影响桩的竖向抗压承载力的基础上，合理判定缺陷程度，因而可作为低应变检测这类缺陷的一种补充验证手段。

3. 打桩监测

回顾历史，Case 法是从对预制桩的试打过程中的监测发展起来的，对打桩过程进行监控是其特有的功能。它能监测预制桩打入时的桩身应力（拉、压应力）冲击系统的能量传递率、桩身完整性变化、为选择沉桩设备、桩型，确定合理的沉桩工艺参数依据，实现打桩过程的信息化施工，这些功能是静载试验无法做到的。

6.8.3 高应变法动力试桩不能解决的桩基工程问题

高应变法动力试桩对以下的桩基问题是不能评价的：

1. 桩身结构破坏。桩承载力由两个因素决定，一是地基土对桩的支承能力；二是桩身结构强度所允许的最大轴向荷载，两者的小值作为控制桩的承载性能。

高应变法动力试桩解决的是地基土对桩的支承能力，并假定桩、土界面破坏，而对桩身结构强度所允许的轴向力无法判定。

2. 时间效应。打入桩沉入过程挤土扰动、饱和土孔隙水压力上升和随时间的消散，使土有效应力增加，致使桩承载力提高，灌注桩成孔过程，孔壁土受到扰动、桩周泥皮触变硬化过程，致使桩侧阻提高，这些随时间增长，桩承载力的变化，高应变法动力试桩和静载。试桩一样是无法考虑的，唯一的办法是成桩后经一定的休止时间再进行试桩。

3. 桩的负摩阻力。当桩处于松散填土、自重湿陷性黄土、欠固结土；桩周存在软弱土层，临近桩侧地面大面积堆载，降低地下水位，使桩周土体有效应力增大，产生压缩沉降，这些情况都会使桩周土体沉降大于桩沉降，土体对桩产生下拽荷载，称为桩负摩阻力问题，高应变动力试桩结果不能评定。

4. 土的蠕变。蠕变是软土重要的工程之一，它是研究土体应力和应变随时间而变化规律，对于软土，虽然荷载恒定，但变形随时间而发展，又如桩处在风化基岩，页岩中，在恒定荷载作用下，随时间增长强度有所降低，这些现象动力试桩结果是无法预测的。

5. 砂土液化。桩处在饱和砂土、粉土时，在地震波作用下，孔隙水压力急剧上升，土的有效应力降低，土粒处于悬浮状态，土体失去强度，即为砂土液化。动力试桩不能预测砂土液化后桩的承载力。动力试桩经多锤击有可能产生砂土液化，应尽量挑选头一、二锤的信号作为分析依据。

6. 桩基沉降。高应变动力试桩和静载荷试桩，作用桩顶荷载是瞬时和短时间荷载，解决不了桩的长期沉降和群桩效应问题。静载试桩凡 $Q\text{-}s$ 曲线缓变形的，单桩极限承载力按桩顶沉降量确定，这样的桩动测结果误差都较大。

7. 嵌岩桩。嵌岩桩的承载力由覆盖土层的侧阻力、嵌岩段的摩擦力端承力组成，一旦嵌岩段被打动，嵌固力不能恢复，一般嵌岩桩不宜用高应变法动力试桩。

6.8.4 动力试桩中对桩身完整性检测的影响

动力试桩（这里仅指瞬态激振）根据冲击能力的高低可分为高应变、低应变两大类，这两种方法是在目前检测基桩完整性的重要手段。通过大量的实例对比，我们发现：这两种动力试桩方法在下列 3 种情况下，对桩的完整性判别有较大的差异：

1. 多节预制桩的接头（或桩身浅部水平缝隙）。

2. 混凝土灌注桩的低强区（因强度降低所致的缺陷）。

3. 长摩擦桩（尤其是多节预制桩）的中下部缺陷。

冲击脉冲在沿桩身传播过程中，由于桩侧土阻力、桩身材料阻尼及桩材介质的散射作用，脉冲能量都将逐步衰减，但冲击脉冲的能量高低，以及脉冲的频率构成都将影响脉冲的衰减速度。

在高应变试验中，冲击脉冲能量高，桩周土往往处于塑性阶段，冲击能量被阻力消耗的比率较低（关于这一点可以从比较桩周土的剪切应力-应变关系与桩身材料的本构关系得出），冲击脉冲的大部分能量可传到桩底。同时高应变脉冲作用时间长，主频较低，因材料阻尼、桩材介质散射及土阻尼消耗的能量比率也较低。对于多节预制桩，高应变脉冲穿透接桩缝的能力也很强，可将能量传至桩的中、下部。

而低应变试验中，冲击脉冲能量低，桩周土处于初始弹性阶段，冲击脉冲能量被土阻力消耗的比率较高。脉冲作用时间短，主频高，因材料阻尼桩介质散射及土阻尼消耗的能量比率大大增加。冲击能量在桩身中迅速衰减，对于桩侧摩阻力较大的长桩，难以传至桩底：且多节预制桩的接头也会给地应变脉冲的能量的传递造成明显的障碍，冲击脉冲难以到达桩的下部。

因此低应变试验对侧摩阻力较大的中长桩尤其是多节预制桩的中下部缺陷不敏感。

此外，高应变试验在分析桩的完整性时，可定量考虑阻力波的影响，在计算 β 值时，对阻力波作了适当的处理。

而低应变试验由于测试方法的局限，无法定量考虑土阻力波的影响。

第7章 基桩完整性检测

7.1 概　　述

在我国工程建设中，桩基使用越来越大，随之出现的桩基工程质量问题也有一定增长。由于桩基施工具有高度隐蔽性，而影响桩基工程的因素又很多，如岩土工程条件、桩土的相互作用、施工技术水平等，所以桩的施工质量具有很多的不确定因素。为此，加强桩基施工过程中的质量管理和施工后的质量检测，提高桩基检测工作的质量和检测评定结果的可靠性，对确保整个桩基工程的质量和安全具有重要意义。

基桩检测可分为施工前为设计提供依据的试验桩检测和施工后为验收提供依据的工程桩检测。应根据检测目的、检测方法的适应性、桩基的设计条件、成桩的设计条件、成桩工艺等，选择合适的检测方法进行检测。

基桩检测主要包括基桩承载力检验和桩身完整性检验。其中基桩承载力检验又分为单桩竖向抗压承载力检验、竖向抗拔承载力检验、水平承载力检验三种；桩身完整性检测主要是对桩身的混凝土完整性进行检测，主要方法有低应变法、高应变法、声波透射法和钻芯法。检测方法以及对应的检测目的如表 7-1 所示。

检测方法及目的　　　　　　　　　　　　　　　表 7-1

检 测 方 法	检 测 目 的
单桩竖向抗压静载荷试验	确定单桩竖向抗压极限承载力； 判定竖向抗压承载力是否满足设计要求； 通过桩身应变、位移测试,测定桩侧、桩端阻力； 验证高应变法的单桩竖向抗压承载力检测结果
单桩竖向抗压静载荷试验	确定单桩承载力抗拔极限承载力； 判定竖向抗拔承载力是否满足设计要求； 通过桩身应变、位移测试,测定桩侧、桩端阻力
单桩竖向抗压静载荷试验	确定单桩水平临界荷载和极限承载力,推断土抗力参数； 判定水平承载力或水平位移是否满足设计要求； 通过桩身应变、位移测试,测定桩侧、桩端阻力
钻芯法	检测灌注桩桩长,桩身混凝土强度、桩底沉渣厚度,判定或鉴别桩端持力层岩土性状,判定桩身完整性类别
低应变法	检测桩身缺陷及位置,判定桩身完整性类别
高应变法	判定单桩竖向抗压承载力是否满足设计要求； 检测桩身缺陷及位置,判定桩身完整性类别； 分析桩侧和桩端阻力； 进行打桩过程监控
声波透射法	检测灌注桩桩身缺陷及位置,判定桩身完整性类别

基桩进行承载力检验是规范中以强制条文的形式规定的,而混凝土桩的桩身完整性检测是质量检验标准中的主控项目。因基桩的预期使用功能要通过单桩承载力实现,完整性检测的目的是发现某些可能影响单桩承载力的缺陷,确保桩基的耐久性,最终为减少安全隐患、可靠判定基桩承载力服务。所以,基桩质量检测时,承载力和完整性两项内容密不可分,但又不能相互代替。

7.2　钻芯法检测

7.2.1　概述

基桩质量检测方法有静载试验、高应变法、低应变法、声波透射法、钻芯法等,但在实际工程中,可能由于现场条件、当地试验设备能力等条件限制无法进行静载试验和高应变法检测,由于目前检测技术水平限制无法进行高应变法和低应变法检测,也没有预埋声测管或声测管堵塞无法进行声波透射法检测。尤其是上部结构已施工完毕条件下,钻芯法是一种相对可行的检测方法。

钻芯法是一种微破损或局部破损检测方法,具有科学、直观、实用等特点,不仅可检测混凝土灌注桩,也可检测地下连续墙的施工质量,检测地下连续墙的施工质量是钻芯法的优势所在;同时,它不仅可检测混凝土质量及强度,而且可检测沉渣厚度、混凝土与持力层的接触情况,以及持力层的岩土性状、是否存在夹层等,这一点也是目前其他检测方法无法比拟的。钻芯法借鉴了地质勘探技术,在混凝土中钻取芯样,通过芯样表观质量和芯样试件抗压强度试验结果,综合评价混凝土的质量是否满足设计要求。

7.2.2　适用范围

本方法适用于检测混凝土灌注桩的桩长、桩身混凝土强度、桩底沉渣厚度和桩身完整性,判定或鉴别桩底持力层岩土性状。

理论上讲,钻芯法对所有混凝土灌注桩均可检测,但实际上,当受检桩长径比较大时,成孔的垂直度和钻芯孔的垂直度很难控制,钻芯孔容易偏离桩身,如果要求对全桩长进行检测,一般要求受检桩桩径不宜小于 800mm,长径比不宜大于 30;如果仅仅是为了抽检桩上部的混凝土强度,可以不受桩径和长径比的限制,有些工程由于验收的需要,对中小直径的沉管灌注桩的上部混凝土也进行钻芯法检测。

另一个问题是强度问题,适用钻芯法检测的混凝土强度的范围是多少?福建省标准《基桩钻芯法检测技术规程》DBJ 13-28—1999 规定检测基桩混凝土强度等级不宜低于 C15;广东省标准《基桩和地下连续墙钻芯检验技术规程》DBJ 15-28—2001 条文说明指出,混凝土强度等级<C20 时,如果技术条件允许,亦可进行钻孔检测;行标《JGJ 106—2003》未作规定。事实上,对于各种混凝土质量,即使是松散的混凝土,钻芯法均可钻取出芯样,对于不是松散的混凝土而强度又比较低,钻取的芯样可能是破碎的。

大量工程实践表明,钻芯法是检测钻(冲)孔、人工挖孔等现浇混凝土灌注桩的成桩质量的一种有效手段,不受场地条件的限制,特别适用于大直径混凝土灌注桩的成桩质量检测。钻芯法检测的主要目的有四个：

（1）检测桩身混凝土质量情况，如桩身混凝土胶结状况、有无气孔、蜂窝麻面、松散或断桩等，桩身混凝土强度是否符合设计要求，判定桩身完整性类别。

（2）桩底沉渣是否符合设计或规范的要求。

（3）桩底持力层的岩土性状（强度）和厚度是否符合设计或规范要求。

（4）测定桩长是否与施工记录桩长一致。

如果仅在桩身钻取芯样，是无法判断桩的入岩深度的，若要判断桩的入岩深度，还需在桩侧增加钻孔，通过桩侧钻孔结果与桩身钻芯结果比较可确定桩的入岩深度。钻芯法也可用于检验地下连续墙混凝土强度、完整性、墙深、沉渣厚度以及持力层的岩（土）性状。

7.2.3 设备

1. 宜采用液压操纵的钻机。钻机设备参数应符合以下规定：

（1）额定最高转速不低于 790 转/分。

（2）转速调节范围不少于 4 档。

（3）额定配用压力不低于 1.5MPa。

2. 应采用单动双管钻具，并配备相应的孔口管、扩孔器、卡簧、扶正稳定器及可捞取松软渣样的钻具（图 7-1）。钻杆应顺直，直径宜为 50mm。

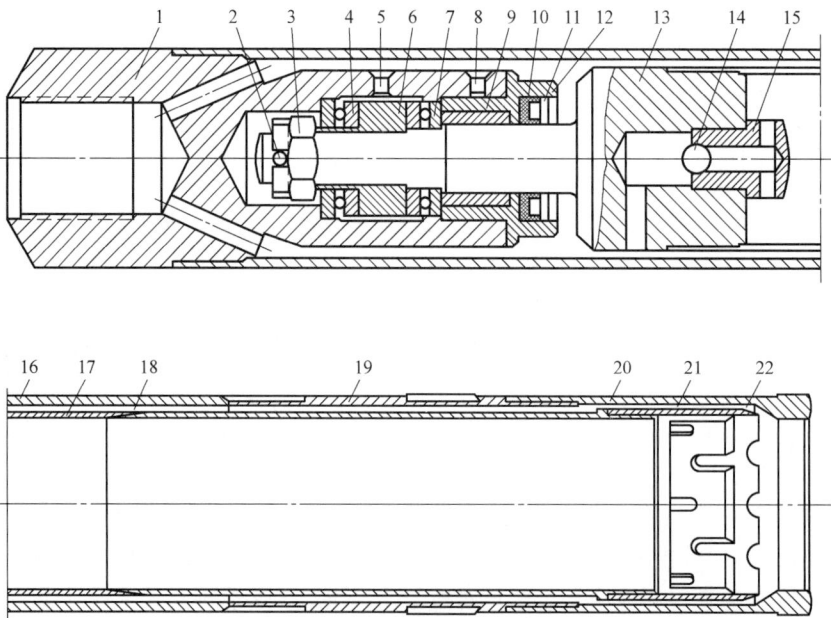

图 7-1　单动双层取芯管

1—接头；2—锁环；3—锁母；4、7—轴承；5—油堵；6—轴承衬套；8—定位销；9—轴套；
10—密封圈；11—密封圈挡圈；12—轴承盖；13—内管接头（芯轴）；14—球阀；15—阀座；
16—外管；17—内管；18—短管；19—扩孔器；20—人造金刚石钻头；21—卡簧；22—卡簧座

钻取芯样的真实程度与所用钻具有很大关系，进而直接影响桩身完整性的类别判定。为提高钻取桩身混凝土芯样的完整性，钻芯检测用钻具应为单动双管钻具，明确禁止使用单动单管钻具。

根据机械破岩方式，钻进方法可分为回转钻进、冲击钻进、螺旋钻进、振动钻进等。在各种钻进工作中，使用最多的是回转钻进。根据所用钻头不同，回转钻进又可分为金刚石钻进、硬质合金钻进、牙轮钻进和钢粒钻进等。

回转钻进是给切削具以轴向压力，并在回转力的作用下，转动钻头，连续破碎岩石的方法。回转钻进采用回转钻机带动钻杆转动，钻杆的下面装有钻头，钻杆转动时带动钻头一起转动。但要有效破碎岩石，还必须给钻头施加一定的压力，从而使钻头能够在转动的同时切入破碎岩石。不同的钻机其加压方式也不相同，有的钻机采用液压加压的方法，给钻杆施加压力，再通过钻杆把压力传递给钻头；有的则用机械的办法给钻杆施加压力；还有的钻机本身没有加压装置，钻进时在钻头的上面接一根或几根厚壁钻杆，借此供给钻头以足够的破岩压力。基桩和地下连续墙钻芯法采用液压钻机，如图 7-2 所示。

图 7-2 液压钻机

钢粒钻机能通过坚硬岩石，但钻头与切削具是分开的，破碎孔底环状面积大、芯样直径小、芯样易破碎、磨损大、采取率低，不适用于基桩钻芯法检测。硬质合金钻进虽然切削具破坏岩石比较平稳、破碎孔底环状间隙相对较小、孔壁与钻具间隙小、芯样直径大、采取率较好，但是硬质合金钻只适用于小于七级的岩石（按综合指标划分岩石可钻性分级共有十二个级别），不适用于基桩钻芯法检测。金刚石钻头切削刀细、破碎岩石平稳、钻具孔壁间隙小、破碎孔底环状面积小且由于金刚石较硬、研磨性较强，高速钻进时、芯样受钻具磨损时间短，容易获得比较真实的芯样，是取得第一手真实资料的好办法，因此钻芯法检测应采用金刚石钻进。

灌注桩和地下连续墙的混凝土质量检测宜采用液压操纵的钻机，并配有相应的钻塔和牢固的底座，机械技术性能良好。应采用带有产品合格证的钻芯设备，钻机的额定最高转速应不低于 790 转/分，额定最高转速最好能不低于 1000 转/分，转速调节范围应不少于 4 档，额定配用压力应不低于 1.5MPa，配用压力越大钻机可钻孔越深。实践证明，加大钻机的底座重量有利于钻机的稳定性，能提高混凝土芯样的质量和取样率。如果钻机使用时间太长，性能不好，可能速度上不去，或即使勉强上去了，钻杆摆动很严重，有的钻机甚至在中速运转时钻杆摆动也非常大。目前市场有比较轻便的中速钻机，最高转速只能达到 500 多转/分，钻机进尺慢，比正常钻机的速度慢 2~3 倍，10 多米的桩 4~5 天才抽完 2 个孔。

钻芯法应采用单动双管钻具，并配备相应的孔口管、扩孔器、卡簧、扶正稳定器（又称导向器）以及可捞取松软渣样的钻具。尤其是当桩较长时，应使用扶正稳定器确保钻芯孔的垂直度。早期钻芯法采用单管钻具，实践证明，无法保证混凝土芯样的质量。钻杆的粗细也是影响钻孔垂直度的因素之一，选用较粗且平直的钻杆，由于其刚度大，与孔壁的间隙就小，晃动就小，钻孔的垂直度就易保证。钻杆应顺直，直径宜为 50mm。

3. 应根据混凝土设计强度等级选用合适粒度、浓度、胎体硬度的金刚石钻头，且外径不宜小于 100mm。钻头胎体不得有肉眼可见的裂纹、缺边、少角、倾斜及喇叭口变形。

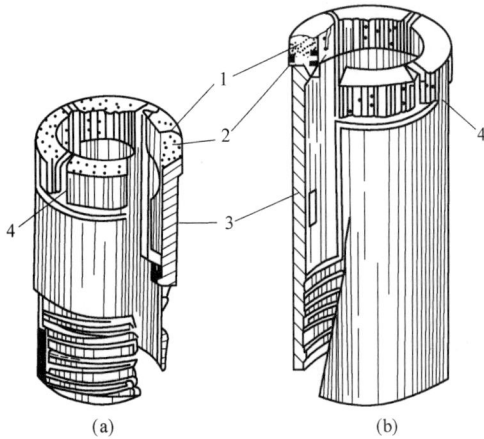

图 7-3　金刚石钻头结构

1—金刚石，2—胎体，3—钻头体，4—水口

（a）表镶钻头；（b）孕镶钻头

（1）金刚石钻头基本知识

金刚石钻头由三部分组成，即金刚石、胎体和钻头体。金刚石钻头形式多样，基本结构如图 7-3、图 7-4 所示。

金刚石是钻头的刃部，对于表镶钻头，金刚石镶嵌在胎体的表层，如图 7-3（a），孕镶钻头的金刚石是镶嵌在胎体之中，如图 7-3（b）。钻头体是指钻头的钢体部分，用中碳钢制成，单管钻头的钢体长 71mm，双管钻头的钢体长 115mm。胎体用于包镶金刚石并与钻头体部分牢固相连，对胎体的主要要求有：一是要牢固地包镶金刚石，对于表镶金刚石更是如此；二是应有足够的强度，具有一定的抗冲击能力；三是要求胎体的硬度、抗冲蚀能力、耐磨性应与所钻介质（岩体、混凝土等）的压入硬度、抗压强度、岩粉的冲蚀性、岩石的研磨性相适应。

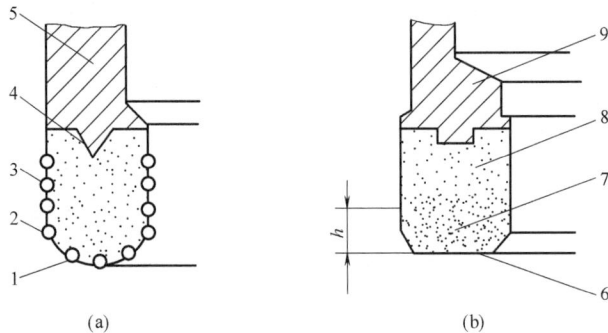

图 7-4　金刚石钻头刃部

1—底刃金刚石；2—规径金刚石；3—侧刃金刚石；4—胎体；5—钻头；

6—金刚石；7—工作部分胎体；8—非工作部分胎体；9—钻头体；h—孕镶层高度

（a）表镶钻头；（b）孕镶钻头

孕镶金刚石钻头常用胎体硬度及其适用岩层范围见表 7-2。孕镶钻头胎体中单位体积内金刚石含量的多少称为胎体中金刚石的浓度，其单位为克拉/cm³，生产厂家一般采用“金刚石制品国际浓度标准”来表示，即 100% 的浓度表示每 1cm³ 中含金刚石 4.39 克拉，对于不同岩石推荐的金刚石浓度见表 7-3。表镶金刚石钻头胎体表面单面积内金刚石含量的多少称为金刚石在胎体表面分布的密度（简称密度），以粒/cm² 表示，对于不同粒度的金刚石应有不同的密度，常用的密度见表 7-4。金刚石的粒度有两种表示方法，凡大于 1mm 的金刚石，通常以粒/克拉（SPC）来表示，用作于表镶钻头；直径小于 1mm 的金刚石，通常以"目"来表示，用"♯"来表示，"目"即网目数，为筛网每英寸长度内的网眼数，用作孕镶钻头。大于 1mm 颗粒金刚石又分为，粗粒：15～25 粒/克拉；中粒：25～40 粒/克拉；细粒：40～100 粒/克拉。小于 1mm 颗粒金刚石又分为 24、36、46、60、70、80、100 目等档次。孕镶钻头的人造金刚石粒度与地层的关系见表 7-5。表镶钻头不同粒度的金刚石的适用范围见表 7-6。

钻头胎体硬度及适用范围表　　　　表 7-2

级别	代号	胎体硬度（HRC）	适用岩层
特软	0	10～20	坚硬致密岩层
软	1	20～30	坚硬的中等研磨性岩层
中软	2	30～35	硬的中等研磨性岩层
中硬	3	35～40	中硬的中等研磨性地层
硬	4	40～45	硬的强研磨性岩层
特硬	5	50	硬、坚硬的强研磨性地层，硬、脆、碎地层

人造孕镶金刚石钻头在不同岩层推荐的金刚石浓度值　　　　表 7-3

	代 号	1	2	3	4	5
浓度	金刚石制品浓度（%）	44	50	75	100	125
	相当的体积浓度（%）	11	12.5	18.8	25	31.5
金刚石的实际含量（克拉/cm³）		1.93	2.2	3.3	4.39	5.49
适用岩层		硬-坚硬弱研磨性	坚硬弱研磨性	中硬-硬中等研磨性	硬-中硬强研磨性	

表镶钻头常用金刚石密度表　　　　表 7-4

密度代号	金刚石粒度（粒/克拉）	钻头胎体上金刚石分布密度（粒/cm²）	适用地层
1	15	≈16	中硬
2	25	≈21	中硬
3	40	≈38	硬
4	55	≈33	硬
5	75	≈39	硬-坚硬
6	100	≈41	硬-坚硬

孕镶钻头金刚石粒度推荐表　　　　表 7-5

金刚石粒度	人造金刚石（♯）	>35/40～45/50	45/50～60/70	60/70～80/100
	天然金刚石（♯）	20/25～30/35	30/35～40/45	40/45～60/70
岩层		中硬-坚硬		

<table>
<tr><td colspan="6" align="center">**表镶钻头金刚石粒度推荐表**</td><td align="right">表 7-6</td></tr>
</table>

粒度(粒/克拉)(SPC)	8～15	15～25	25～40	40～60	60～100
适用岩层	软-中硬	中硬	中硬-硬	硬	硬-坚硬

（2）钻头的选用

应根据混凝土设计强度等级选用合适粒度、浓度、胎体硬度的金刚石钻头，且外径不宜小于 100mm。为了保证钻芯质量，应采用符合相关行业要求的钻头进行钻芯取样。如钻头胎体有肉眼可见的裂纹裂缝、缺边、少角、倾斜及喇叭口变形等，不仅降低钻头寿命，而且影响钻芯质量。

使用硬质合金钻头，钻进正常的混凝土，很难保证混凝土芯样质量。合金钻头价格较低，对钻取松散部位的混凝土和桩底沉渣，采用干钻时，应采用合金钻头。开孔时也可采用合金钻头。

为了避免粗骨料对试件强度的影响，要求试件尺寸明显大于骨料最大粒径，如果试件尺寸接近粗骨料粒径，试件强度可能反映的是粗骨料的强度而不是混凝土的强度。《混凝土结构工程施工质量验收规范》GB 50204—2015 规定，检验评定混凝土强度用的混凝土试件尺寸及强度的尺寸换算系数应按表 7-7 取用。

<table>
<tr><td colspan="3" align="center">**混凝土试件尺寸及强度的尺寸换算系数**</td><td align="right">表 7-7</td></tr>
</table>

骨料最大粒径(mm)	试件尺寸(mm)	强度的尺寸换算系数
≤31.5	100×100×100	0.95
≤40	150×150×150	1.00
≤63	200×200×200	1.05

注：对强度等级为 C60 及以上的混凝土试件，其强度的尺寸换算系数可通过试验确定。

试验表明，芯样试件直径不宜小于骨料最大粒径的 3 倍，在任何情况下不得小于骨料最大粒径的 2 倍，否则试件强度的离散性较大。钻（冲、挖）孔灌注桩和地下连续墙施工中一般选用 20～40mm 的粗骨料。目前，钻头外径有 76mm、91mm、101mm、110mm、130mm 几种规格，从经济合理的角度综合考虑，应选用外径为 101mm 或 110mm 的钻头；当受检桩采用商品混凝土、骨料最大粒径小于 30mm 时，可选用外径为 91mm 的钻头；如果不检测混凝土强度，可选用外径为 76mm 的钻头。

4. 水泵的排水量应为 50～160L/min、泵压为 1.0～2.0MPa。

在各种钻进中，钻进对冲洗液的要求为：①冲洗液的性能应能在较大范围内调节，以便适应钻进各种复杂地层；②冲洗液应有良好的冷却散热能力和润滑性能；③冲洗液使用中应能抗外界各种干扰，性能基本稳定；④冲洗液的使用应有利于取芯或不妨碍取芯、防斜等工作的进行；⑤冲洗液应不腐蚀钻具和地面的循环设备，不污染环境。

冲洗液的主要作用有四点，一是清洗孔底，携带和悬浮岩粉；二是冷却钻头；三是润滑钻头和钻具；四是保护孔壁。

基桩钻芯法采用清水钻进。清水钻进的优点是黏度小，冲洗能力强，冷却效果好，可获得较高的机械钻速。水泵的排水量应为 50～160L/min、泵压应为 1.0～2.0MPa。

5. 锯切芯样试件用的锯切机应具有冷却系统和牢固夹紧芯样的装置，配套使用的金刚石圆锯片应有足够刚度。

6. 芯样试件端面的补平器和磨平机应满足芯样制作的要求。

7.2.4　现场操作

1. 每根受检桩的钻芯孔数和钻孔位置宜符合下列规定：

（1）桩径小于 1.2m 的桩的钻孔数量可为 1～2 个孔，桩径为 1.2～1.6m 的桩的钻孔数量宜为 2 个孔，桩径大于 1.6m 的桩的钻孔数量宜为 3 个孔；

（2）当钻芯孔为 1 个时，宜在距桩中心 10～15cm 的位置开孔；当钻芯孔为 2 个或 2 个以上时，开孔位置宜在距桩中心（0.15～0.25)D 内均匀对称布置；

（3）对桩端持力层的钻探，每根受检桩不应少于 1 个孔。

为准确确定桩的中心点，桩头宜开挖裸露；来不及开挖或不便开挖的桩，应由经纬仪测出桩位中心。灌注桩在浇注混凝土时存在浇捣不均，不同深度或同一深度的不同位置混凝土浇捣质量可能不同，钻芯孔位合理布置，才能客观反映桩身混凝土的实际情况。当基桩钻芯孔为一个时，宜在距桩中心 100～150mm 位置开孔，这主要是考虑导管附近的混凝土质量相对较差、不具有代表性；同时也方便第二个孔的位置布置；当钻芯孔为两个或两个以上时，宜在距桩中心（0.15～0.25)D 内均匀对称布置。

桩端持力层岩土性状的准确判断直接关系到受检桩的使用安全。《建筑地基基础设计规范》GB 50007 规定：嵌岩灌注桩要求按端承桩设计，桩端以下三倍桩径范围内无软弱夹层、断裂破碎带和洞隙分布，在桩底应力扩散范围内无岩体临空面。虽然施工前已进行岩土工程勘察，但有时钻孔数量有限，对较复杂的地质条件，很难全面弄清岩石、土层的分布情况。因此，应对桩底持力层进行足够深度的钻探。每桩至少应有一孔钻至设计要求的深度，如设计未有明确要求时，宜钻入持力层 3 倍桩径且不应少于 5m。

2. 钻机设备安装必须周正、稳固、底座水平。钻机立轴中心、天轮中心（天车前沿切点）与孔口中心必须在同一铅垂线上。应确保钻机在钻芯过程中不发生倾斜、移位，钻芯孔垂直度偏差≤0.5%。

3. 当桩顶面与钻机底座的距离较大时，应安装孔口管，孔口管应垂直且牢固。

4. 钻进过程中，钻孔内循环水流不得中断，应根据回水含砂量及颜色调整钻进速度。

5. 提钻卸取芯样时，应拧卸钻头和扩孔器，严禁敲打卸芯。

钻芯设备应精心安装、认真检查。钻进过程中应经常对钻机立轴进行校正，及时纠正立轴偏差，确保钻芯过程不发生倾斜、移位。设备安装后，应进行试运转，在确认正常后方能开钻。

桩顶面与钻机塔座距离大于 2m 时，宜安装孔口管。开孔宜采用合金钻头、开孔深为 0.3～0.5m 后安装孔口管，孔口管下入时应严格测量垂直度，然后固定。

当出现钻芯孔与桩体偏离时，应立即停机记录，分析原因。当有争议时，可进行钻孔测斜，以判断是受检桩倾斜超过规范要求还是钻芯孔倾斜超过规定要求。

金刚石钻头、扩孔器与卡簧的配合和使用要求：金刚石钻头与岩芯管之间必须安有扩孔器，用以修正孔壁；扩孔器外径应比钻头外径大 0.3～0.5mm，卡簧内径应比钻头内径小 0.3mm 左右；金刚石钻头和扩孔器应按外径先大后小的排列顺序使用，同时考虑钻头内径小的先用，内径大的后用。

金刚石钻进技术参数：

（1）钻头压力：钻芯法的钻头压力应根据混凝土芯样的强度与胶结好坏而定，胶结好、强度高的钻头压力可大，相反的压力应小；一般情况初压力为 0.2MPa，正常压力 1MPa。

（2）转速：回次初转速宜为 100r/min 左右，正常钻进时可以采用高转速，但芯样胶结强度低的混凝土应采用低转速。

（3）冲洗液量：钻芯法宜采用清水钻进，冲洗液量一般按钻头大小而定。钻头直径为 101mm 时，其冲洗液流量应为 60～120L/min。

金刚石钻进应注意的事项：

（1）金刚石钻进前，应将孔底硬质合金捞取干净并磨灭，然后磨平孔底。

（2）提钻卸取芯样时，应使用专门的自由钳拧卸钻头和扩孔器。

（3）提放钻具时，钻头不得在地下拖拉；下钻时金刚石钻头不得碰撞孔口或孔口管上；发生墩钻或跑钻事故，应提钻检查钻头，不得盲目钻进。

（4）当孔内有掉块、混凝土芯脱落或残留混凝土芯超过 200mm 时，不得使用新金刚石钻头扫孔，应使用旧的金刚石钻头或针状合金钻头套扫。

（5）下钻前金刚石钻头不得下至孔底，应下至距孔底 200mm 处，采用轻压慢转扫到孔底，待钻进正常后再逐步增加压力和转速至正常范围。

（6）正常钻进时不得随意提动钻具，以防止混凝土芯堵塞，发现混凝土芯堵塞时应立刻提钻，不得继续钻进。

（7）钻进过程中要随时观察冲洗液量和泵压的变化，正常泵压应为 0.5～1MPa，发现异常应查明原因，立即处理。

6. 每回次进尺宜控制在 1.5m 内；钻至桩底时，应采取适宜的钻芯方法和工艺钻取沉渣并测定沉渣厚度，并采用适宜的方法对桩底持力层岩土性状进行鉴别。

（1）桩身钻芯

桩身混凝土钻芯每回次进尺宜控制在 1.5m 内；钻进过程中，尤其是前几米的钻进过程中，应经常对钻机立轴垂直度进行校正，可用垂直吊线法校正，即在钻机两侧吊两根与立轴平行的铅垂线，如发现平行出现偏差，应及时纠正立轴偏差，同时应注意钻机塔座的稳定性，确保钻芯过程不发生倾斜、移位。如果发现芯样侧面有明显的波浪状磨痕或芯样端面有明显磨痕，应查找原因，如重新调整钻头、扩孔器、卡簧的搭配，检查塔座是否牢固稳定等。

松散的混凝土应采用合金钻"烧结法"钻取，必要时应回灌水泥浆护壁，待护壁稳定后再钻取下一段芯样。

钻探过程中发现异常时，应立即分析其原因，根据发现的问题采用适当的方法和工艺尽可能地采取芯样，或通过观察回水含砂量及颜色、钻进的速度变化，结合施工记录及已有的地质资料，综合判断缺陷位置和程度，保证检测质量。

应区分松散混凝土和破碎混凝土芯样，松散混凝土芯样完全是施工所致，而破碎混凝土仍处于胶结状态，但施工造成其强度低，钻机机械扰动使之破碎。

（2）桩底钻芯

钻至桩底时，应采取适宜的钻芯方法和工艺钻取沉渣并测定沉渣厚度。一般说来，钻至桩底时，为检测桩底沉渣或虚土厚度，应采用减压、慢速钻进，若遇钻具突降，应立即停钻，及时测量机上余尺，准确记录孔深及有关情况。当持力层为中、微风化岩石时，可将桩底 0.5m 左右的混凝土芯样、0.5m 左右的持力层以及沉渣纳入同一回次。当持力层为强风化岩层或土层时，钻至桩底时，立即改用合金钢钻头干钻反循环吸取法等适宜的钻芯方法和工艺钻取沉渣并测定沉渣厚度。

（3）桩底持力层钻芯

应采用适宜的方法对桩底持力层岩土性状进行鉴别。对中、微风化岩的桩底持力层，应采用单动双管钻具钻取芯样，如果是软质岩，拟截取的岩石芯样应及时包裹浸泡在水中，避免芯样受损；根据钻取芯样和岩石单轴抗压强度试验结果综合判断岩性。对于强风化岩层或土层，宜采用合金钻钻取芯样，并进行动力触探或标准贯入试验等，试验宜在距桩底 50cm 内进行，并准确记录试验结果；根据试验结果及钻取芯样综合鉴别岩性。

7. 钻取的芯样应由上而下按回次顺序放进芯样箱中，芯样侧面上应清晰标明回次数、块号、本回次总块数，并应按本规范附录 D 附表 D.0.1-1 的格式及时记录钻进情况和钻进异常情况，对芯样质量做初步描述。

钻取的芯样应由上而下按回次顺序放进芯样箱中，每个回次的芯样应排成一排，为了避免丢失或人为调换，芯样侧面上应清晰标明回次数、块号、本回次总块数，采用写成带分数的形式是比较好的唯一性标识方法，具有较好的溯源性，如第 2 个回次共有 5 块芯样，在第 3 块芯样上标记 $2\frac{3}{5}$，那么 $2\frac{3}{5}$ 可以非常清楚地表示出这是第 2 回次的芯样，第 2 回次共有 5 块芯样，本块芯样为第 3 块。有时由于现场管理不到位，现场人员未分工或分工不合理，往往未填写或未及时填写钻芯现场记录表，或填写不规范；或未使用芯样箱，芯样未编号或未及时编号，或编号不符合要求，芯样随意摆放，本应能拼接上的，结果人为地造成拼接不上，碎块未摆上去，甚至发生芯样丢失现象；有的将两个回次编成一个回次，一般来说，应该一个回次摆成一排。应按表 7-8 的格式及时记录钻进情况和钻进异常情况，对芯样质量做初步描述，包括记录孔号、回次数、起至深度、块数、总块数等。

钻芯法检测现场操作记录表　　　　　　　　　　　　　　表 7-8

桩号			孔号		工程名称		
时间		钻进(m)			芯样编号	芯样长度(m)	残留芯样	芯样初步描述及异常情况记录
自	至	自	至	计				
检测日期				机长：		记录：		页次：

8. 应按基桩检测技术规范附录 D 附表 D.0.1-2 的格式对芯样混凝土、桩底沉渣以及桩端持力层做详细编录。

应按表 7-9 的格式对芯样混凝土、桩底沉渣以及桩端持力层做详细编录。对桩身混凝土芯样的描述包括混凝土钻进深度，芯样连续性、完整性、胶结情况、表面光滑情况、断口吻合程度、混凝土芯是否为柱状、骨料大小分布情况，气孔、蜂窝麻面、沟槽、破碎、夹泥、松散的情况，以及取样编号和取样位置。

对持力层的描述包括持力层钻进深度、岩土名称、芯样颜色、结构构造、裂隙发育程度、坚硬及风化程度，以及取样编号和取样位置，或动力触探、标准贯入试验位置和结果。分层岩层应分别描述。

钻芯法检测芯样编录表   表 7-9

工程名称					日期		
桩号/钻芯孔号			桩径		混凝土设计强度等级		
项目	分段(层)深度(m)	芯样描述				取样编号 取样深度	备注
桩身混凝土		混凝土钻进深度,芯样连续性、完整性、胶结情况、表面光滑情况、断口吻合程度、混凝土是否为柱状、骨料大小分布情况,以及气孔、空洞、蜂窝麻面、沟槽、破碎、夹泥、松散的情况					
桩底沉渣		桩端混凝土与持力层接触情况、沉渣厚度					
持力层		持力层钻进深度,岩土名称、芯样颜色、结构构造、裂隙发育程度、坚硬及风化程度; 分层岩层应分层描述				(强风化或土层时的动力触探或标贯结果)	
检测单位:		记录员:			检测人员:		

9. 应对芯样和标有工程名称、桩号、钻芯孔号、芯样试件采取位置、桩长、孔深、检测单位名称的标示牌的全貌进行拍照。

应对芯样和标有工程名称、桩号、钻芯孔号、芯样试件采取位置、桩长、孔深、检测单位名称的标示牌的全貌进行拍照（图 7-5）。应先拍彩色照片，后截取芯样试件，拍照前应将被包封浸泡在水中的岩样打开并摆在相应位置。取样完毕剩余的芯样宜移交委托单位妥善保存。

图 7-5 芯样照片示意图

10. 当单桩质量评价满足设计要求时，应采用 0.5～1.0MPa 压力，从钻芯孔孔底往上用水泥浆回灌封闭；否则应封存钻芯孔，留待处理。

钻芯工作完毕，如果钻芯法检测结果满足设计要求时，应对钻芯后留下的孔洞回灌封闭，以保证基桩的工作性能；可采用 0.5～1.0MPa 压力，从钻芯孔孔底往上用水泥浆回灌封闭，水泥浆的水灰比可为 0.5～0.7。如果钻芯法检测结果不满足设计要求时，则应封存钻芯孔，留待处理。钻芯孔可作为桩身桩底高压灌浆加固补强孔。

为了加强基桩质量的追溯性，要求在试验完毕后，由检测单位将芯样移交委托单位封样保存。保存时间由建设单位和监理单位根据工程实际商定或至少保留到基础工程验收。

7.2.5 芯样试件截取与加工

1. 截取混凝土抗压芯样试件应符合下列规定：

（1）当桩长小于 10m 时，每孔应截取 2 组芯样；当桩长为 10～30m 时，每孔应截取 3 组芯样，当桩长大于 30m 时，每孔应截取芯样不少于 4 组。

（2）上部芯样位置距桩顶设计标高不宜大于 1 倍桩径或超过 2m，下部芯样位置距桩底不宜大于 1 倍桩径或超过 2m，中间芯样宜等间距截取。

（3）缺陷位置能取样时，应截取 1 组芯样进行混凝土抗压试验。

（4）同一基桩的钻芯孔数大于 1 个，且某一孔在某深度存在缺陷时，应在其他孔的该深度处，截取 1 组芯样进行混凝土抗压强度试验。

一般来说，蜂窝麻面、沟槽等缺陷部位的强度较正常胶结的混凝土芯样强度低，无论是严把质量关，尽可能查明质量隐患，还是便于设计人员进行结构承载力验算，都有必要对缺陷部位的芯样进行取样试验。因此，缺陷位置能取样试验时，本条明确规定应截取一组芯样进行混凝土抗压试验。

如果同一基桩的钻芯孔数大于一个，其中一孔在某深度存在蜂窝麻面、沟槽、空洞等缺陷，芯样试件强度可能不满足设计要求，按《规范》第 7.6.1 条的多孔强度计算原则，在其他孔的相同深度部位取样进行抗压试验是非常必要的，在保证结构承载能力的前提下，减少加固处理费用。

2. 当桩底持力层为中、微风化岩层且岩芯可制作成试件时，应在接近桩底部位截取一组岩石芯样；如遇分层岩性时宜在各层取样。

为便于设计人员对端承力的验算，提供分层岩性的各层强度值是必要的。为保证岩石原始性状，选取的岩石芯样应及时包装并浸泡在水中。

3. 每组芯样应制作三个芯样抗压试件。芯样试件应按以下步骤进行加工和测量：

（1）应采用双面锯切机加工芯样试件，加工时应将芯样固定，锯切平面垂直于芯样轴线。锯切过程中应淋水冷却金刚石圆锯片。

（2）锯切后的芯样试件，当试件不能满足平整度及垂直度要求时，应按 JGJ 106 附录 E "芯样试件加工和测量"的要求进行芯样端面的加工：

1）在磨平机上磨平。

2）用水泥砂浆（或水泥净浆）或硫磺胶泥（或硫磺）等材料在专用补平装置上补平。水泥砂浆（或水泥净浆）补平厚度不宜大于 5mm，硫磺胶泥（或硫磺）补平厚度不宜大于 1.5mm。

3）补平层应与芯样结合牢固，受压时补平层与芯样的结合面不得提前破坏。

（3）试验前，应对芯样试件的几何尺寸做下列测量：

1）平均直径：用游标卡尺测量芯样中部，在相互垂直的两个位置上，取其两次测量的算术平均值，精确至 0.5mm。

2）芯样高度：用钢卷尺或钢板尺进行测量，精确至 1mm。

3）垂直度：用游标量角器测量两个端面与母线的夹角，精确至 0.1°。

4）平整度：用钢板尺或角尺紧靠在芯样端面上，一面转动钢板尺，一面用塞尺测量与芯样端面之间的缝隙。

（4）试验前，应对芯样试件的几何尺寸做如下测量：

1）平均直径：在相互垂直的两个位置上，用游标卡尺测量芯样表观直径偏小的部位的直径，取两次测量的算术平均值，精确值 0.5mm；

2）芯样高度：用钢卷尺或钢板尺进行测量，精确至 1mm；

3）垂直度：用游标量角器测量两个端面与母线的夹角，精确至 0.1°；

4）平整度：用钢板尺或角尺紧靠在芯样端面上，一面转动钢板尺，一面用塞尺测量与芯样端面之间的缝隙。

（5）芯样试件出现下列情况时，不得用作抗压或单轴抗压强度试验：

1）试件有裂缝或其他较大缺陷时；

2）混凝土芯样试件内含有钢筋时；

3）混凝土芯样试件高度小于 $0.95d$ 或大于 $1.05d$ 时（d 为芯样试件平均直径）；

4）岩石芯样试件高度小于 $2.0d$ 或大于 $2.5d$ 时；

5）沿试件高度任一直径与平均直径相差达 2mm 以上时；

6）试件端面的不平整度在 100mm 长度内超过 0.1mm 时；

7）试件端面与轴线的不垂直度超过 2° 时；

8）表观混凝土粗骨料最大粒径大于芯样试件平均直径 0.5 倍时。

对于基桩混凝土芯样来说，芯样试件可选择的余地较大，因此，不仅要求芯样试件不能有裂缝或有其他较大缺陷，而且要求芯样试件内不能含有钢筋；同时，为了避免试件强度的离散性较大，在选取芯样试件时，应观察芯样侧面的表观混凝土粗骨料粒径，确保芯样试件平均直径小于 2 倍表观混凝土粗骨料最大粒径。

为了避免再对芯样试件高径比进行修正，规定有效芯样试件的高度不得小于 $0.95d$ 且不得大于 $1.05d$ 时（d 为芯样试件平均直径）。

附录 E 规定平均直径测量精确至 0.5mm；沿试件高度任一直径与平均直径相差达 2mm 以上时不得用作抗压强度试验。这里作以下几点说明：

① 一方面要求直径测量精确小于 1mm，另一方面允许不同高度处的直径相差大于 1mm，增大了芯样试件强度的不确定度。考虑到钻芯过程对芯样直径的影响是强度低的地方直径偏小，而抗压试验时直径偏小的地方容易破坏，因此，在测量芯样平均直径时宜选择表观直径偏小的芯样中部部位。

② 允许沿试件高度任一直径与平均直径相差达 2mm，极端情况下，芯样试件的最大直径与最小直径相差可达 4 mm，此时固然满足规范规定，但是，当芯样侧面有明显波浪状时，应检查钻机的性能，钻头、扩孔器、卡簧是否合理配置，机座是否安装稳固，钻机立轴是否摆动过大，提高钻机操作人员的技术水平。

③ 在诸多因素中，芯样试件端面的平整度是一个重要的因素，也是容易被检测人员忽视的因素，应引起足够的重视。

7.2.6 芯样试件抗压强度试验

1. 芯样试件制作完毕可立即进行抗压强度试验。

混凝土芯样试件的含水量对抗压强度有一定影响，含水越多则强度越低。这种影响也与混凝土的强度有关，强度等级高的混凝土的影响要小一些，强度等级低的混凝土的影响要大一些。据国内一些单位试验，泡水后的芯样强度比干燥状态芯样强度下降 7%～22%，平均下降 14%。

根据桩的工作环境状态，试件宜在（20±5）℃的清水中浸泡一段时间后进行抗压强度试验。如广东省标准《基桩和地下连续墙钻芯检验技术规程》DBJ 15-28—2001 规定：芯样试件宜在与被检测对象混凝土湿度基本一致的条件下进行试验。基桩混凝土一般位于地下水位以下，考虑到地下水的作用，应以饱和状态进行试验。按饱和状态进行试验时，芯样试件在受压前宜在（20±5）℃的清水中浸泡 40～48h，从水中取出后应立即进行抗压强度试验。

根据桩的工作环境状态，试件宜在（20±5）℃的清水中浸泡一段时间后进行抗压强度试验。本条规定芯样试件加工完毕后，即可进行抗压强度试验，一方面考虑到钻芯过程中诸因素影响均使芯样试件强度降低，另一方面是出于方便考虑。

2. 混凝土芯样试件的抗压强度试验应按现行国家标准《普通混凝土力学性能试验方法》GB/T 50081 的有关规定执行。

芯样试件抗压破坏时的最大压力值与混凝土标准试件明显不同，芯样试件抗压强度试验时应合理选择压力机的量程和加荷速率，保证试验精度。

3. 抗压强度试验后，若发现芯样试件平均直径小于 2 倍试件内混凝土粗骨料最大粒径，且强度值异常时，该试件的强度值不得参与统计平均。

当出现截取芯样未能制作成试件、芯样试件平均直径小于 2 倍试件内混凝土粗骨料最大粒径时，应重新截取芯样试件进行抗压强度试验。条件不具备时，可将另外两个强度的平均值作为该组混凝土芯样试件抗压强度值。在报告中应对有关情况予以说明。

4. 混凝土芯样试件抗压强度应按下列公式计算：

$$f_{cu} = \frac{4P}{\pi d^2}$$

式中 f_{cu}——混凝土芯样试件抗压强度（MPa），精确至 0.1MPa；

P——芯样试件抗压试验测得的破坏荷载（N）；

d——芯样试件的平均直径（mm）。

混凝土芯样时间抗压强度可按照地方标准规定的折算系数取值对上式的计算结果进行修正。

5. 桩底岩芯单轴抗压强度试验可按现行国家标准《建筑地基基础设计规范》GB 50007 执行。

每组岩石芯样制作三个抗压试件。当岩石芯样抗压强度试验仅仅是配合判断桩底持力层岩性时，检测报告中可不给出岩石饱和单轴抗压强度标准值，只给出平均值；当需要确定岩石饱和单轴抗压强度标准值时，宜按《建筑地基基础设计规范》GB 50007 附录 J 执行。

7.2.7 检测数据分析与判定

1. 芯样试件抗压强度代表值

混凝土芯样试件抗压强度代表值应按一组三块试件强度值的平均值确定。同一受检桩同一深度部位有两组或两组以上混凝土芯样试件抗压强度代表值时，取其平均值为该桩该深度处混凝土芯样试件抗压强度代表值。

混凝土芯样试件的强度值不等于在施工现场取样、成型、同条件养护试块的抗压强度，也不等于标准养护28天的试块抗压强度。

同一根桩有两个或两个以上钻芯孔时，应综合考虑各孔芯样强度来评价桩身结构承载能力。取同一深度部位各孔芯样试件抗压强度的平均值作为该深度的混凝土芯样试件抗压强度代表值，是一种简便实用方法。因此，《建筑基桩检测技术规范》JGJ 106规定取一组三块试件强度值的平均值为该组混凝土芯样试件抗压强度代表值。同一受检桩同一深度部位有两组或两组以上混凝土芯样试件抗压强度代表值时，取其平均值为该桩该深度处混凝土芯样试件抗压强度代表值。

2. 受检桩中不同深度位置的混凝土芯样试件抗压强度代表值中的最小值为该桩混凝土芯样试件抗压强度代表值。

虽然桩身轴力上大下小，但从设计角度考虑，桩身承载力受最薄弱部位的混凝土强度控制。

3. 桩底持力层性状应根据芯样特征、岩石芯样单轴抗压强度试验、动力触探或标准贯入试验结果，综合判定桩底持力层岩土性状。

桩底持力层岩土性状的描述、判定应有工程地质专业人员参与，并应符合《岩土工程勘察规范》GB 50021的有关规定。

4. 桩身完整性类别应结合钻芯孔数、现场混凝土芯样特征、芯样单轴抗压强度试验结果，按表4-4的规定和表7-10的特征进行综合判定。

当混凝土出现分层现象时，宜截取分层部位的芯样进行抗压强度试验。当混凝土抗压强度满足设计要求时，可判为Ⅱ类；当混凝土抗压强度不满足设计要求或不能制作成芯样试件时，应判为Ⅳ类。

多于三个钻芯孔的基桩桩身完整性可类比表7-10的三孔特征进行判定。

5. 成桩质量评价应按单桩进行。当出现下列情况之一时，应判定该受检桩不满足设计要求：

桩身完整性判定　　　　　　　　　　　　　　　　　表7-10

类别	特　　征		
	单孔	两孔	三孔
Ⅰ	混凝土芯样连续、完整、胶结好,芯样侧表面光滑、骨料分布均匀,芯样呈长柱状、断口吻合		
	芯样侧表面仅见少量气孔	局部芯样侧表面有少量气孔、蜂窝麻面、沟槽,但在另一孔同一深度部位的芯样中未出现,否则应判为Ⅱ类	局部芯样侧表面有少量气孔、蜂窝麻面、沟槽,但在三孔同一深度部位的芯样中未同时出现,否则应判为Ⅱ类
Ⅱ	混凝土芯样连续、完整、胶结较好,芯样侧表面较光滑、骨料分布基本均匀,芯样呈柱状、断口基本吻合。有下列情况之一:		

续表

类别	特征		
	单孔	两孔	三孔
II	1 局部芯样侧表面有蜂窝麻面、沟槽或较多气孔； 2 芯样侧表面蜂窝麻面严重、沟槽连续或局部芯样骨料分布极不均匀，但对应部位的混凝土芯样试件抗压强度检测值满足设计要求，否则应判为III类	1 芯样侧表面有较多气孔、严重蜂窝麻面、连续沟槽或局部混凝土芯样骨料分布不均匀，但在两孔同一深度部位的芯样中未同时出现； 2 芯样侧表面有较多气孔、严重蜂窝麻面、连续沟槽或局部混凝土芯样骨料分布不均匀，且在另一孔同一深度部位的芯样中同时出现，但该深度部位的混凝土芯样试件抗压强度检测值满足设计要求，否则应判为III类； 3 任一孔局部混凝土芯样破碎段长度不大于10cm，且在另一孔同一深度部位的局部混凝土芯样的外观判定完整性类别为I类或II类，否则应判为III类或IV类	1 芯样侧表面有较多气孔、严重蜂窝麻面、连续沟槽或局部混凝土芯样骨料分布不均匀，但在三孔同一深度部位的芯样中未同时出现； 2 芯样侧表面有较多气孔、严重蜂窝麻面、连续沟槽或局部混凝土芯样骨料分布不均匀，且在任两孔或三孔同一深度部位的芯样中同时出现，但该深度部位的混凝土芯样试件抗压强度检测值满足设计要求，否则应判为III类； 3 任一孔局部混凝土芯样破碎段长度不大于10cm，且在另两孔同一深度部位的局部混凝土芯样的外观判定完整性类别为I类或II类，否则应判为III类或IV类
III	大部分混凝土芯样胶结较好，无松散、夹泥现象。有下列情况之一： 1 芯样不连续、多呈短柱状或块状； 2 局部混凝土芯样破碎段长度不大于10cm	1 芯样不连续、多呈短柱状或块状； 2 任一孔局部混凝土芯样破碎段长度大于10cm但不大于20cm，且在另一孔同一深度部位的局部混凝土芯样的外观判定完整性类别为I类或II类，否则应判为IV类	大部分混凝土芯样胶结较好。有下列情况之一： 1 芯样不连续、多呈短柱状或块状； 2 任一孔局部混凝土芯样破碎段长度大于10cm但不大于30cm，且在另两孔同一深度部位的局部混凝土芯样的外观判定完整性类别为I类或II类，否则应判为IV类； 3 任一孔局部混凝土芯样松散段长度不大于10cm，且在另两孔同一深度部位的局部混凝土芯样的外观判定完整性类别为I类或II类，否则应判为IV类
IV	有下列情况之一： 1 因混凝土胶结质量差而难以钻进； 2 混凝土芯样任一段松散或夹泥； 3 局部混凝土芯样破碎长度大于10cm	1 任一孔因混凝土胶结质量差而难以钻进； 2 混凝土芯样任一段松散或夹泥； 3 任一孔局部混凝土芯样破碎长度大于20cm； 4 两孔同一深度部位的混凝土芯样破碎	1 任一孔因混凝土胶结质量差而难以钻进； 2 混凝土芯样任一段松散或夹泥段长度大于10cm； 3 任一孔局部混凝土芯样破碎长度大于30cm； 4 其中两孔在同一深度部位的混凝土芯样破碎、松散或夹泥

注：当上一缺陷的底部位置标高与下一缺陷的顶部位置标高的高差小于30cm时，可认定两缺陷处于同一深度部位。

（1）桩身完整性类别为IV类的桩。

（2）受检桩混凝土芯样试件抗压强度代表值小于混凝土设计强度等级的桩。

（3）桩长、桩底沉渣厚度不满足设计或规范要求的桩。

（4）桩底持力层岩土性状（强度）或厚度未达到设计或规范要求的桩。

除桩身完整性和芯样试件抗压强度代表值外，当设计有要求时，应判断桩底的沉渣厚度、持力层岩土性状（强度）或厚度是否满足或达到设计要求；否则，应判断是否满足或达到规范要求。钻芯法可准确测定桩长，若钻芯法测定桩长与施工记录不符，应指出；检测时实测桩长小于施工记录桩长，有两种情况：一种是桩端未进入设计要求的持力层或进入持力层的深度不满足设计要求，直接影响桩的承载力；另一种情况是桩端按设计要求进入了持力层，基本不影响桩的承载力。不论哪种情况，按桩身完整性定义中连续性的涵义，均应判为Ⅳ类桩。

通过芯样特征对桩身完整性分类，有比低应变法更直观的一面，也有一孔之见代表性差的一面。同一根桩有两个或两个以上钻芯孔时，桩身完整性分类应综合考虑各钻芯孔的芯样质量情况。不同钻芯孔的芯样在同一深度部位均存在缺陷时，该位置存在安全隐患的可能性大，桩身缺陷类别应判重些。

在本规范中，虽然按芯样特征判定完整性和通过芯样试件抗压试验判定桩身强度是否满足设计要求在内容上相对独立，且表3.5.1中的桩身完整性分类是针对缺陷是否影响结构承载力而做出的原则性规定。但是，除桩身裂隙外，根据芯样特征描述，不论缺陷属于哪种类型，都指明或相对表明桩身混凝土质量差，即存在低强度区这一共性。因此对于钻芯法，完整性分类尚应结合芯样强度值综合判定。例如：

（1）蜂窝麻面、沟槽、空洞等缺陷程度应根据其芯样强度试验结果判断。若无法取样或不能加工成试件，缺陷程度应判重些。

（2）芯样连续、完整、胶结好或较好、骨料分布均匀或基本均匀、断口吻合或基本吻合；芯样侧面无表观缺陷，或虽有气孔、蜂窝麻面、沟槽，但能够截取芯样制作成试件；芯样试件抗压强度代表值不小于混凝土设计强度等级；则判定基桩的混凝土质量满足设计要求。

（3）芯样任一段松散、夹泥或分层，钻进困难甚至无法钻进，则判定基桩的混凝土质量不满足设计要求；若仅在一个孔中出现前述缺陷，而在其他孔同身度部位未出现，为确保质量，仍应进行工程处理。

（4）局部混凝土破碎、无法取样或虽能取样但无法加工成试件，一般判定为Ⅲ类桩。但是，当钻芯孔数为3个时，若同一深度部位芯样质量均如此，宜判为Ⅳ类桩；如果仅一孔的芯样质量如此，且长度小于10cm，另两孔同深度部位的芯样试件抗压强度较高，宜判为Ⅱ类桩。

除桩身完整性和芯样试件抗压强度代表值外，当设计有要求时，应判断桩底的沉渣厚度、持力层岩土性状（强度）或厚度是否满足或达到设计要求；否则，应判断是否满足或达到规范要求。

钻芯孔偏出桩外时，仅对钻取芯样部分进行评价。

6. 检测报告除应包括本规范第3.5.5条内容外，还应包括：

（1）钻芯设备情况；

（2）检测桩数、钻孔数量，架空、混凝土芯进尺、岩芯进尺、总进尺，混凝土试件组数、岩石试件组数、动力触探或标准贯入试验结果；

（3）按本规范JGJ 106—2014附录D附表D.0.1-3的格式编制每孔的柱状图；

（4）芯样单轴抗压强度试验结果；

（5）芯样彩色照片；

（6）异常情况说明。

钻芯法检测芯样综合柱状图

桩号/孔号		混凝土设计强度等级		桩顶标高		开孔时间	
施工桩长		设计桩径		钻孔深度		终孔时间	
层序号	层底标高(m)	层底深度(m)	分层厚度(m)	混凝土/岩土芯柱状图（比例尺）	桩身混凝土、持力层描述	芯样强度序号——深度(m)	备注
				□ □ □			
编制：				校核：			

注：□代表芯样试件取样位置。

7.2.8　工程实例

1. 工程实例一

某工程采用泥浆护壁成孔灌注桩基础，设计桩径 ϕ1600mm，桩身混凝土设计强度等级为 C30，设计桩端持力层设计要求为中风泥岩，其中 133 号桩施工桩长 27.30m。

检测结果：该受检桩桩身 1 号孔混凝土芯样在 0.40～4.10m 连续沟槽，在 26.10～27.30m 难以钻进，芯样呈砂状。其他位置混凝土芯样连续、完整、断口吻合、呈柱状、节长 0.21～1.68m，表面光滑、胶结良好、粗细骨料分布均匀；该受检桩桩身 2 号孔混凝在 22.60～27.10m 芯样不连续，呈碎块状，在 25.40～27.30m 难以钻进，芯样呈砂状。其他位置混凝土芯样连续、完整、断口吻合、呈柱状、节长 0.21～1.68m，表面光滑、胶结良好、粗细骨料分布均匀，钻取芯样照片见图 7-6、图 7-7，在良好及离析位置抽检三组混凝土抗压强度代表值满足设计要求。该受检桩桩身完整性类别为Ⅳ桩，成桩质量未能满足设计要求。

图 7-6　工程实例一（133 号桩 1 号孔）

图 7-7　工程实例一（133 号桩 2 号孔）

2. 工程实例二

某工程采用人工挖孔灌注桩基础，设计桩径 $\phi1000mm$，桩身混凝土设计强度等级为 C30，设计桩端持力层设计要求为中风泥岩，其中 GF-34 号桩施工桩长 6.30m。

检测结果：该受检桩桩身混凝土芯样在 2.63～3.10m 少量沟槽，在 5.71～6.30m 离析、粗骨料聚集，局部松散。其他位置混凝土芯样连续、完整、断口吻合、呈柱状、节长 0.08～0.68m，表面光滑、胶结良好、粗细骨料分布均匀，桩底无沉渣，钻取芯样照片见图 7-8。在良好及离析位置抽检二组混凝土抗压强度代表值满足设计要求。桩端支承于中风泥岩，其持力层满足设计为中风泥岩的要求。施工记录桩长与抽芯检测出实际桩长基本相符。经混凝土抗压强度试验，该受检桩离析段混凝土抗压强度为 21.5MPa，该受检桩桩身完整性类别为Ⅲ桩，成桩质量未能满足设计要求。

图 7-8　工程实例二（GF-34 号桩）

3. 工程实例三

某工程采用冲击成孔灌注桩基础，设计桩径 $\phi1400mm$，桩身混凝土设计强度等级为 C30，桩端持力层要求为中风化灰岩，其中 126 号桩施工桩长 13.20m。

检测结果为：该受检桩桩身 1 号孔混凝土芯样连续、完整、胶结良好，表面光滑、骨料分布基本均匀，呈柱状、断口基本吻合；2 号孔混凝土芯样在 0.7～2.0m 芯样表面有较多气孔，连续沟槽，其他位置混凝土芯样连续、完整、断口吻合、呈柱状。桩底无沉渣，钻取芯样照片见图 7-9、图 7-10。在基本良好位置抽检混凝土抗压强度代表值满足设

计要求。桩端支承于中风化灰岩，其持力层满足设计为中风化灰岩的要求。施工记录桩长
与抽芯检测出实际桩长基本相符。经混凝土抗压强度试验，该受检桩离析段混凝土抗压强
度为 33.6MPa，该受检桩桩身完整性类别为 II 桩，成桩质量未能满足设计要求。

图 7-9　工程实例三（126 号桩 1 号孔）

图 7-10　工程实例三（126 号桩 2 号孔）

4. 工程实例四

某工程采用冲孔灌注桩基础，设计桩径 ϕ1100mm，桩身混凝土设计强度等级为 C30，
桩端持力层要求为中风化灰岩，其中 5 号桩施工桩长 22.60m，该桩钻一孔。

检测结果为：该受检桩桩身混凝土芯样表面仅见少量气孔，芯样连续、完整、胶结
好，表面光滑、骨料分布均匀，芯样呈长状，断口吻合，钻孔芯样照片见图 7-11。混凝土

图 7-11　工程实例四 5 号桩

抗压强度代表值满足设计要求，桩身完整性类别为 I 类桩，桩底无沉渣。其持力层满足设计为中风化灰岩的要求。施工记录桩长与抽芯检测出实际桩长相符。

7.3 应力波基本理论

7.3.1 应力波概念

当外荷载作用可变形固体的局部表面积时，一开始只有那些直接受到外荷载作用的表面部分的介质质点因变形离开了初始平衡位置。由于这部分介质质点与相邻介质质点发生了相对运动，必然将受到相邻介质质点所给予的作用力（应力），同时也给相邻介质质点以反作用力，因而使他们离开平衡位置而运动起来。由于介质质点的惯性，相邻介质质点的运动将滞后于表面介质质点的运动。以此类推，外荷载在表面上引起的扰动将在介质中逐渐由近及远地传播出去。这种扰动在介质中由近及远的传播即是应力波，其中的扰动与未扰动的分界面称为波阵面，而扰动的传播速度称为波速。实际上，引起应力波的外荷载都是动态荷载，所谓动态荷载指的是其大小随时间而变的荷载。

波的种类是根据介质质点的振动方向和波动传播方向的关系来区分的，它分为纵波、横波、表面波等。基桩动测方法就是利用振动产生的纵波原理来检测的。

7.3.2 直杆一维波动方程

假设有一材质均匀、截面恒定的弹性杆，四周无侧摩阻力作用，长度为 L，截面面积为 A，弹性模量为 E，质量密度为 ρ，取杆轴为 x 轴。当杆变形时平截面假定成立，受轴向力 F 作用，将沿杆轴向产生位移 u、质点运动速度 $u = \dfrac{\partial u}{\partial t}$ 和应变 $\varepsilon = \dfrac{\partial u}{\partial x}$，这些动力学和运动学量只是 x 和时间 t 的函数。由于杆具有无穷多的振型，故每一振型各自对应的运动分量分布形式都不相同。

如图 7-12 所示，杆 x 处的单元 dx，如果 u 为 x 处的位移，则在 $x + dx$ 处的位移为 $u + \dfrac{\partial u}{\partial x} dx$，显然单元 dx 在新位置上的长度变化量为 $\dfrac{\partial u}{\partial x} dx$，而 $\dfrac{\partial u}{\partial x}$ 即为该单元的平均应变。根据胡克定律，应力与应变之比等于弹性模量 E，可写出：

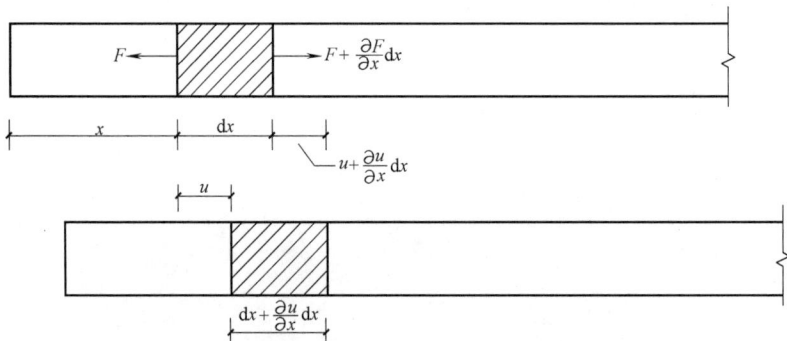

图 7-12 杆单元的位移

$$\frac{\partial u}{\partial x}=\frac{\sigma}{E}=\frac{F}{AE} \tag{7-1}$$

式中，σ 为杆 x 截面处的应力。将上式两边对微分，得到：

$$AE\frac{\partial^2 u}{\partial x^2}=\frac{\partial F}{\partial x} \tag{7-2}$$

利用牛顿定律，考虑该单元的不平衡力（惯性力），列出平衡方程：

$$\frac{\partial F}{\partial x}dx=\rho A\,dx\,\frac{\partial^2 u}{\partial t^2} \tag{7-3}$$

合并上述公式，得：

$$\frac{\partial^2 u}{\partial t^2}=\frac{E}{\rho}\frac{\partial^2 U}{\partial x^2} \tag{7-4}$$

定义 $C=\sqrt{\dfrac{E}{\rho}}$ 为应力波在杆中的纵向传播速度，于是得到一维波动方程

$$\frac{\partial^2 u}{\partial t^2}-C^2\frac{\partial^2 U}{\partial x^2}=0 \tag{7-5}$$

这里应区分质点速度 v 和波速 c，如质点位移 δ，则质点速度 $v=\dfrac{\delta}{\Delta t}$；如波位移 Δu，

则波速 $c=\dfrac{\Delta u}{\Delta t}$；而应变 $\varepsilon=\dfrac{\delta}{\Delta u}=\dfrac{\delta/\Delta t}{\Delta u/\Delta t}=\dfrac{v}{c}$，因此 $v=c\varepsilon$，则

$$EAv=EAc\varepsilon=cF(F=EA\varepsilon)，即\ F=\frac{EA}{c}v$$

定义 $Z=\dfrac{EA}{c}=\rho Ac$，其中，$c=\sqrt{\dfrac{E}{\rho}}$。

称 Z 为广义波阻抗，单位为 N·s/m；C 为波速，单位为 m/s；E 为弹性模量，单位为 N/m^2（kPa）；ρ 为桩的质量密度，单位为 kg/m^3。

7.3.3　直杆一维波动方程的波动解

采用分离变量法求解波动方程（7-5），令其解具有如下形式

$$u(x,t)=U(x)G(t) \tag{7-6}$$

代入波动方程得

$$\frac{1}{U}\frac{d^2 U}{dx^2}=\frac{1}{c^2}\frac{1}{G}\frac{d^2 G}{dt^2} \tag{7-7}$$

由于式（7-7）左右两边分别与 t 和 x 无关，所以只能等于一个常数，令其等于 $-\left(\dfrac{\omega}{c}\right)^2$

并代入式（7-7），得以下两个常微分方程

$$\frac{d^2 U}{dx^2}+\left(\frac{\omega}{c}\right)^2 U=0 \tag{7-8}$$

$$\frac{d^2 G}{dt^2}+\omega^2 G=0 \tag{7-9}$$

它们的通解分别为

$$U(x)=A\sin\frac{\omega}{c}x+B\cos\frac{\omega}{c}x \tag{7-10}$$

$$G(t)=C\sin\omega t+D\cos\omega t \tag{7-11}$$

上两式中，$\omega(=2\pi f)$ 为角频率；A，B，C 和 D 为任意常数，分别由边界条件和初始条件确定。

1. 杆的两端自由

此时，应力在杆两端必须为零。因为应力等于 $E\dfrac{\partial u}{\partial x}$，则杆两端必须满足应变为零的边界条件

$$\frac{\partial u}{\partial x}\Big|_{x=0}=A\frac{\omega}{c}(C\sin\omega t+D\cos\omega t)=0 \tag{7-12}$$

$$\frac{\partial u}{\partial x}\Big|_{x=L}=\frac{\omega}{c}\Big(A\cos\frac{\omega L}{c}-B\sin\frac{\omega L}{c}\Big)(C\sin\omega t+D\cos\omega t)=0 \tag{7-13}$$

因为式（7-12）和式（7-13）必须对任何时刻 t 都成立，故由式（7-12）得 $A=0$，同时为保证振动的存在，B 只能为有限值，则式（7-13）得

$$\sin\frac{\omega L}{c}=0 \quad 或 \quad \frac{\omega L}{c}=\pi,2\pi,3\pi,\cdots,n\pi \tag{7-14}$$

式（7-14）即为杆的振动频率方程。相应的固有振动频率为

$$\omega_n=n\pi\frac{c}{L} \quad 或 \quad f_n=n\frac{c}{2L} \quad (n=1,2,3,\cdots) \tag{7-15}$$

利用初始条件 $u(x,t)\big|_{t=0}=0$，得到式（7-3）在两端自由和零初条件下的位移特解为

$$u_n=u_0\cos\frac{n\pi}{L}x\cdot\sin\frac{n\pi}{L}t \quad (n=1,2,3,\cdots) \tag{7-16}$$

上式表明：两端自由杆的纵向振动为具有 n 个节点、幅度为 u_0 的余弦波形式，$\cos\dfrac{n\pi}{L}x$ 是与各阶固有频率对应的振型函数，其前三阶振型曲线见图 7-13。

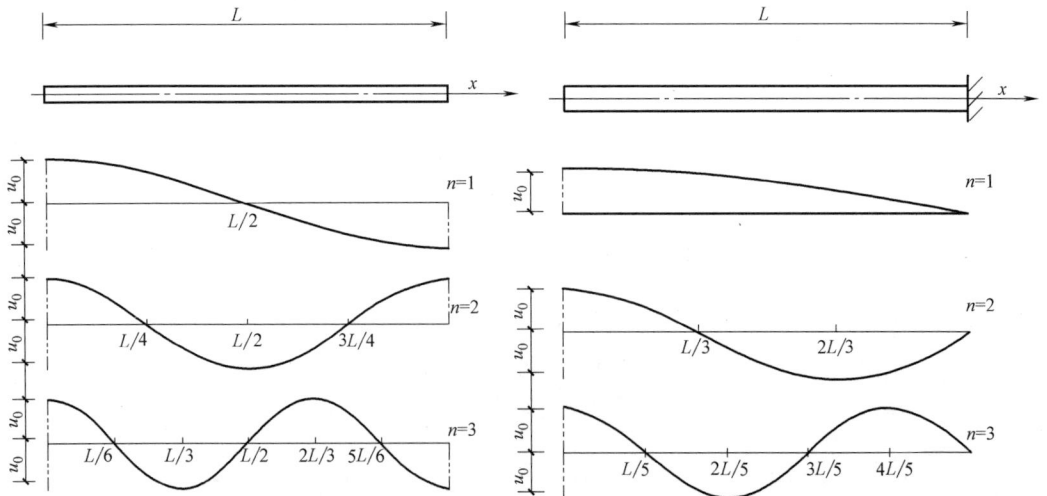

图 7-13　两端自由杆（左图）与一端自由、一端固定杆（右图）的前三阶振型曲线图

2. 杆的一端自由、一端固定：

此时的边界条件为

$$\frac{\partial u}{\partial x}\bigg|_{x=0}=0 \quad 和 \quad u\big|_{x=L}=0$$

导出频率方程为

$$\cos\frac{\omega}{c}L=0 \quad 或 \quad \frac{\omega}{c}L=\frac{\pi}{2},\frac{3\pi}{2},\frac{5\pi}{2},\cdots,\frac{(2n-1)\pi}{2} \quad (n=1,2,3,\cdots) \tag{7-17}$$

相应的固有振动频率和一端自由、一端固定条件下的位移特解分别为

$$\omega_n=\frac{(2n-1)\pi}{2}\frac{c}{L} \quad 或 \quad f_n=\frac{(2n-1)}{2}\frac{c}{2L} \quad (n=1,2,3,\cdots) \tag{7-18}$$

$$u_n=u_0\cos\frac{(2n-1)\pi}{2L}x\cdot\sin\frac{(2n-1)\pi}{2L}t \quad (n=1,2,3,\cdots) \tag{7-19}$$

上式表明：一端自由、一端固定杆的纵向振动也是 n 个节点的余弦波形式，其前三阶振型曲线见图 7-13。

一般采用较多的是用行波理论求解波动方程。

当沿杆 X 轴方向的弹性模量 E、截面面积 A、波速 c 和质量密度 ρ 不变时，采用行波理论求解波动方程，不难验证下式为波动方程的达朗贝尔通解：

$$u(x,t)=W(x\mu ct)=W_d(x-ct)+W_u(x+ct) \tag{7-20}$$

式中，W_d 和 W_u 为任意函数。

考虑 $u=W_d(x-ct)$ 位移波形分量，其值可由变量 $x-ct$ 即 x 和 t 的变化范围确定。可见，波形函数 W_d 以波速 c 沿 x 轴正向传播；同样可以证明波形函数 W_u 以波速 c 沿 x 轴负向传播。我们把 W_d 和 W_u 分别称为下行波和上行波。W_d 和 W_u 形状不变且各自独立地以波速 c 分别沿 x 轴正向和负向传播的特性是解释应力波传播规律的最直观方法，如图 7-14 所示。同时，因一维波动方程的线性性质，可单独研究上行波和下行波的特性，

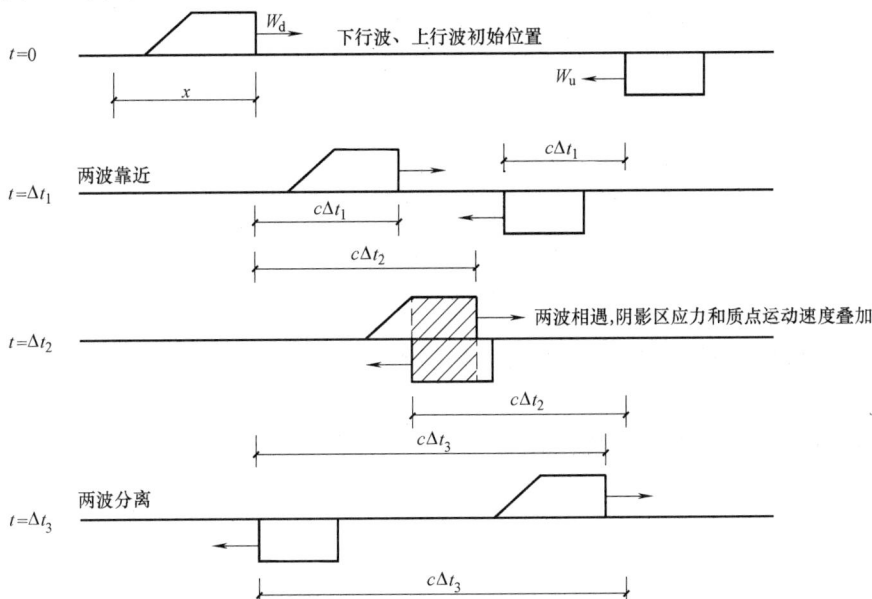

图 7-14　下（右）行波和上（左）行波的传播

利用叠加原理求解出杆在 t 时刻 x 位置处的合力、速度和位移。

作变换 $\xi = x\mu ct$，分别求 $W(x\mu ct)$ 对 x 和 t 的偏导数，即

$$\varepsilon = \frac{\partial W(x\mu ct)}{\partial x} = \frac{\partial W(\xi)}{\partial \xi} \frac{\partial \xi}{\partial x} = W'(x\mu ct) \tag{7-21}$$

$$v = \frac{\partial W(x\mu ct)}{\partial t} = \frac{\partial W(\xi)}{\partial \xi} \frac{\partial \xi}{\partial t} = \mu c W'(x\mu ct) \tag{7-22}$$

为了将一维杆波动理论方便地用于桩的动力检测，考虑在实际桩的动力检测时，施加于桩顶的荷载为压力，故按习惯定义位移 u、质点运动速度 v 和加速度 a 以向下为正（即 x 轴向正向），桩身轴力 F、应力 σ 和应变 ε 以受压为正。于是由上述两个公式合并、改变符号可得

$$v = \pm c\varepsilon \tag{7-23}$$

这一简洁形式的方程是我们今后讨论应力波问题的最基本公式，它表明弹性杆中的应力波引起的质点运动速度与应变成正比。

利用上述公式，根据 $\varepsilon = \dfrac{\sigma}{E} = \dfrac{F}{EA}$，不难导出以下两个重要公式：

$$\sigma = \pm \rho c v \tag{7-24}$$

$$F = \pm \rho c A \cdot v = \frac{EA}{c} \cdot v = \pm Zv \tag{7-25}$$

式中，ρc 和 $\rho c A$ 称为弹性杆的波阻抗，或简称阻抗。当杆为等截面时，$Z = \dfrac{mc}{L}$（式中 m 为杆的质量）。另外，后面将用到以下恒等式：

$$F = \frac{F + Zv}{2} + \frac{F - Zv}{2} = F_{\mathrm{d}} + F_{\mathrm{u}} \tag{7-26}$$

式中，等号右边第一项称为下行力波 F_{d}（也简称为下行波），第二项称为上行力波 F_{u}（也简称为上行波）。如果将质点运动速度进行分解，既有

$$v = v_{\mathrm{d}} + v_{\mathrm{u}} \tag{7-27}$$

式中，

$$v_{\mathrm{d}} = \frac{1}{Z} \frac{F + Zv}{2}$$

$$v_{\mathrm{u}} = \frac{1}{Z} \frac{F - Zv}{2}$$

显然有

$$F_{\mathrm{d}} = Zv_{\mathrm{d}}$$

$$F_{\mathrm{u}} = -Zv_{\mathrm{d}}$$

$$F = Zv_{\mathrm{d}} - Zv_{\mathrm{u}}$$

7.3.4 应力波在杆件截面变化处的传播情况

当杆件截面发生突变时，波阻抗由 $Z_1 = \dfrac{A_1 E_1}{c_1}$ 变为 $Z_2 = \dfrac{A_2 E_2}{c_2}$，变截面处的平衡条件与连续条件为

$$F_{1\mathrm{d}} + F_{1\mathrm{u}} = F_{2\mathrm{d}} + F_{2\mathrm{u}}$$

$$v_{1\mathrm{d}} + v_{1\mathrm{u}} = v_{2\mathrm{d}} + v_{2\mathrm{u}}$$

根据上述公式，整理得

$$F_{1u} = \frac{Z_2 - Z_1}{Z_2 + Z_1} F_{1d} + \frac{2Z_1}{Z_2 + Z_1} F_{2U}$$

$$F_{2d} = \frac{2Z_2}{Z_2 + Z_1} F_{1d} + \frac{Z_1 - Z_2}{Z_2 + Z_1} F_{2U} \tag{7-28}$$

当只有下行波通过截面时，上式变为：

$$F_{1u} = \frac{Z_2 - Z_1}{Z_2 + Z_1} F_{1d} \qquad (反射波)$$

$$F_{2d} = \frac{2Z_2}{Z_2 + Z_1} F_{1d} \qquad (透射波)$$

同样，当只有上行波传来时（7-14）变为：

$$F_{1u} = \frac{2Z_1}{Z_2 + Z_1} F_{2U} \qquad (透射波)$$

$$F_{2d} = \frac{Z_1 - Z_2}{Z_2 + Z_1} F_{2U} \qquad (反射波)$$

式（7-28）表示当原有的下行波及上行波通过变截面时，都会分成透射波和反射波两部分。透射波的性质与入射波一致，幅值为原入射波的 $\frac{2Z_2}{Z_2 + Z_1} F_{1d}$ 倍；反射波的幅值为原入射波的 $\frac{Z_1 - Z_2}{Z_2 + Z_1}$ 倍，并根据 $Z_2 - Z_1$ 项的正负号，决定反射信号的性质是否变化。

当入射波由阻抗较大的杆件 Z_1 段进入阻抗较小的杆件 Z_2 段时，透射波的幅值比原来入射波的幅值小，反射波因为 $Z_2 - Z_1$ 项为负值，反射波改变符号，即如果入射波是压力波时，反射波为拉立波，入射波是拉立波时，反射波是压力波。

当入射波由阻抗较小的杆件 Z_1 段进入阻抗较大的杆件 Z_2 段时，透射波的幅值比原来入射波的幅值大，反射波因为 $Z_2 - Z_1$ 项为正值，反射波不改变符号，即入射波是什么性质的波，反射波仍是什么性质的波。

1. 应力波在波阻抗减小杆件中的传播

当应力波在波阻抗减小杆件中传播时，其示意图如图 7-15 所示，其杆头波速-时间波形如图 7-15 所示。

在图 7-16 中，V_1 与 V_0 的关系为

$$v_1 = \frac{2(Z_1 - Z_2)}{Z_1 + Z_2} v_0$$

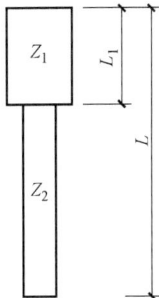

图 7-15　波阻抗减小示意图

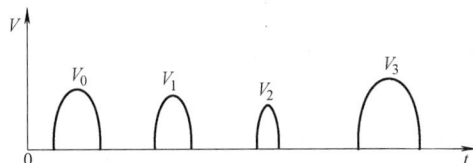

图 7-16　波阻抗减小情况下，杆头速度-时间波形

当杆件发生波阻抗减小时，得到反射波幅值比 2 倍的入射波幅值要小的同向反射波。

$$v_n = \frac{2(Z_1 - Z_2)^n}{(Z_1 + Z_2)^n} v_0$$

当杆件发生波阻抗较小时，多次反射波幅值会逐渐减小，但相位不发生变化。

$$v_3 = \frac{4Z_1 Z_2}{(Z_1 + Z_2)^2} 2v_0$$

当杆件发生波阻抗减小时，杆端为自由端的杆端反射会有减小，而较小的幅值与波阻抗变化相对大小有关。

2. 应力波在波阻抗增大杆件中的传播

当应力波在波阻抗增加杆件中传播时，其示意图如图 7-17 所示，其杆头速度-时间波形如图 7-18 所示。

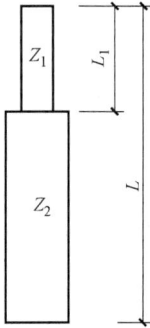

图 7-17 波阻抗增大示意图

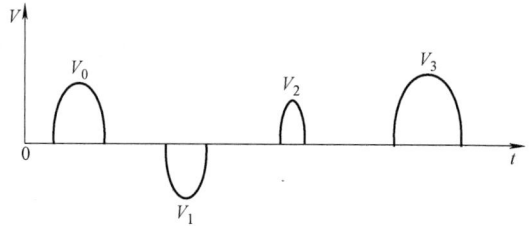

图 7-18 波阻抗增大情况下，杆头速度-时间波形

在图 7-18 中，V_1 与 V_0 的关系为

$$v_1 = \frac{2(Z_1 - Z_2)}{Z_1 + Z_2} v_0$$

当杆件发生波阻抗增大时，得到反射波幅值比入射波幅值要小的反相反射波。

$$v_n = \frac{2(Z_1 - Z_2)^n}{(Z_1 + Z_2)^n} v_0$$

当杆件发生波阻抗增大时，多次反射波幅值会逐渐减小，相位会随反射的次数而变化。

$$v_3 = \frac{4Z_1 Z_2}{(Z_1 + Z_2)^2} 2v_0$$

当杆件发生波阻抗增大时，杆端为自由端的杆端反射会有减小，而较小的幅值与波阻抗变化相对大小有关。

3. 应力波在杆端处处于自由情况下的传播

如图 7-19 所示，当杆端为自由端时，$Z_2 = 0$，边界条件 $F_d + F_u = 0$，则 $F_u = -F_d$。可以得到 V_u 与 V_d，则杆端的质点速度为

$$v = v_d + v_u = 2v_0$$

由上可知，应力波到达自由端后，将产生一个符号相反、幅值相同的反射波，在杆端处叠加，从而杆端质点运动速度增加一倍，如图 7-20 所示。

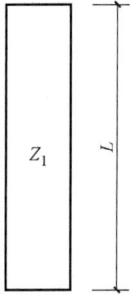

图 7-19　杆端自由示意图

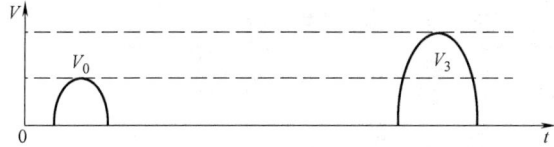

图 7-20　杆端自由情况下，杆头速度-时间波形

$$v_1 = \frac{2(Z_1 - Z_2)}{Z_1 + Z_2} v_0$$

当杆端处于自由端时，$Z_2 = 0$，可得 $v_1 = 2v_0$

$$v_n = \frac{2(Z_1 - Z_2)^n}{(Z_1 + Z_2)^n} v_0$$

当杆端处于自由端时，$Z_2 = 0$；多次反射后，幅值不发生变化，$v_n = 2v_0$，如图 7-21 所示。

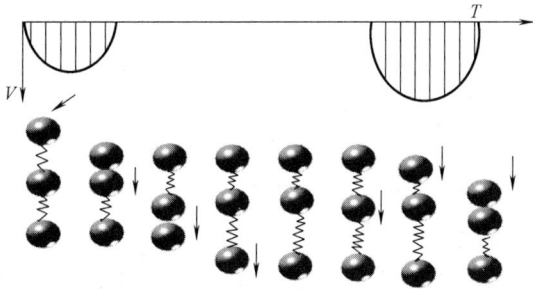

图 7-21　杆端自由情况下，各质点振动、传播情况示意图

4. 应力波在杆端处于固定情况下的传播

如图 7-22 所示，当杆端为固定端时，$Z_3 = \infty$，边界条件 $V_u + V_d = 0$，$V_d = -V_u$。可以得到 $F_u = F_d$，杆端的受力为 $F = F_{u+} F_d = 2F$。

由上可知，应力波到达固定端后，在杆端处由于波的叠加使杆端反力增加一倍，杆端速度为 0，如图 7-23 所示。

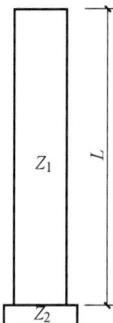

图 7-22　杆端固定示意图

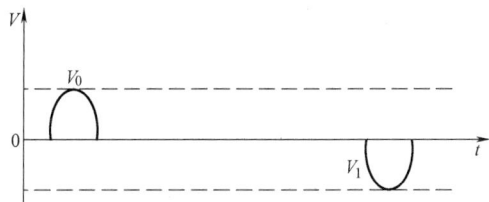

图 7-23　杆端固定情况下，杆头速度-时间波形

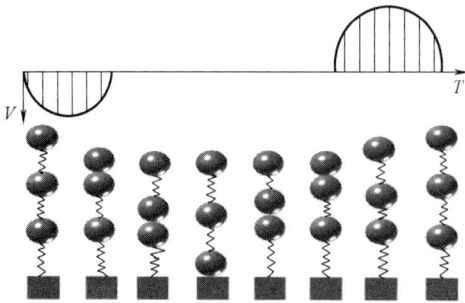

图7-24 杆端固定情况下，各质点振动、传播情况示意图

$$v_1 = \frac{2(Z_1 - Z_2)}{Z_1 + Z_2} v_0$$

当杆端处于固定端时，$Z_2 = \infty$，可得 $v_1 = -v_0$

$$v_n = \frac{2(Z_1 - Z_2)^n}{(Z_1 + Z_2)^n} v_0$$

当杆端处于固定端时，$Z_2 = \infty$；杆端反射的多次反射幅值不变，即 $v_n = v_0$，但相位会与反射的次数相关，如图7-24所示。

7.4 低应变法

7.4.1 概述

低应变动力试桩法主要用于桩的完整性检测，根据激振方式的不同，又可分为反射波法，机械阻抗法、水电效应法和共振法等几种。目前研究和运用得最多的低应变动测方法主要是反射波法。反射波法设备简便、方法快速、运费低、结果比较可靠，是普查桩身质量的一种有力手段。根据反射波法试验结果来确定静载试验、钻心法、高应变法的桩位，可以使检测数量不多的静载等试验的结果更具有代表性，弥补静载试验等抽样率低带来的不足；或静载试验等出现不合格桩后，用来加大检测面，为桩基处理方案提供更多的依据，因此越来越被人们所接受。

反射波法的理论基础以一维弹性杆件模型为依据，因此，受检桩的长径比、瞬态激励脉冲有效高频分量的波长与桩的横向尺寸之比均宜＞10，设计桩身截面宜基本均匀。一维理论要求应力波在桩身中传播时平截面假设成立，所以，对薄壁钢管桩和类似于H型钢桩的异形桩，本方法不适用。由于水泥土桩。砂石桩等桩身阻抗与桩周土、阻抗差异小，应力波在这类桩中传播时能量衰减快，因此，反射波法不适用于水泥土桩、砂石桩等桩的质量检测。同时，反射波法很难分析、评价高压灌浆的补强效果，故高压灌浆等补强加固桩不宜采用本方法检测。

本方法对桩身缺陷程度只做定性判断。对于桩身不同类型的缺陷，反射波测试信号中主要反映出桩身阻抗减小的信息，缺陷性质很难区分，因此对缺陷类型进行判定，应结合地质、施工情况综合分析，或采取钻芯、声波透射等其他方法。

由于受桩周土约束、激振能量、桩身材料阻尼和桩身截面阻抗等因素的影响，具体工程的有效检测桩长，应通过现场试验，依据能否识别桩底反射信号确定该方法是否适用。在现场试验前，也可根据同类型工程经验确定。对于最大有效检测深度小于实际桩长的超长桩检测，尽管测不到桩底反射信号，但若有效检测桩长范围内存在缺陷，则实测信号中必有缺陷反射信号。因此，低应变法仍可用于查明有效检测长度范围内是否存在缺陷，此类情况应在检测结果中予以明确。

7.4.2 基本原理

反射波法是在桩身顶部进行竖向激振产生弹性波,弹性波沿着桩身向下传播,当桩身阻抗存在明显差异的界面(如桩底、断桩和严重离析等)或桩身截面积变化(如缩径或扩径)部位,将发生反射波,经接收放大、滤波和数据处理可以识别来自桩身不同部位的反射信息,据计算桩身波速,以判断桩身完整性并校核桩的实际长度。

1. 基本假定

将反射波法用于基桩检测中,所了相应假定。

(1)桩自身:一维连续均质弹性;材料均匀、等截面,变形中横截面保持为平面且彼此平行,横截面上应力分布均匀,忽略横向惯性效应。

(2)没有考虑桩周土的影响。

(3)没有考虑桩土耦合面的影响。

2. 广义波阻抗

广义波阻抗是桩身横截面面积、材料密度和弹性模量的函数。

$$Z = EA/c = \rho c A \tag{7-29}$$

式中 Z——桩的广义波阻抗(N·s/m);

c——桩的声波速度(m/s);

E——桩的弹性模量(N/m^2);

ρ——桩的质量密度(kg/m^3);

ρc——桩的声特性阻抗或声阻碍抗率(kg/m^{2}s)。

3. 平均波速计算

桩身平均波速计算公式:

$$c = \frac{2000L}{T} \tag{7-30}$$

式中 c——应力波在桩身中传播的平均波速(m/s);

L——桩顶至桩底界面的距离(m);

T——应力波自桩顶激发传至桩底后,反射回桩顶所需的时间(ms)。

由式(7-30)可知,若能测到桩底反射的时间,当平均波速已知时,即可确定桩的长度;反之,如桩长已知,即可测到桩身混凝土平均波速。

4. 缺陷位置计算

桩身缺陷位置计算公式:

$$L_1 = \frac{c \Delta t}{2000} \tag{7-31}$$

式中 c——应力波在桩身中传播的平均波速(m/s);

L_1——桩顶至缺陷界面的距离(m);

Δt——应力波自桩顶激发传至缺陷位置后,反射回桩顶所需的时间(ms)。

桩身质量的缺陷性质,可根据反射波的振幅、相位、频率、波列组合以及衰减历时特征,结合场地施工及地质情况做出相应评价。

5. 应力波在桩中的传播

当应力波沿桩轴线垂直于界面进入另一种介质时,对两种介质都会引起扰动,应力波分别向两种介质进行传播，即在介质分界面上产生反射和透射，此时应力波传播示意图如图 7-25 所示。

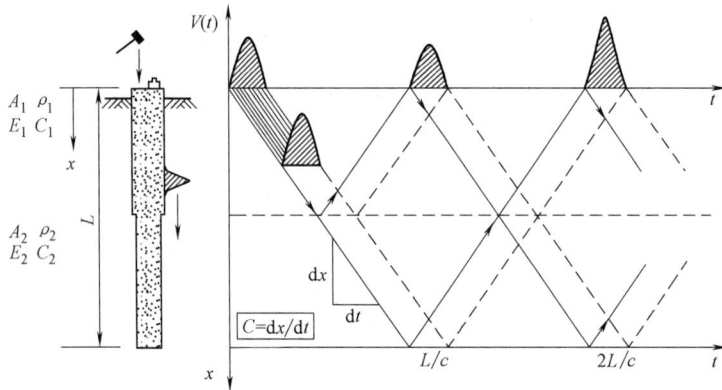

图 7-25　应力波传播示意图

图中，Z_1 段密度 ρ_1，弹性波速 c_1，横截面面积 A_1。Z_2 段密度 ρ_2，弹性波速 c_2，横截面积 A_2。反射和透射能量的大小取决于两种介质的广义波阻抗 $\rho c A$ 的值，并遵守能量守恒关系；两种介质的波阻抗相差越大，反射能量就越大，透射能量越小；反之，反射能量就越小，透射能量就越大。

由于相应的 ρ、c、A 发生改变，其变化发生处称为波阻抗截面。将波阻抗截面的比值表示为

$$n = \frac{Z_1}{Z_2} = \frac{\rho_1 c_1 A_1}{\rho_2 c_2 A_2}$$

根据应力波传播理论，只要这两种介质在界面处始终保持接触（即能承压又能承拉），则根据连续条件和牛顿第三定律，界面上两侧质点速度、应力均应相等，即

$$v_i + v_r = v_t$$
$$A_1(\sigma_i + \sigma_r) = A_2 \sigma_t$$

式中，v 和 σ 分别为界面处质点振动速度和截面应力，下标 i、r、t 分别表示入射、反射和透射。

根据动量守恒条件，可得

$$\frac{\sigma_i}{(\rho c)_1} - \frac{\sigma_r}{(\rho c)_1} = \frac{\sigma_t}{(\rho c)_1}$$

根据上述公式，可得

$$\sigma_r = F\sigma_i, \quad v_r = -F\sigma_i$$
$$\sigma_t = T\sigma_i, \quad v_t = nTv_i$$

其中：

$$n = \frac{Z_1}{Z_2} = \frac{\rho_1 c_1 A_1}{\rho_2 c_2 A_2} \tag{7-32}$$

$$F = \frac{1-n}{1+n} \tag{7-33}$$

$$T = \frac{2}{1+n} \tag{7-34}$$

F 和 T 分别称为反射系数和透射系数，完全由两种介质的波阻抗 Z 的比值 n 决定，n 主要取决于材料的质量密度、波速和截面面积。这些参数的突变会引起波阻抗急剧变化，导致能量转化而产生波的反射。

因为 Z 和 n 总是正值，所以透射系数 T 也总为正值，即透射波和入射波相位总是相同的；反射系数 F 的正负与 n 的大小有关系，结合桩的缺陷情况讨论如下。

（1）桩身阻抗变化的影响

1）波阻抗近似不变：桩的质量和完整性都无变化，此时 $Z_1 \approx Z_2$，则 $n=1$，$F=0$，$T=1$，即无反射波，全部应力波均透射过界面传至下段。

2）波阻抗减小：桩身缩颈、离析、断裂、夹泥、疏松、裂纹等，下段的波阻抗变小，此时 $Z_1 > Z_2$，则 $n>1$，$F<0$，$T>0$，反射波和入射波同相。

3）波阻抗减最大：桩身扩径，下段的波阻抗变大，此时 $Z_1 < Z_2$，则 $n<1$，$F>0$，$T>0$，反射波和入射波反相。

（2）桩底波阻抗变化的影响

1）波阻抗近似不变：桩底持力层与桩身阻抗近似，此时 $Z_1 \approx Z_2$，则 $n=1$，$F=0$，$T=1$，即无反射波，全部应力波均透射过界面传至下段。因此，若桩底岩石与桩身混凝土阻抗近似时，将无法得到桩底反射信号。

2）波阻抗减小：桩底持力层阻抗远小于桩身阻抗时，此时 $Z_1 \gg Z_2$，则 $n \to \infty$，$F=-1$，$T=0$，桩底反射信号和入射波同相，速度幅值近似加倍。

3）波阻抗增大：桩底持力层阻抗远大于桩身阻抗时，桩底近似固定，此时 $Z_1 \ll Z_2$，则 $n=\infty$，$F=1$，$T=2$，桩底反射信号和入射波反相，速度幅值近似相同。

由上可知，当桩界面下段的波阻抗相差越大，反射系数 F 越大，故所测到的反射波也越明显，由此可定性地判断波阻抗变化的程度。

6. 频域分析

频域分析是对实测信号进行快速傅里叶变换，在功率谱或振幅谱上分析桩的完整性的一种分析方法，它可以从另一个角度来校验时域分析结果，但必须认识到频域分析结果的准确与否与时域信号的质量密切相关，对质量差的实测速度波形采用频域分析手段也不会得到准确的结果。

一般地，对于侧面自由的桩，认为缺陷位置 L_X 与邻近两共振峰间的频率差有如下关系式：

$$\Delta f = \frac{c}{2L_X} \tag{7-35}$$

对于实际工程桩，真实的频差受桩身材料阻尼和桩侧土阻尼的影响，使得频域分析结果与时域分析结果稍有出入，而且较难分辨阻抗是增大还是减小（是扩径还是缩颈、离析等）。

7.4.3 仪器设备

仪器设备一般由检测仪器、传感器和激振设备三部分构成，并配置反射波法信号处理软件。

1. **基本要求**

《建筑基桩检测技术规范》的要求如下：

（1）检测仪器的主要技术性能指标应符合现行行业标准《基桩动测仪》JG/T 3055 的有关规定。

（2）瞬态激振设备应包括能激发宽脉冲和窄脉冲的力锤和锤垫；力锤可装有力传感器；稳态激振设备应包括激振力可调、扫频范围为 10～2000Hz 的电磁式稳态激振器。

2. **常见仪器**

目前国内使用较广泛的基桩动测仪器有：武汉中岩科技有限公司生产的 RSM 系列基桩动测仪、美国的 PIT 基桩动测仪等。

3. **传感器**

低应变检测中常用的传感器有加速度传感器和速度传感器两种。

速度传感器：在低频段的幅频特性和相频特性较差，在信号采集过程中，因击振激发其安装谐振频率，而产生寄生振荡，容易采集到具有振荡的波形曲线，对浅层缺陷反应不是很明显。

加速度传感器：同速度计相比，加速度传感器无论是在频响特性还是输出特性方面均具有巨大优势，并且它还具有高灵敏度的优点，因此用高灵敏度加速度计测试所采集到的波形曲线，没有振荡，缺陷反应明显。

在对基桩进行低应变反射波法测试时建议选用高灵敏度的加速度传感器。

4. **激振设备**

激振设备可根据要求改变激振频率和能量，满足不同检测目的，用以判断异常波的位置、特征，并据此判断出桩身缺陷位置和缺陷程度。

考虑到对基桩检测信号的影响，激振设备应从锤头材料，冲击能量、接触面积、脉冲宽度等方面进行考虑。

7.4.4 现场检测

1. **资料收集**

检测人员开始检测之前，应收集相关工程的资料，包括建筑物的类型，桩基的种类、工艺，设计指标等资料。尤其应注意成桩时间。为了确保能检测有效信号并反映桩身的完整性，混凝土应具备一定的强度。检测规范要求受检桩混凝土强度不得低于设计强度的70%，且不得小于 15MPa。

2. **桩头处理**

低应变检测锤击点位于桩头，应尽量保证桩头的材质、强度、截面尺寸与桩身一致。桩顶应平整、密实。灌注桩应凿去桩头浮浆层和不密实混凝土后，将测试点位置打磨平整。

桩顶表面应平整干净且无积水，妨碍正常测试的桩顶钢筋应割掉。对于预应力管桩，当法兰盘与桩身混凝土之间结合紧密时，可不进行处理，否则，应采用电锯将桩头锯平。当桩头与承台、垫层相连时，会影响测试信号，应将其断开（图 7-26～图 7-29）。

3. **传感器的安装**

传感器的安装对现场信号的采集影响较大，理论上传感器越轻、越贴近桩面、与桩面之间接触刚度越大，传递特性越好，测试信号也越接近桩面的质点振动。传感器与桩头的粘合，要求越紧越好（图 7-30）。

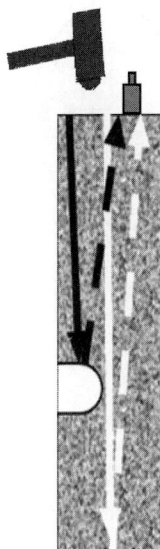

图 7-26　低应变检测示意图

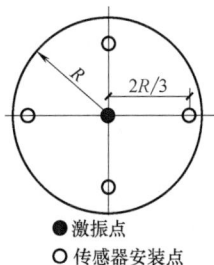

● 激振点
○ 传感器安装点

图 7-27　桩底测试位置示意图

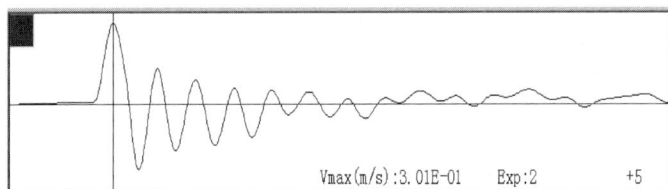

Vmax(m/s):3.01E-01　　Exp:2　　+5

图 7-28　桩顶有浮浆的测试波形

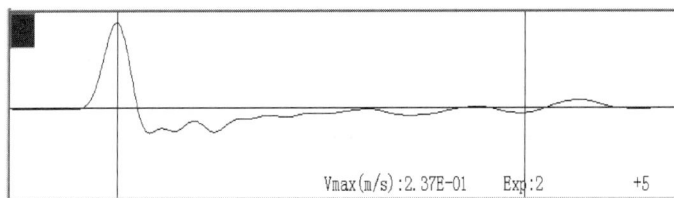

Vmax(m/s):2.37E-01　　Exp:2　　+5

图 7-29　桩顶浮浆打磨处理后的测试波形

安装传感器部位的混凝土应平整，传感器安装应与桩顶面垂直，应与锤击点保持在一个水平面上。采用耦合剂粘结时，应具有足够的粘结强度。传感器安装位置应远离钢筋笼的主筋，以减少外露主筋对测试产生干扰信号。

根据桩径大小，桩心对称布置 2～4 个安装传感器的检测点：实心桩检测点宜在距桩中心 2/3 半径处；空心桩的激振点和检测点宜为桩壁厚的 1/2 处，激振点和检测点与桩中心连线形成的夹角宜为 90°。

通常采用的耦合剂：

① 黏性好的黄油或凡士林：经济实用；注意：黄油或凡士林有浓度稀和浓度稠之分，要求采用浓度稠的黄油或凡士林，现场最好采用黄油，测试效果较好；

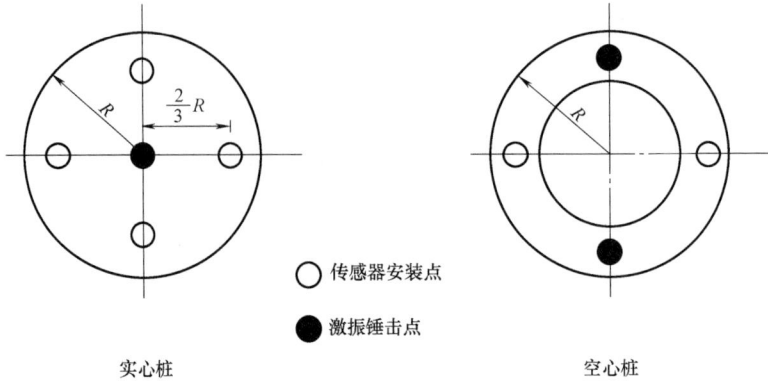

○ 传感器安装点

● 激振锤击点

实心桩   空心桩

图 7-30 传感器安装点、锤击点布置示意图

② 黏性好弹性差的橡皮泥：实测曲线容易产生振荡；

③ 口香糖：加工后使用；

④ 石膏：它的耦合效果好；因其凝固时间长，测试效率低，故现场很少使用；一般用于试验。

几种耦合剂采集波形的对比如图 7-31～图 7-33：

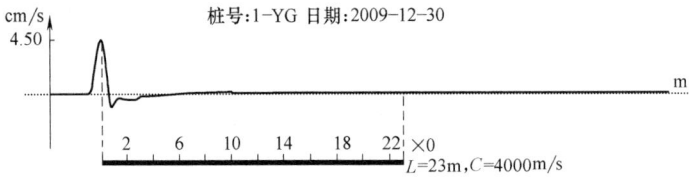

桩号:1-YG 日期:2009-12-30

$L=23\text{m}, C=4000\text{m/s}$

图 7-31 采用黄油作为耦合剂的测试波形

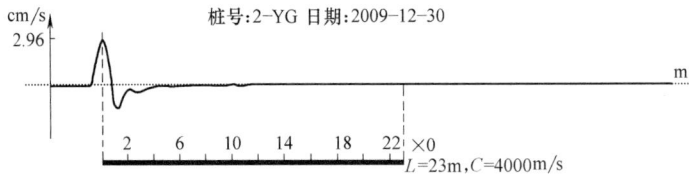

桩号:2-YG 日期:2009-12-30

$L=23\text{m}, C=4000\text{m/s}$

图 7-32 采用牙膏作为耦合剂的测试波形

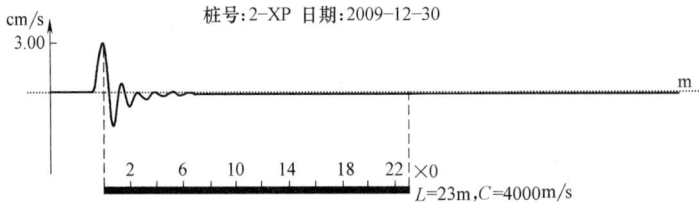

桩号:2-XP 日期:2009-12-30

$L=23\text{m}, C=4000\text{m/s}$

图 7-33 采用橡皮泥作为耦合剂的测试波形

图 7-34 是某桩在传感器是否与桩面耦合良好前后分别测试的波形。

4. 激振

激振点及锤击振源的要求：锤击要垂直于桩面（激振方向应沿桩轴线方向的要求：是为了有效减少敲击时的水平分量），锤击点平整，锤击干脆，形成单扰动。

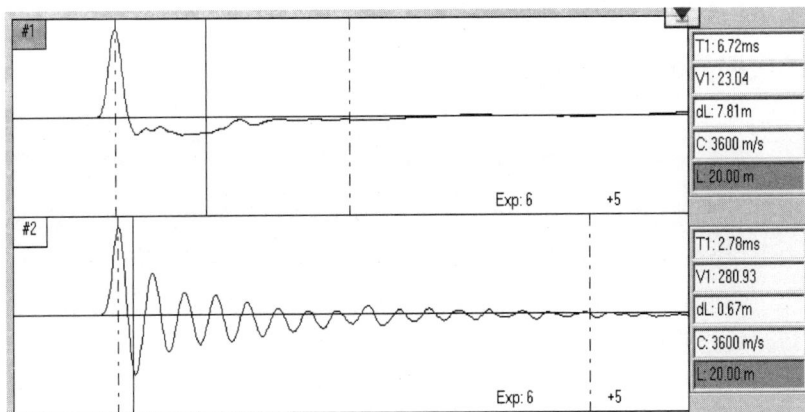

图 7-34　传感器测试波形

♯1图传感器安装牢固，测试效果好。♯2图传感器安装不好，测试效果有振荡衰减干扰信号。

　　击振信号的强弱对现场信号的采集同样影响较大，对实心桩的测试，击振点位置应选择在桩的中心；对空心桩的测试，锤击点与传感器安装位置宜在同一水平面上，且与桩中心连线形成 90°夹角，击振点位置宜在桩壁厚的 1/2 处。激振点与传感器安装点都应远离钢筋笼的主筋。

　　瞬态激振通过改变锤的重量及锤头材料，可改变冲击入射波的脉冲宽度及频率成分。锤头质量较大或刚度较小时，冲击入射波脉冲较宽，低频成分为主；当冲击力大小相同时，其能量较大，应力波衰减较慢，适合于获得长桩桩底信号或下部缺陷的识别。

　　锤头较轻或刚度较大时，冲击入射波脉冲较窄，含高频成分较多；冲击力大小相同时，虽其能量较小并加剧大直径桩的尺寸效应影响，但较适宜于桩身浅部缺陷的识别及定位（图 7-11）。

不同材质锤头锤击差异　　　　　　　　　　　　　　　　　　表 7-11

项目	锤击振源参数	锤击振源参数
重量	大	小
材质	软	硬
产生信号频率	低频信号	高频信号
适用检测范围	适用于获得长桩桩底信号或下部缺陷的识别	适用于获得桩身浅部缺陷的识别及定位

5. 仪器参数设置

　　采样时间间隔或采样频率应根据桩长、桩身波速和频域分辨率合理选择；时域信号采样点数不宜少于 1024 点。时域信号记录的时间段长度应在 $2L/c$ 时刻后延续不少于 5ms；幅频信号分析的频率范围上限不应小于 2000Hz。

　　建议采样间隔根据预设桩长及预设波速自动计算，保证整桩的测试信号能全部显示出来。桩长设定为桩顶测点至桩底的施工桩长。

　　桩身波速可根据本地区同类型桩的测试值初步设定（注意：预设波速与实测波速是有区别的，预设波速的主要作用是调整合适的采样间隔，保证整桩的测试信号能全部显示出来；实测波速是根据桩长以及判断的整桩走时，计算出来的整桩平均波速）。

7.4.5 检测数据分析与结果判定

1. 信号处理

（1）数字滤波

滤波是波形分析处理的重要手段之一，是对采集的原始信号进行加工处理，它是为了将测试信号中无用或者次要的成分滤波除掉，使波形更容易分析判断。在实际工作中，多采用低通滤波。而低通滤波频率上限的选择尤为重要，选择过低，容易掩盖浅层缺陷选择过高，起不到有效滤波的作用。

在实测波形中，经常会出现表面波、剪切波在桩顶面来回反射、耦合形成高频干扰，且高频干扰能量，大持续时间长。高频干扰对缺陷反射及桩底反射都有强烈的掩盖作用，影响桩身完整性的判别。常常采用数字滤波除去与桩身质量无关的干扰频率，增大有效频率成分，以便波形能真实地反映桩身完整性情况。如滤波参数选择合适，滤波后的信号将非常有利于对缺陷信号的识别。

基桩检测中常用的加速度传感器的上限频率过宽，激振时引发的多种高频干扰也一并被接收，而速度传感器采集的波形经常呈指数衰减振荡曲线，严重影响对桩身质量的判断，这时数字滤波就显得尤为重要。

基桩检测中，在确定数字滤波上下限频率之前，最好将原始信号进行全频段的频谱分析，有目的地选择滤波参数。一般情况下，合理选择数字滤波的高频截止频率可以滤掉不需要或干扰较严重的高频部分。

通常，采用加速度传感器时，可选择不小于 2000Hz 低通滤波对积分后的速度信号进行处理；采用速度传感器时，可选择不小于 1000Hz 低通滤波对信号进行处理。

（2）指数放大

在现场信号采集过程中，桩底反射信号不明显的情况经常发生，这时，指数放大的非常有用的一种功能。它可以确保在桩头信号不削波的情况下，使桩底部信号得以清晰地显现出来，是提高桩中下部和桩底信号识别能力的有效手段。指数放大一般以 2～30 倍能识别桩底反射信号为宜。但有时指数放大太大，会使得波形失真，过分突出了桩深部的缺陷，也会使测试信号明显不归零，影响桩身质量的分析与判断。如果结合原始波形，适当地对波形进行指数放大，作为显示深部缺陷和桩底的一种手段，它还是一种非常有用的功能。

采用指数放大可以使本来难以辨认的桩底反射变得清晰可见。指数放大的倍数取决于桩长及桩周介质，桩越长，放大倍数应取得越高。桩周介质越坚硬，对敲击产生的波场的扩散作用越明显，指数放大倍数也应设定得越大。指数放大倍数不宜太大，过分放大会造成尾部波形变形，误判桩底反射。

（3）旋转

利用加速度计积分获得的波速信号，由于传感器特性和土阻力方面的原因，可能自某一点开始出现线性漂移，以至于波形负向成分较多，不够美观，尾部不归零。此时，旋转曲线的意义就十分重要了，利用它可以将曲线自某一点开始增加或减少偏移加速度，对其进行修正。

（4）叠加平均

在桩基动测中，随机干扰信号主要来源于仪器自身的噪点、自然环境中的随机扰动、锤击桩头时锤击瞬间由于桩介质密度的非均匀性而产生的杂波。由于随机信号的频率、相位、幅值没有规律性，在相同条件下，多次进行信号采样，其随机干扰波是服从一定的统计规律的，即在相同条件下进行无限次采用时，其随机信号的算术平均值趋于归零。因此，叠加平均是消除随机噪声、提高信噪比的有效手段。

真实信号的采集是反射波法成功与否的关键，应确保在现场采集到高质量的信号。检测时应注意对现场环境的要求。对周围有打桩作业、焊接作业或震动影响时应停止检测。

2. 波速确定

桩身波速平均值的确定应符合下列规定。

（1）当桩长已知、桩底反射信号明确时，在地基条件、桩型、成桩工艺相同的基桩中，选取不少于 5 根 I 类桩的桩身波速值按下式计算其平均值：

$$c_m = \frac{1}{n} \sum_{i=1}^{n} c_i \tag{7-36}$$

$$c_i = \frac{2000L}{\Delta T} \tag{7-37}$$

$$c_i = 2L \cdot \Delta f \tag{7-38}$$

式中　c_m——桩身波速的平均值（m/s）；

c_i——第 i 根受检桩的桩身波速值（m/c），且 $|c_i - c_m|/c_m$ 不宜大于 5%；

L——测点下桩长（m）；

ΔT——速度波第一峰与桩底反射波峰间的时间差（ms）；

Δf——幅频曲线上桩底相邻谐振峰间的频差（Hz）；

n——参加波速平均值计算的基桩数量（$n \geqslant 5$）。

（2）当无法按上款确定时，波速平均值可根据本地区相同桩型及成桩工艺的其他桩基工程的实测值，结合桩身混凝土的骨料品种和强度等级综合确定。

当分析不同时段或频段信号所反映的桩身阻抗信息、核验桩底信号并确定桩身缺陷位置，需要确定桩身波速及平均值。波速除与桩身混凝土强度有关外，还与混凝土的骨料品种、粒径级配、密度、水灰比、成桩工艺等因素有关。波速与桩身混凝土强度整体趋势上呈正相关关系，即强度越高、波速越高，但二者并不是一一对应关系。在影响混凝土波速的诸多因素中，强度对波速的影响并非首位。

需要指出的是，桩身平均波速确定时，要求 $|c_i - c_m|/c_m$ 的规定在具体执行中并不宽松，因为如前所述，影响单根桩波速确定准确性的因素很多；如果被检工程桩数量较多，还应参考尺寸效应问题，即参加平均波速统计的被检桩的测试条件应尽可能一致，桩身也不应有明显扩径。

当无法按上述方法确定时，波速平均值可根据本地区相同桩型及成桩工艺的其他桩基工程的实测值，结合桩身混凝土的骨料品种和强度等级综合确定。虽然波速与混凝土强度二者并不呈一一对应关系，但考虑到二者整体趋势上成正相关关系，且强度等级是现场最容易得到的参考数据，故对于超长桩或无法明确找出桩底反射信号的桩，可根据本地区经验并结合混凝土强度等级，综合确定波长平均值，或利用成桩工艺、桩型相同且桩长相对较短并能够找出桩底反射信号的桩确定的波速，作为波速平均值。

此外，当某根桩露出地面且有一定的高度时，可沿桩长方向间隔一段可测量的距离安置两个测振传感器，通过测量两个传感器的相应时差，计算该桩段的波速值，以该值代表整根桩的波速值。

表7-12为一通过工程实践经验总结的一维纵波波速与混凝土强度见的关系，可以作为参考，但应慎重对待，防止误判。

一维纵波波速与混凝土强度之间的关系　　　　　　　　表 7-12

混凝土强度等级	C15	C20	C25	C30	C40
平均波速(m/s)	2900	3200	3500	3800	4100
波速范围(m/s)	2700~3100	3000~3400	3300~3700	3600~4000	3900~4300

3. 桩身完整性判定

桩身完整性类别应结合缺陷出现的深度、测试信号衰减特性以及设计桩型、成桩工艺、地基条件、施工情况、按本规范桩身完整性分类表（表7-13）的规定和桩身完整性判断（表7-14）所列实测时域或频幅信号特征进行综合分析判断。

桩身完整性分类表　　　　　　　　表 7-13

桩身完整性类别	分类原则
Ⅰ类桩	桩身完整
Ⅱ类桩	桩身有轻微缺陷,不会影响桩身结构承载力的正常发挥
Ⅲ类桩	桩身有明显缺陷,对桩身结构承载力有影响
Ⅳ类桩	桩身存在明显缺陷

桩身完整性判定　　　　　　　　表 7-14

类别	时域信号特征	幅频信号特征
Ⅰ	$2L/c$ 时刻前无缺陷反射波,有桩底反射波	桩底谐振峰排列基本等间距,基相邻频差 $\Delta f \approx c/2L$
Ⅱ	$2L/c$ 时刻前出现轻微缺陷反射波,有桩底反射波	桩底谐振峰排列基本等间距,其相邻频差 $\Delta f \approx c/2L$,轻微缺陷产生的谐振峰与桩底谐振峰之间的频差 $\Delta f' > c/2L$
Ⅲ	有明显缺陷反射波,其他特征介于Ⅱ类和Ⅳ类之间	
Ⅳ	$2L/c$ 时刻前出现严重缺陷反射波或周期性反射波,无桩底反射波;或因桩身浅部严重缺陷使波形呈现低频大振幅衰减振动,无桩底反射波	缺陷谐振峰排列基本等间距,相邻频差 $\Delta f' > c/2L$,无桩底谐振峰;或因桩身浅部严重缺陷只出现单一谐振峰,无桩底谐振峰

注意：对同一场的、地基条件相近、桩型和成桩工艺相同的基桩，因桩端部分桩身阻抗与持力层阻抗相匹配导致实测信号无桩底反射波时，可按本场地同条件下有桩底反射的其他实测信号判断桩身完整性类别。

根据实测时域信号或频域信号特征来规划桩身完整性类别。完整桩典型的时域信号和速度幅频信号如图7-35和图7-36所示，缺陷桩典型的时域信号和速度频域信号如图7-37和图7-38所示。采用时域和频域波形分析相结合的方式，也可根据单独的时域或频域波形进行完整性判定，一般在实际应用中是以时域分析为主，以频域分析为辅。

对于桩的完整性分析判定，根据时域信号或频域信号特征判定相对来说较简单直观，而分析缺陷桩信号则复杂些，有的信号的确定是因施工质量缺陷产生的，但也有的因设计构造或成桩工艺本身局限导致的不连续（断面）而产生的，例如预制打入桩的接缝、灌注桩的逐渐扩径再缩颈回原桩径的变截面、地层硬夹层的影响等。因此，在分析测试信号时，应仔细分清哪些是缺陷波或缺陷谐振峰，哪些是因桩身构造、成桩工艺、土层影响造成的类似缺陷信号特征。

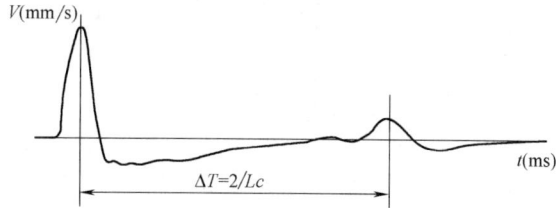

图 7-35　完整桩典型时域信号特征

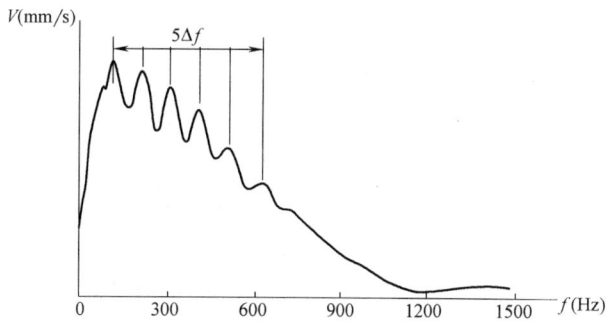

图 7-36　完整桩典型速度幅频信号特征

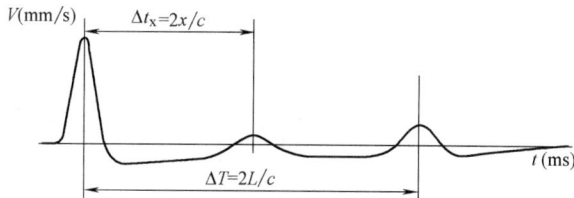

图 7-37　缺陷桩典型时域信号特征

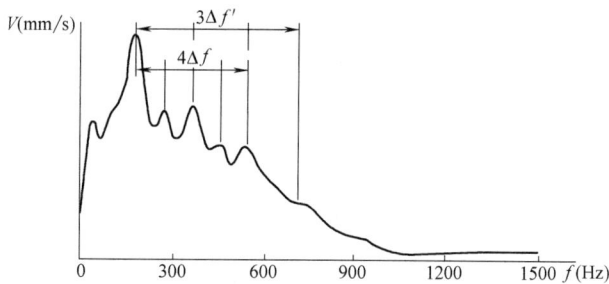

图 7-38　缺陷桩典型速度幅频信号特征

另外，根据测试信号幅值大小判定缺陷程度，除受缺陷程度影响外，还受桩周土阻力（阻尼）大小及缺陷所处深度的影响。相同程度的缺陷因桩周土岩性不同或缺陷埋深不同，在测试信号中其幅值大小各异。因此，如何正确判定缺陷程度，特别是缺陷十分明显时，如何区分是Ⅲ类桩还是Ⅳ类桩，应仔细对照桩型、地质条件、施工情况并结合当地经验综合分析判断；不仅如此，还应结合基础和上部结构形式对桩的承载安全性要求，考虑桩身承载力不足引发桩身结构破坏的可能性，进行缺陷类别划分，不宜单凭测试信号定论。

4. 桩身缺陷位置的确定

桩身缺陷位置应按下列公式计算：

$$x = \frac{1}{2000} \cdot \Delta t_x \cdot c_m = \frac{1}{2} \cdot \frac{c_m}{\Delta f'} \tag{7-39}$$

式中　x——桩身缺陷至传感器安装点的距离（m）；

　　　Δt_x——速度波第一峰与缺陷反射波峰间的时间差（ms）；

　　　$\Delta f'$——幅频曲线上缺陷相邻谐振峰间的频差（Hz）。

对桩型及施工工艺相同的一批桩，当按上式对受检桩的桩长进行估算核验时，若估算桩长明显短于设计桩长且有可靠施工资料或其他方法验证其结果时，受检桩应判定为 IV 类桩。

特殊情况说明：

（1）对于混凝土灌注桩，应区分桩身截面渐变后恢复至原桩径并在该阻抗突变处的一次反射，或扩径突变处的二次反射，结合施工工艺和地质条件综合分析判定受检桩的完整性类别。必要时，可采用实测曲线拟合法辅助判定桩身完整性。

（2）对于嵌岩桩，桩底反射信号为单一反射波且与锤击脉冲信号同向时，应采取其他方法核验桩底岩情况。

（3）出现下列情况之一，桩身完整性宜结合其他检测方法进行：

1）实测波形复杂，无规律，无法对其进行准确评价；

2）桩身截面渐变或多变，且变化幅度较大的混凝土灌注桩。

5. 检测报告的要求

因人员水平、测试过程的测量系统各环节出现异常、认为对信号再处理影响信号真实性等，均直接影响结论判断的准确性，只有根据原始信号曲线才能鉴别。《建筑基桩检测技术规范》规定：低应变检测报告应给出桩身完整性检测的实测信号曲线。检测报告还应包含下列信息：

（1）工程概述；

（2）岩土工程条件；

（3）检测方法、原理、仪器设备和过程叙述；

（4）受检桩的桩号、桩位平面布置图和相关的施工记录；

（5）受检桩的检测数据，实测与计算分析曲线、表格和汇总结果；

（6）与检测内容相应的检测结论。

（7）桩身波速取值；

（8）桩身完整性描述，缺陷的位置及桩身完整性类别；

（9）时域信号段所对应的桩身长度标尺、指数放大的倍数；

（10）必要的说明和建议，如扩大抽检、复检等。

7.4.6　低应变检测工程实例

1. 工程实例一

某工程采用机械成孔灌注桩，桩径 400mm，桩长 4.7m，设计强度 C25，在凝期达到要求后进行低应变测试，测试结果如图 7-39 所示。

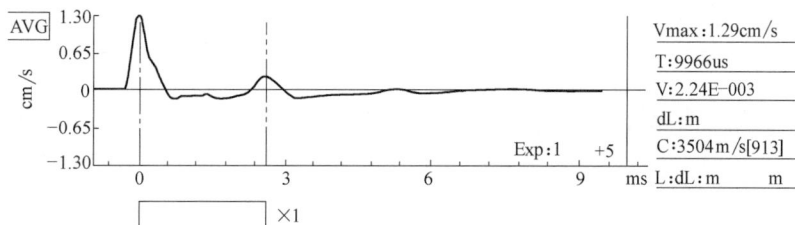

图 7-39　距离桩顶 0.5m 处一侧截面扩大一侧截面缩小测试结果

实测波形桩底反射明显，无明显缺陷反射，桩身完整性判别为类Ⅰ。

2. 工程实例二

某工程采用机械成孔灌注桩，桩径 400mm，桩长 4.6m，设计强度 C30，桩底嵌入中风化泥灰岩。凝期达到要求后进行低应变测试，测试结果如图 7-40 所示。

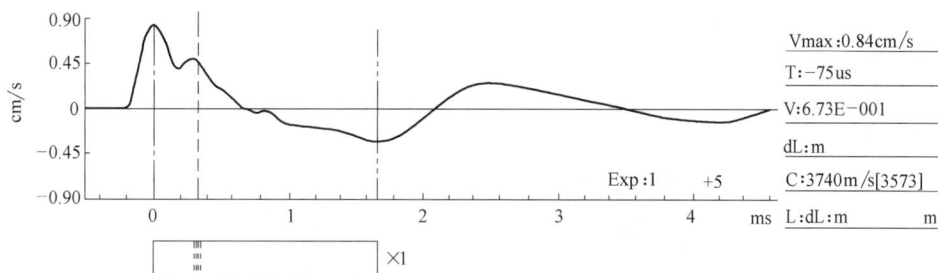

图 7-40　实例桩时域信号曲线图

测试波形信号显示距离桩顶 0.5m 附近位置存在阻抗减小缺陷。该桩完整性类别判定为Ⅱ类。桩顶开挖后如图 7-41 所示。

图 7-41　距离桩顶 0.5m 处一侧截面扩大一侧截面缩小实拍图

3. 工程实例三

某工程采用机械成孔灌注桩，桩径 400mm，桩长 2.1m，设计强度 C30，在凝期达到要求后进行低应变测试，测试结果如图 7-42 所示。

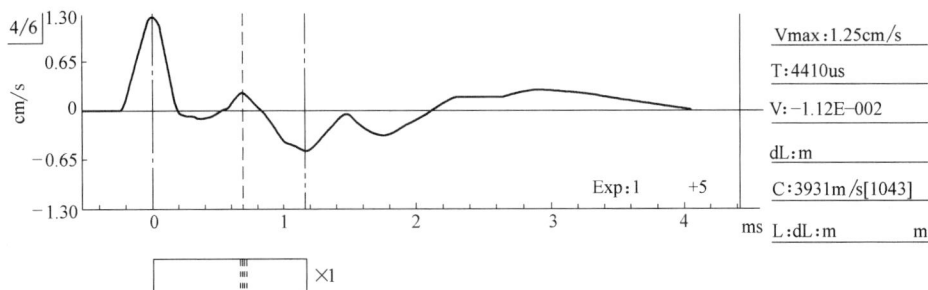

图 7-42　距离桩顶 0.5m 处一侧截面扩大一侧截面缩小

测试波形信号显示距离桩顶 1.4m 附近位置存在阻抗减小缺陷。该桩完整性类别判定为Ⅲ类。桩顶开挖后如图 7-43 所示。

图 7-43　距离桩顶 0.5m 处一侧截面扩大一侧截面缩小（开挖后）

4. 工程实例四

某山庄 7♯楼工程，该桩径 800mm，有效桩长 29.5m，混凝土强度 C25，冲击成孔灌注桩，桩底嵌岩。实测波形如图 7-44 所示。

该桩在 7.3m 附近有明显的同向反射，并伴有多次反射，桩底无反射信号。此桩为嵌岩桩，正常桩桩底应有反向反射信号。实测图形说明该桩在 7.3m 附近严重离析或者已经断裂，判为Ⅳ类桩。

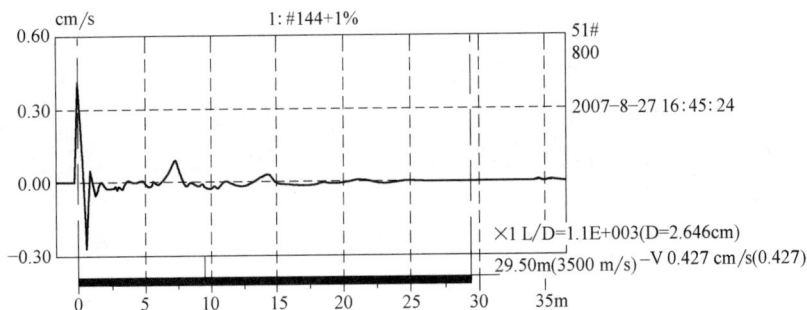

图 7-44 实例桩时域信号曲线图

7.5 声波透射法

7.5.1 概述

声波检测一般是以人为激励的方式向介质（被测对象）发射声波，在一定距离上接收经介质物理特性调制的声波（反射波、透射波或散射波），通过观测和分析声波在介质中传播时声学参数和波形的变化，对被测对象的宏观缺陷、几何特征、组织结构、力学性质进行推断和表征。而声波透射法则是以穿透介质的透射声波为测试和研究对象的。

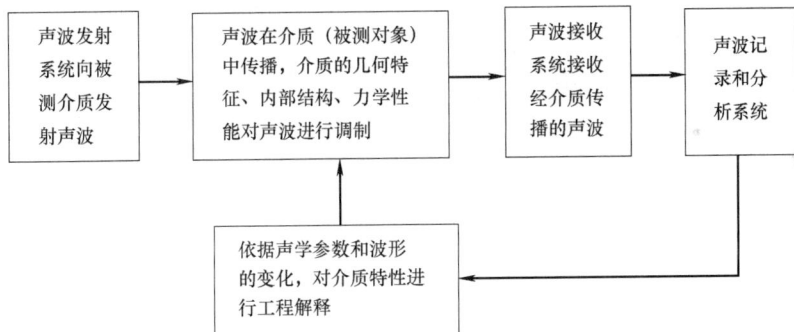

7.5.2 仪器设备

混凝土声波检测设备主要包括了声波仪和换能器两大部分。用于混凝土检测的声波频率一般在 20～250kHz 范围内，属超声频段，因此，通常也可称为混凝土的超声波检测，相应的仪器也叫超声仪。

1. 混凝土声波仪

混凝土声波仪的功能（基本任务），是向待测的结构混凝土发射声波脉冲，使其穿过混凝土，然后接收穿过混凝土的脉冲信号。仪器显示和记录声脉冲穿过混凝土所需时间、接收信号的波形、波幅等。根据声脉冲穿越混凝土的时间（声时）和距离（声程），可计算声波在混凝土中的传播速度；波幅可反映声脉冲在混凝土中的能量衰减状况，根据所显示的波形，经过适当处理后可对被测信号进行频谱分析。

2. 声波换能器

运用声波检测混凝土，首先要解决的问题是如何产生声波以及接收经混凝土传播后的声波，然后进行测量。解决这类问题通常采用能量转换方法：首先将电能转化为声波能量，向被测介质（混凝土）发射声波，当声波经混凝土传播后，为了度量声波的各声学参数，又将声能量转化为最容易量测的量——电量，这种实现电能与声能相互转换的装置称为换能器。

换能器依据其能量转换方向的不同，又分为发射换能器和接收换能器：

发射换能器——实现电能向声能的转换；

接收换能器——实现声能向电能的转换。

发射换能器和接收换能器的基本构成是相同的，一般情况下，可以互换使用，但有的接收换能器为了增加测试系统的接收灵敏度而增设了前置放大器，这时，收、发换能器就不能互换使用。

7.5.3 检测技术

1. 灌注桩声波透射法检测的适用范围

（1）声波透射法检测混凝土灌注桩的几种方式（图 7-45）

按照声波换能器通道在桩体中不同的布置方式，声波透射法检测混凝土灌注桩可分为三种方式：①桩内跨孔透射法；②桩内单孔透射法；③桩外孔透射法。

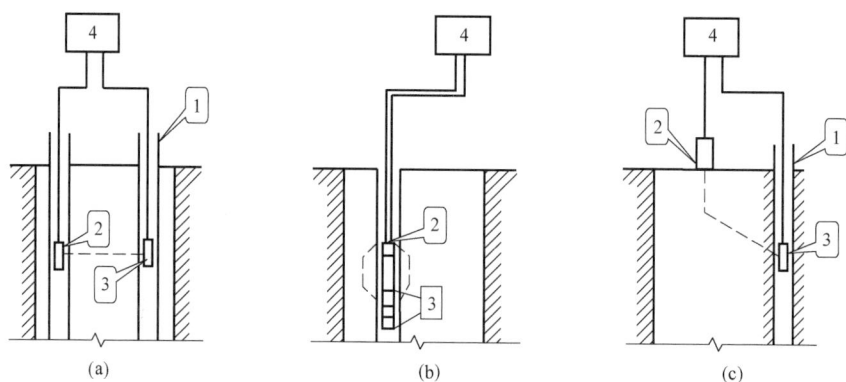

图 7-45　灌注桩声波透射法检测方式示意图
1—声测管（或钻孔）；2—发射换能器；3—接收换能器；4—声波检测仪
（a）桩内跨孔透射法；（b）桩内单孔透射法；（c）桩外孔透射法

上述三种方法中，桩内跨孔透射法是一种较成熟可靠的方法，是声波透射法检测灌注桩混凝土质量最主要的形式，另外两种方式在检测过程的实施、数据的分析和判断上均存在不少困难，检测方法的实用性、检测结果的可靠性均较低。基于上述原因，《建筑基桩检测技术规范》JGJ 106 中关于声波透射法的适用范围规定了适用于已预埋声测管的混凝土灌注桩桩身完整性检测，即适用于桩内声波跨孔透射法检测桩身完整性。

（2）关于用声波透射法测试声速来推定桩身混凝土强度的问题

由于混凝土声速与其强度有一定的相关性，通过建立专用"强度-声速"关系曲线来推定混凝土强度的方法广泛地应用于结构混凝土的声波检测中，但作为隐蔽工程的桩与上部结构有较大差别。

"强度—声速"关系曲线受混凝土混合比、骨料品种、硬化环境等多种因素的影响，上部结构混凝土的配合比和硬化环境我们可以较准确地模拟。而在桩中的混凝土由于重力、地下水等多种因素的影响而产生离析现象，导致桩身各个区段混凝土的实际配比产生变化，且这种变化情况无法预估，因而无法对"强度-声速"关系曲线作合理的修正。

另一方面，声测管的平行度也会对强度的推定产生很大影响，声测管在安装埋设过程中难以保证管间距离恒定不变，检测时，我们只能测量桩顶的两管间距，并用于计算各测点的声速，这就必然造成声速检测值的偏差。

而"强度—声速"关系一般是幂函数或指数函数关系，声速的较小偏差所对应的强度偏差被指数放大了。所以即使在检测前已按桩内混凝土的设计配合比制定了专用"强度-声速"曲线，以实际检测声速来推定桩身混凝土强度仍有很大误差。

因此，《建筑基桩检测技术规范》JGJ 106 在声波透射法的适用范围中，回避了桩身强度推定问题，只检测灌注桩桩身完整性，确定桩身缺陷位置、程度和范围。

当桩径太小时，换能器与声测管的耦合会引起较大的相对误差，一般采用声透法时，桩径大于 0.6m。

2. 现场检测准备

声测管的埋设及要求

声测管是声波透射法测桩时，径向换能器的通道，其埋设数量决定了检测剖面的个数，同时也决定了检测精度：声测管埋设数量多，则两两组合形成的检测剖面越多，声波对桩身混凝土的有效检测范围更大、更细致，但需消耗更多的人力、物力，增加成本；减小声测管数量虽然可以缩减成本，但同时也减小了声波对桩身混凝土的有效检测范围，降低了检测精度和可靠性。声测管的埋设质量（平行度）直接影响检测结果的可靠性和检测试验的成败。《规范》JGJ 106—2014 附录 H 对声测管的埋设数量作了具体规定。

H.0.1　声测管内径宜为 50～60mm。

H.0.2　声测管应下端封闭、上端加盖、管内无异物；声测管连接处应光滑过渡，管口应高出桩顶 100mm 以上，且各声测管管口高度宜一致。

H.0.3　应采取适宜方法固定声测管，使之成桩后相互平行。

H.0.4　声测管埋设数量应符合下列要求：

1　$D \leqslant 800mm$，不得少于 2 根声测管。

2　$800mm < D \leqslant 1600mm$，不得少于 3 根声测管。

3　$D > 1600mm$，不少于 4 根声测管。

式中　D——受检桩设计桩径。

H.0.5　声测管应沿桩截面外侧呈对称形状布置，按图 H.0.5 所示的箭头方向顺时针旋转依次编号。

（1）声测管埋设数量及布置

声测管的埋设数量由桩径大小决定，如图 7-46 所示：

在检测时沿箭头所指方向开始将声测管沿顺时针方向编号。

检测剖面编组分别为：a. 1-2；b. 1-2，1-3，2-3；c. 1-2，1-3，1-4，2-3，2-4，3-4。

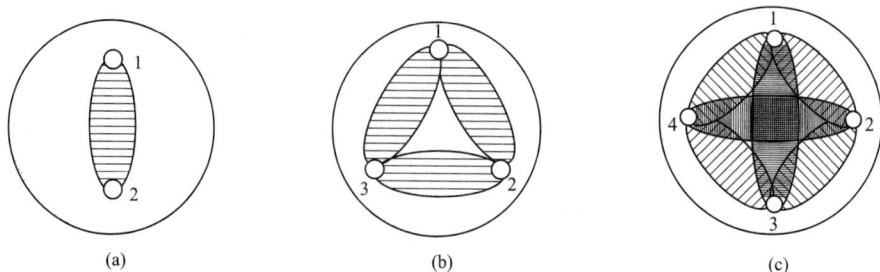

图 7-46 测管布置图（注：图中阴影为声波的有效检测范围）

(a) 沿直径布置 $D \leqslant 800$mm；(b) 呈三角形布置 800mm$< D \leqslant 1600$mm；(c) 呈正方形布置 $D > 1600$mm

（2）声测管管材、规格、连接

对声测管的材料有以下几个方面的要求：

1）有足够的强度和刚度，保证在混凝土灌注过程中不会变形、破损，声测管外壁与混凝土粘结良好，不产生剥离缝，影响测试结果。

2）有较大的透声率：一方面保证发射换能器的声波能量尽可能多地进入被测混凝土中，另一方面，又可使经混凝土传播后的声波能量尽可能多地被接收换能器接收，提高测试精度。

在发射换能器与接收换能器之间存在四个异质界面，水——→声测管管壁——→混凝土——→声测管管壁——→水，异质界面声能量透过系数，可按下式计算：

$$f_{Ti} = \frac{4Z_1 Z_2}{(Z_1 + Z_2)^2} \tag{7-40}$$

式中　f_{Ti}——某异质界面的声能透过系数；

Z_1，Z_2——两侧介质的声阻抗率（$Z = \rho c$）。

4 个界面声能总透过系数为

$$f_T = \prod_{i=1}^{4} f_{Ti} \tag{7-41}$$

当 $Z_1 = Z_2$ 时，声能量透过系数为 1（最大），所以当声测管材料声阻抗介于水和混凝土之间时，声能量的总透过系数较大。

目前常用的声测管有钢管、钢质波纹管、塑料管 3 种。

（3）声测管的连接与埋没

用作声测管的管材一般都不长（钢管为 6m 长一根）当受检桩较长时，需把管材一段一段地联结，接口必须满足下列要求：

1）有足够的强度和刚度，保证声测管不致因受力而弯折、脱开；

2）有足够的水密性，在较高的静水压力下，不漏浆；

3）接口内壁保持平整通畅，不应有焊渣、毛刺等凸出物，以免妨碍接头的上、下移动。

通常有两种联结方式：螺纹联结和套筒联结（图 7-47）。

声测管一般用焊接或绑扎的方式固定在钢筋笼内侧，在成孔后，灌注混凝土之前随钢筋笼一起放置于桩孔中，声测管应一直埋到桩底，声测管底部应密封，如果受检桩不是通长配筋，则在无钢筋笼处的声测管间应设加强箍，以保证声测管的平行度。

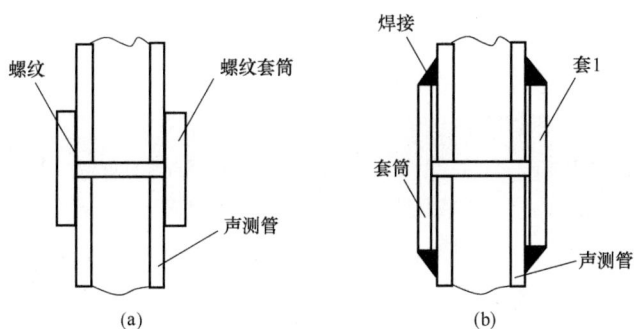

图 7-47　声测管的联结

(a) 螺纹联结；(b) 套筒联结

安装完毕后，声测管的上端应用螺纹盖或木塞封口，以免落入异物，阻塞管道。

声测管的连接和埋设质量是保证现场检测工作顺利进行的关键，也是决定检测数据的可靠性以及试验成败的关键环节，应引起高度重视。

（4）声测管的其他用途

1）替代一部分主钢筋截面。

2）当桩身存在明显缺陷或桩底持力层软弱达不到设计要求时，声测管可以作为桩身压浆补强或桩底持力层压浆加固的工程事故处理通道。

3. 现场测试

（1）检测前的准备工作

1）按照《建筑基桩检测技术规范》JGJ 106—2014 中 3.2.1 的要求，安排检测工作程序。

2）按照《建筑基桩检测技术规范》JGJ 106—2014 中 3.2.2 的要求，调查、收集待检工程及受检桩的相关技术资料和施工记录。比如桩的类型、尺寸、标高、施工工艺、地质状况、设计参数、桩身混凝土参数、施工过程及异常情况记录等信息。

3）检查测试系统的工作状况，必要时（更换换能器、电缆线等）应按"时-距"法对测试系统的延时 t_0 重新标定，并根据声测管的尺寸和材质计算耦合声时 t_w，声测管壁声时 t_p。

4）将伸出桩顶的声测管切割到同一标高，测量管口标高，作为计算各测点高程的基准。

5）向管内注入清水，封口待检。

6）在放置换能器前，先用直径与换能器略同的圆钢作吊绳。检查声测管的通畅情况，以免换能器卡住后取不上来或换能器电缆被拉断，造成损失。有时，对局部漏浆或焊渣造成的阻塞可用钢筋导通。

7）用钢卷尺测量桩顶面各声测管之间外壁净距离，作为相应的两声测管组成的检测剖面各测点测距，测试误差小于 1%。

8）测试时径向换能器宜配置扶正器，尤其是声测管内径明显大于换能器直径时，换能器的居中情况对首波波幅的检测值有明显影响。扶正器就是用 1～2mm 厚的橡皮剪成

227

一齿轮形，套在换能器上，齿轮的外径略小于声测管内径。扶正器既保证换能器在管中能居中，又保护换能器在上下提升中不致与管壁碰撞，损坏换能器。软的橡皮齿又不会阻碍换能器通过管中某些狭窄部位。

（2）检测前对混凝土龄期的要求

原则上，桩身混凝土满 28d 龄期后进行声波透射法检测是最合理的，也是最可靠的。但是，为了加快工程建设进度、缩短工期，当采用声波透射法检测桩身缺陷和判定其完整性等级时，可适当将检测时间提前。特别是针对施工过程中出现异常情况的桩，可以尽早发现问题，及时补救，赢得宝贵时间。

（3）检测步骤

现场的检测过程一般分两个步骤进行，首先是采用平测法对全桩各个检测剖面进行普查，找出声学参数异常的测点。然后，对声学参数异常的测点采用加密测试、斜测或扇形扫测等细测方法进一步检测，这样一方面可以验证普查结果，另一方面可以进一步确定异常部位的范围，为桩身完整性类别的判定提供可靠依据。

1）平测普查（图 7-48）按照下列步骤进行：

① 将多根声测管以两根为一个检测剖面进行全组合（共有 C_n^2 个检测剖面，n 为声测管数），并按图 7-48 进行剖面编码。将发、收换能器分别置于某一剖面的两声测管中，并放至桩的底部，保持相同标高。

② 自下而上将发、收换能器以相同的步长（一般不宜大于 250mm）向上提升。每提升一次，进行一次测试，实时显示和记录测点的声波信号的时程曲线，读取声时、首波幅值和周期值（模拟式声波仪），宜同时显示频谱曲线和主频值（数字式仪器）。重点是声时和波幅，同时也要注意实测波形的变化。

③ 在同一桩的各检测剖面的检测过程中，声波发射电压和仪器设置参数应保持不变。由于声波波幅和主频的变化，对声波发射电压和仪器设置参数很敏感，而目前的声波透射法测桩，对声参数的处理多采用相对比较法，为使声参数具有可比性，仪器性能参数应保持不变。

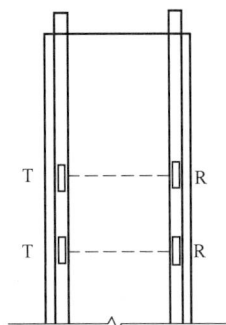

图 7-48 平测普查
T—发射换能器，
R—接收换能器

2）对可疑测点的细测（加密平测、斜测、扇形扫测）

通过对平测普查的数据分析，可以根据声时、波幅和主频等声学参数相对变化及实测波形的形态，找出可疑测点。

对可疑测点，先进行加密平测（换能器提升步长为 10～20cm），核实可疑点的异常情况，并确定异常部位的纵向范围。再用斜测法对异常点缺陷的严重情况进行进一步的探测。斜测就是让发、收换能器保持一定的高程差，在声测管内以相同步长同步升降进行测试，而不是像平测那样让发、收换能器在检测过程中始终保持相同的高程。斜测又分为单向斜测和交叉斜测（图 7-49）。

由于径向换能器在铅垂面上存在指向性，因此，斜测时，发、收换能器中心连线与水平面的夹角不能太大，一般可取 30°～40°。

① 局部缺陷：如图 7-50（a）所示，在平测中发现某测线测值异常（图中用实线表示），进行斜测，在多条斜测线中，如果仅有一条测线（实线）测值异常，其余皆正常，

则可以判断这只是一个局部的缺陷，位置就在两条实线的交点处。

② 缩颈或声测管附着泥团：如图 7-50（b）所示，在平测中发现某（些）测线测值异常（实线），进行斜测。如果斜测线中、通过异常平测点发收处的测线测值异常，而穿过两声测管连线中间部位的测线测值正常，则可判断桩中心部位是正常混凝土，缺陷应出现在桩的边缘，声测管附近，有可能是缩颈或声测管附着泥团。当某根声测管陷入包围时，由它构成的两个测试面在该高程处都会出现异常测值。

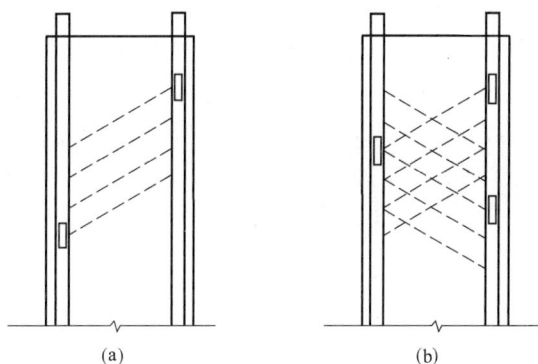

图 7-49　斜测细查

（a）单向斜测；（b）交叉斜测

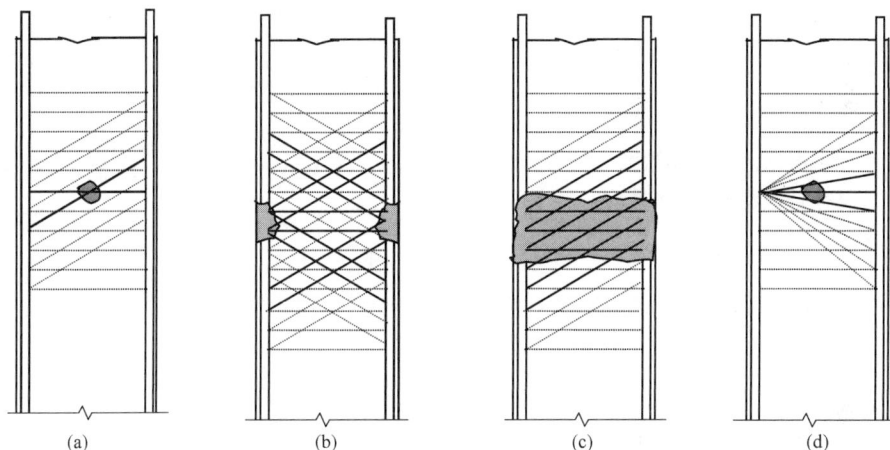

图 7-50　灌注桩的交叉斜测和扇形扫测

（a）局部缺陷；（b）缩颈或声测管附着泥团；（c）层状缺陷（断桩）；（d）扇形扫测

③ 层状缺陷（断桩）：如图 7-50（c）所示，在平测中发现某（些）测线值异常（实线），进行斜测。如果斜测线中除通过异常平测点发收处的测线测值异常外，所有穿过两声测管连线中间部位的测线测值均异常，则可判定该声测管间缺陷连成一片。如果三个测试面均在此高程处出现这样的情况，如果不是在桩的底部，测值又低下严重，则可判定是整个断面的缺陷，如夹泥层或疏松层，即断桩。

斜测有两面斜测和一面斜测。最好进行两面斜测，以便相互印证，特别是像图 7-50（b）那种缩颈或包裹声测管的缺陷，两面斜测可以避免误判。

④ 扇形扫查测量：在桩顶或桩底斜测范围受限制时，或者为减少换能器升降次数，作为一种辅助手段，也可扇形扫查测量，如图 7-50（d）所示。一只换能器固定在某高程不动，另一只换能器逐点移动，测线呈扇形分布。要注意的是，扇形测量中各测点测距是各不相同的，虽然波速可以换算，相互比较，但振幅测值却没有相互可比性（波幅除与测距有关，还与方位角有关，且不是线性变化），只能根据相邻测点测值的突变来发现测线

是否遇到缺陷。

测试中还要注意声测管接头的影响。当换能器正好位于接头处，有时接头会使声学参数测值明显降低，特别是振幅测值。其原因是接头处存在空气夹层，强烈反射声波能量。遇到这种情况，判断的方法是：将换能器移开一定距离后，测值立刻正常，反差极大，往往属于这种情况。另外，通过斜测也可作出判断。

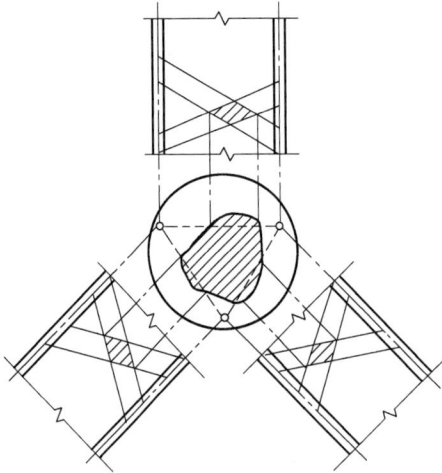

图 7-51　桩身缺陷在桩横截面上的分布及在各检测剖面上的投影

（4）对桩身缺陷在桩横截面上的分布状况的推断

对单一检测剖面的平测、斜测结果进行分析，我们只能得出缺陷在该检测剖面上的投影范围，桩身缺陷在空间的分布是一个不规则的几何体，要进一步确定缺陷的范围（在桩身横截面上的分布范围），则应综合分析各个检测剖面在同一高程或邻近高程上的测点的测试结果，如图 7-51 所示，一灌注桩桩身存在缺陷，在三个检测剖面的同一高程上通过细测（加密平测和斜测），确定了该桩身缺陷在三个检测剖面上的投影范围，综合分析桩身缺陷的三个剖面投影可大致推断桩身缺陷在桩横截面上的分布范围。

桩身缺陷的纵向尺寸可以比较准确地检测，因为测点间距可以任意小，所以在桩身纵剖面上可以有任意多条测线。而桩身缺陷在桩横截面上的分布则只是一个粗略的推断，因为在桩身横截面上最多只有 C_n2 条测线（n 为声测管理设数量）。

近几年发展起来的灌注桩声波层析成像（CT）技术是检测灌注桩桩身缺陷在桩内的空间分布状况的一种新方法。

7.5.4　检测数据分析与结果判定

1. 测试数据的整理

灌注桩的声波透射法检测需要分析和处理的主要声学参数是声速、波幅、主频，同时要注意对实测波形的观察和记录。目前大量使用的数字式声波仪有很强的数据处理、分析功能，几乎所有的数学运算都是由计算机来完成的。作为一个合格的现场检测技术人员了解这些数据整理的方法有助于对桩身缺陷的正确判别和桩身完整性的正确判定。

（1）波形记录与观察

实测波形的形态能综合反映发、收换能器之间声波能量在混凝土中各种传播路径上的总的衰减状况，应记录有代表性的混凝土质量正常的测点的波形曲线，和异常测点的波形曲线，可作为对桩身缺陷的辅助判断。

（2）绘制声参数～深度曲线

根据上节中各个测点声参数的计算值和测点标高，绘制声速～深度曲线、声幅～深度曲线、主频～深度曲线，将三条曲线对应起来进行异常测点的判断更直观，便于综合分析。

2. 数据分析与判断

（1）声速判据

声速是分析桩身混凝土质量的一个重要参数，在《建筑基桩检测技术规范》JGJ 106—2014 中对声速的分析、判断有两种方法：概率法和声速低限值法。

1）概率法

正常情况下，由随机误差引起的混凝土的质量波动是符合正态分布的，这可以从混凝土试件抗压强度的试验结果得到证实，由于混凝土质量（强度）与声学参数存在相关性，可大致认为正常混凝土的声学参数的波动也服从正态分布规律。

混凝土构件在施工过程中，可能因外界环境恶劣及人为因素导致各种缺陷，这种缺陷由过失误差引起，缺陷处的混凝土质量将偏离正态分布，与其对应的声学参数也同样会偏离正态分布。

2）声速低限值法

概率法本质上说是一种相对比较法，它考察的只是某测点声速与所有测点声速平均值的偏离程度，在使用时，没有与声速的绝对值相联系，可能会导致误判或漏判，鉴于上述原因，在《建筑基桩检测技术规范》JGJ 106—2014 中增加了低限值异常判据。

（2）灌注桩的声波检测时声速临界值的计算方法

1）将同一检测面各测点的声速值 v_i 由大到小依次排序，即

$$v_1 \geqslant v_2 \geqslant \cdots \geqslant v_i \geqslant \cdots \geqslant v_{n-k} \geqslant \cdots \geqslant v_{n-1} \geqslant v_n \tag{7-42}$$

式中　v_i——按序列排列后的第 i 个测点的声速测量值；

　　　n——某检测剖面的测点数；

　　　k——逐一去掉（7-42）式 v_i 序列尾部最小数值的数据个数。

2）对逐一去掉 v_i 序列中最小值后余下的数据进行统计计算，当去掉最小数值的数据个数为 k 时，对包括 v_{n-k} 在内的余下数据 $v_1 \sim v_{n-k}$ 按下列公式进行统计计算：

$$v_0 = v_m - \lambda_1 S_v \tag{7-43}$$

$$v_m = \frac{1}{n-k} \sum_{i=1}^{n-k} v_i \tag{7-44}$$

$$S_v = \sqrt{\frac{1}{n-k-1} \sum_{i=1}^{n-k} (v_i - v_m)^2} \tag{7-45}$$

式中　v_0——异常判断值；

　　　v_m——（$n-k$）个数据的平均值；

　　　S_v——（$n-k$）个数据的标准差；

　　　λ_1——由表查得的与（$n-k$）相对应的系数。

3）将 v_{n-k} 与异常判断值 v_0 进行比较，当 $v_{n-k} \leqslant v_0$ 时，v_{n-k} 及其以后的数据均为异常，去掉 v_{n-k} 及其以后的异常数据；再用数据 $v_1 \sim v_{n-k-1}$ 并重复式（7-43）至式（7-45）的计算步骤，直到 v_i 序列中余下的全部数据满足：

$$v_i > v_0 \tag{7-46}$$

此时，v_0 为声速的异常判断临界值 v_{c0}。

4）声速异常时的临界值判据为：

$$v_i \leqslant v_{c0} \tag{7-47}$$

当式（7-47）成立时，声速可判定为异常。

5）采用概率法判据应注意的几个问题

① 以一个剖面的所有测点测值为统计样本，且测点总数不少于 20 个点，当桩长很短时，可减小测点间距，加大测试点数。

② 由于临界值的计算是以正常混凝土的声速分布服从正态分布为前提，统计计算正常波动下可能出现的最低值。因此参与统计的测点都是正常波动测点，异常点不应该参与统计计算 v_m 和 S_v，否则，将使计算统计的离散度增大（S_v 变大），平均值降低（v_m 变小），影响临界值的合理取值。

③ 若桩身缺陷太多，不能获得反映桩身混凝土正常波动下测值的平均值、标准差时，应扩大检测范围或参考同一工程质量较稳定的桩的声速临界值，来评定多缺陷桩。

④ 采用概率法计算桩身混凝土声速临界值，只考虑了单边情况，即"小值异常"情况，其原因如下：一方面环境条件恶劣或人为失误造成的过失误差一般只会引起混凝土质量的恶化，即声速降低，而使测点的声速向小值方向偏离正态分布；另一方面，即使出现"大值异常"，这样的偏离是有利于工程结构安全的，不应判为异常点。

⑤ 当声速的某些测值明显高于混凝土声速的正常取值时，应分析原因（可能是声测管弯曲或系统延时 t_0 设置不正确）后作适当剔除，再做数理统计分析，或参考同一工程其他桩的声速临界值。

⑥ 概率法本质上也是一种相对比较法，在进行异常点的鉴别和缺陷的判定时，应结合测点的实际声速与正常值的偏离程度以及其他声参数进行综合判定。

6）概率法存在的问题

① 统计计算有无缺陷的临界值时，完全按照低测值点可能出现的概率来计算，没有考虑误判概率和漏判概率。

② 概率法的基本前提是桩身混凝土的声速服从正态分布，严格地说混凝土强度服从正态分布，其声速不服从正态分布，虽然强度与声速具有相关性，但这种相关性多为幂函数型，是非线性的。

③ 当有声速"大值异常"时，"异常大值"向大值方向偏离正态分布。在运用数理统计方法计算声速临界值时，没有剔除"异常大值"，而"异常大值"参与统计计算将影响声速临界值的取值。

影响桩身混凝土质量的因素，比上部结构混凝土复杂得多，与标养试件相比更是相去甚远，因此，对于用概率法临界值判断出来的可疑测点，还应结合其他声参数指标和判据，来综合判定可疑测点是否就是桩身缺陷。

桩身混凝土均匀性可采用离差系数 $C_v = s_x / v_m$ 评价，其中 s_x 和 v_m 分别为 n 个测点的声速标准差和 n 个测点的声速平均值。

当检测剖面 n 个测点的声速值普遍偏低且离散性很小时，宜采用声速低限值判据：

$$v_i < v_L \tag{7-48}$$

式中　v_i——第 i 测点声速（km/s）；

　　v_L——声速低限值（km/s），由预留同条件混凝土试件的抗压强度与声速对比试验结果，结合本地区实际经验确定。

当式（7-48）成立时，可直接判定为声速低于低限值异常。

（3）波幅判据

接收波首波波幅是判定混凝土灌注桩桩身缺陷的另一个重要参数，首波波幅对缺陷的反应比声速更敏感，但波幅的测试值受仪器设备、测距、耦合状态等许多非缺陷因素的影响，因而其测值没有声速稳定。

如果说桩身质量正常的混凝土声速的波动与正态分布规律有一定的偏差，但大致符合的话，那么桩身混凝土声波波幅与正态分布的偏离可能更远，采用基于正态分布规律的概率法来计算波幅临界值可能更缺乏可靠理论依据。

在《规范》中采用下列方法确定波幅临界值判据：

$$A_m = \frac{1}{n} \sum_{i=1}^{n} A_{pi} \tag{7-49}$$

$$A_{pi} < A_m - 6 \tag{7-50}$$

式中　A_m——同一检测剖面各测点的波幅平均值（dB）；

　　　　n——同一检测剖面测点数。

即波幅异常的临界值判据为同一剖面各测点波幅平均值的一半。当式（7-50）成立时，波幅可判定为异常。

这是沿用《基桩低应变动力检测规程》JGJ/T 93—95 的处理方法，由于桩内测试时波幅本身波动很大，采用波幅平均值的一半作为临界值判据可能过严，造成误判。因此《规范》JGJ 106—2014 采用了"可"的措辞。

《超声法检测混凝土缺陷技术规程》CECS 21：2000 采用的是与声速一样的统计方法来确定波幅的临界值，由于桩中波幅的标准差很大，这种波动并非全是混凝土质量的波动所致，因此这种方法计算的临界值可能偏小，导致漏判。

在实际应用中，应注意将异常点波幅与混凝土的其他声参量综合起来分析判断。

（4）PSD 判据（斜率法判据）

1）根据桩身某一检测剖面各测点的实测声时 $t_c(\mu s)$，及测点高程 $z(mm)$，可得到一个以 t_c 为因变量，z 为自变量的函数。

$$t_c = f(z) \tag{7-51}$$

当该桩桩身完好时，$f(z)$ 应是连续可导函数，即 $\Delta z \to 0$，$\Delta t_c \to 0$。

当该剖面桩身存在缺陷时，在缺陷与正常混凝土的分界面处，声介质性质发生突变，声时 t_c 也发生突变，当 Δz 趋于 0 时，Δt_c 不趋于 0，即 $f(z)$ 在此处不可导。因此函数 $f(z)$ 不可导点就是缺陷界面位置。在实际检测时，测点有一定间距，Δz 不可能趋于零，而且由于缺陷表面凸凹不平，以及孔洞等缺陷是由于声波绕行导致声时变化的，所以 $f(z)$ 的实测曲线在缺陷界面只表现为斜率的变化。$f(z) \sim z$ 图上各测点的斜率只能反映缺陷的有无，不能明显反映缺陷的大小（声时差），因而用声时差对斜率加权。

2）PSD 法判据：

$$K_i = \frac{(t_{ci} - t_{ci-1})^2}{z_i - z_{i-1}} \tag{7-52}$$

$$\Delta t = t_{ci} - t_{ci-1} \tag{7-53}$$

式中　K_i——第 i 测点的 PSD 判据；

t_{ci}、t_{ci-1}——分别为第 i 测点和第 $i-1$ 测点声时；

z_i、z_{i-1}——分别为第 i 测点和第 $i-1$ 测点深度。

根据实测声时计算某一剖面各测点的 PSD 判据，绘制"判据值～深度"曲线，然后根据 PSD 值在某深度处的突变，结合波幅变化情况，进行异常点判定。采用 PSD 法突出了声时的变化，对缺陷较敏感，同时，也减小了因声测管不平行或混凝土不均匀等非缺陷因素造成的测试误差对数据分析判断的影响。

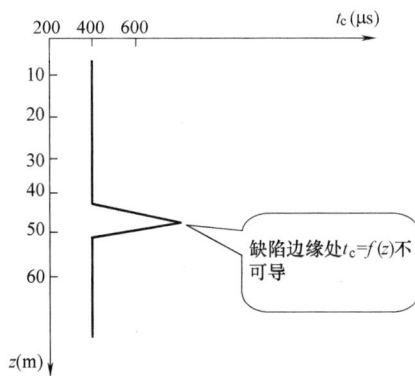

图 7-52　PSD 法原理

采用 PSD 法应注意的是当桩身缺陷为缓变型时，声时值也呈缓变，PSD 判据并不敏感。在实际应用时，可先假定缺陷的性质（如夹层、空洞、蜂窝）和尺寸，来计算临界状态的 PSD 值，作为临界值判据，但必须对缺陷区的声波波速作假定（图 7-52）。

3）桩身混凝土缺陷性质、程度、范围与 PSD 判据的关系

PSD 判据实际上反映了测点间距、声波穿透距离、混凝土质量等因素之间的综合关系，这一关系随缺陷的性质和范围的不同而不同。

① 假定缺陷为夹层（图 7-53）。设混凝土的声速为 v_1，夹层中夹杂物的声速为 v_2，声程为 l，测点间距为 Δz（即 $z_i - z_{i-1}$）。若在正常混凝土中的声时值为 t_{i-1}，夹层中的声时值为 t_i，即两测点介于夹层边缘的两侧，则

$$t_{i-1} = \frac{1}{v_1} \tag{7-54}$$

$$t_i = \frac{l}{v_2} \tag{7-55}$$

所以

$$t_i - t_{i-1} = \frac{l}{v_2} - \frac{l}{v_1} \tag{7-56}$$

将式（7-56）代入式（7-53）得

$$K_c = \frac{l^2(v_1 - v_2)^2}{v_1^2 v_2^2 \Delta z} \tag{7-57}$$

用式（7-57）所求得的判据值即为遇到夹杂物的声速等于 v_2 的夹层断桩的临界判据值，以 K_c 表示。

若某点 i 的 PSD 判据 K_i 大于该点的临界判据值 K_c，该点可判为夹层或断桩。

② 假定缺陷为空洞（图 7-54）。如果缺陷是半径为 R 的空洞，以 t_{i-1} 代表声波在正常混凝土中直线传播时的声时值，t_i 代表声波遇到空洞时绕过缺陷其波线呈折线状传播时的声时值，则

$$t_{i-1} = \frac{l}{v_1} \tag{7-58}$$

$$t_i = \frac{2\sqrt{R^2 + \left(\dfrac{l}{2}\right)^2}}{v_1} \tag{7-59}$$

将式（7-58）、式（7-59）代入式（7-53），得

$$K_i = \frac{4R^2 + 2l^2 - 2l\sqrt{4R^2 + l^2}}{\Delta z \cdot v_1^2} \tag{7-60}$$

式（7-60）反映了 K_i 值与空洞半径 R 之间的关系。

③ 假定缺陷为"蜂窝"或被其他介质填塞的孔洞（图 7-55）。这时声波脉冲在缺

图 7-53　桩身缺陷为夹层

陷区的传播有两条途径：一部分声脉冲穿过缺陷到达接收换能器，另一部分沿缺陷绕行后到达接收换能器。当绕行声时小于穿行声时，可按空洞算式处理。反之，缺陷半径 R 与判据的关系可按相同的方法求出：

$$K = \frac{4R^2(v_1 - v_3)^2}{\Delta z \cdot v_1^2 v_3^2} \tag{7-61}$$

式中　v_3——孔洞中填塞物的声速。

其余各项含义同前。

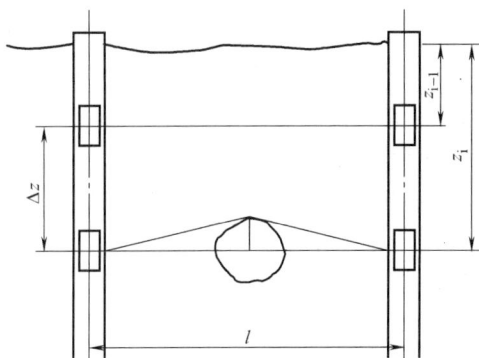

图 7-54　空洞

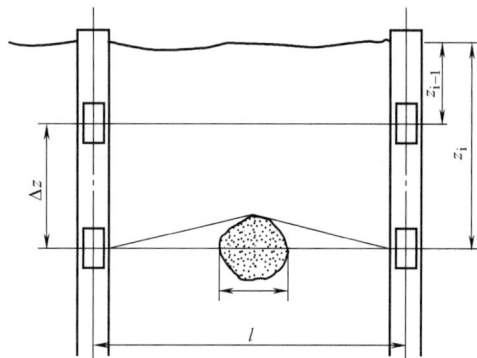

图 7-55　"蜂窝"或被泥砂等物填塞的孔洞

通过上述临界判据值以及各种缺陷大小与判据值关系的公式，用它们与各点的实测值所计算的判据值作比较，即可估算缺陷的位置、性质和大小。

实践证明，用以上判据判断缺陷的存在与否，是可靠的。但由于以上公式中的 v_2、v_3 均为估计值或间接测量值，所以，所计算的缺陷大小也是估算值，最终应采用各种细测的方法，并综合各种声参数进行判定。

（5）主频判据

声波接收信号的主频漂移程度反映了声波在桩身混凝土中传播时的衰减程度，而这种衰减程又能体现混凝土质量的优劣。声波接收信号的主频漂移越大，该测点的混凝土质量就越差。接收信号的主频与波幅有一些类似，也受诸如测试系统状态、耦合状况、测距等许多非缺陷因素的影响，其波动特征与正态分布也存在偏差，测试值没有声速稳定，对缺

陷的敏感性不及波幅，在实测中用得较少。

在《建筑基桩检测技术规范》JGJ 106—2014 中只是把它作为桩身缺陷的一个辅助判据，即"主频-深度曲线上主频值明显降低的测点可判定为异常"。

在《超声法检测混凝土缺陷技术规程》CECS21：2000 中也采用与声速类似的基于正态分布的概率法计算主频临界值，这样处理与波幅存在类似的问题。

在一般的工程检测中，主频判据用得不多，只作为声速、波幅等主要声参数判据之外的一个辅助判据。

（6）实测声波波形

实测波形可以作为判断桩身混凝土缺陷的一个参考，前面讨论的声速和波幅只与接收波的首波有关，接收波的后续部分是发、收换能器之间各种路径声波叠加的结果，目前做定量分析比较难，但后续波的强弱在一定程度上反映了发、收换能器之间声波在桩身混凝土内各种声传播路径上总的能量衰减。在检测过程中应注意对测点实测波形的观察，应选择混凝土质量正常的测点的有代表性的波形记录下来并打印输出，对声参数异常的测点的实测波形应注意观察其后续波的强弱，对确认桩身缺陷的测点宜记录并打印实测波形。

3. 桩身混凝土缺陷的综合判定

（1）综合判定的必要性

在灌注桩的声波透射法检测中，如何利用所检测的混凝土声参数去发现桩身混凝土缺陷、评价桩身混凝土质量从而判定桩的完整性类别是我们检测的最终目的，同时又是声学检测中的一个难题。其原因一方面是因为混凝土作为一种多种材料的集结体，声波在其中的传播过程是一个相当复杂的物理过程；另一方面，混凝土灌注桩的施工工艺复杂、难度大，混凝土的硬化环境和条件以及影响混凝土质量的其他各种因素远比上部结构复杂和难以预见，因此桩身混凝土质量的离散性和不确定性明显高于上部结构混凝土。另外，从测试角度看，在桩内进行声测时，各测点的测距及声耦合状况的不确定性也高于上部结构混凝土的声学测试，因此一般情况下桩的声测测量误差高于上部结构混凝土。

在前一节中我们讨论了用于判断桩身混凝土缺陷的多个声学指标——声速、PSD 判据、波幅、主频、实测波形，它们各有特点，但均有不足，在实际应用时，既不能唯"声速论"，也不能不分主次将各种判据同等对待。声速与混凝土的弹性性质相关，波幅与混凝土的粘塑性相关，采用以声速、波幅判据为主的综合判定法对全面反映混凝土这种粘弹塑性材料的质量是合理的、科学的处理方法。

在《建筑基桩检测技术规范》JGJ 106—2014 中第 10.5.11 条明确指出：桩身完整性类别应结合桩身混凝土各声学参数临界值、PSD 判据、混凝土声速低限值以及桩身质量可疑点加密测试后确定的缺陷范围，按规范表 3.5.1 的规定和表 10.5.11 的特征进行综合判定。

（2）综合判定的方法

相对于其他判据来说声速的测试值是最稳定的、可靠性也最高，而且测试值是有明确物理意义的量，与混凝土强度有一定的相关性，是进行综合判定的主要参数，波幅的测试值是一个相对比较量，本身没有明确的物理意义，其测试值受许多非缺陷因素的影响，测试值没有声速稳定，但它对桩身混凝土缺陷很敏感，是进行综合判定的另一重要参数。

　　综合分析往往贯彻于检测过程的始终，因为检测过程中本身就包含了综合分析的内容（例如对平测普查结果进行综合分析找出异常测点进行细测），而不是说在现场检测完成后才进行综合分析。

　　现场检测与综合分析可按以下步骤：

　　1）采用平测法对桩的各检测剖面进行全面普查。

　　2）对各检测剖面的测试结果进行综合分析确定异常测点。

　　① 采用概率法确定各检测剖面的声速临界值。

　　② 如果某一检测剖面的声速临界值与其他剖面或同一工程的其他桩的临界值相差较大，则应分析原因，如果是因为该剖面的缺陷点很多声速离散太大则应参考其他桩的临界值；如果是因声测管的倾斜所致，则应进行管距修正，再重新计算声速临界值；如果声速的离散性不大，但临界值明显偏低，则应参考声速低限值判据。

　　③ 对低于临界值的测点或 PSD 判据中的可疑测点，如果其波幅值也明显偏低，则这样的测点可确定为异常点。

　　3）对各剖面的异常测点进行细测（加密测试）

　　① 采用加密平测和交叉斜测等方法验证平测普查对异常点的判断并确定桩身缺陷在该剖面的范围和投影边界。

　　② 细测的主要目的是确定缺陷的边界，在加密平测和交叉斜测时，在缺陷的边界处，波幅较为敏感，会发生突变；声速和接收波形也会发生变化，应注意综合运用这些指标。

　　4）综合各个检测剖面细测的结果推断桩身缺陷的范围和程度。

　　① 缺陷范围的推断

　　考察各剖面是否存在同一高程的缺陷。

　　如果不存在同一高程的缺陷，则该缺陷在桩身横截面的分布范围不大，该缺陷的纵向尺寸将由缺陷在该剖面的投影的纵向尺寸确定。

　　如果存在同一高程的缺陷，则依据该缺陷在各个检测剖面的投影大致推断该缺陷的纵向尺寸和在桩身横截面上的位置和范围。

　　对桩身缺陷几何范围的推断是判定桩身完整性类别的一个重要依据，也是声波透射法检测混凝土灌注桩完整性的优点。

　　② 缺陷程度的推断

　　对缺陷程度的推断主要依据以下四个方面：

　　缺陷处实测声速与正常混凝土声速（或平均声速）的偏离程度。

　　缺陷处实测波幅与同一剖面内正常混凝土波幅（或平均波幅）的偏离程度。

　　缺陷处的实测波形与正常混凝土测点处实测波形相比的畸变程度。

　　缺陷处 PSD 判据的突变程度。

　　5）在对缺陷的几何范围和程度作出推断后，对桩身完整性类别的判定可按表 7-15 描述的各种类别桩的特征进行，但还需综合考察下列因素：桩的承载机理（摩擦型或端承型），桩的设计荷载要求，受荷状况（抗压、抗拔、抗水平力等），基础类型（单桩承台或群桩承台），缺陷出现的部位（桩上部、中部还是桩底）等。

桩身完整性判定　　　　　　　　　　　　表 7-15

类别	特　征
Ⅰ类	所有声测线声学参数无异常，接收波形正常； 存在声学参数轻微异常、波形轻微畸变的异常声测线，异常声测线在任一检测剖面的任一区段内纵向不连续分布，且在任一深度横向分布的数量小于检测剖面数量的50%
Ⅱ类	存在声学参数轻微异常、波形轻微畸变的异常声测线，异常声测线在一个或多个检测剖面的一个或多个区段内纵向连续分布，或在一个或多个深度横向分布的数量大于或等于检测剖面数量的50%； 存在声学参数明显异常、波形明显畸变的异常声测线，异常声测线在任一检测剖面的任一区段内纵向不连续分布，且在任一深度横向分布的数量小于检测剖面数量的50%
Ⅲ类	存在声学参数明显异常、波形明显畸变的异常声测线，异常声测线在一个或多个检测剖面的一个或多个区段内纵向连续分布，但在任一深度横向分布的数量小于检测剖面数量的50%； 存在声学参数明显异常、波形明显畸变的异常声测线，异常声测线在任一检测剖面的任一区段内纵向不连续分布，但在一个或多个深度横向分布的数量大于或等于检测剖面数量的50%； 存在声学参数严重异常、波形严重畸变，或声速低于低限值的异常声测线，异常声测线在任一检测剖面的任一区段内纵向不连续分布，且在任一深度横向分布的数量小于检测面数量的50%
Ⅳ类	存在声学参数明显异常、波形明显畸变的异常声测线，异常声测线在一个或多个检测剖面的一个或多个区段内纵向连续分布，且在一个或多个深度横向分布的数量大于或等于检测剖面数量的50%； 存在声学参数严重异常、波形严重畸变，或声速低于低限值的异常声测线，异常声测线在一个或多个检测剖面的一个或多个区段内纵向连续分布，或在一个或多个深度横向分布的数量大于或等于检测剖面数量的50%

注：1 完整性类别分别由Ⅰ类往Ⅳ类判定；2 对于只有一个坚持剖面的受检桩，桩身完整性判定应按该检测剖面代表桩全部横截面的情况对待。

（3）混凝土灌注桩的常见缺陷性质与声学参数的关系

灌注桩可能产生各种类型的缺陷。所有缺陷虽然都会引起声学参数的异常变化，但不同类型的缺陷使声学参数变化的特征有所不同。目前还难以根据声学参数的变化明确定出缺陷的性质，但可以总结出某些规律：

1）沉渣：沉渣是松散介质，其本身声速很低，对声波的衰减也相当剧烈，所以凡遇到沉渣，必然是声速和振幅均剧烈下降。通常在桩底出现这种情况多属沉渣所引起。

2）泥砂与水泥浆的混合物：这类缺陷多由浇注导管提升不当造成，若在桩身就是断桩；若在桩顶就是桩顶标高不够。其特点也是声速和振幅均明显下降。只不过出现在桩身时往往是突变，在桩顶是缓变。若桩顶缓变低到某一界限（可根据波速值确定这一界限），其上部位应截桩，根据应截桩的标高可判定桩顶标高是否够。

3）若是挖孔桩出现各断面均测值异常的层状缺陷则往往是施工中的事故引起的疏松层或桩孔中下部排水不净或混凝土浇筑后出水，稀释混凝土所致。

4）孔壁坍塌或泥团：声速与振幅均下降，但下降多少则视缺陷情况而定。如果是局部的泥团，并未包裹声测管，则下降的程度并不很大；如果泥团包裹声测管，则下降程度较大，特别是振幅的下降更为剧烈。一根声测管被泥团包裹将影响两个测试面。通过斜测可以分辨这些情况。

当确定为包裹声测管的泥团，可根据泥团处两声测管间的声时、正常混凝土处的声时，并假定泥团的声速（2000m/s左右），大致估算在两声测管间泥团的尺寸。

5）混凝土离析：灌注桩容易发生混凝土离析，造成桩身某处粗骨料大量堆积，而相邻部位浆多骨料少的情况。粗骨料多的地方，由于粗骨料多，而粗骨料本身波速高，往往造成这些部位声速值并不低，有时反而有所提高。但由于粗骨料多，声学界面多，对声波的反射、散射加剧，接收信号削弱，于是波幅下降。至于粗骨料少而砂浆多的地方则正好相反：由于该处砂浆多，粗骨料少，测得的波速下降，但振幅测值不但不下降，有时还会高于附近测值。这显然是由于粗骨料少，则声波被反射、散射少的缘故。应采用波速和振幅两个参数进行综合的分析判断。

6）气泡密集的混凝土：在灌注桩上部桩身有时因为混凝土浇筑管提升过快有大量空气封在混凝土内。虽不一定造成孔洞，但可能形成大量气泡分布在混凝土内，使混凝土质量有所降低。这种混凝土内的分散气泡不会使波速明显降低，但却使声波能量明显衰减（散射），接收波能量明显下降，这是这类缺陷的特征。

（4）桩身混凝土均匀性的评价

对桩身各高程的实测声速进行数理统计（桩身各高程的波速取同一高程各检测剖面测点波速的平均值），可以得到桩身混凝土声速的平均值 v_m、标准差 S_v、离异系数 C_v

$$C_v = \frac{S_v}{v_m} \tag{7-62}$$

由于混凝土声速与强度存在相关性，因此，声速的离散性大小可以在一定程度上定性地反映混凝土强度的离散性大小，但是声速与强度的相关性为非线性，这种相关性在桩身混凝土中受许多因素干扰（配合比、硬化环境等）没有上部结构混凝土稳定，因此，桩身混凝土声速的离异系数与强度的离异系数在数值上存在很大差别，且声速的数理统计值（v_m，S_v）与测距也有关系。因此波速的数理统计值（S_v，C_v）只能作为同类型灌注桩比较混凝土质量均匀性的一个相对指标。

对桩身混凝土质量均匀性的评价应依据《混凝土强度检验评定标准》GBJ 107 的有关规定进行：结构物混凝土总质量水平，可根据统计周期内混凝土强度标准差和试件强度不低于要求强度等级的百分率两项指标来评定。

4. 检测报告

首先按《建筑基桩检测技术规范》JGJ 106—2014 基本规定中的第 3.5.3 条的要求，检测报告应包括以下内容：

（1）委托方名称，工程名称、地点，建设、勘察、设计、监理和施工单位，基础、结构形式，层数，设计要求，检测目的，检测依据，检测数量，检测日期；

（2）地质条件描述；

（3）受检桩的桩号、桩位和相关施工记录；

（4）检测方法，检测仪器设备，检测过程叙述；

（5）受检桩的检测数据，实测与计算分析曲线、表格和汇总结果；

（6）与检测内容相应的检测结论。

第 5 款的受检桩的检测数据，在声波透射法中应为异常测点数据，否则报告所附数据量太大，没有这个必要。

《规范》JGJ 106—2014 中 10.5.12 条针对声波透射法又作了一些具体要求。

检测报告除应包括规范第 3.5.3 条内容外，还应包括：

（1）声测管布置图；

（2）受检桩每个检测剖面声速—深度曲线、波幅—深度曲线，并将相应判距临界值所对应的标志线绘制于同一个坐标系；

（3）采用主频值或 PSD 值进行辅助分析判定时，绘制主频—深度曲线或 PSD 曲线；

（4）缺陷分布图示。

其中第 1 款应包含检测剖面的编号，第 4 款缺陷分布图可参照加密平测和交叉斜测等细测结果，画出桩身缺陷在高程上和桩身横截面上的大致位置分布草图。有条件时，检测报告可附上正常测点有代表性的实测波形和桩身缺陷处的实测波形。

7.5.5 声波透射法检测混凝土灌注桩工程实例分析

1. 某人工挖孔桩，桩径 900mm，桩长 6.0m，桩身混凝土设计强度为 C35，埋设 3 根管，1-2、1-3、2-3 跨距分别为 500mm、480mm、580mm。声测结果如图 7-56、图 7-57 所示。

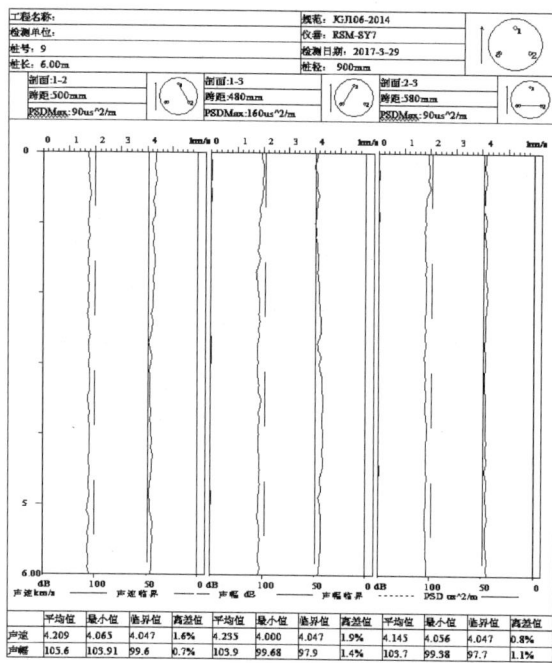

图 7-56　各剖面声速 (v)、波幅 (A) 曲线

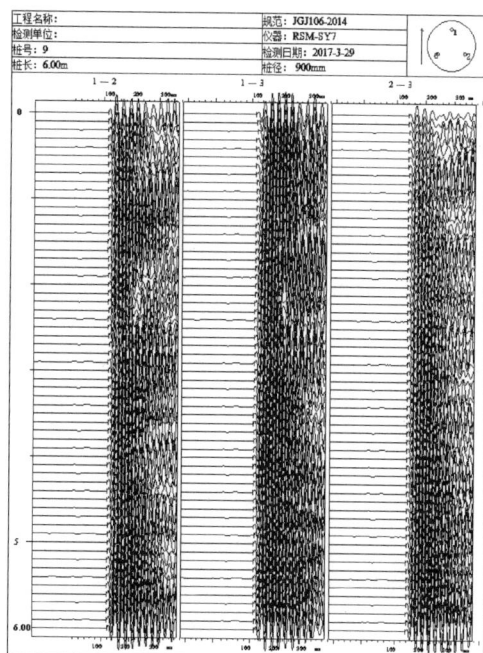

图 7-57　各剖面实测波列图

测试结果显示：该桩各断面测点的声测参数均匀，正常，不存在小于判据线的声速或波幅值，PSD 无突变。该桩完整性等级判定为Ⅰ类。

2. 某人工挖孔桩，桩径 900mm，桩长 7.4m，桩身混凝土设计强度为 C35，埋设 3 根管，1-2、1-3、2-3 跨距分别为 540mm、580mm、520mm。声测结果如图 7-58、图 7-59 所示。

测试结果显示：该桩 1-2 剖面各测点的声测参数均匀正常，1-3 剖面存在单点（2.2m 处）声速值偏低，2-3 剖面 1.9m 处单点波幅值偏低。两处测点均不异常均未连续发展。该桩完整性等级判定为Ⅱ类。

3. 某机械成孔桩，桩径 900mm，桩长 8.5m，桩身混凝土设计强度为 C35，埋设 3 根管，1-2、1-3、2-3 跨距分别为 550mm、550mm、550mm。声测结果如图 7-60、图 7-61 所示。

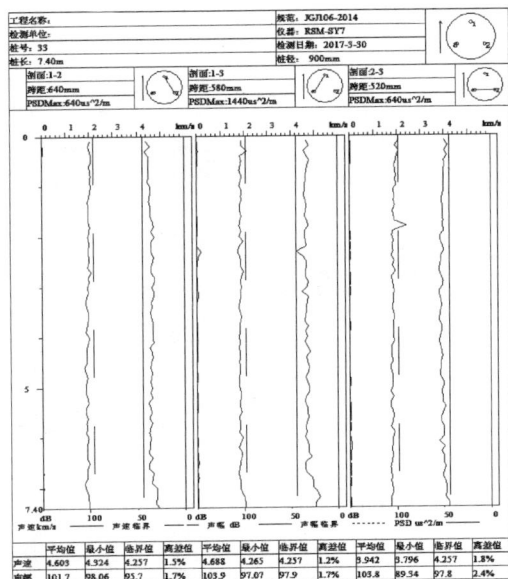

图 7-58 各剖面声速（v）、波幅（A）曲线 1

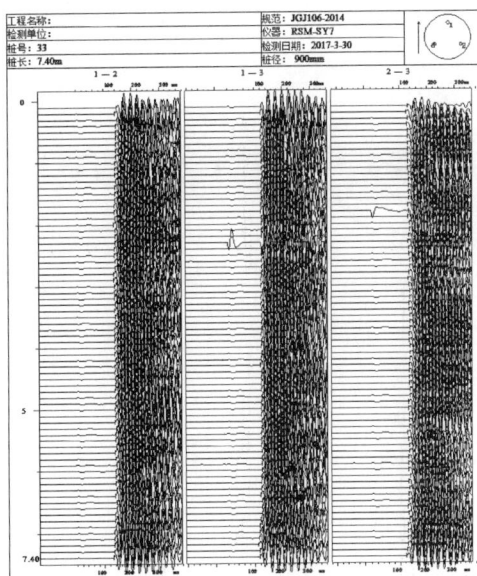

图 7-59 各剖面实测波列图 1

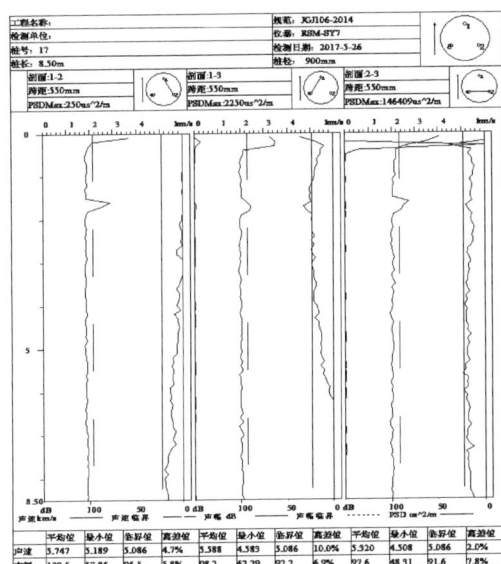

图 7-60 各剖面声速（v）、波幅（A）曲线 2

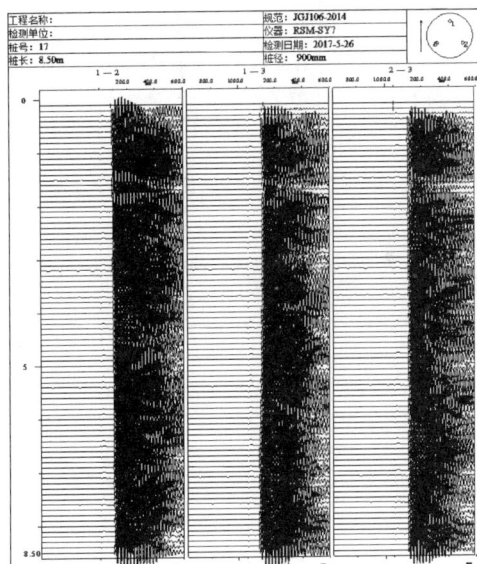

图 7-61 各剖面实测波列图 2

测试结果显示：该桩 3 个剖面 1.6m 位置均存声速值、波幅值偏低，异常缺陷发展覆盖整个桩身截面，但缺陷均为单点出现。该桩完整性等级判定为Ⅲ类。

4. 某机械成孔桩，桩径 900mm，桩长 7.8m，桩身混凝土设计强度为 C35，埋设 3 根管，1-2、1-3、2-3 跨距分别为 600mm、510mm、480mm。声测结果如图 7-62、图 7-63 所示。

测试结果显示：该桩 3 个剖面，在桩底 7.1～7.8m 位置均存声速值、波幅值偏低，PSD 突变。异常缺陷发展覆盖整个桩身截面，且缺陷连续发展。该桩完整性等级判定为Ⅳ类。

5. 某机械成孔桩，桩径 900mm，桩长 6.0m，桩身混凝土设计强度为 C35，埋设 3 根管，1-2、1-3、2-3 跨距分别为 480mm、570mm、260mm。声测结果如图 7-64、图 7-65 所示。

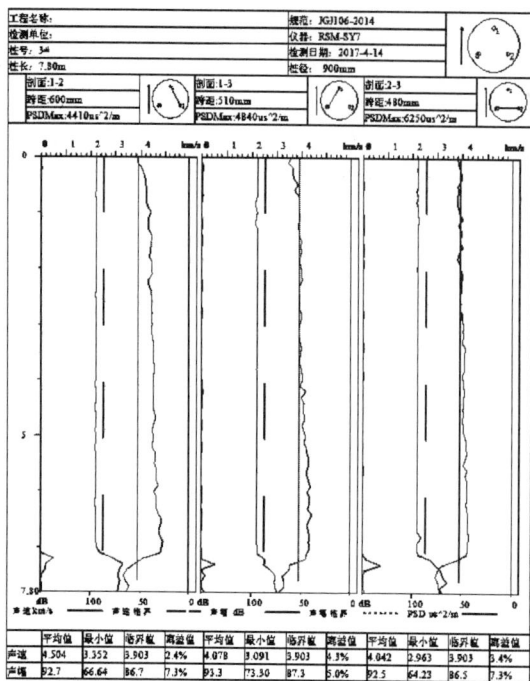

图 7-62　各剖面声速（v）、波幅（A）曲线 1

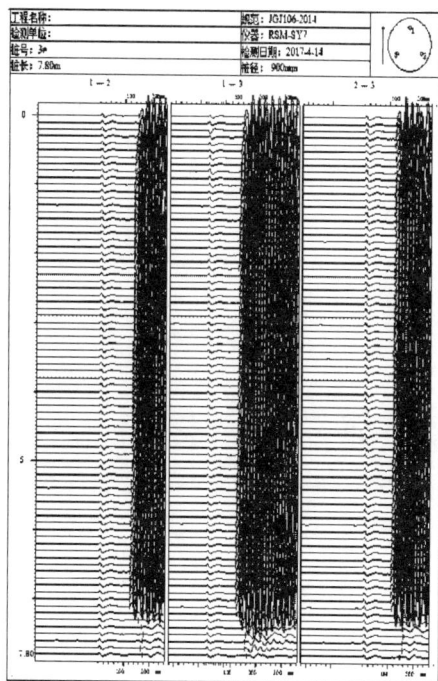

图 7-63　各剖面实测波列图 1

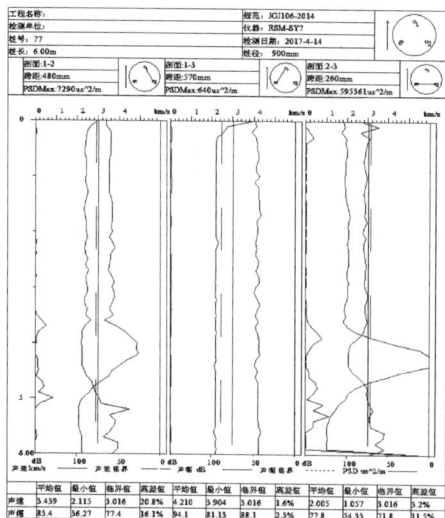

图 7-64　各剖面声速（v）、波幅（A）曲线 2

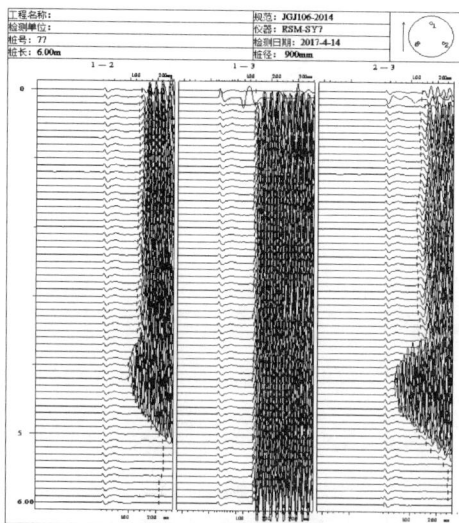

图 7-65　各剖面实测波列图 2

测试结果显示：该桩 1-2、2-3 剖面，在桩底 5.0～6.0m 位置均存声速值、波幅值偏低，PSD 突变。异常缺陷发展覆盖整个桩身一半以上截面，且缺陷连续发展，同时存在明显斜管现象。该桩完整性等级判定为Ⅳ类。

第8章 锚杆承载力检测

8.1 概　述

锚杆是边坡锚固、基坑锚拉桩（墙）支护、基础锚固、隧道与地下工程锚喷支护等工程中的重要构件，锚杆的质量决定了锚固工程的安全，由于岩土锚固工程受到岩土性质、材料和施工等多方面因素影响，很难通过理论计算准确。通常需要进行检测，同时锚杆检测对岩土锚固工程的质量、投资与安全起着至关重要的作用。

锚杆检测内容主要包括是对锚杆承载能力、锚杆锚固质量、锚杆受力变形状态的试验与测试，包括施工前为设计和施工提供依据的基本试验、蠕变试验和粘结强度测试，锁定力测试等施工过程质量控制的测试与检测，施工后为工程竣工验收提供依据的验收试验。本章内容主要介绍锚杆承载能力检测的抗拔试验。粘结强度测试和锁定力测试可参考其他资料。

8.1.1 锚杆的定义与分类

锚杆一端与外部承载构件连接，另一端锚固在稳定岩土体内，将拉力传递到稳定岩土层中的一种受拉构件。锚杆主要由杆体、注浆固结体、锚具、套管组成。杆体可选用钢绞线、预应力螺纹钢筋、普通钢筋或钢管等，当杆体采用钢绞线时，称为钢绞线锚杆，通常称为锚索；杆体采用钢筋时，称为钢筋锚杆。其中由注浆固结体，实现锚杆杆体与岩土层之间力的传递的区段叫锚固段，从锚头锁定点至锚杆锚固段最近端的锚杆长度叫自由段。

锚杆按使用功能分为：基础锚杆，将基础承受的地下水浮力或建（构）筑物水平荷载产生的向上竖向荷载，通过锚杆的拉结作用传递到基础下部的稳定岩土层中去的锚杆。主要承受地下水浮力的基础锚杆也称作抗浮锚杆。抗浮锚杆一般采用螺纹钢作为杆体，为全粘结锚杆，孔径一般 $130 \sim 200 \text{mm}$。

支护锚杆，将围护结构所承受的侧向荷载，通过锚杆的拉结作用传递到周围的稳定岩土层中去的锚杆。支护锚杆主要有采用钢筋的锚杆和采用钢绞线的锚索，一般锚杆作为放坡支护，锚索应用比较多，多为预应力锚索。

锚杆按岩土性质分为岩土锚杆和土层锚杆，锚固段设置于岩石中的锚杆称为岩石锚杆。锚固段设置于土层中的锚杆称为土层锚杆。

土钉，植入土中并注浆形成的承受拉力和剪力的细长构件。例如，钢筋杆体与注浆固结体组成的钢筋土钉，击入钢花管并注浆形成的钢管土钉。从检测的角度可将土钉视为设置于土层中的全长粘结或摩擦型锚杆，作为锚杆的一种特殊形式。但从受力及设计角度来看，土钉与锚杆是有区别的，一般来说，支护锚杆应穿越潜在滑动面，进入稳定的岩土层；土钉大多是整体受力，长度较短，与被加固土层形成一个整体，增加边坡的稳定性。

锚杆按使用年限可分为临时性锚杆和永久性锚杆。临时性锚杆一般指不超过 2 年的锚杆。永久性锚杆和支护结构或基础使用寿命相同，超过 2 年以上的锚杆。

锚杆按是否施加预应力分为预应力锚杆和非预应力锚杆。

锚杆按注浆固结体受力状态可分为拉力型锚杆（图 8-1）和压力型锚杆（图 8-2）。

拉力型锚杆的主要特点是锚杆受力时锚固段注浆体处于受拉状态。这种锚杆结构简单，是目前使用最广的类型，特别在坚硬或中硬岩体中使用，效果良好。

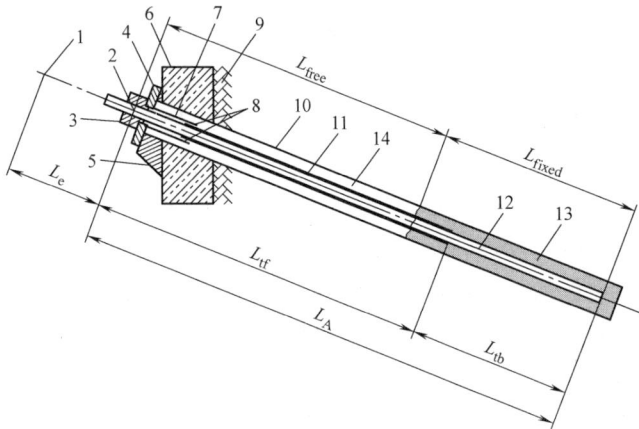

图 8-1　拉力型锚杆构造示意图

1—张拉工具锚锁定点；2—工作锚锁定点；3—锚头；4—承压板；5—台座；
6—支挡结构；7—锚头套管；8—隔离环；9—岩土层；10—钻孔；
11—隔离套管；12—杆体；13—注浆锚固段；14—填充自由段

L_A—锚杆长度；L_e—杆体外延段长度；L_{fixed}（L_a）—锚杆锚固段长度；
L_{free}（L_f）—锚杆自由段长度；L_{tb}—杆体粘结段长度；L_{tf}—杆体自由段长度

压力型锚杆是近年来发展起来的一类锚杆，它是由设置于钻孔内、端部伸入稳定岩土层中的无粘结钢绞线、底端承载体（与钢绞线连接）与孔内注浆固结体组成的受拉构件。锚杆受力时，通过承载体对注浆体施加压应力，利用注浆体与周围岩土体的剪切抗力，提供锚杆所需的承载力。

锚杆按锚固段分布情况可分为荷载集中型锚杆（图 8-1、图 8-2）和荷载分散型锚杆。

荷载分散型锚杆是近年来发展起来的一类锚杆，它是在一个钻孔内由几组单元锚杆组成的复合锚固体系，锚杆的拉力通过各单元锚杆分散作用于锚杆总锚固段的不同部位。

锚杆主要由自由段和锚固段两部分组成，设计时，要求锚杆自由段应超过理论滑动面，锚杆长度为锚杆自由段长度与锚固段长度之和。

拉力集中型锚杆：其杆体长度由杆体自由段、杆体粘结段和杆体外延段三部分组成，锚杆长度等于杆体自由段长度与杆体粘结段长度之和。锚杆自由段长度是锚杆杆体不受注浆固结体约束可自由伸长的部分，也就是杆体用套管与注浆固结体实现物理隔离的部分。

压力集中型锚杆：其杆体长度主要由杆体自由段和杆体外延段两部分组成，锚杆长度等于杆体自由段长度与承载体附近的附加长度之和。由于压力集中型锚杆，全场均采用无粘结钢绞线，与注浆固结体完全实现了物理隔离，因此，杆体自由段等于锚杆自由段长度与锚杆锚固段长度之和。

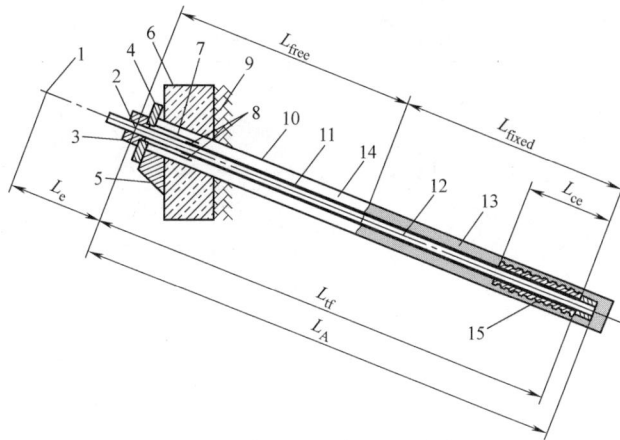

图 8-2　压力型锚杆构造示意图

1—张拉工具锚锁定点；2—工作锚锁定点；3—锚头；4—承压板；5—台座；

6—支挡结构；7—锚头套管；8—隔离环；9—岩土层；10—钻孔；

11—隔离套管；12—杆体；13—注浆锚固段；14—填充自由段；15—承载体

L_A—锚杆长度；L_e—杆体外延段长度；L_{fixed}（L_a）—锚杆锚固段长度；

L_{free}（L_f）—锚杆自由段长度；L_{tf}—杆体自由段长度；L_{ce}—承载体长度

工程中使用最多的锚杆还是拉力集中型锚杆。

将锚杆进行张拉过程中，自由段首先发生弹性变形，产生弹性位移，即锚杆试验时，在锚头处测得的可恢复的位移量。随着张拉荷载的增加，锚索将发生一部分塑性变形，产生了塑性位移，即锚杆试验时，不可恢复的锚头位移量。塑性位移等于锚头的总位移减去弹性位移。其中拉力是通过锚杆的粘结强度实现的，锚杆粘结强度分为杆体与锚固段注浆体之间的粘结强度和锚固段注浆体与岩土体之间的粘结强度，前者为杆体与锚固段注浆体之间的极限粘结力，后者为锚固段注浆体与岩土体之间的极限粘结力。当锚杆张拉到预定设计荷载时，要进行一定程度的超张拉，通常 5％～10％。然后再将锚杆锁定，这时锚杆荷载称为锚杆锁定力，它是锚杆张拉锁定完成后，传递于锚头附近的自由段杆体的初始拉力，即预应力锚杆的初始预应力。

8.1.2　锚杆的设计

从杆的受力机理来看，其拉力要通过锚杆的粘结强度实现，锚杆粘结强度分为杆体与锚固段注浆体之间的粘结强度和锚固段注浆体与岩土体之间的粘结强度，杆体与锚固段注浆体粘结强度变化较小，锚固段注浆体与岩土体之间的粘结强度变化区间较大。为提高锚固效率，通常采用岩石锚杆。一般情况下应由试验确定锚固体与岩土体的粘结强度，当无试验资料时可按照表 8-1 进行估算。

锚杆承载力计算是锚杆设计的重点，由锚杆的受力机理可知，锚杆拉力是锚杆杆体、注浆体和岩土体三者共同作用的结果。而杆体承载力主要是杆体材料和截面面积决定，杆体和注浆体之间粘结力受到杆体形状、根数、长度和注浆砂浆强度共同影响，同样的注浆体和岩土体间的粘结力受到钻孔直径、锚固段长度、浆体强度、岩土体强度共同影响。但是最终锚杆的拉力是取杆体和注浆体之间粘结力和注浆体和岩土体间的粘结力二者中的较

锚杆粘结强度推荐值统计表　　　　　　　　　表 8-1

现行规范		《建筑地基基础设计规范》	《建筑边坡工程技术规范》	《岩土锚杆(索)技术规程》
锚固体与岩石粘结强度	极软岩	—	$f_{\gamma bk}=270\sim360$kPa	$f_{mg}=0.2\sim0.3$MPa
	软岩	$f<0.2$MPa	$f_{\gamma bk}=360\sim760$kPa	$f_{mg}=0.3\sim0.8$MPa
	较软岩	$f=0.2\sim0.4$MPa	$f_{\gamma bk}=760\sim1200$kPa	$f_{mg}=0.8\sim1.2$MPa
	较硬岩	$f=0.4\sim0.6$MPa	$f_{\gamma bk}=1200\sim1800$kPa	$f_{mg}=1.2\sim1.6$MPa
	硬岩		$f_{\gamma bk}=1800\sim2600$kPa	$f_{mg}=1.6\sim3.0$MPa
钢筋与砂浆、净浆、混凝土粘结强度	M25	—	$f_b=2.1$MPa	$f_{ms}=2.0$MPa
	M30	—	$f_b=2.4$MPa	$f_{ms}=2.0\sim3.0$MPa
	M35	—	$f_b=2.7$MPa	$f_{ms}=2.0\sim3.0$MPa
	M40	—	—	$f_{ms}=3.0$MPa

小值。另外锚杆设计除了要满足承载力要求外，还应进行构造设计要求。有关锚杆的设计可以参考表 8-2。

锚杆相关规范规定统计表　　　　　　　　　表 8-2

现行规范	《建筑地基基础设计规范》	《建筑边坡工程技术规范》	《岩土锚杆(索)技术规程》	《建筑基坑支护技术规程》
设计规定承载力	岩石锚杆 6.8.6 条 $R_t=\xi fu_r h_r$ R_t 锚杆抗拔承载力特征值，f 粘结强度，u_r 锚固体周长，h_r 锚固长度 岩石锚杆 8.6.3 条 $R_t\leq0.8\pi d_1 lf$ l 锚固长度	第8.2节设计计算 8.2.2节计算锚杆钢筋面积 $A_s\geq\dfrac{K_b N_{ak}}{f_y}$，$K_b$ 为锚杆杆体抗拉安全系数，取 1.8-2.2。N_{ak} 标准组合轴向拉力。f_y 钢筋的设计强度，HRB400级 $f_y=360$，A_s 钢筋截面面积。 8.2.3节锚固体与岩土层锚固长度 $l_a>\dfrac{KN_{ak}}{\pi Df_{rbk}}$，$K$ 锚固体抗拔安全系数，取 2.2-2.6。l_a 锚固长度，D 锚固体直径，取 150mm。$f_{\gamma bk}$ 岩石与锚固体粘结强度，见表8-1。 8.2.4 杆体与锚固砂浆的锚固长度 $l_a>\dfrac{KN_{ak}}{n\pi df_b}$，$f_b$ 钢筋与砂浆粘结强度标准值（根据钢筋根数取折减系数），d 钢筋直径，n 钢筋根数	第7章锚杆设计 7.4.1节计算锚杆钢筋面积 $A_s\geq\dfrac{K_t N_f}{f_{yk}}$，$K_t$ 为锚杆杆体抗拉安全系数，取 1.6。N_t 轴向拉力设计值。f_{yk} 钢筋的设计强度，HRB400级 $f_y=360$，A_s 钢筋截面面积。 7.5.1节锚固体与岩土层锚固长度 $L_a>\dfrac{KN_t}{\pi Df_{mg}\psi}$，$K$ 锚固体抗拔安全系数，取 2.0-2.2。D 锚固体直径，取 150mm。f_{mg} 岩石与锚固体粘结强度，见表8-1。 7.5.1 杆体与锚固砂浆的锚固长度 $L_a>\dfrac{KN_t}{n\pi d\xi f_{ms}\psi}$ f_{ms} 钢筋与砂浆粘结强度标准值，d 钢筋直径，n 钢筋根数。ξ 根据钢筋根数取折减系数，ψ 软岩锚固长度修正系数	4.7 锚杆设计 4.7.2 条 $R_k\geq K_t N_k$，K_t 为锚杆抗拉安全系数，1.4-1.8。N_k 为轴向拉力标准值。 $R_k=\pi d\sum q_{sk,i}l_i q_{sk,i}$ 锚固体与土层极限粘结强度标准值。 4.7.6 条，杆体的受拉承载力 $A_p\geq\dfrac{\gamma_0\gamma_F N_k}{f_{py}}$ γ_F 综合分项系数 1.25，γ_0 为结构重要性系数，安全性等级为一、二、三级时分别为 1.1、1.0、0.9
构造要求	8.6.1 条孔径 150mm，间距大于 $6d_1$，锚固长度大于 $40d+50$mm，水泥砂浆不宜低于 M30，细石混凝土不宜低于 C30	8.4.1 条锚固长度岩石锚杆 3-6.5m。8.4.2 条保护层厚度，不小于 25mm。8.3.3 条，注浆体强度不宜低于 25MPa。水灰比 0.38～0.5	7.5.3 条锚固长度岩石锚杆 3-8m。7.2.2 条间距宜大于 1.5m。7.2.4 条保护层厚度大于 20mm。7.7 条，注浆体强度不宜低于 30MPa	4.7.9 条锚杆自由段不小于 5m，土层锚杆锚固段不宜小于 6m。注浆体强度不宜低于 20MPa。4.8.4 条注浆水灰比 0.5～0.55

实际工程中设计的锚杆示如图 8-3、图 8-4 所示。

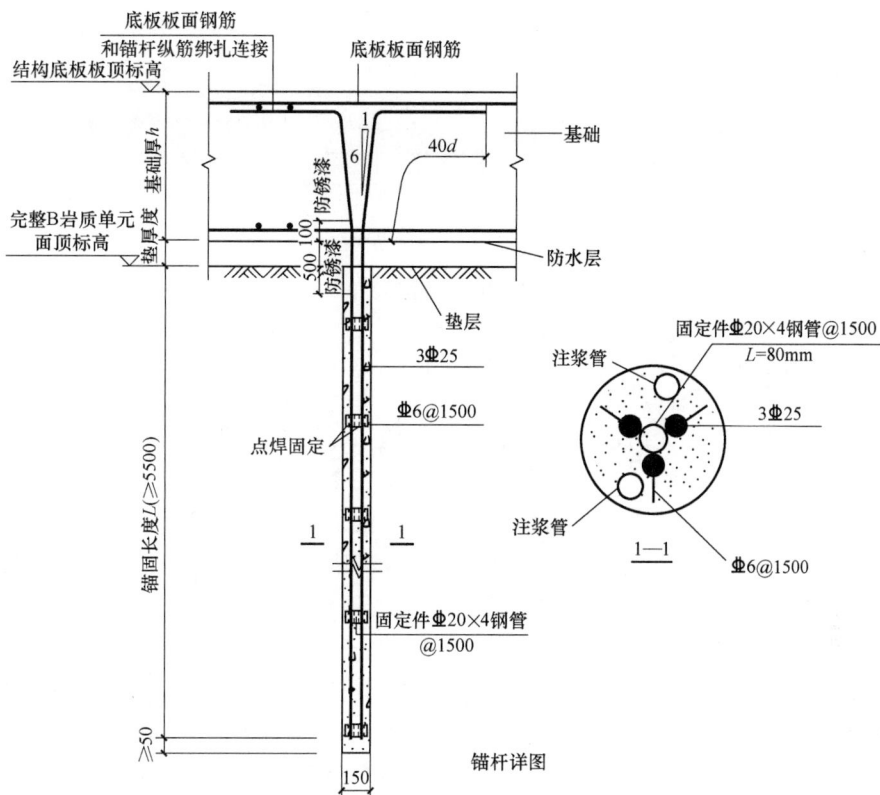

图 8-3　基础锚杆

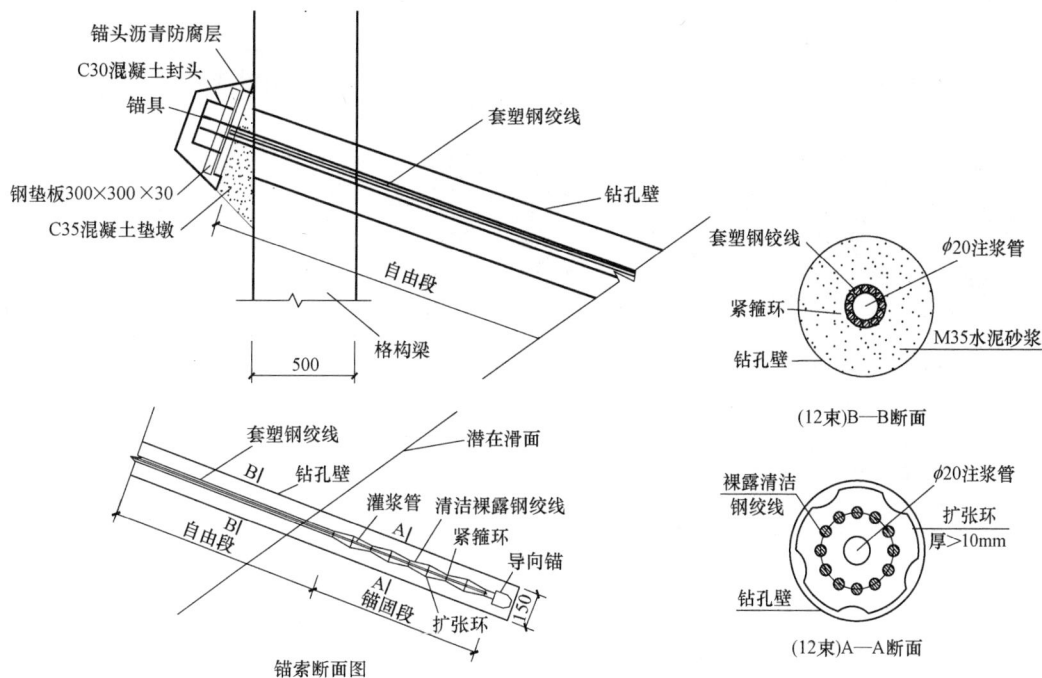

图 8-4　预应力锚索（一）

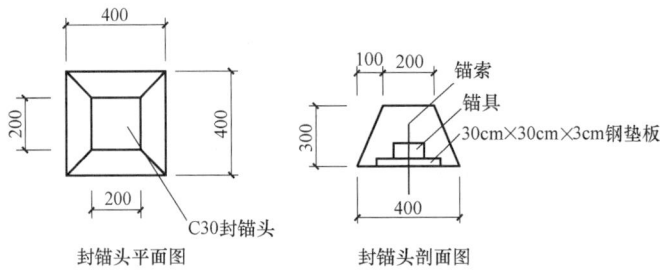

图 8-4 预应力锚索（二）

8.1.3 锚杆的施工

锚杆施工一般包括两个阶段，前期试验锚杆施工和后期工程锚杆施工，前期试验性锚杆施工应注意选点的代表性，施工工艺匹配性，主要是验证锚固体和岩土体的粘结强度是否满足要求。施工单位往往需要赶工期，可以采用高强度等级的灌浆材料，加早强剂，同时灌浆应预留试块进行抗压试验，待强度达到试验要求时提前进行试验。工程锚杆的施工应按照调整后的正式设计文件要求进行，一般程序和技术要求如下：

（1）定位放线，根据设计图纸，首先对锚杆统一编号，然后根据工程定位点及施工图纸在岩石表层上的基础混凝土垫层放出每根锚杆的具体位置，并用红色油漆标注，并采取必要的复核和维护。

（2）钻孔、清孔，采用地质钻孔机或专用锚杆机成孔。一般采用履带式锚杆成孔机。孔位误差不宜大于 100mm。锚孔孔位角度偏差≤1%。孔深大于设计锚固深度 50mm 以上。采用压力清水洗孔，将孔中的泥浆冲洗干净，尽量排出沉渣，确保浆体与岩土层充分胶结。实际施工中一般是钻至孔位后送风吹出孔内岩屑。

锚杆成孔施工采用专用成孔机械（图 8-5、图 8-6）或者工程钻机成孔。

图 8-5 基础锚杆成孔照片

图 8-6 支护锚杆成孔照片

（3）锚杆杆体制作与安装，清除杆体表面油污和铁锈，按照设计要求绑扎钢筋或钢绞线，同时绑扎好注浆管和定位对中环。对用于二次注浆的高压注浆管出浆孔和端头应封口。

（4）注浆，根据设计注浆工艺进行，一般采用二次注浆工艺，注浆时必须保证从孔底开始，注至孔口反浆。第一次注浆压力 0.5～0.8MPa，第二次注浆压力 2.5～4.5MPa。

（5）养护，锚杆养护期间，不得随意碰撞。移动机械设备时，不允许利用锚杆作为辅助点。

（6）张拉、锁定

承压板应安装平整、牢固，承压面应与锚孔轴线垂直；承压板底部的混凝土应填充密实，并满足局部抗压强度要求。锚杆张拉宜在锚固体强度大于 20MPa 并达到设计强度的 80% 后进行；张拉顺序应避免相近锚杆相互影响；进行正式张拉之前，应取 0.10～0.20 锚杆轴向拉力标准值，对锚杆预张拉 1～2 次，使其各部位的接触紧密和杆体完全平直；宜进行锚杆轴向拉力标准值 1.05～1.10 倍的超张拉，预应力保留值应满足设计要求。

8.1.4　锚杆的检测

锚杆抗拔试验分为基本试验、蠕变试验、验收试验。

基本试验，工程锚杆正式施工前，为选择和确定锚杆设计参数和施工工艺，在现场进行的锚杆极限抗拔承载力试验。

蠕变试验，为确定锚杆在不同加荷等级的恒定荷载作用下位移随时间变化规律的试验。

验收试验，为检验工程锚杆是否符合设计荷载的安全性而进行的锚杆抗拔试验，也称为抗拔承载力检测试验。

锚杆检测应根据锚固工程设计等级、锚杆类型、施工工艺、检测目的等合理选择检测方法和检测数量。检测前应了解委托方和相关单位的具体要求；收集有关工程勘察资料、设计文件、施工资料及现场周边环境情况；现场踏勘应了解相关资料与现场状况的对应关系，确定拟实施检测项目的可行性。然后编制可行的检测技术方案。检测使用的计量器具应进行校准。仪器设备性能应符合相应检测方法的技术要求。

锚杆检测开始时间应符合下列规定：

（1）基本试验、蠕变试验以及基础锚杆验收试验应在锚固段注浆体不少于 28 天龄期或锚固段注浆体强度达到设计强度的 90% 后进行；

（2）支护锚杆验收试验宜在锚固段注浆体强度达到设计强度的 75% 后进行，土钉验收试验可在注浆体强度达到 10MPa 后进行。

存在下列情况之一的锚杆，必须进行锚杆基本试验，确定锚杆极限抗拔承载力：安全等级为一级或设计等级为甲级锚固工程中的锚杆；采用新工艺、新材料或新技术的锚杆；无锚固工程经验的岩土层内的锚杆。

永久性锚杆基本试验的检测数量不应少于 6 根，临时性锚杆不应少于 3 根，土钉每一典型土层不应少于 3 根。

锚杆基本试验采用的地层条件、杆体材料、锚杆参数和施工工艺应与工程锚杆相同。对锚固段主要位于黏土层、淤泥质上层、填土层的预应力土层锚杆、全风化与强风化的泥质岩层中或节理裂隙发育张开且充填有黏性土中的预应力岩石锚杆，应进行蠕变试验，锚杆试验数量不得少于 3 根。

施工完成后的锚杆必须进行锚杆验收试验。

验收试验的受检锚杆选择，宜符合下列规定：施工质量有疑问的锚杆应全部进行锚杆验收试验。应优先选取下列条件中的锚杆：局部地质条件复杂部位的锚杆；设计方认为重要部位的锚杆；施工工艺不同的锚杆。其余受检锚杆宜在整个锚固工程范围内均匀或随机选取。

锚杆验收试验的检测数量不应少于锚杆总数的5%，且不得少于5根。土钉验收试验的检测数量不宜少于土钉总数的1%，且不应少于5根。各规范对验收锚杆的数量见表8-3。

相关规范对锚杆验收试验的检测数量规定　　　　　　　表8-3

规　　范	检测数量百分比	最少检测数量
《建筑地基基础设计规范》GB 50007—2011	5%	岩石锚杆:6根土层锚杆:5根
《建筑边坡工程技术规范》GB 50330—2013	5%	5根
《建筑基坑支护技术规程》JGJ 120—2012	5%	3根
《岩土锚固与喷射混凝土支护工程技术规范》GB 50086—2015	5%	3根
《岩土锚杆（索）技术规程》CECS 22:2005	5%	3根
《锚杆检测与监测技术规程》JGJ/T 401—2017	锚杆5% 土钉1%	5根

当验收试验出现不合格锚杆、土钉时，应扩大抽检。扩大抽检的数量应为不合格锚杆、土钉的2倍。

8.2　仪器设备及其安装

8.2.1　仪器设备

锚杆抗拔试验仪器设备主要包括加载装置、反力装置、测量装置。其中加载装置主要是电动油泵、穿心式油压千斤顶（图8-7、图8-8）和工具锚。当锚杆抗拔力较小时可以采用手动油泵。工具锚应根据锚杆直径与数量，穿心式千斤顶缸体规格型号共同确定。

图8-7　手持式锚杆拉拔仪

图8-8　油压穿心千斤顶

加载反力装置主要有三种类型，分别为支座横梁加载反力装置（图8-9）、支撑板式加载反力装置（图8-10）和承压板式加载反力装置（图8-11）。

试验加载装置安装前，应采取措施确保试验锚杆处于独立受力状态，不受支撑构件、垫层或混凝土面层的影响。基础锚杆抗拔试验的加载反力装置应采用支座横梁加载反力装置。

支护锚杆抗拔试验的加载反力装置的选用应符合下列规定：

（1）应优先采用支座横梁加载反力装置，也可选用支撑架式加载反力装置；

（2）当支护锚杆支撑体系中设置有连续墙、排桩、腰梁、圈梁等支护构件，且支护构件能提供足够的加载反力时，也可选用承压板式加载反力装置。

土钉抗拔试验的加载反力装置应优先采用支座横梁加载反力装置，也可选用支撑架式加载反力装置。

测量装置主要包括荷载测量装置和位移测量装置，其中荷载量测可采用放置在千斤顶上的荷重传感器直接测定，或采用并联于千斤顶油路的压力表或压力传感器测定油压，根据千斤顶校准结果换算荷载。位移测量可采用位移传感器、百分表或电子位移计测量。

其性能应符合如下规定：荷重传感器、压力传感器的测量误差不应大于1%，压力表精度应优于或等于0.4级；在试验荷载达到最大试验荷载时，试验用油泵、油管的工作压力不应超过额定工作压力的80%；荷重传感器、千斤顶、压力表或压力传感器的量程应与测量范围相适应，测量值宜控制在全量程的30%～80%范围内；位移测量仪表的测量误差不大于0.1%FS，分辨力优于或等于0.01mm。

8.2.2 安装要求

锚杆抗拔试验对设备安装要求较高，主要包括反力装置、测量装置、加载装置安装。由于反力装置不同，安装方式有些不同，下面分别进行介绍。

（1）支座横梁加载反力装置，该类型装置一般是基础锚杆应用较多。安装时可按图8-9的形式进行安装。

安装应符合下列规定：

a. 加载反力装置能提供的反力不得小于最大试验荷载的1.2倍；

b. 对加载反力装置的主要构件进行强度和变形验算；

c. 支座底的压应力不宜大于支座底的岩土承载力特征值的1.5倍；

d. 基础锚杆中心与支座边的距离应大于等于$2B$（B为支座边宽）和大于等于$3d$（d为锚杆钻孔直径）且大于1.0m；

e. 支护锚杆、土钉中心与支座边的距离应大于等于$1B$（B为支座边宽）且大于0.5m。

（2）支撑板式加载反力装置，该类型装置一般是支护锚杆应用较多。支护锚杆、土钉进行抗拔试验时可按图8-10的形式进行安装。

承压板式加载反力装置，其安装应符合下列规定：承压板下设置有支撑构件，且支撑构件能提供足够的加载反力；承压板应有足够的刚度、足够的面积。

（3）承压板式加载反力装置，该反力装置主要应用于支护锚杆，采用支护结构作反力，通过穿孔的刚性承压板传力，用该类装置试验安装简便。支护锚杆可按图8-11的形式进行安装。

(a)

(b)

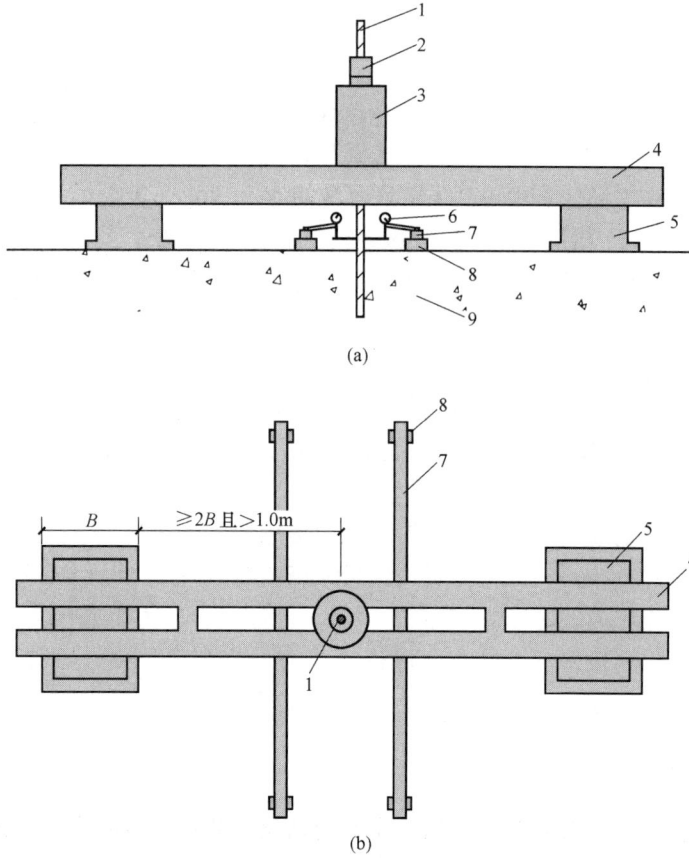

图 8-9 锚杆抗拔试验支座横梁加载反力装置示意图

1—试验锚杆；2—工具锚；3—穿心千斤顶；4—主梁；5—反力支座；

6—位移测量仪表；7—基准梁；8—基准桩；9—垫层

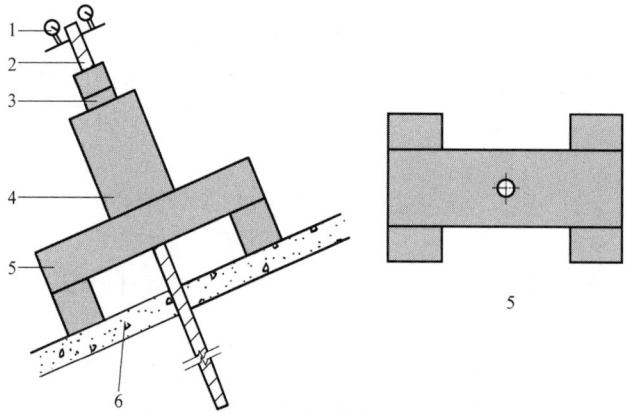

图 8-10 支护锚杆、土钉抗拔试验支撑板式加载反力装置安装示意图

1—位移测量仪表；2—锚杆、土钉；3—工具锚；

4—穿心千斤顶；5—支撑板；6—混凝土面层、岩土层

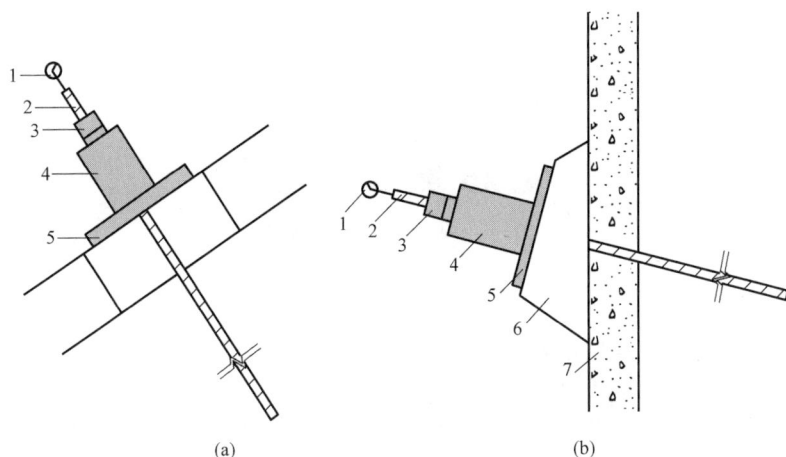

图 8-11　支护锚杆抗拔试验承压板式加载反力装置安装示意图

1—位移测量仪表；2—锚杆；3—工具锚；4—穿心千斤顶；

5—承压板；6—腰梁或台座；7—支挡结构

（a）边坡；（b）连续墙、桩

图 8-12　支护锚杆抗拔试验装置

图 8-13　基础锚杆抗拔试验装置

除了加载反力装置外，还要进行位移测量装置安装，通常采用位移传感器或百分表对锚杆锚头位移进行测量，现场试验（图 8-12、图 8-13）安装应符合下列规定：

（1）位移测量平面宜设置在锚杆孔口的杆体位置，对支护锚杆也可选择在锚头附近的杆体位置，测点应固定在杆体上；

（2）应安装 1~2 个位移测量仪表；

（3）位移测量仪表的基座应固定在基准梁上，不得固定在千斤顶上，基准梁应具有足够的刚度，并应稳固地安置在基准桩上；

（4）位移测量方向应沿着锚杆的轴向变形方向；

（5）基础锚杆：基准桩中心与基础锚杆中心的距离应大于等于 $6d$（d 为锚杆钻孔直径）且大于 2.0m，基准桩中心与反力支座的净距应大于等于 $1.5B$（B 为反力支座边宽）且大于 2.0m；

（6）支护锚杆、土钉：基准桩应优先设置在受试验影响较小的区域（坑底、下一台阶）；其他情况：基准桩中心与支护锚杆、土钉中心的距离应大于等于 $6d$（d 为锚杆钻孔直径）且大于 1.0m，基准桩中心与承压板（反力支座）的净距应大于 $1B$（B 为反力支座边宽、承压板边宽）且大于 1.0m。

8.3　基本试验

8.3.1　一般规定

锚杆基本试验可确定锚杆极限抗拔承载力，提供设计参数和验证施工工艺。

锚杆基本试验的预估最大试验荷载（Q_{max}）的确定应符合以下规定：

对于拉力型锚杆，应取预估锚杆的锚固段注浆体与岩体之间破坏荷载（T_{yt}）、预估锚杆杆体与锚固段注浆体之间破坏荷载两者中较小者的 1.0～1.5 倍；

对于压力型锚杆，应取预估锚杆的锚固段注浆体与岩体之间破坏荷载的 1.0～1.5 倍，且不宜超过锚固段注浆体局部抗压破坏荷载的 0.90 倍；

对钢绞线锚杆，不应超过杆体极限承载力的 0.85 倍；对钢筋锚杆，不应超过杆体极限承载力的 0.90 倍；当杆体强度不足时，应加大杆体的截面面积或改用抗拉强度更高的杆体；

对验证性基本试验，或当设计有要求时，按设计要求取值。

预估锚杆的岩土体与锚固段注浆体之间破坏荷载、预估锚杆杆体与锚固段注浆体之间破坏荷载应根据设计文件按照相关标准进行估算，当无经验时可参考表 8-1 进行估算。

试验时不得选用工程锚杆和工程土钉。用于基本试验的全长粘结型锚杆和土钉宜设置 0.5～1.0m 的自由段。

锚杆抗拔试验中初始荷载的确定、加卸荷速度、锚头位移基准值的测读应符合下列规定：

（1）初始荷载的确定：钢筋锚杆、土钉宜取预估最大试验荷载的 10%，钢绞线锚杆宜取预估最大试验荷载的 30%，荷载分散型锚杆的差异张拉荷载大于 30% 的最大试验荷载等特殊情况时也可取预估最大试验荷载的 50%；

（2）加卸荷速度：试验中的加荷速度宜为 50～100kN/min，卸荷速度宜为 100～200kN/min；

（3）锚头位移基准值：在初始荷载作用下，应测读锚头位移基准值，当间隔 5min 的读数差不大于测读仪表的分辨力时，方可作为锚头位移基准值。

8.3.2　现场检测

试验前，对未锁定的钢绞线锚杆应进行锚索的预紧和张拉；对已锁定的预应力锚杆应解除预应力。锚杆基本试验方法分为多循环加卸载法、单循环加卸载法和分级维持荷载法。锚杆基本试验方法的选择应符合下列规定：

（1）支护锚杆应采用多循环加卸载法或分级维持荷载法，当有成熟的地区经验时，钢筋锚杆也可采用单循环加卸载法；

（2）基础锚杆应采用分级维持荷载法；

（3）土钉宜采用单循环加卸载法；

（4）当设计有要求时，按设计要求确定试验方法。

基本试验的多循环加卸载法应符合下列规定：

（1）加卸载分级和锚头位移观测时间应根据初始荷载的取值见表 8-4～表 8-6。

基本试验多循环加卸载法的加卸载分级与锚头位移观测时间　　　　　　　表 8-4

循环次数	试验荷载值与预估最大试验荷载的百分比(%)											
	初始荷载	加载过程							卸载过程			
第一循环	10	30	—	—	—	—	—	50	—	—	30	10
第二循环	10	30	50	—	—	—	—	60	—	50	30	10
第三循环	10	30	50	—	—	—	60	70	—	50	30	10
第四循环	10	30	50	—	—	60	70	80	—	50	30	10
第五循环	10	30	50	—	60	70	80	90	70	50	30	10
第六循环	10	30	50	60	70	80	90	100	70	50	30	10
观测时间(min)		5	5	5	5	5	5	≥10	5	5	5	5

基本试验多循环加卸载法的加卸载分级与锚头位移观测时间　　　　　　　表 8-5

循环次数	试验荷载值与预估最大试验荷载的百分比(%)									
	初始荷载	加载过程						卸载过程		
第一循环	30	—	—	—	—	—	50	—	—	30
第二循环	30	50	—	—	—	—	60	—	50	30
第三循环	30	50	—	—	—	60	70	—	50	30
第四循环	30	50	—	—	60	70	80	—	50	30
第五循环	30	50	—	60	70	80	90	70	50	30
第六循环	30	50	60	70	80	90	100	70	50	30
观测时间(min)		5	5	5	5	5	≥10	5	5	5

基本试验多循环加卸载法的加卸载分级与锚头位移观测时间　　　　　　　表 8-6

循环次数	试验荷载值与预估最大试验荷载的百分比(%)							
	初始荷载	加载过程					卸载过程	
第一循环	50	—	—	—	—	60	—	50
第二循环	50	—	—	—	60	70	—	50
第三循环	50	—	—	60	70	80	—	50
第四循环	50	—	60	70	80	90	70	50
第五循环	50	60	70	80	90	100	70	50
观测时间(min)		5	5	5	5	≥10	5	5

（2）在每一循环的非最大荷载作用下，每级荷载加载或卸载完成后持荷 5min，按 0、5min 测读锚头位移；

（3）在每一循环的最大荷载作用下，荷载稳定后，应每间隔 5min 测读一次锚头位移，30min 以后按间隔 10min 测读一次锚头位移；当锚头位移达到本规定的相对稳定标准时，方可卸载；

（4）当加至预估最大试验荷载并且锚头位移达到相对稳定标准后，锚杆尚未出现规定的终止加载情况时，宜按预估最大试验荷载 10% 的荷载增量继续进行（1～2）个循环的加卸载试验。

基本试验的单循环加卸载法应符合下列规定：

（1）加卸载分级和锚头位移观测时间应根据初始荷载的取值按表 8-7 确定；

基本试验的单循环加卸载法的加载分级与锚头位移观测时间　　　　表 8-7

初始荷载	试验荷载值与预估最大试验荷载的百分比（%）										
	加载过程							卸载过程			
10	30	50	60	70	80	90	100	70	50	30	10
30	—	50	60	70	80	90	100	70	50	30	—
50	—	—	60	70	80	90	100	70	50	—	—
观测时间（min）	≥10							5			

（2）每级荷载施加稳定后，应每间隔 5min 测读一次锚头位移，30min 以后按间隔 10min 测读一次锚头位移；

（3）锚头位移达到相对稳定标准时，可继续施加下一级荷载；

（4）当加至预估最大试验荷载后，锚杆尚未出现规定的终止加载情况时，宜按预估最大试验荷载 10% 的荷载增量继续进行（1～2）级加载，然后卸载；

（5）卸载时，每级荷载维持 5min，按第 0、5min 测读锚头位移。

分级维持荷载法应符合下列规定：

（1）加载应分级进行，采用逐级等量加载，分级荷载宜为预估最大试验荷载的 1/10，第一级荷载可为分级荷载的 2 倍，以后的分级荷载取为分级荷载；卸载应分级进行，每级卸载量取加载时分级荷载的 2 倍，逐级等量卸载；

（2）每级荷载施加稳定后，应每间隔 5min 测读一次位移，30min 以后按间隔 10min 测读一次位移；

（3）锚头位移达到相对稳定标准时，可继续施加下一级荷载；

（4）卸载时，每级荷载维持 15min，按第 0、5、10、15min 测读锚头位移；

（5）加至预估最大试验荷载后，当锚杆尚未出现本规范第 5.2.7 条规定的终止加载情况时，宜按预估最大试验荷载 10% 的荷载增量继续进行（1～2）级荷载加载试验。

锚头位移相对稳定标准应符合下列规定：

（1）基本试验的多循环加卸载法、单循环加卸载法：

a. 岩石锚杆：在观测时间内，当相邻两次锚头位移增量不大于 0.05mm 时，可视为位移稳定；若 30min 内锚头位移仍不稳定，则应延长观测时间，当出现 1h 内锚头位移增量小于 0.50mm 时，可视为位移稳定；

b. 土层锚杆：在观测时间内，当相邻两次锚头位移增量不大于 0.10mm 时，可视为位移稳定；若 30min 内锚头位移仍不稳定，则应延长观测时间，当出现 1h 内锚头位移增量小于 1.00mm 时，可视为位移稳定；

c. 土钉：在观测时间内，当相邻两次钉头位移增量不大于 0.20mm 时，可视为位移稳定；若 30min 内锚头位移仍不稳定，则应延长观测时间，当出现 1h 内位移增量小于 2.00mm 可视为稳定。

（2）分级维持荷载法：岩石锚杆 30min 内的锚头位移增量不大于 0.05mm，土层锚杆 30min 内的锚头位移增量不大于 0.10mm。

出现下列情况之一时可视为破坏，应终止加载：

（1）多循环加卸载法：从第二循环加载开始，后一循环荷载产生的单位荷载下的锚头位移增量达到或超过前一循环荷载产生的单位荷载下的位移增量的 5 倍；

（2）单循环加卸载法、分级维持荷载法：从第二级加载开始，后一级荷载产生的单位荷载下的锚头位移增量达到或超过前一级荷载产生的单位荷载下的位移增量的 5 倍；

（3）锚头位移不收敛；

（4）锚杆杆体破坏。

多循环加卸载法的试验数据可参照表 8-8 的格式进行记录。

锚杆多循环加卸载法试验数据记录表　　　　表 8-8

工程名称：

锚杆分类：□钢筋锚杆□钢绞线锚杆　孔径(mm)：　杆体直径(mm)或面积(mm²)：
　其他信息：

标准值□(kN) 设计值□(kN)：　　　要求最大试验荷载(kN)：

执行规范：

锚固段长度(mm)：　　自由段长度(mm)：　　锚杆倾角(°)：

压力表编号：　　千斤顶编号及型号：　　百分表编号：

序号：　　锚杆编号：　　检测日期：　年 月 日

循环数	分级	荷载(kN)	油压(MPa)	时间(min)	位移表读数(mm)			位移(mm)		备注
					表 1	表 2	平均	增量	累计	

记录：　　试验：　　校对：　　第 页 共 页

锚杆单循环加卸载法、分级维持荷载法检测数据可按表8-9的格式记录。

锚杆单循环加卸载法、分级维持荷载法检测数据记录表格　　　　表8-9

工程名称：								
锚杆分类：□钢筋锚杆□钢绞线锚杆　　孔径(mm)：　　　杆体直径(mm)或面积(mm²)：								
其他信息：								
标准值　　(kN)　设计值　(kN)：　　　　要求最大试验荷载　　(kN)：								
执行规范：								
锚固段长度(mm)：　　　自由段长度(mm)：　　　锚杆倾角(°)：								
压力表编号：　　　千斤顶编号及型号：　　　百分表编号：								
序号：　　　　锚杆编号：　　　　　检测日期：　　年　月　日								

荷载分级	油压(MPa)	荷载(kN)	时间(min)	位移表读数(mm)			位移(mm)		备注
				表1	表2	平均	增量	累计	

记录：　　　试验：　　　校对：　　　　　　第　页　共　页								

8.3.3　检测数据分析与判断

试验结果应按每级荷载对应的锚头位移列表整理，多循环加卸载法应按图8-14的要求绘制锚杆的荷载～位移（Q～S）曲线、荷载～弹性位移（Q～SE）曲线和荷载～塑性位移（Q～SP）曲线；单循环加卸载法、分级维持荷载法应按图8-15的要求绘制锚杆的荷载～位移（Q～S）曲线；必要时宜绘制其他辅助分析曲线。

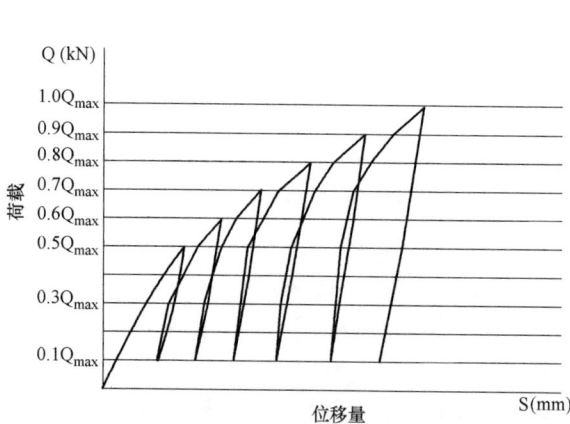

图8-14a　多循环加卸载法的荷载～位移曲线

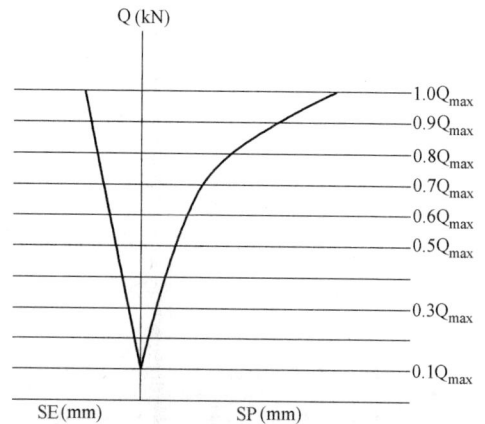

图8-14b　多循环加卸载法的荷载～
弹性位移与荷载～塑性位移曲线

SE—弹性位移；SP—塑性位移

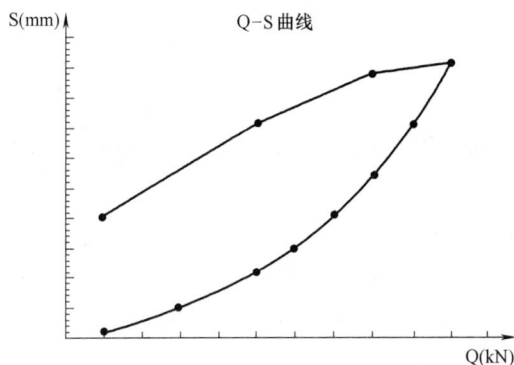

图 8-15a　单循环加卸载法的荷载～位移曲线　　图 8-15b　分级维持荷载法的荷载～位移曲线

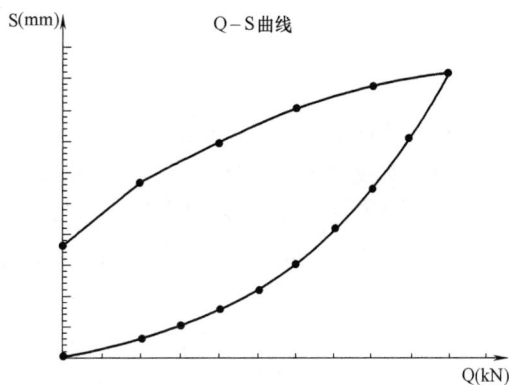

锚杆抗拔承载力的取值和统计应按下列方法确定：

单根锚杆极限抗拔承载力取终止加载的前一级荷载值；在最大试验荷载作用下未达到规定的破坏标准时，极限抗拔承载力取最大试验荷载值；

参加统计的试验锚杆，当其试验结果满足极差不超过平均值的 30％时，取平均值为锚杆极限抗拔承载力标准值；若极差超过 30％，应增加试验数量，并分析极差过大的原因，结合工程实际情况确定锚杆极限抗拔承载力标准值，必要时可增加试验锚杆数量；

对基础锚杆，将其极限抗拔承载力除以安全系数 2 即为该基础锚杆抗拔承载力特征值 R_t。

杆弹性变形的验算应符合下列规定：

（1）从初始荷载至最大试验荷载，所测得的弹性位移量应大于该荷载下锚杆自由段长度的杆体理论弹性伸长值的 80％；

（2）锚杆自由段长度的杆体理论弹性伸长值可按下式进行计算：

$$\Delta L_f = \frac{(Q_{max} - Q_0)L_f}{EA_s} \tag{8-1}$$

式中　ΔL_f——从初始荷载至最大试验荷载，锚杆自由段长度的杆体理论弹性伸长值（mm）；

　　　Q_{max}——最大试验荷载（kN）；

　　　Q_0——初始荷载（kN）；

　　　L_f——锚杆自由段长度（m）；

　　　E——杆体弹性模量（MPa）；

　　　A_s——杆体横截面面积（m^2）。

预应力锚杆弹性变形验算结果不满足上述变形规定时，应建议有关方调整设计参数、施工工艺。

锚拉式支挡结构的弹性支点刚度系数（k_R）可由锚杆基本试验按下式计算：

$$k_R = \frac{(Q_2 - Q_1)b_a}{(s_2 - s_1)s} \tag{8-2}$$

式中　Q_1、Q_2——锚杆循环加荷或逐级加荷试验中（$Q \sim s$）曲线上对应锚杆锁定值与轴向拉力标准值的荷载值（kN）；

s_1、s_2——（$Q{\sim}s$）曲线上对应于荷载为 Q_1、Q_2 的锚头位移值（m）；

b_a——结构计算宽度（m）；

s——锚杆水平间距（m）。

检测报告宜包含以下内容：

（1）工程概况：委托方名称，工程名称，工程地点，建设、勘察、设计、监理和施工单位，锚固工程类型、规模，设计要求；

（2）主要岩土工程勘察资料和地质条件描述；

（3）检测、测试的锚杆的类型、编号、位置、尺寸（锚杆孔径、锚杆长度和杆体直径和面积、自由段长度、锚固段长度和角度）、施工日期，杆体材料、材料强度和相关施工记录；

（4）受检锚杆孔位对应的地质柱状图；

（5）仪器设备及传感器的规格、型号、精度，加载反力装置；

（6）检测、测试的目的、方法、数量、日期；

（7）异常情况描述；

（8）按照规程要求绘制的曲线及对应的数据表；

（9）锚杆承载力确定标准、锚杆承载力；

（10）变形验算结果；

（11）结果分析，结论及建议。

8.4 验 收 试 验

8.4.1 一般规定

锚杆验收试验也称为抗拔承载力检测试验，是采用接近于锚杆实际工作条件的试验方法，确定验收荷载作用下锚杆的工作性状，判定锚杆验收荷载是否满足设计要求，为工程验收提供依据。

锚杆验收试验的最大验收荷载不应小于设计要求的抗拔承载力检测值，且不应大于杆体抗拉设计荷载值（$f_{py}A_s$）的 0.8 倍或（$f_y A_s$）的 0.9 倍。

锚杆验收试验的抗拔承载力检测值（T_y）应符合下列规定：

（1）临时性支护锚杆应取抗拔承载力设计值的（1.0~1.2）倍或轴向拉力标准值（抗拔承载力特征值）的（1.2~1.5）倍；永久性支护锚杆应取抗拔承载力设计值的（1.2~1.5）倍或轴向拉力标准值（抗拔承载力特征值）的（1.5~2.0）倍；按照基坑支护规范，支护结构安全等级为一级时取轴向拉力标准值 1.4 倍以上，二级取轴向拉力标准值 1.3 倍以上，三级取轴向拉力标准值 1.2 倍以上。

（2）基础锚杆不应小于设计要求的基础锚杆抗拔承载力特征值（R_t）的 2.0 倍；

（3）当设计有规定时按设计要求确定。

土钉验收试验的抗拔承载力检测值（T_y）应取轴向拉力标准值的（1.2~1.5）倍（对安全等级为二级、三级的土钉墙，分别不应小于轴向拉力标准值的 1.3 倍、1.2 倍）或抗拔承载力设计值的（1.0~1.2）倍。

8.4.2 现场检测

试验前，对已锁定的预应力锚杆应解除预应力，锚杆卸锚装置应符合要求；对未锁定的钢绞线锚杆，应进行锚索的预紧和张拉。

锚杆验收试验方法分为单循环加卸载法、分级维持荷载法和多循环加卸载法。锚杆验收试验方法的选取应符合下列规定：

（1）基础锚杆验收试验应采用分级维持荷载法；

（2）支护锚杆：超长钢绞线锚杆宜选用多循环加卸载法，超高吨位岩石锚杆宜选用多循环加卸载法或分级维持荷载法，其他锚杆可采用单循环加卸载法；

（3）土钉验收试验宜采用单循环加卸载法。

锚杆验收试验的单循环加卸载法应符合下列规定：

（1）加卸载分级和锚头位移观测时间应根据初始荷载的取值按表8-10确定；

验收试验的单循环加卸载法的加载分级与锚头位移观测时间 表8-10

分级荷载与预估最大试验荷载的百分比（%）											
初始荷载	加载过程							卸载过程			
10	30	50	60	70	80	90	100	70	50	30	10
30	—	50	60	70	80	90	100	70	50	30	—
50	—	—	60	70	80	90	100	70	50	—	—
观测时间（min）	≥10							5			

（2）每级荷载施加稳定后，应每间隔5min测读一次锚头位移；

（3）锚头位移相对收敛标准：当后5min的位移增量小于前5min的位移增量，视为锚头位移达到相对收敛标准；

（4）锚头位移达到相对收敛标准时，可继续施加下一级荷载；

（5）卸荷时，每级荷载持荷5min，按0、5min测读锚头位移；

（6）当出现规定的终止加载情况时，可终止加载。

锚杆验收试验的多循环加卸载法应符合下列规定：

（1）加载分级和锚头位移观测时间应按表8-11确定；

验收试验多循环加卸载法的加卸载分级与锚头位移观测时间 表8-11

循环次数	分级荷载与预估最大试验荷载的百分比（%）									
	加载过程							卸载过程		
第一循环	30	—	—	—	—	—	50	—	—	30
第二循环	30	50	—	—	—	—	60	—	50	30
第三循环	30	50	—	—	—	60	70	—	50	30
第四循环	30	50	—	—	60	70	80	—	50	30
第五循环	30	50	—	60	70	80	90	70	50	30
第六循环	30	50	60	70	80	90	100	70	50	30
观测时间（min）	1	1	1	1	1	1	≥10	1	1	1

（2）在每一循环的非最大荷载作用下，荷载稳定后，持荷 1min，测读一次锚头位移；

（3）在每一循环的最大荷载作用下，荷载稳定后，应每间隔 5min 测读一次锚头位移；当锚头位移达到相对收敛标准时，再卸载；

（4）锚头位移相对收敛标准：当后 5min 的位移增量小于前 5min 的位移增量，视为锚头位移达到相对收敛标准；

（5）卸荷时，每级荷载持荷 1min，测读一次锚头位移；

（6）当出现终止加载情况时，可终止加载。

锚杆验收试验中，当出现下列情况之一时，应终止加载：

（1）多循环加卸载法：从第二循环加载开始，后一循环荷载产生的单位荷载下的锚头位移增量达到或超过前一循环荷载产生的单位荷载下的位移增量的 5 倍；

（2）单循环加卸载法和维持荷载法：从第二级加载开始，后一级荷载产生的单位荷载下的锚头位移增量达到或超过前一级荷载产生的单位荷载下的位移增量的 5 倍；

（3）在某级荷载作用下，锚头位移不收敛（岩石锚杆在 60min、土层锚杆与土钉 3h 内未达到位移相对收敛标准）；

（4）锚杆杆体破坏；

（5）已加载至最大验收荷载，且锚头位移达到位移相对收敛标准。

分级维持荷载法应符合下列规定：

（1）加载应分级进行，采用逐级等量加载，分级荷载宜为预估最大试验荷载的 1/10，第一级荷载可为分级荷载的 2 倍，以后的分级荷载取为分级荷载；卸载应分级进行，每级卸载量取加载时分级荷载的 2 倍，逐级等量卸载；

（2）每级荷载施加稳定后，应每间隔 5min 测读一次位移，30min 以后按间隔 10min 测读一次位移；

（3）锚头位移达到相对稳定标准时，可继续施加下一级荷载；

（4）锚头位移相对稳定标准：岩石锚杆 30min 内的锚头位移增量不大于 0.05mm，土层锚杆 30min 内的锚头位移增量不大于 0.10mm；

（5）卸载时，每级荷载维持 15min，按第 0、5、10、15min 测读锚头位移；

（6）当出现终止加载情况时，可终止加载。

对预应力锚杆，试验完成后应再加载至锁定荷载进行锁定。

多循环加卸载法的试验数据可按表 8-8 的格式进行记录，单循环加卸载法、分级维持荷载法的试验数据可按表 8-9 格式进行记录。

8.4.3　检测数据分析与判定

试验结果应按每级荷载对应的锚头位移列表整理，多循环加卸载法应按图 8-14 的要求绘制锚杆的荷载～位移（Q～S）曲线、荷载～弹性位移（Q～SE）曲线和荷载～塑性位移（Q～SP）曲线；单循环加卸载法、分级维持荷载法应按图 8-15 的要求绘制锚杆的荷载～位移（Q～S）曲线；必要时宜绘制其他辅助分析曲线。

验收试验中，单根锚杆、土钉的抗拔承载力检测值的确定应符合下列规定：

（1）当出现规定的终止加载情况的第 1～4 款时，取终止加载的前一级荷载值；

（2）当出现规定的终止加载情况的第 5 款时，取最大试验荷载值。

锚杆验收试验中采用多循环加卸载法、单循环加卸载法试验的锚杆，符合下列规定的受检锚杆应判定合格：

（1）确定的单根锚杆的抗拔承载力检测值满足设计要求；

（2）拉力型锚杆：从初始荷载至最大试验荷载，所测得的锚杆弹性位移量不应小于锚杆自由段长度的杆体理论弹性伸长值的 80%，且不应大于杆体自由段长度与 1/2 杆体粘结段长度之和的杆体理论弹性伸长值；

（3）压力型锚杆：从初始荷载至最大试验荷载，所测得的弹性位移量不应小于锚杆自由段长度的杆体理论弹性伸长值的 80%，且不应大于杆体自由段长度的理论弹性伸长值的 120%；

（4）当设计有要求时锚杆的总变形量应满足设计要求；

锚杆弹性位移量的取值和伸长值的计算应符合下列规定：

（1）锚杆从初始荷载至最大试验荷载所测得的总弹性位移量为最大试验荷载时的锚头总位移与卸载至初始荷载时的残余位移之差；

（2）拉力型锚杆，锚杆自由段长度、杆体自由段长度与 1/2 杆体粘结段长度之和的杆体理论弹性伸长值可按下列公式计算：

$$\Delta L_f = \frac{(Q_{max} - Q_0)L_f}{EA_s} \tag{8-3}$$

$$\Delta L_{tf} + \frac{\Delta L_{tb}}{2} = \frac{(Q_{max} - Q_0)(L_{tf} + L_{tb}/2)}{EA_s} \tag{8-4}$$

锚杆自由段长度、杆体自由段长度的杆体理论弹性伸长值可按下列公式计算：

$$\Delta L_f = \frac{(Q_{max} - Q_0)L_f}{EA_s} \tag{8-5}$$

$$\Delta L_{tf} = \frac{(Q_{max} - Q_0)L_{tf}}{EA_s} \tag{8-6}$$

式中　ΔL_f——从初始荷载至最大试验荷载，锚杆自由段长度的杆体理论弹性伸长值（mm）；

　　　ΔL_{tb}——从初始荷载至最大试验荷载，杆体粘结段长度的理论弹性伸长值（mm）；

　　　ΔL_{tf}——从初始荷载至最大试验荷载，杆体自由段长度的理论弹性伸长值（mm）；

　　　Q_{max}——最大试验荷载（kN）；

　　　Q_0——初始荷载（kN）；

　　　L_f——锚杆自由段长度（m）；

　　　L_{tb}——杆体粘结段长度（m）；

　　　L_{tf}——杆体自由段长度（m）；

　　　E——杆体弹性模量（MPa）；

　　　A_s——杆体横截面面积（m^2）。

采用分级维持荷载法试验的锚杆，符合下列规定的锚杆应判定合格：

（1）确定的锚杆抗拔承载力检测值不应小于设计要求的锚杆抗拔承载力检测值（T_y）；

（2）支护锚杆变形应符合本节所述有关规定；

（3）对基础锚杆：也可将锚杆位移稳定或收敛的最大加载值除以安全系数 2 即为该基

础锚杆抗拔承载力特征值 R_t，其承载力特征值满足设计要求；

（4）当设计对锚杆变形有要求时，锚杆的变形应满足设计要求。

系统锚杆宜采用统计评价，当满足下列条件时，判定所检测的工程锚杆验收试验结果满足设计要求：锚杆抗拔承载力检测值的平均值不应小于设计要求的锚杆抗拔承载力检测值（T_y）；锚杆抗拔承载力检测值的最小值不应小于设计要求的锚杆抗拔承载力检测值（T_y）的 0.9 倍；锚杆变形应符合本规程有关规定。

土钉验收试验中，应对同一条件的土钉进行统计分析，当满足下列条件时，可判定所检测的土钉满足验收要求：

（1）确定的土钉抗拔承载力检测值的平均值不应小于设计要求的土钉抗拔承载力检测值（T_y）；

（2）规定确定的土钉抗拔承载力检测值的最小值不应小于设计要求的土钉抗拔承载力检测值（T_y）的 0.8 倍；

（3）当设计有要求时土钉的变形应满足设计要求。

检测报告宜包含以下内容：

（1）工程概况：委托方名称，工程名称，工程地点，建设、勘察、设计、监理和施工单位，锚固工程类型、规模，设计要求；

（2）主要岩土工程勘察资料和地质条件描述；

（3）检测、测试的锚杆的类型、编号、位置、尺寸（锚杆孔径、锚杆长度和杆体直径和面积、自由段长度、锚固段长度和角度）、施工日期，杆体材料、材料强度和相关施工记录；

（4）受检锚杆孔位对应的地质柱状图；

（5）仪器设备及传感器的规格、型号、精度，加载反力装置；

（6）检测、测试的目的、方法、数量、日期；

（7）异常情况描述；

（8）按照规程要求绘制的曲线及对应的数据表；

（9）锚杆承载力确定标准、锚杆承载力，锚杆的验收标准对基础锚杆、支护锚杆、土钉锚杆应分别进行评定；

（10）变形验算结果；

（11）结果分析，结论及建议。

8.5 蠕 变 试 验

8.5.1 一般规定

锚杆蠕变试验可确定锚杆蠕变特性，为有效控制蠕变量和预应力损失提供锚杆设计参数和荷载使用水平。蠕变试验前，钢绞线锚杆应进行锚索的预紧和张拉。蠕变试验的数量应为 3 根锚杆。塑性指数大于 17 的土层锚杆、极度风化的泥岩或节理裂隙发育张开且充填有黏性土的岩层中锚杆应进行蠕变试验。用作试验的锚杆不得少于 3 根，最大试验荷载为 1.5 倍的设计值。

8.5.2 蠕变试验

蠕变试验的加载分级和锚头位移观测时间应按表8-12确定，在观测时间内荷载应保持恒定。

蠕变试验的加载分级和锚头位移观测时间表   表8-12

加荷等级 (N_k、N_{ak}、N_t)	观测时间(min)			
	临时锚杆		永久锚杆	
	观测时间 t_1	观测时间 t_2	观测时间 t_1	观测时间 t_2
0.25	—	—	5	10
0.50	5	10	15	30
0.75	15	30	30	60
1.00	30	60	60	120
1.20	45	90	120	240
1.5	60	120	180	360

在每个分级荷载作用下，分别按第 1、5、10、15、30、45、60、90、120、150、180、210、240、270、300、330、360min 的时间记录蠕变量。

锚杆蠕变试验的现场检测数据可按表8-13的格式记录。

锚杆蠕变试验的现场检测数据记录表格   表8-13

工程名称：

锚杆分类：□钢筋锚杆□钢绞线锚杆　孔径(mm)：　　杆体直径(mm)或面积(mm²)：

其他信息：

要求最大试验荷载(kN)：　　标准值□(kN) 设计值□(kN)：

锚固段长度(mm)：　　自由段长度(mm)：　　锚杆倾角(°)：

压力表编号：　　千斤顶编号及型号：　　百分表编号：

序号：　　锚杆编号：　　检测日期：　　年 月 日

荷载	油压	测读	位移表读数(mm)			位移 (mm)				备注
(kN)	(MPa)	时间	表1	表2	平均	增量	累计	S_1	S_2	

记录：　　　　组长：　　　　校对：　　　　第 页 共 页

8.5.3 检测数据分析与判定

试验结果应按每级荷载对应的锚头位移列表整理，并应按图8-16的要求，绘制每级荷载下锚杆的蠕变量～时间对数（$s\sim\lg t$）曲线。

蠕变率应按式（8-7）计算：

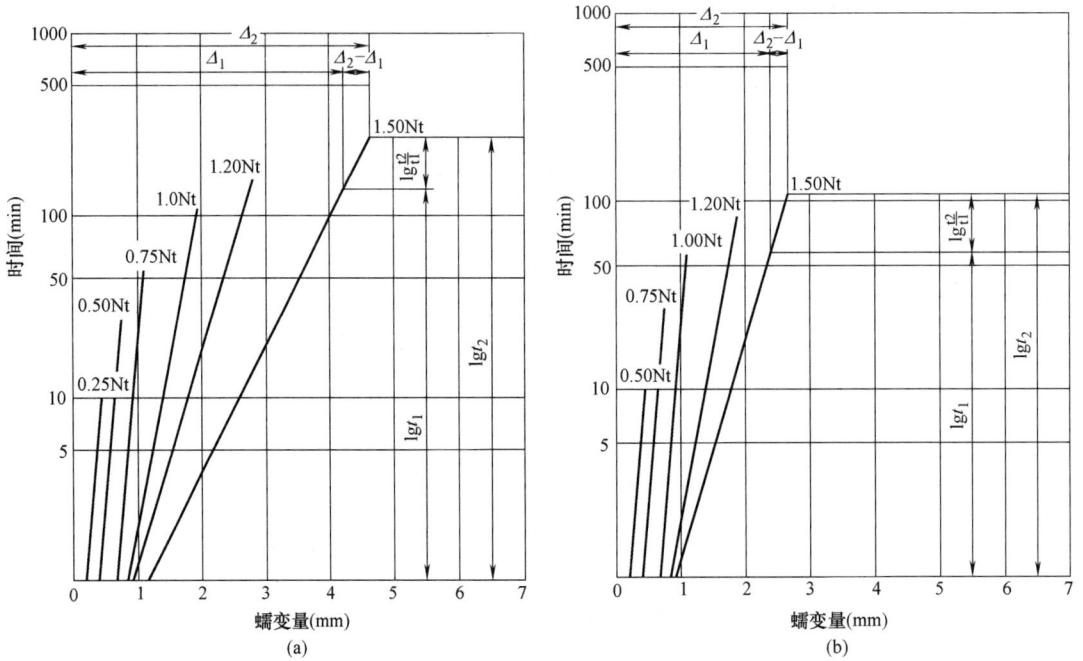

图 8-16　锚杆蠕变量～时间对数关系曲线

（a）永久性锚杆蠕变试验；（b）临时性锚杆蠕变试验

$$k_c = \frac{s_2 - s_1}{\lg t_2 - \lg t_1} \tag{8-7}$$

式中　k_c——锚杆蠕变率；

　　　s_1——t_1 时间测得的蠕变量（mm）；

　　　s_2——t_2 时间测得的蠕变量（mm）。

锚杆的蠕变率不应大于 2.0mm 对数周期。

检测报告宜包含以下内容：

（1）工程概况：委托方名称，工程名称，工程地点，建设、勘察、设计、监理和施工单位，锚固工程类型、规模，设计要求；

（2）主要岩土工程勘察资料和地质条件描述；

（3）检测、测试的锚杆的类型、编号、位置、尺寸（锚杆孔径、锚杆长度和杆体直径和面积、自由段长度、锚固段长度和角度）、施工日期，杆体材料、材料强度和相关施工记录；

（4）受检锚杆孔位对应的地质柱状图；

（5）仪器设备及传感器的规格、型号、精度，加载反力装置；

（6）检测、测试的目的、方法、数量、日期；

（7）异常情况描述；

（8）按照规程要求绘制的曲线及对应的数据表；

（9）锚杆蠕变率；

（10）结果分析、结论及建议。

第9章 建筑基坑工程监测

9.1 概 述

20 世纪 80 年代以来，我国城市建设发展较快，尤其是高层建筑和地下工程得到了迅猛发展。由于受土地稀缺性的影响，城市中建筑的密集程度越来越大，开挖基坑对周边环境的影响增大，基坑工程的重要性逐渐被人们所认识。目前基坑工程设计、施工技术水平也随着工程经验的积累和不断提高，但是在基坑工程实践中，由于勘察所获得的数据还很难准确代表岩土层的全面情况，基坑工程设计理论和依据还不够完善，施工过程中支护结构的受力经常发生动态变化，工程的实际工程状态与设计工况往往存在一定的差异，设计值还不能全面而准确地反映工程的各种变化，所以在理论分析指导下有计划地进行现场工程监测就显得十分必要（图 9-1）。

图 9-1 城市建设中的基坑工程

通过监测可随时掌握岩（土）层和支护结构内力、变形的变化情况以及周边环境中各种建筑、设施的变形情况，将监测数据与设计值进行对比、分析，以判断前步施工是否符合预期要求，确定和优化下一步施工工艺和参数，以此达到信息化施工的目的，使得监测成果成为现场施工工程技术人员作出正确判断的依据。通过对基坑周边建筑、管线、道路等的现场监测，验证基坑工程环境保护方案的正确性，及时分析出现的问题并采取有效措施，以保证周边环境的安全。基坑工程监测是验证基坑工程设计的重要方法，设计计算中未曾考虑或考虑不周的各种复杂因素，可以通过对现场监测结果的分析、研究，加以局部的修改、补充和完善，因此基坑工程监测可以为动态设计和优化设计提供重要依据。

建筑基坑监测目前主要依据的标准为《建筑基坑工程监测技术标准》GB 50497，另外还有相关国家现行标准也对建筑基坑工程监测作出了一些规定，有关的国家现行规范、规程主要有：

（1）《建筑地基基础设计规范》GB 50007；

（2）《建筑地基基础工程施工质量验收规范》GB 50202；

（3）《建筑边坡工程技术规范》GB 50330；

（4）《建筑边坡工程鉴定与加固技术规范》GB 50843；

（5）《建筑基坑支护技术规程》JGJ 120；

（6）《民用建筑可靠性鉴定标准》GB 50292；

（7）《工程测量标准》GB 50026；

（8）《建筑变形测量规范》JGJ 8；

（9）《建筑与市政工程地下水控制技术规范》JGJ/T 111。

9.2 基本规定

9.2.1 监测要求

开挖深度大于等于5m或开挖深度小于5m但现场地质情况和周围环境较复杂的基坑工程以及其他需要监测的基坑工程应实施基坑工程监测。

现场地质情况较为复杂的基坑工程是指基坑周边存在面积较大的厚层有机质填土、特软弱的淤泥质黏土、暗浜、暗塘、暗井、古河道；临近江、海、河边并有水力联系；存在渗透性较大的含水层并有承压水、基坑潜在滑塌范围内存在岩土界面且岩体结构面向坑内倾斜等情况。周边环境较复杂的基坑工程是指基坑周边1~2倍基坑深度范围内存在地铁、共同沟、煤气管道、压力总水管、高压铁塔、历史文物、近代优秀建筑以及其他需要保护的建筑。其他需要监测的基坑工程是指施工涉及的市政、公用、供电、通信、人防及文物等各地方管理单位出台的一些地方性规定。

9.2.2 监测工作程序

为保证基坑工程监测工作质量，监测单位开展监测工作宜遵循如下工作程序：

（1）接收委托；

（2）现场踏勘，收集资料：了解建设方和相关单位的具体要求，收集和熟悉岩土工程勘察资料、气象资料、地下工程和基坑工程的设计资料以及施工组织设计等，收集基坑周边；

（3）环境各监测对象的原始资料和使用现状等，复核相关资料与现场状况的关系，确定拟监测项目现场实施的可行性，了解相邻工程设计和施工情况；

（4）制定监测方案；

（5）监测点设置与验收，设备、仪器校验和元器件标定；

（6）现场监测；

（7）监测数据的处理、分析及信息反馈；

（8）提交阶段性监测结果和报告；

（9）现场监测工作结束后，提交完整的监测资料。

9.2.3　监测方案

基坑工程施工前，应由建设方委托具备相应资质的第三方对基坑工程实施现场监测。实施第三方监测有利于保证监测的客观性和公正性，一旦发生重大环境安全事故或者社会纠纷时，监测结果是责任判定的重要依据。第三方监测并不取代施工单位自己开展的必要的施工监测，施工单位在施工过程中仍应进行必要的施工监测。基坑工程监测对监测单位的资质能力及技术人员的专业水平要求较高，监测单位应具备岩土工程和工程测量两方面的专业资质，监测数据分析人员应具备岩土工程、结构工程、工程测量等方面的综合知识。

由于基坑工程设计理论还不够完善，施工场地也存在着各种复杂因素的影响，基坑工程设计能否真实地反映实际状况，只有在实施过程才能得到最终的验证，其中现场监测是获得上述验证的重要和可靠手段，因此在基坑工程设计阶段应该由设计方提出对基坑工程进行现场监测的要求，部分内容和指标应由设计方明确提出，详细的监测方案由第三方监测单位进行编制，监测技术要求应包括监测项目、监测频率和监测报警值等，监测方案须经建设方、设计方、监理方等认可，必要时还需与基坑周边环境涉及的有关管理单位协商一致后方可实施。

为保证监测工作质量，避免出现大的疏漏，监测方案应包含下列内容：

（1）工程概况；

（2）建设场地岩土工程条件及基坑周边环境状况；

（3）监测目的和依据；

（4）监测内容及项目；

（5）基准点、监测点的布设与保护；

（6）监测方法及精度；

（7）监测期和监测频率；

（8）监测报警及异常情况下的监测措施；

（9）监测数据处理与信息反馈；

（10）监测人员的配备；

（11）监测仪器设备及检定要求；

（12）监测作业安全及其他管理制度。

对地质和环境条件复杂的基坑工程；邻近重要建筑和管线，以及历史文物、优秀近代建筑、地铁、隧道等破坏后果很严重的基坑工程；已发生严重事故，重新组织施工的基坑工程，对采用新技术、新工艺、新材料、新设备的一、二级基坑工程等应进行专门的监测方案论证。

监测单位应严格按照审定后的监测方案对基坑工程进行监测，不得任意减少监测项目、测点及降低监测频率。当在实施过程中，由于基坑工程设计或施工有重大变更等客观原因存在需要对监测方案作调整时，应按照工程变更程序和要求，向建设单位提出书面申请，新的监测方案经审定后方可实施。

9.3 监测项目

9.3.1 监测对象

基坑工程的现场监测应采用仪器监测与巡视检查相结合的方法。仪器监测可以取得定量的数据，进行定量分析；以目测为主的巡视检查更加及时，可以起到定性、补充的作用，从而避免片面地分析和处理问题。基坑工程现场监测的对象包括：

（1）支护结构：围护墙、支撑或锚杆、立柱、冠梁和围檩等。

（2）地下水状况：基坑内外原有水位、承压水状况、降水或回灌后的水位。

（3）基坑底部及周边土体：基坑开挖影响范围内的坑内、坑外土体。

（4）周边建筑：基坑开挖影响范围之内的建筑物、构筑物。

（5）周边管线及设施：供水管道、排污管道、通讯、电缆、煤气管道、人防、地铁、隧道等。

（6）周边重要道路：基坑开挖影响范围之内的高速公路、国道、城市主要干道和桥梁等。

（7）其他应监测的对象：精密仪器设施、保护性文物等。

基坑工程监测对象的监测项目应根据基坑等级、设计方案、施工方案，抓住关键部位，做到重点观测、项目配套，形成有效的、完整的监测系统。

《建筑基坑支护技术规程》（JGJ 120—2012）按照基坑破坏后果将基坑工程划分为三个等级，如表 9-1 所示：

基坑支护的几个安全等级 表 9-1

安全等级	破坏后果
一级	支护结构失效、土体过大变形对基坑周边环境或主体结构施工安全的影响很严重
二级	支护结构失效、土体过大变形对基坑周边环境或主体结构施工安全的影响严重
三级	支护结构失效、土体过大变形对基坑周边环境或主体结构施工安全的影响不严重

不同的等级的基坑工程，不同的支护结构形式和施工方法，对基坑支护结构的受力和变形有很大的影响，其监测内容与之相适应。在确定监测项目时，要按照设计和施工方案的确定，并与其相匹配。同时，基坑工程监测又是一个系统，系统内的各项目监测有着必然的、内在的联系。基坑在开挖过程中，其力学效应是从各个侧面同时展现出来的，例如支护结构的挠曲、支撑轴力、地表位移之间存在着相互间的必然联系，它们共存于同一个集合体内。限于测试手段、精度及现场条件，某一单项的监测结果往往不能揭示和反映基坑工程的整体情况，必须形成一个有效的、完整的、与设计、施工工况相适应的监测系统

并跟踪监测，才能提供完整、系统的测试数据和资料，才能通过监测项目之间的内在联系做出准确地分析、判断，为优化设计和信息化施工提供可靠的依据。

9.3.2 仪器监测

仪器监测的两个主要指标是监测对象的受力和变形情况，对于同一个监测对象，两个指标有着内在的必然联系，相辅相成。《建筑基坑工程监测技术标准》GB 50497 对基坑工程监测项目列出了 18 个项目，如表 9-2 所示。

土质基坑工程仪器监测项目表 表 9-2

监测项目 基坑等级		一级	二级	三级
围护墙(边坡)顶部水平位移		应测	应测	应测
围护墙(边坡)顶部竖平位移		应测	应测	应测
深层水平位移		应测	应测	宜测
立柱竖向位移		应测	应测	宜测
围护墙内力		宜测	可测	可测
支撑轴力		应测	应测	宜测
立柱内力		可测	可测	可测
锚杆轴力		应测	宜测	可测
坑底隆起		可测	可测	可测
围护墙侧向土压力		可测	可测	可测
孔隙水压力		可测	可测	可测
地下水位		应测	应测	应测
土体分层竖向位移		可测	可测	可测
周边地表竖向位移		应测	应测	宜测
周边建筑	竖向位移	应测	应测	应测
	倾斜	应测	宜测	可测
	水平位移	宜测	可测	可测
周边建筑、地表裂缝		应测	应测	应测
周边管线	竖向位移	应测	应测	应测
	水平位移	可测	可测	可测
周边道路竖向位移		应测	宜测	可测

岩体基坑工程仪器监测项目应根据表 9-3 进行选择。

岩体基坑工程仪器监测项目表 表 9-3

监测项目 基坑等级	一级	二级	三级
基坑顶部水平位移	应测	应测	应测
基坑顶部竖向位移	应测	宜测	可测
锚杆轴力	应测	宜测	可测

监测项目 基坑等级		一级	二级	三级
地下水、渗水与降雨关系		宜测	可测	可测
周边地表竖向位移		应测	宜测	可测
周边建筑	竖向位移	应测	宜测	可测
	倾斜	宜测	可测	可测
	水平位移	宜测	可测	可测
周边建筑、地表裂缝		应测	宜测	可测
周边管线	竖向位移	应测	宜测	可测
	水平位移	宜测	可测	可测
周边道路竖向位移		应测	宜测	可测

9.3.3 巡视检查

基坑工程整个施工期内，每天均应有专人进行巡视检查。巡视检查以目测为主，可辅以锤、钎、量尺、放大镜等简单的工器具以及摄像、摄影灯设备进行，这样的检查方法速度快、周期短，可以及时弥补仪器监测不足。现场巡视检查项目如表 9-4 所示：

建筑基坑工程巡视检查项目表 表 9-4

巡查对象	巡查项目
支护结构	支护结构成型质量
	冠梁、围檩、支撑或腰梁是否有裂缝
	冠梁、围檩或腰梁的连续性，有无过大变形
	围檩或腰梁与围护桩的密贴性，围檩与支撑的防坠落措施
	锚杆垫板有无松动、变形
	立柱有无倾斜、沉陷或隆起
	止水帷幕有无开裂、渗漏水
	基坑有无涌土、流砂、管涌
	面层有无开裂、脱落
施工工况	开挖后暴露的土质情况与岩土勘察报告有无差异
	开挖分段长度、分层厚度及支撑（锚杆）设置是否与设计要求一致
	基坑侧壁开挖暴露面是否及时封闭
	支撑、锚杆是否施工及时
	边坡、侧壁及周边地表的截水、排水措施是否到位，坑边或坑底有无积水
	基坑降水、回灌设施是否运转正常
	基坑周边地面有无超载
周边环境	周边管道有无破损、泄露情况
	围护墙后土体有无沉陷、裂缝及滑移现象
	周边建筑有无新增裂缝出现

巡查对象	巡查项目
周边环境	周边道路(地面)有无裂缝、沉陷
	邻近基坑施工(堆载、开挖、降水或回灌、打桩等)变化情况
	存在水力联系的邻近水体(湖泊、河流、水库等)的水位变化情况
监测设施	基准点、监测点完好状况
	监测元件的完好及保护情况
	有无影响观测工作的障碍物
其他	根据设计要求或当地经验确定的其他巡视检查内容

9.4　监测方法及精度要求

监测方法的选择应综合考虑各种因素，如基坑类别不同，反映了对基坑及周边环境安全要求的不同，相应的监测要求也不同；设计会根据监测类别和特点对监测方法提出相应的要求；场地条件可能会限制某种监测方法的应用；当地经验情况可能使某些监测方法更容易接受，监测方法对气候、环境等（宜调查当地的气象情况，记录雨水、气温、热带风暴、洪水等情况，检查自然环境条件对基坑工程的影响程度）的适应性也有差别，综合考虑这些因素后选择的监测方法无疑具有更好的科学性、可行性和合理性。

监测仪器、设备、原件应满足观测精度和量程的要求，具有良好的稳定性和可靠性；应经过校准和标定，且校核记录和标定资料齐全，并应在规定的校准有效期内使。监测过程中应定期进行监测仪器、设备的围维护和保养、检测以及监测原件的检查。

9.4.1　水平位移监测

基坑水平位移监测内容包含表 9-2、表 9-3 中的围护墙（边坡）顶部、周边建筑、管线及深层水平位移等主要监测项目。

（1）监测方法

① 围护墙（边坡）顶部、周边建筑、管线水平位移的监测方法较多，但各种方法的适用条件不一，测定特定方向的水平位移时可采用视准线法、小角度法、投点法等；测定监测点任意方向的水平位移时可视监测点的分布情况，采用前方交会法、后方交会法、极坐标法等；当测点与基准点无法通视或距离较远时，可采用 GPS 测量法或三角、三边、边角测量与基准线相结合的综合测量方法。

② 围护墙深层水平位移监测宜采用在墙体或土体中预埋测斜管、通过测斜仪观测各深度处水平位移的方法。

测斜管应在基坑开挖 1 周前埋设，埋设时应符合下列要求：埋设前应检查测斜管质量，测斜管连接时应保证上、下管段的导槽相互对准、顺畅，各段接头及管底应保证密封；测斜管埋设时应保持竖直，防止发生上浮、断裂、扭转；测斜管一对导槽的方向应与所需测量的位移方向保持一致；当采用钻孔法埋设时，测斜管与钻孔之间的孔隙应填充密实。

测斜仪探头置入测斜管底后，应待探头接近管内温度时再量测，每个监测方向均应进行正、反两次量测。一般宜采用从孔底往上顺序量测的方法，因为孔底温度变化较小，探头放置孔底几分钟后其温度会接近管内温度，有利于探头每次都在基本相同的温度环境下工作，从而减小量测误差。由于测斜管在基坑开挖过程中会随土体或支护结构同时发生侧向变形，引起管口高程的变化，当以上部管口作为深层水平位移的起算点时，必须通过测量管口高程变化对测试数据进行调整修正。

（2）监测精度（表 9-5）

确定围护墙（边坡）顶部、周边建筑、管线水平位移监测精度时，主要考虑了以下几方面因素，一是监测精度应满足位移变化速率及监测报警累计值监测的要求；二是监测精度宜与现有测量规范规定的测量精度尽量相一致；三是在控制监测成本的前提下适当提高精度要求。

水平位移的监测基准点的埋设宜设置有强制对中的观测墩，并宜采用精密的光学对中装置，对中误差不宜大于 0.5mm。强制对中装置宜选择防锈的铜制材料，并采用防护装置进行保护。当采用强制对中观测墩时，周围 2m 内严禁堆积杂物，以免碰到观测墩，并需要定期检查、维护。

水平位移监测精度要求表 表 9-5

水平位移报警值	累计值 D(mm)	$D\leqslant40$		$40<D\leqslant60$	$D>60$
	变化速率 γ_D(mm/d)	$\gamma_D\leqslant2$	$2<\gamma_D\leqslant4$	$4<\gamma_D\leqslant6$	$\gamma_D>6$
监测点坐标中误差		$\leqslant1.0$	$\leqslant1.5$	$\leqslant2.0$	$\leqslant3.0$

注：1. 监测点坐标中误差，系指监测点相对监站点（如工作基点等）的坐标中误差，为点位中误差的 $1/\sqrt{2}$；
2. 当根据累计值和变化速率选择的精度要求不一致时，水平位移监测精度优先按变化速率报警值的要求确定；
3. 本表以中误差作为衡量精度的标准。

（3）监测点布置

① 围护墙或基坑边坡顶部的水平位移监测点应沿基坑周围布置，一般基坑每边的中部、阳角处变形较大，应布置监测点。监测点水平间距不宜大于 20m，每边监测点数目不宜少于 3 个。水平和竖直位移监测点宜为共用点，监测点宜设置在围护墙顶或基坑坡顶上，有利于观测点的保护和提高观测精度。周边建筑竖向位移监测点应布置在建筑的外墙墙角、外墙中间部位的墙上或柱上、裂缝两侧以及其他具有代表性的部位，监测点的间距视具体情况而定，一侧墙体的监测点不宜少于 3 点。管线位移监测点的布置应符合以下要求：应根据管线修建年份、类型、材料、尺寸及现状等情况，确定监测点设置；监测点宜布置在管线的节点、转角处和变形曲率较大的部位，监测点平面间距宜为 15～25m，并宜延伸至基坑边缘以外 1～3 倍基坑开挖深度范围内的管线；供水、煤气、暖气等压力管线宜设直接监测点，在无法埋设直接监测点的部位，可设置间接监测点。管线的观测分为直接法（抱箍法、套管法等）和间接法（地面观测、顶面观测等）。

② 围护墙或土体深层水平位移监测点宜布置在基坑周边的中部、阳角处以及代表性的部位。测点水平间距宜为 20～50m，每边监测点数目不少于 1 个。用测斜仪观测深层水平位移时，当测斜管埋设在围护墙体内，测斜管长度不宜小于围护墙的深度；当测斜管埋设在围护墙体中，测斜管长度不宜小于基坑开挖深度 1.5 倍，并应大于围护墙的深度。以

测斜管底为固定起算点时，管底应嵌入稳定的土体中。深层水平位移观测也称为测斜。对于一级、二级基坑，深层水平位移是一项很重要的监测项目，很多支护形式基坑水平位移的最大值并不发生在坑顶，因此仅仅观测坑顶的水平位移是不安全的，沿基坑围护墙或土体竖向布置测斜管观测不同深度的水平位移是十分重要的。

9.4.2　竖向位移监测

基坑竖向位移监测内容包含表 9-2 中的围护墙（边坡）顶部、立柱、周边地表、周边建筑、管线、坑底隆起（回弹）及土体分层竖向位移等主要监测项目。

（1）监测方法

① 围护墙（边坡）顶部、立柱、周边地表、周边建筑及管线竖向位移监测可采用几何水准或液体静力水准等方法。

② 坑底隆起（回弹）宜通过设置回弹监测标，采用几何水准并配合传递高程的辅助设备进行监测，传递高程的金属杆或钢尺等进行温度、尺度和拉力等项修正。

③ 土体分层竖向位移可通过埋设分层沉降磁环或深层沉降标，采用分层沉降仪结合水准测量方法进行量测。采用分层沉降仪法监测时，每次监测均应测定管口高程的变化，并换算出测管内各监测点的高程。分层竖向位移标应在基坑开挖前至少 1 周埋设。沉降磁环可通过钻孔和分层沉降管定位埋设。沉降管安置到位后应使磁环与土层粘结牢固。沉降磁环（有的磁环套在波纹管上）埋入后，只有经过一定的时间，等待回填材料逐渐密实和钻孔缩孔以后，磁环才能与周围土体紧密接触，变形协调一致。沉降管埋设时应先钻孔，再放入沉降管，沉降磁环无波纹管连接时，沉降管和孔壁之间宜采用黏土水泥装而不宜用砂进行回填，以免细砂、卡入磁环与沉降管间隙，阻碍磁环随土体的自由下沉或隆起。

（2）监测精度

① 围护墙（边坡）顶部、立柱、周边地表、周边建筑及管线竖向位移监测精度确定方法和水平位移监测精度基本相同。应根据其竖向位移报警值确定（表 9-6、表 9-7）。

竖向位移监测精度要求表　　　　　　　　　　表 9-6

竖向位移 报警值	累计值 S(mm)	$S \leqslant 20$	$20 < S \leqslant 40$	$40 < S \leqslant 60$	$S > 60$
	变化速率 γ_S(mm/d)	$\gamma_S \leqslant 2$	$2 < \gamma_S \leqslant 4$	$4 < \gamma_S \leqslant 6$	$\gamma_S > 6$
监测点坐标中误差		$\leqslant 0.15$	$\leqslant 0.5$	$\leqslant 1.0$	$\leqslant 1.5$

注：监测点测站高程中误差系指相应精度与视距的几何水准测量单程一测站的高差中误差。

坑底隆起（回弹）监测精度要求表　　　　　　　表 9-7

坑底隆起预警值（累计值）	$\leqslant 40$	$40 \sim 60$	> 60
监测点测站高差中误差	$\leqslant 1.0$	$\leqslant 2.0$	$\leqslant 3.0$

注：1. 监测点测站高程中误差系指相应精度与视距的几何水准测量单程一测站的高差中误差。
　　2. 坑底隆起（回弹）监测的精度应根据其报警值确定。

② 土体分层竖向位移的初始值应在分层竖向位移标埋设稳定后量测，稳定时间不应少于 1 周并获得稳定的初始值；监测精度不宜低于 1.5mm。每次测量应重复进行 2 次并取其平均值作为测量结果，2 次读数较差应不大于 1.5mm。

（3）监测点布置

① 围护墙（边坡）顶部、立柱、周边地表、周边建筑及管线竖向位移围护墙（边坡）

顶部竖向位移监测点布置要求和水平位移相同，竖向和水平位移监测点宜为共用点。立柱的竖向位移监测点应布置在基坑中部、多根支撑交汇处、地质条件复杂处的立柱上。监测点不应少于总根数的 5%，逆作法施工的基坑不应少于 10%，且均不应少于 3 根。基坑周边地表竖向位移监测点宜按监测剖面设在坑边中部或其他具有代表性的部位。监测剖面应与坑边垂直，数量视具体情况确定。每个监测剖面的监测点数量不宜少于 5 个。周边建筑竖向位移监测点的布置应符合以下要求：基建筑四角、沿外墙每 10～15m 处或每隔 2～3 根柱基上，且每侧不少于 3 个监测点；不同地基或基础的分界处；不同结构的分界处；变形缝、抗震缝或严重开裂处的两侧；新、旧建筑或高、低建筑交界处的两侧；高耸构筑物基础轴线的对称部位，每一构筑物不应少于 4 点。建筑竖向位移监测点的布置应分析建筑的受力传递和应力分布情况。为了反映建筑竖向位移的特征和便于分析，监测点应布置在结构主要传力构件上以及建筑竖向位移差异大的地方。

② 坑底隆起（回弹）监测点的布置应符合以下要求：监测点宜按纵向或横向剖面布置，剖面宜选择在基坑的中央以及其他能反映变形特征的位置，剖面数量不应少于 2 个；同一剖面上监测点横向间距宜为 10～30m，数量不应少于 3 个。坑底隆起（回弹）监测点的埋设和施工过程中的保护比较困难，监测点不宜设置过多，以能够测出必要的坑底隆起（回弹）数据为原则，依据监测点绘出的隆起（回弹）断面图可以反映出坑底的变形变化规律。

③ 土体分层坑竖向位移监测是为了测量不同深度处土的沉降与隆起，监测孔宜布置在靠近被保护对象且具有代表性的部位。数量视具体情况确定。在竖向布置测点宜设置在各层土的界面上，也可等间距设置。测点深度、测点数量应视具体情况确定。

9.4.3 结构内力监测

支护结构内力监测内容包含表 9-2 中的围护墙、支撑、立柱、锚杆、土钉内力及土压力、孔隙水压力等主要监测项目。

（1）监测方法

① 围护墙、支撑、立柱等内力监测

混凝土构件可采用钢筋应力计或混凝土应变计等量测；钢构件可采用轴力计或应变计等量测。应根据工程性质，选用抗干扰能力强、防水性好、不受导线长度影响、稳定性好和坚固耐用的传感器，内力监测值应考虑温度变化等影响。传感器埋设前应进行性能检验和编号，宜在基坑开挖前至少 1 周埋设，并取开挖前连续 2d 获得的稳定测试数据的平均值作为初始值。

② 锚杆、土钉内力监测

锚杆和土钉的内力监测宜采用专用测力计、钢筋应力计或应变计，当使用钢筋束时宜监测每根钢筋的受力。锚杆或土钉施工完成后应对专用测力计、应力计或应变计进行检查测试，并取下一层土方开挖前连续 2d 获得的稳定测试数据的平均值作为其初始值。

③ 土压力（主要为基坑围护墙内、外侧土压力）监测

土压力（主要为基坑围护墙内、外侧土压力）监测宜采用土压力计量测，土压力计的量程应在满足被测压力范围要求的基础上，留有一定储备，以应对异常情况下的土压力测试需要。由于土压力计的结构形式和埋设部位不同，埋设方法很多，例如挂布法、顶入

法、弹入法、插入法、钻孔法等。土压力计埋设在围护墙构筑期间或完成后均可进行，若在围护墙完成后进行，由于土压力计无法紧贴围护墙埋设，因而所测数据与围护墙上实际作用的土压力有一定差别。若土压力计埋设与围护墙构筑同期进行，则须解决好土压力计在围护墙迎土面上的安装问题。在水下浇注混凝土过程中，要防止混凝土将面向土层的土压力计表面钢膜包裹，使其无法感应土压力作用，造成埋设失败，另外，还保持土压力计的承压面与土的应力方向垂直。土压力计埋设以后应立即进行检查测试，基坑开挖前应至少经过1周时间的监测并取得稳定初始值。

④ 孔隙水压力监测

宜通过埋设钢弦式或应变式等孔隙水压力计测试，埋设可采用压入法、钻孔法等，应在孔隙水压力监测的同时测量孔隙水压力计埋设位置附近的地下水位。

采用压入法时，宜在无硬壳层的软土层中使用，或钻孔到软土层再采用压入的方法埋设；

当采用钻孔法时一个钻孔宜仅埋设一个探头，若采用一钻孔多探头方法埋设则应保证各个探头之间严格隔离。钻孔直径宜为110～130mm，不宜使用泥浆护壁成孔，钻孔应圆直、干净；封口材料宜采用直径10～20mm的干燥膨润土球，封口材料应能充分发挥隔断作用，防止孔隙水压力计埋设土层与上层土的水力贯通。

孔隙水压力计应在基坑施工前2～3周埋设，有利于超孔隙水压力的消散，得到的初始值更加合理，核查标定数据，记录探头编号，测读初始读数。孔隙水压力计埋设后应测量初始值，且宜逐日量测1周以上并取得稳定初始值。

（2）监测精度

① 围护墙、支撑、立柱等内力监测：应力计或应变计的量程宜为设计值的2倍，精度不宜低于0.5%F·S，分辨率不宜低于0.2%F·S。

② 锚杆、土钉内力监测：专用测力计、钢筋应力计和应变计的量程宜为对应设计值的2倍，量测精度不宜低于0.5%F·S，分辨率不宜低于0.2%F·S。

③ 土压力计的量程应满足被测压力的要求，其上限可取设计压力的2倍，精度不宜低于0.5%F·S，分辨率不宜低于0.2%F·S。

④ 孔隙水压力计应满足以下要求：量程满足被测压力范围的要求，可取静水压力与超孔隙水压力之和的2倍；精度不宜低于0.5%F·S，分辨率不宜低于0.2%F·S。

（3）监测点布置

① 围护墙、支撑、立柱等内力监测

围护墙内力监测点应考虑围护墙的内力计算图形，布置在围护墙出现弯矩极值的部位，监测点数量和横向间距视具体情况而定。平面上宜选择在围护墙相邻两支撑的跨中部位、开挖深度较大以及地面堆载较大的部位；竖直方向（监测断面）上监测点宜布置支撑处和相邻两层支撑的中间部位，间距宜为2～4m。支撑内力的监测点的位置应根据支护结构计算书、计算图形确定，监测点应布置在支撑内力较大或整个支撑体系中起控制作用的杆件上；每层支撑的内力监测点不应少于3个，各层支撑的监测点位置宜在竖向保持一致；钢支撑的监测截面宜选择在两支点间1/3部位或支撑的端头；混凝土支撑的监测截面宜选择在两支点间1/3部位，并避开节点位置；每个监测点截面内传感器的设置数量及位置应满足不同传感器的测试要求。立柱内力的监测点的位置应根据支护结构计算书、计算图形确定，监测截面应选择在轴力较大的杆件上受剪力影响小的部位，当采用应力计或应变计测试时，监测截面宜选择在坑底以上各层立柱下部的 1/3 部位。监测点应布置在立柱受力、变形较大和容易发生差异沉降的部位，例如基坑中部、多根支撑交汇处、地质条件复杂处。

② 锚杆、土钉内力监测

锚杆应力监测点应选择在受力较大且具有代表性的位置，基坑每边的中部、阳角处以及地质条件复杂的区段宜布置监测点。每层锚杆的监测点数量应为该层锚杆总数的 1%～3%，并不应少于 3 根。各层监测点位置宜在竖向上保持一致。每根杆体上的测试点宜设置在锚头附近或受力有代表性的位置。土钉应力监测点应选择在受力较大且具有代表性的位置，基坑每边的中部、阳角处以及地质条件复杂的区段宜布置监测点。监测点数量和水平间距视具体情况而定，各层监测点位置宜在竖向保持一致。每根土钉杆体上的测试点应设置在受力有代表性的位置。

③ 土压力监测

围护墙侧向土压力监测点的布置应选择在受力、土质变化较大的部位，在平面上宜与深层水平位移监测点、围护墙内力监测点位置等匹配，这样的监测数据之间可以相互验证，便于对监测项目的综合分析，平面布置上基坑每边不宜少于 2 个监测点，竖向布置上监测点间距宜为 2～5m，下部宜加密。在竖直直方向（监测断面）上监测点应考虑土压力的计算图形、土层的分布以及围护墙内力监测点位置的匹配，当按土层分布情况布设时，每层应至少布设 1 个测点，且宜布设在各层土的中部。

④ 孔隙水压力监测

孔隙水压力的变化是地层位移的前兆，对控制打桩、深井、基坑开挖、隧道开挖等引起地层位移起到十分重要的作用。孔隙水压力监测点应布置在基坑受力、变形较大且具有代表性的部位。竖向布置上监测点宜在水压力变化影响深度范围内按土层的分布情况布设，竖直间距宜为 2～5m，数量不宜少于 3 个。

9.4.4　倾斜监测

倾斜监测内容包含表 9-3 中周边建筑倾斜等主要监测项目。

（1）监测方法

根据不同的现场观测条件和要求，当被测建筑具有明显的外部特征点和宽敞的观测场地时，宜选用投点法、前方交会法等；当被测建筑内部有一定的竖向通视条件时，宜选用垂吊法、激光铅直仪观测法等；当被测建筑具有较大的结构刚度和基础刚度时，可选用倾斜仪法或差异沉降法。

（2）监测精度

建筑倾斜观测精度应符合现行标准《工程测量标准》GB 50026 及《建筑变形测量规范》JGJ 8 的有关规定。

（3）监测点布置

建筑倾斜监测点的布置应符合以下要求：监测点宜布置在建筑角点、变形缝两侧的承重柱或墙上；监测点应沿主体顶部、底部上下对应布设，上、下监测点应布置在同一竖直线上；当建筑具有较大的结构刚度和基础刚度时，通常采用观测基础差异沉降推算建筑的倾斜，这是监测点的布置应考虑建筑的基础形式、形态特征、结构形式以及地质条件变化等，要求同建筑的竖向位移观测基本一致。

9.4.5　裂缝监测

裂缝监测内容包含表 9-2 中周边建筑、地表裂缝等主要监测项目。

（1）监测方法

裂缝监测应监测裂缝的位置、走向、长度、宽度，必要时尚应监测深度。基坑开挖前应记录监测对象已有裂缝的分布位置和数量，测定其走向、长度、宽度和深度等情况，监测标志应具有可供量测的明晰端面或中心。这些初始记录是裂缝发展与否及发展程度的根据，越详细越好，并可采用摄像、素描等手段进行配合记录。

裂缝监测可采用以下方法：裂缝宽度监测宜在裂缝两侧贴埋标志，用千分尺或游标卡尺等直接量测，也可用裂缝计、粘贴安装千分表量测或摄影量测等；裂缝长度监测宜采用直接量测法；裂缝深度监测宜来用超声波法、凿出法等。

贴埋标志方法主要针对精度要求不高的部位。可用石膏饼法在测量部位粘贴石膏饼，如开裂，石膏饼随之开裂，测量裂缝的宽度；或用划平行线法测量裂缝的上、下错位；或用金属片固定法把两块白铁片分别固定在裂缝两侧，并相互紧贴，再在铁片表面涂上油本，裂缝发展时，两块铁片逐渐拉开，露出的未油漆部分铁片，即为新增的裂缝宽度和错位。

裂缝深度较小时，可采用凿出法和单面接触超声波法量测。前者需要预先在裂缝内注入彩色溶液或墨水，干后再从裂缝一侧将混凝土渐渐凿出，露出裂缝另一侧，再观察和量测裂缝的深度。后者不需损坏被测表面，只要将换能器对称布置于裂缝两侧即可进行测；估计裂缝深度较大时，可采用钻孔超声波法量测，即在裂缝两侧各钻一个孔，清理后充满水，再将径向发射及接收换能器分别置于钻孔中，在钻孔的不同深度上进行对测，根据接收讯号的振幅突变情况来判断裂缝末端。

（2）监测精度

裂缝宽度量测精度不宜低于 0.1mm，裂缝长度和深度量测精度不宜低于 1mm。

（3）监测点布置

裂缝监测点应选择具有代表性的裂缝进行布置，当原有裂缝增大或出现新裂缝时，应及时增设监测点。对需要观测的裂缝，每条裂缝的监测点至少 2 个，且宜设置在裂缝最宽处及裂缝末端。

9.4.6　地下水位监测

（1）监测方法

地下水位监测宜通过孔内设置水位管，采用水位计进行量测。有条件时也可考虑利用降水井进行地下水位监测。潜水水位管应在基坑施工前埋设，滤管长度应满足量测要求；承压水位监测时被测含水层与其他含水层之间应采取有效的隔水措施。水位管宜在基坑开始降水前至少 1 周埋设，并逐日连续观测水位取得稳定初始值。

（2）监测精度

地下水位量测精度不宜低于 10mm。

（3）监测点布置

地下水位监测点的布置应符合以下要求：

① 基坑内地下水位当采用深井降水时，水位监测点宜布置在基坑中央和两相邻降水井的中间部位；当采用轻型井点、喷射井点降水时，水位监测点宜布置在基坑中央和周边拐角处，监测点数量应视具体情况确定；

② 基坑内地下水位监测点应沿基坑、被保护对象的周边或在基坑与被保护对象之间布置，竖直间距宜为 20～50m。相邻建筑、重要的管线或管线密集处应布置水位监测点；当有止水帷幕时，宜布置在止水帷幕的外侧约 2m 处；

③ 水位监测管的管底埋置深度应在最低设计水位或最低允许地下水位之下 3～5m。承压水水位监测管的滤管应埋置在所测的水压含水层中；

④ 回灌井点观测井应设置在回灌井点与被保护对象之间。

9.4.7　高新技术监测

《建筑基坑工程监测技术标准》GB 50497 中要求监测数据的处理与信息反馈宜采用专业软件，并宜具备数据采集、处理、分析、查询和管理一体化以及监测成果的可视化的功能。目前基坑工程监测技术发展很快，主要体现在监测方法的自动化、远程化以及数据处理和信息管理的软件化。建立基坑工程监测数据处理和信息管理系统，利用专业软件帮助实现数据的实时采集、分析、处理和查询，使监测成果反馈更具有时效性，并提高成果可视化程度，更好地为设计和施工服务。

今年来，随着计算机技术和工业化水平的提高，基坑工程自动化监测技术也发展迅速，目前国内很多深大险难的基坑工程施工时开始选择自动化连续监测。相对传统的人工监测，自动化监测具备以下特点：

（1）自动观测可以连续地记录对象完整的变化过程，并且实时连续得到观测数据。借助于计算机网络系统，还可以将数据传送到网络覆盖范围内的任何需要这些数据的部门和地点，特别在大雨、大风等恶劣气候条件下自动监测系统取得的数据极为宝贵。

（2）采用自动监测系统不但可以保证监测数据正确、及时，而且一旦发现超出预警值范围的测量数据，系统马上报警，辅助工程技术人员做出正确的决策，及时采取相应的工程措施，整个反应不过几分钟。

（3）就经济效益来看，采用自动监测后，整个工程的成本并不会有太大的提高。大部分自动监测仪器除了传感器需埋入工程中不可回收之外，其余的数据采集装置等均可回收再利用，其成本随着工程数量的增多而平摊，到每个工程的成本并不会太高。与人工监测相比，自动监测由于不需要人员进行测量，因此对人力资源的节省是显而易见的。采用自动监测后，可以对全过程进行实时监控，出现工程事故的可能性就会非常小，其隐形的经济效益和社会效益非常巨大。

自动监测系统是集自动监测数据的采集、分析、查询于一体的信息管理系统。通过自动监测系统可以实时自动监测仪器数据的采集、数据传输汇总以及数据的远程查询，实现在远程及时查看监测数据的要求。保证工程数据的及时处理，在工程出现问题的第一时间发现问题、解决问题，保障工程的安全进行（图 9-2～图 9-4）。

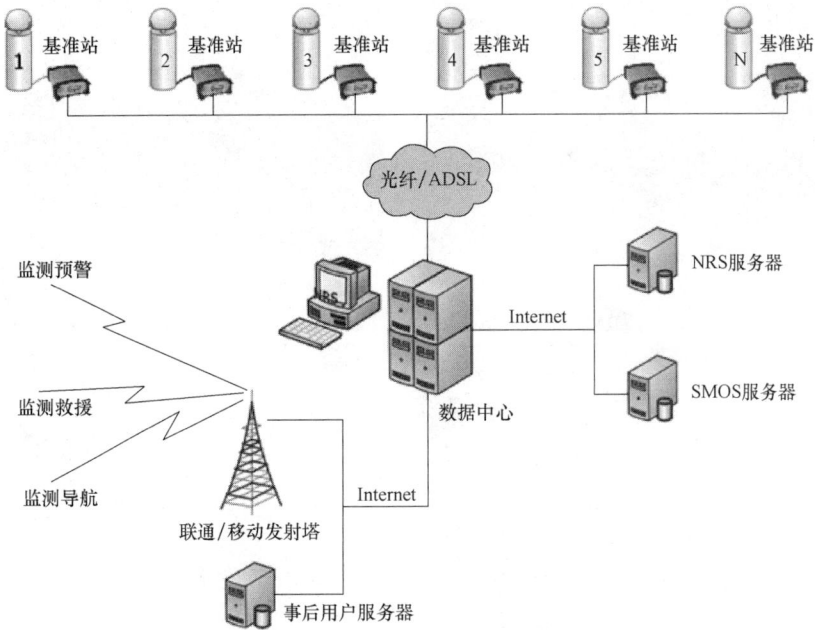

图 9-2 自动监测系统流程图

图 9-3 远程监控信息管理系统

图 9-4 现场自动化监测设备（一）

图 9-4　现场自动化监测设备（二）

9.5　监测周期频率及预警预报

9.5.1　监测周期

　　基坑工程监测工作应贯穿于基坑工程和地下工程施工全过程。监测工作应从基坑工程施工前开始，直至地下工程完成为止。对有特殊要求的基坑周边环境的监测应根据需要延续至变形趋于稳定后才能结束。

　　基坑开挖到达设计深度以后，土体变形与应力、支护结构的变形与内力并非保持不变，而是会继续发展，基坑并不一定是最安全状态，仍有可能造成支护体系的失稳、破坏。因此，监测工作必须持续到变形趋于稳定之后方可停止。

　　总的来讲，基坑工程监测是从基坑开挖前的准备工作开始，直至地下工程完成为止。地下工程完成一般是指地下室结构完成、基坑回填完毕，而对逆作法则是指地下室结构完成。对于一些监测项目如果不能在基坑开挖前进行，就会大大削弱监测的作用，甚至使整个监测工作失去意义。例如，用测斜仪观测围护墙或土体的深层水平位移，如果在基坑开挖后埋设测斜管开始监测，就不会测得稳定的初始值，也不会得到完整、准确的变形累计值，使得监控报警难以准确进行；土压力、孔隙水压力、围护墙内力、围护墙顶部位移、基坑坡顶位移、地面沉降、建筑及管线变形等都是同样道理。当然，也有个别监测项目是在基坑开挖过程中开始监测的，例如，支撑轴力、支撑及立柱变形、锚杆及土钉内力等。

　　一般情况下，地下室工程完成就可以结束监测工作。对于一些临近基坑的重要建筑及管线的监测，由于基坑的回填或地下水停止抽水，建筑及管线变形可能会继续发展，监测工作还需要延续至变形趋于稳定后才能结束。

9.5.2　监测频率

基坑工程监测频率的确定应以能系统反映监测对象所测项目的重要变化过程而又不遗漏其变化时刻为原则。应综合考虑基坑类别、基坑及地下工程的不同施工阶段以及周边环境、自然条件的变化和当地经验而确定。当监测值相对稳定时，可适当降低监测频率。监测频率宜由基坑工程各相关方根据具体情况协商确定。

基坑工程的监测频率不是一成不变的，应根据基坑开挖及地下工程的施工进程、施工工况以及其他外部环境影响因素的变化而及时作出调整。一般来说，在基坑开挖期间，地基土处于卸荷阶段，支护体系处于逐渐加荷状态，应适当加密监测；当基坑开挖完后一段时间、监测值相对稳定时，可适当降低监测频率。当出现异常现象和数据，或临近报警状态时，应提高监测频率甚至连续监测。

对于应测项目，在无数据异常和事故征兆的情况下，开挖后仪器监测频率可按表 9-8 确定。对于宜测、可测项目的仪器监测频率可视具体情况要求适当降低，一般可为应测项目监测频率的 1/3～1/2。

现场仪器监测的监测频率表　　　　　　　　　　　　　表 9-8

基坑设计安全等级	施工进程		监测频率
一级	开挖深度 h	≤H/3	1 次/(2～3)d
		H/3～2H/3	1 次/(1～2)d
		2H/3～H	(1～2)次/d
	底板浇筑后时间(d)	≤7	1 次/d
		7～14	1 次/3d
		14～28	1 次/5d
		>28	1 次/7d
二级	开挖深度 h	≤H/3	1 次/3d
		H/3～2H/3	1 次/2d
		2H/3～H	1 次/d
三级	底板浇筑后时间(d)	≤7	1 次/2d
		7～14	1 次/3d
		14～28	1 次/7d
		>28	1 次/10d

注：1. h——基坑开挖深度；H——基坑设计深度。
　　2. 支撑结构开始拆除到拆除完成后 3d 内监测频率加密为 1 次/d。
　　3. 基坑工程施工至开挖前的监测频率视具体情况确定。
　　4. 当基坑设计安全等级为三级时，监测频率可视具体情况适当降低。
　　5. 宜测、可测项目的仪器监测频率可视具体情况适当降低。

当出现下列情况之一时，应加强监测，提高监测频率。

（1）监测数据达到报警值；

（2）监测数据变化较大或者速率加快；

（3）存在勘察未发现的不良地质；

（4）超深、超长开挖或未及时加撑等未按设计工况施工；

（5）基坑及周边大量积水、长时间连续降雨、市政管道出现泄漏；

（6）基坑附近地面荷载突然增大或超过设计限值；

（7）支护结构出现开裂；

（8）周边地面突发较大沉降或出现严重开裂；

（9）邻近建筑突发较大沉降、不均匀沉降或出现严重开裂；

（10）基坑底部、侧壁出现管涌、渗漏或流砂等现象；

（11）膨胀土、湿陷性黄土等水敏性特殊土基坑出现防水、排水等防护设施损坏，开挖暴露面有被水浸湿的现象；

（12）多年冻土、季节性冻土等温度敏感性土基坑经历冻、融季节；

（13）高灵敏性软土基坑受施工扰动严重、支撑施作不及时、有软土侧壁挤出、开挖暴露面未及时封闭等异常情况；

（14）出现其他影响基坑及周边环境安全的异常情况。

9.5.3　预警预报

基坑工程所处的工作状态，由其受力或变形确定，基坑工程工作状态一般分为正常、异常和危险三种情况。正常是指基坑的受力和变形均在设计安全范围内；异常是指监测对象受力或变形呈现出不符合一般规律的状态；危险则是指监测对象的受力或变形呈现出低于结构安全储备、可能发生破坏的状态。当支护结构超过承载能力极限状态或正常使用极限状态时，支护结构或周边环境就会发生破坏。基坑工程监测中，异常和危险两种状态均需要报警。一般情况下，出现异常报警时，有关各方需要及时分析异常原因，消除安全隐患。而当出现危险报警时，则要立即启动应急，预案，采取抢险措施，防止事故发生。

基坑支护结构的受力或变形有逐渐变化的特征，因此，基坑工程监测报警不但要控制监测项目的累计变化量，还要注意控制其变化速率。累计变化量反映的是监测对象即时状态与危险状态的关系，而变化速率反映的是监测对象发展变化的快慢。

过大的变化速率，往往是突发事故的先兆，例如，对围护墙变形的监测数据进行分析时，应把位移的大小和位移速率结合起来分析，考察其发展趋势，如果累计变化量不大，但发展很快，说明情况异常，基坑的安全正受到严重威胁。因此在确定监测报警值时应同时给出变化速率和累计变化量，当监测数据超过其中之一时即进入异常或危险状态，监测人员必须及时报警。

监测报警是建筑基坑工程实施监测的目的之一，是预防基坑工程事故发生、确保基坑及周边环境安全的重要措施，监测报警值是监测工作的实施前提，是监测期间对基坑工程正常、异常和危险三种状态进行判断的重要依据，因此基坑工程监测必须确定监测报警值。监测报警值应由基坑工程设计方根据基坑工程的设计计算结果、周边环境中被保护对象的控制要求等确定，如基坑支护结构作为地下主体结构的一部分，地下结构设计要求也应予以考虑。由于基坑设计对周边环境有全面的了解，并经过设计计算，清楚支护结构的设计状况及其安全储备，为此本条明确规定了监测报警值应由基坑工程设计方确定。当然，在对周边环境保护的要求方面，委托单位或被保护单位也应提供被保护对象的相关的资料及其历史与现状，多方共同做好保护对象的监护工作。

基坑工程监测报警值应以监测项目的累计变化量和变化速率值两个值控制。基坑及支护结构监测报警值应根据土质特征、设计结果及当地经验等因素确定，当无当地经验时，可按表9-9采用，周边环境监测报警值的限值应根据主管部门的要求，如无具体规定，可

土质基坑及支护结构监测预警值

表9-9

序号	监测项目	支护类型	基坑设计安全等级									
			一级			二级			三级			
			累计值		变化速率(mm/d)	累计值		变化速率(mm/d)	累计值		变化速率(mm/d)	
			绝对值(mm)	相对基坑设计深度H控制值		绝对值(mm)	相对基坑设计深度H控制值		绝对值(mm)	相对基坑设计深度H控制值		
1	围护墙(边坡)顶部水平位移	土钉墙、复合土钉墙、喷锚支护、水泥土墙	30~40	0.3%~0.4%	3~5	40~50	0.5%~0.8%	4~5	50~60	0.7%~1.0%	5~6	
		灌注桩、地下连续墙、型钢水泥土墙	20~30	0.2%~0.3%	2~3	30~40	0.3%~0.5%	2~4	40~60	0.6%~0.8%	3~5	
2	围护墙(边坡)顶部竖向位移	土钉墙、复合土钉墙、喷锚支护	20~30	0.2%~0.4%	2~3	30~40	0.4%~0.6%	3~4	40~60	0.6%~0.8%	4~5	
		水泥土墙、型钢水泥土墙	—	—	—	30~40	0.6%~0.8%	3~4	40~60	0.8%~1.0%	4~5	
		灌注桩、地下连续墙、钢板桩	10~20	0.1%~0.2%	2~3	20~30	0.3%~0.5%	2~3	30~40	0.5%~0.6%	3~4	
3	深层水平位移	复合土钉墙	40~60	0.4%~0.6%	3~4	50~70	0.6%~0.8%	4~5	60~80	0.7%~1.0%	5~6	
		型钢水泥土墙	—	—	2~3	50~60	0.6%~0.8%	4~5	60~70	0.7%~1.0%	5~6	
		钢板桩	50~60	0.6%~0.7%	2~3	60~80	0.7%~0.8%	3~5	70~90	0.8%~1.0%	4~5	
		灌注桩、地下连续墙	30~50	0.3%~0.4%	2~3	40~60	0.4%~0.6%	3~4	50~70	0.6%~0.8%	4~5	
4	立柱竖向位移		20~30	—	2~3	20~30	—	2~3	20~40	—	2~4	
5	地表竖向位移		25~35	—	2~3	35~45	—	3~4	45~55	—	4~5	
6	基坑隆起(回弹)		累计值(30~60)mm，变化速率(4~10)mm/d									
7	支撑轴力		最大值:(60%~80%)f_2			最大值:(70%~80%)f_2			最大值:(70%~80%)f_2			
8	锚杆轴力		最小值:(80%~100%)f_y			最小值:(80%~100%)f_y			最小值:(80%~100%)f_y			
9	土压力		(60%~70%)f_1			(70%~80%)f_1			(70%~80%)f_1			
10	孔隙水压力											
11	围护墙内力		(60%~70%)f_2			(70%~80%)f_2			(70%~80%)f_2			
12	立柱内力											

注：
1. H—基坑设计深度；f_1—荷载设计值；f_2—构件承载能力设计值，锚杆为极限抗拔承载力；f_y—钢支撑、锚杆预应力设计值。
2. 累计值取绝对值和相对基坑设计深度H控制值两者的较小值。
3. 当监测项目的变化速率达到表中规定值或连续3次超过该值的70%应报警。
4. 底板完成后，监测项目的位移变化速率不宜超过表中速率预警值的70%

按相关规范采用。周边建筑、管线的报警值除了考虑基坑开挖造成的变形外，尚应考虑其原有的变形影响。周边建筑的安全性与其沉降或变形总量有关。有些建筑在建成后已有一定的沉降或变形，有的在基坑施工期间尚未稳定，在这种情况下，基坑开挖造成的沉降仅为沉降或变形总量的一部分。应保证周边建筑原有的沉降或变形与基坑开挖造成的附加沉降或变形叠加后，不能超过允许的最大沉降或变形值，因此，在监测前应收集周边建筑使用阶段监测的原有沉降与变形资料，结合建筑裂缝观测确定周边建筑的报警值。

因围护墙施工、基坑开挖以及降水引起的基坑内外地层位移应按下列条件控制：

（1）不得导致基坑的失稳；

（2）不得影响地下结构的尺寸、形状和地下工程的正常施工；

（3）对周边已有建筑引起的变形不得超过相关技术规范的要求或影响其正常使用；

（4）不得影响周边道路、管线、设施等正常使用；

（5）满足特殊环境的技术要求。

当出现下列情况之一时，必须立即进行危险报警，并对基坑支护结构和周边环境中的保护对象采取应急措施。

（1）当监测数据达到监测报警值的累计值；

（2）基坑支护结构或周边土体的位移突然明显增长或基坑出现流砂、管涌、隆起、陷落或较严重的渗漏等；

（3）基坑支护结构的支撑或锚杆体系出现过大变形、压屈、断裂、松弛或拔出的迹象；

（4）周边建筑的结构部分，周边地面出现较严重的突发裂缝或危害结构的变形裂缝；

（5）周边管线变形突然明显增长或出现裂缝、泄漏等；

（6）根据当地工程经验判断，出现其他必须进行危险报警的情况。

9.6 数据处理与信息反馈

9.6.1 数据处理

目前有些监测单位安排的监测项目部只配备工程测量人员，人员熟悉外业测量工作，但不熟悉基坑工程设计理论与方法、缺乏基坑工程的设计与施工经验，在巡视检查和监测数据的分析时不能及时作出判断，贻误了调整设计和施工、采取应急措施的时机。基坑工程监测分析工作事关基坑及周边环境的安全，是一项技术性非常强的工作，只有保证监测分析人员的素质，才能及时提供高质量的综合分析报告，为信息化施工和优化设计提供可靠依据，避免事故的发生。监测分析人员应具有岩土工程，结构工程，工程测量的综合知识和工程实践经验，具有较强的综合分析能力，能及时提供可靠的综合分析报告。

为了确保监测工作质量，保证基坑及周边环境的安全和正常使用，防止监测工作中的弄虚作假，现场量测人员应对监测数据的真实性负责，任何原始记录不得涂改、伪造和转抄，监测分析人员应对监测报告的可靠性负责，监测单位应对整个项目监测质量负责。监测记录和监测技术成果均应有责任人签字，监测技术成果应加盖成果章。

现场监测资料应符合下列要求：

（1）使用正式的监测记录表格；

（2）监测记录应有的工矿描述；

（3）监测数据的整理应及时；

（4）对监测数据的变化及发展情况的及时分析和评述应及时。

9.6.2　信息反馈

第三方监测单位在监测阶段及监测结束阶段应向建设方提供监测报告，监测报告提供的内容应真实、准确、完整，并宜用文字阐述与绘制变化曲线或图形相结合的形式表达。监测报告包括日报、阶段性报告及总结性报告。

（1）日报

日报可采用日报表的形式体现，日报表是信息化施工的重要依据，强调及时性和准确性，每次测试完成后，监测人员应及时进行数据处理和分析，形成当日报表，提供给委托单位和有关方面。日报表可参考《建筑基坑工程监测技术标准》GB 50497 附录 A～G，应包括以下内容：

① 当日的天气情况和施工现场工况；

② 仪器监测项目各监测点的本次测试值、单次变化值、变化速率以及累计值等，必要时绘制有关曲线图；

③ 巡视检查的记录；

④ 对监测项目应有正常或异常、危险的判断性结论；

⑤ 对达到或超过监测报警值的监测点应有报警标示，并有分析和建议；

⑥ 对巡视检查发现的异常情况应有详细描述，危险情况应有报警标示，并有分析和建议；

⑦ 其他相关说明。

（2）阶段性报告

阶段性报告可以是周报、旬报、月报或根据工程的需要不定期地进行，总结各监测项目以及整个监测系统的变化规律、发展趋势，用于总结经验、优化设计和指导下一步施工，应包含以下内容：

① 该监测阶段相应的工程、气象及周边环境概况；

② 该监测阶段的监测项目及测点的布置图；

③ 各项监测数据的整理、统计及监测成果的过程曲线；

④ 各监测项目监测值的变化分析、评价及发展预测；

⑤ 相关的设计和施工建议。

（3）总结性报告

总结性报告是基坑工程监测工作全部完成后监测单位提交给委托单位的竣工报告，总结工程的经验和教训，为以后的基坑工程设计、施工和监测提供参考，应包含以下内容：

① 工程概况；

② 监测依据；

③ 监测项目；

④ 监测点布置；

⑤ 监测设备和监测方法；

⑥ 监测频率；

⑦ 监测报警值；

⑧ 各监测项目全过程的发展变化分析及整体评价；

⑨ 监测工作结论与建议。

基坑工程监测是一个系统，系统内的各项目监测有着必然的、内在的联系。某一单项的监测结果往往不能揭示和反映整体情况，必须结合相关项目的监测数据和自然环境、施工工况等情况以及以往数据进行分析，才能通过相互印证、去伪存真，正确地把握基坑及周边环境的真实状态，提供出高质量的综合分析报告。

目前基坑工程监测技术发展很快，主要体现在监测方法的自动化、远程化以及数据处理和信息管理的软件化。建立基坑工程监测数据处理和信息管理系统，利用专业软件帮助实现数据的实时采集、分析、处理和查询，使监测成果反馈更具有时效性，并提高成果可视化程度，更好地为设计和施工服务。

第 10 章　土 工 试 验

10.1　土的密度试验、土的比重试验

10.1.1　土的密度试验

1. 土的密度定义

土的密度是土体质量与土体体积的比值，即单位体积中土体的质量，通常以 g/cm^3 为单位。

2. 试验目的

测定土的密度，以便了解土体的疏密和干湿状态，供换算土的其他物理指标和工程计算之用。

3. 试验方法

土的密度测定有多种试验方法，包括环刀法、蜡封法、灌水法和灌砂法等。本试验仅介绍适用于细粒土的环刀法。

4. 仪器设备

（1）环刀：内径 61.8mm 或内径 79.8mm，高 20mm。

（2）天平：称量 500g，最小分度值 0.1g；称量 200g，最小分度值 0.01g。

（3）其他：切土刀、钢丝锯、玻璃板和凡士林。

5. 试验步骤

（1）按工程需要取原状土或人工制备扰动土样，其直径和高度应不大于环刀的尺寸，整平两端放在玻璃板上。

（2）将环刀的刃口向下放在土样上垂直下压，并用切土刀沿环刀外侧切削土样，边压边削至土样高出环刀，根据试样的软硬程度，采用钢丝锯或切土刀将环刀两端余土削去修平。

（3）擦净环刀外壁，称环刀和土的总质量，精确至 0.1g。

6. 整理成果

（1）密度试验的记录格式见表 10-1。

（2）土的密度（土的天然密度），应按式（10-1）计算：

$$\rho = \frac{m}{V} \tag{10-1}$$

式中　ρ——试样的天然密度（g/cm^3），准确至 0.01g/cm^3；

　　　m——湿土质量（g）；

　　　V——环刀容积（cm^3）。

（3）土的干密度，应按式（10-2）计算：

$$\rho_{d} = \frac{\rho}{1 + 0.01\omega} \tag{10-2}$$

式中　ρ_{d}——试样的干密度（g/cm^3），准确至 0.01g/cm^3；

　　　ρ——试样的天然密度（g/cm^3）；

　　　ω——含水率（%）。

本试验应进行两次平行测定，其平行差值不得大于 0.03g/cm^3；取两次测值的算术平均值。

密度试验记录表（环刀法）　　　　　　　　表 10-1

工程名称_____　　　　试验编号_____　　　　试验日期_____

计算者_____　　　　试验者_____　　　　校核者_____

试样编号	环刀号	湿土质量（g）	环刀体积（cm^3）	湿密度（g/cm^3）	含水率（%）	干密度（g/cm^3）	平均干密度（g/cm^3）
		(1)	(2)	(3)=(1)÷(2)	(4)	(5)=(3)/[1+0.01(4)]	(6)

10.1.2　土的比重试验

1. 土粒比重定义

土粒比重（相对密度）是指土粒质量与同体积 4℃时纯水质量之比，为无量纲量。

2. 试验目的

测定土粒比重，为确定土的其他物理指标（孔隙比、饱和度等）以及其他土的物理力学试验（如颗粒分析试验，压缩试验等）提供必需的数据。土粒比重是土粒固有的属性，与土体所处状态无关，且只能通过试验测定，与含水率、密度合称为土的三相基本物理性质指标。

3. 试验方法

测定土粒相对密度的试验方法有比重瓶法、浮称法和虹吸筒法。比重瓶法适用于粒径小于 5mm 的各类土；浮称法和虹吸筒法适用于粒径大于等于 5mm 的各类土，当其中粒径大于 20mm 的土颗粒质量小于总土质量的 10% 时采用浮称法。当其中粒径大于 20mm 土颗粒的质量大于等于总土质量的 10% 时采用虹吸筒法。其中比重瓶法是常用的试验方法，这里仅介绍比重瓶法。

4. 仪器设备

（1）比重瓶：容积 100mL 或 50mL，分长径和短径 2 种；

（2）天平：称量 200g，最小分度值 0.001g；

（3）砂浴：应能调节温度；

（4）恒温水槽：准确度应为 ±1℃；

（5）温度计：刻度为 0~50℃，最小分度值为 0.5℃；

（6）真空抽气设备：真空度-98kPa；

(7) 筛孔径 5mm；

(8) 其他：中性液体（煤油）、漏斗、滴管和烘箱等。

5. 试验准备

测定土粒相对密度之前应将试验用的比重瓶进行校准，具体步骤如下：

(1) 将比重瓶洗净、烘干，置于干燥器内，冷却后称量，准确至 0.001g。

(2) 将煮沸经冷却的纯水注入比重瓶。对长径比重瓶注水至刻度处；对短径比重瓶应注满纯水，塞紧瓶塞，多余水自瓶塞毛细管中溢出，将比重瓶放入恒温水槽直至瓶内水温恒定。取出比重瓶，擦干外壁，称瓶、水总质量，准确至 0.001g。测定恒温水槽内水温，准确至 0.5℃。

(3) 调节数个恒温水槽内的温度，温度差宜为 5℃，测定不同温度下的瓶、水总量。每个温度时均应进行两次平行测定，两次测定瓶加水质量（g）的差值不得大于 0.002g，取两次测值的平均值。绘制温度与比重瓶、水总质量的关系曲线，如图 10-1 所示。

6. 试验步骤

(1) 将比重瓶烘干。称取粒径小于 5mm 的烘干试样 15g 装入 100ml 比重瓶内（当用 50mL

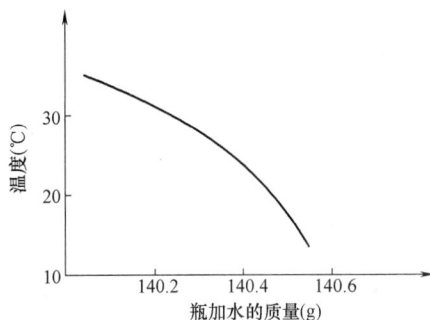

图 10-1 温度与比重瓶、水总质量关系曲线

的比重瓶时，称烘干试样 10g），盖上瓶盖，称试样和比重瓶的总质量，准确至 0.001g。

(2) 向比重瓶内注入半瓶纯水，摇动比重瓶，并放在砂浴上煮沸，煮沸时间自悬液沸腾起砂土不应少于 30min，黏土、粉土不得少于 1h。沸腾后应调节砂浴温度，比重瓶内悬液不得溢出。对砂土宜用真空抽气法；对含有可溶盐、有机质和亲水性胶体的土必须用中性液体（煤油）代替纯水，此时，不能用煮沸法，宜采用真空抽气法排气，真空表读数宜接近当地一个大气负压值，抽气时间不得少于 1h。

(3) 将煮沸经冷却的纯水（或抽气后的中性液体）注入装有试样悬液的比重瓶。当用长径比重瓶时注纯水至近刻度处（以弯液面下缘为准）；当用短径比重瓶应注水近满，有恒温水槽时，将比重瓶置于恒温水槽至温度稳定，且瓶内上部悬液澄清。

(4) 当采用长颈比重瓶时，用滴管调整液面恰至刻度处，以弯液面下缘为准，擦干瓶外及瓶内壁刻度以上部分的水，称瓶、水、土总质量；当采用短颈比重瓶时，塞好瓶塞，使多余水分自瓶塞毛细管中溢出，将瓶外水分擦干后，称瓶、水、土总质量。称量后应测定瓶内水的温度。

(5) 根据测得的温度，从已绘制的温度与瓶、水总质量关系中查得瓶、水总质量。

(6) 当土粒中含有易溶盐、亲水性胶体或有机质时，测定其土粒比重应用中性液体代替纯水，用真空抽气法代替煮沸法，排除土中空气。抽气时真空度应接近一个大气负压值（−98kPa），抽气时间可为 1~2h，直至悬液内无气泡逸出时为止。其余步骤应按 3~5 条的规定进行。

(7) 试验中称量应准确至 0.001g，温度应准确至 0.5℃。

7. 成果整理

(1) 比重瓶法的试验记录格式见表 10-2。

比重试验比重记录表（比重瓶法）　　　　　　　　　　　　表 10-2

工程名称＿＿＿＿＿＿　　　　　试验编号＿＿＿＿＿＿　　　　　试验日期＿＿＿＿＿＿

计算者＿＿＿＿＿＿　　　　　　试验者＿＿＿＿＿＿　　　　　　校核者＿＿＿＿＿＿

试样编号	比重编号	温度（℃）	液体比重	比重瓶质量（g）	瓶加干土总质量（g）	干土质量（g）	瓶加液体总质量（g）	瓶加干土总质量（g）	与干土同体积的液体质量（g）	比重	平均值
		(1)	(2)	(3)	(4)	(5)	(6)	(7)	(8)＝(5)＋(6)－(7)	(9)＝(5)(2)/(8)	
1											
2											

（2）土粒比重，应按式（10-3）计算：

$$d_s = \frac{m_d}{m_1 + m_d - m_2} \rho_{\omega t} \tag{10-3}$$

式中　d_s——土粒比重；

　　　m_d——试样（干土）质量（g）；

　　　m_1——比重瓶、水总质量（g）；

　　　m_2——比重瓶、水、试样总质量（g）；

　　　$\rho_{\omega t}$——t℃时纯水或中性液体的比重，水的比重可查物理手册，中性液体的比重应实测，称量应准确至 0.001g。

本试验须进行两次平行测定，其平行差值不得大于 0.02，取两次测值的算术平均值。

10.2　含水率（含水量）与液塑限试验

水对土体的性质有很大的影响，随着含水率的变化，土体可能呈现固态、半固态、可塑态和流态。各种状态之间的分界含水率称为界限含水率。其中半固体与可塑态之间的界限含水率称为塑限，可塑态与流态之间的界限含水率称为液限，塑限和液限可以通过试验方法来测定。

10.2.1　试验目的

测定土的含水率是指土在温度 105～110℃下烘到恒量时所失去的水质量与达到恒量后干土质量的比值，以百分数表示。其目的是了解土的干湿状态和软硬程度。含水率是计算土的干密度、孔隙比、饱和度和液性指数等不可缺少的指标，也是建筑物地基、路堤和土坝等施工质量控制的重要依据。

测定细粒土的界限含水率，是指土从一种状态转到另一种状态的分界含水率称为界限含水率。测定土的塑限和液限含水率，用以计算土的塑性指数和液性指数，作为细粒土的分类定名、判定黏性土的稠度状态以及计算地基土承载力的依据。

10.2.2　试验内容

通过本试验测出土的含水率及土的液限、塑限。

10.2.3　试验方法

含水率试验方法有烘干法、酒精燃烧法、比重法、碳化钙气压法、炒干法等，其中以烘干法为室内试验的标准方法。界限含水率试验一般采用液、塑限联合测定法，此外也可以采用碟式仪测定液限，配套采用搓条法测定塑限。本试验仅介绍液、塑限联合测定法。液塑限联合测定法适用于粒径小于 0.5mm 以及有机质含量不大于试样总质量 5% 的细粒土。

10.2.4　试验仪器设备

（1）电热烘箱：应能控制温度为 105～110℃；

（2）天平：称量 200g，最小分度值 0.01g；称量 1000g，最小分度值 0.1g；

（3）其他：干燥器（玻璃干燥缸），称量盒（铝盒），调土刀，筛（孔径 0.5mm）和凡士林等；

（4）液、塑限联合测定仪：包括带标尺的圆锥仪、电磁铁、显示屏、控制开关和试样杯。圆锥仪质量为 76g，锥角为 30°；读数显示宜采用光电式、游标式和百分表式；试样杯内径为 40mm，高度为 30mm，如图 10-2 所示为光电式液塑限联合测定仪的示意图。

10.2.5　试验步骤

1. 含水率试验

（1）取有代表性试样：细粒土 15～30g，砂类土 50～100g，砂砾石 2～5kg。将试样放入称盘盒内，立即盖好盒盖，称量，细粒土、砂类土称量应准确至 0.01g，砂砾石称量应准确至 1g。当使用恒质量盒时，可先将其放置在电子天平或电子台秤上消零，再称量装有试样的恒质量盒，称量结果即为湿土质量；

（2）揭开盒盖，将试样和盒放入烘箱，在 105～110℃ 下烘到恒重。烘干时间，对黏质土，不得少于 8h，对砂类土，不得少于 6h；对有机质含量为 5%～10% 的土，应将烘干温度控制在 65～70℃ 的恒温下烘至恒量；

（3）将烘干后的试样和盒取出，盖好盒盖放入干燥器内冷却至室温，称干土质量。

2. 液、塑限的测定试验

（1）本试验宜采用天然含水率的土样制备试样，也可用风干土制备试样。

（2）当采用天然含水率土样时，应剔除粒径大于 0.5mm 的颗粒，再分别按接近液

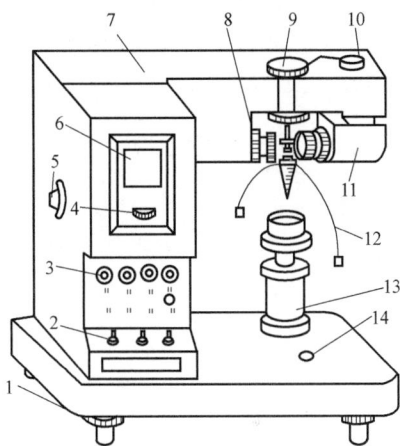

图 10-2　光电式液塑限联合测仪

1—水平调节螺丝；2—控制开关；3—指示灯；
4—零线调节螺丝；5—反光镜调节螺丝；6—屏幕；
7—机壳；8—物镜调节螺丝；9—电磁装置；
10—光源调节螺丝；11—光源；12—圆锥仪；
13—升降台；14—水平泡

限、塑限和二者的中间状态制备不同稠度的土膏，静置湿润。静置时间可视原含水率的大小而定。

（3）当采用风干土样时，取过 0.5mm 筛的代表性土样约 200g，分成 3 份，分别放入 3 个盛土皿中，加入不同数量的纯水，使其分别达到液限、塑限二者的中间状态，调成均匀土膏，放入密封的保湿缸中静置 24h。

（4）将制备的土膏用调土刀充分调拌均匀，密实地填入试样杯中，应使空气逸出。高出试样杯的余土用刮土刀刮平，将试样杯放在仪器底座上。

（5）取圆锥仪，在圆锥上抹一薄层凡士林，接通电源，使电磁铁吸稳圆锥仪。当使用游标式时，提起锥杆，用旋钮固定。

（6）调节屏幕准线，使初读数为零。调节升降座，使圆锥仪锥角接触试样面，指示灯亮时圆锥在自重下沉入试样内，当使用游标式或百分表式时用手扭动旋扭，松开锥杆，经 5s 后测读圆锥下沉深度。然后取出试样杯，挖去锥尖入土处的润滑油脂，取锥体附近的试样不得少于 10g，放入称量盒内，称量，准确至 0.01g，测定含水率。

（7）按以上 4～6 条，测试其余 2 个试样的圆锥下沉深度和含水率。

注：圆锥入土深度宜为 3～4mm，7～9mm，15～17mm。

10.2.6　试验成果整理

1. 含水率试验

（1）含水率试验记录格式，如表 10-3 所示；

（2）试验的含水率，应按式（10-4）计算，精确至 0.1%。

$$\omega = \frac{m - m_s}{m_s} \times 100\% \qquad (10\text{-}4)$$

式中　ω——含水率（%）；

　　　m——湿土质量（g）；

　　　m_s——干土质量（g）。

含水率试验记录　　　　　　　　　　　　　　　　表 10-3

工程名称_____　　　　试验编号_____　　　　试验日期_____

计算者_____　　　　　试验者_____　　　　　校核者_____

试样编号	盒号	盒质量（g）	盒加湿土质量(g)	盒加干土质量(g)	水质量(g)	干土质量(g)	含水率（%）	平均含水率（%）
		(1)	(2)	(3)	(4)=(2)-(3)	(4)=(2)-(3)	(6)=(4)/(5)	(7)
12-6	419							
	158							

本试验必须对 2 个试样进行平行测定，取两个测值的算术平均值，并以百分数表示，两次试验测定的含水率数值允许平行差值应符合表 10-4 的规定。

含水率测定的平行差值　　　　　　　　　　　　　表 10-4

含水率(%)	<10	<40	≥40
允许平行差值(%)	±0.5	±1.0	±2.0

2. 液、塑限的测定试验

（1）液、塑限联合测定法的试验记录格式见表 10-5。

液、塑限的测定试验记录（液、塑限联合测定法） 表 10-5

工程名称_____　　　　试验编号_____　　　　试验日期_____

计算者_____　　　　　试验者_____　　　　　校核者_____

土样说明:风干黏性土、蒸馏水浸润一昼夜

试验名称	液限		塑限	
试验次数	1	2	1	2
土盒号数				
土盒加湿土重(g)				
土盒加干土重(g)				
水重(g)				
土盒重(g)				
干土重(g)				
含水率(%)				
平均含水率(%)				
塑性指数 I_P=		土名:		
液性指数 I_l=		土的状态:		
备注	天然含水率 ω=			

（2）试样的含水率应按本标准式（10-4）计算。

（3）以含水率为横坐标，圆锥入土深度为纵坐标在双对数坐标纸上绘制关系曲线，如10-3所示，3点应在一条直线上。当 3 点不在一直线上时，通过高含水率的点和其余两点连成 2 条直线，在下沉为 2mm 处查得相应的 2 个含水率，当两个含水率的差值小于 2% 时，应以 2 点含水率的平均值与高含水率的点连一直线，当 2 个含水率的差值大于或等于 2% 时，应补做试验。

（4）在含水率与圆锥下沉深度的关系图，如图 10-3 所示上查得下沉深度为 17mm 所对应的含水率为液限，查得下沉深度为 10mm 所对应的含水率为 10mm 液限，查得下沉深度为 2mm 所对应的含水率为塑限，取值以百分数表示，准确至 0.1%。

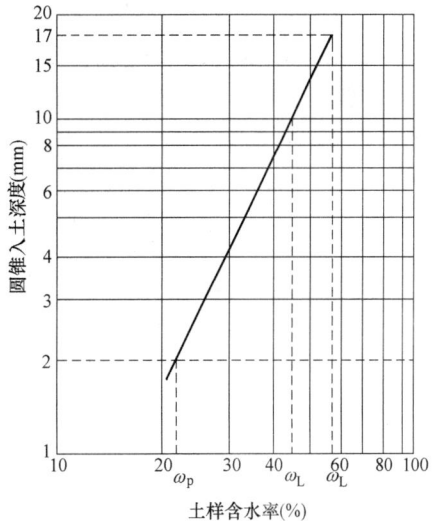

图 10-3　圆锥入土深度与含水率关系

（5）塑性指数和液性指数应按式（10-5）和式（10-6）计算

$$I_P = \omega_L - \omega_P$$

（10-5）

$$I_{\mathrm{L}} = \frac{\omega - \omega_{\mathrm{P}}}{\omega_{\mathrm{L}} - \omega_{\mathrm{P}}} \qquad (10\text{-}6)$$

式中　I_{P}——塑性指数；

ω_{L}——液限（％）；

ω_{P}——塑限（％）；

ω——天然含水率（％）；

I_{L}——液性指数，计算至 0.01。

10.3　土的击实试验

击实试验是指用击实的方法使土的密度增大的一种试验，土在一定的击实功作用下，如果含水率不同，则击实后所得到的干密度也不同。在某种击实功能下，使土达到最大密度时的含水率，称为最优含水率，对应的干密度称为最大干密度。

10.3.1　试验目的

击实试验的目的就是测定试样在一定击实次数下或某种压实功能下的含水率与干密度之间的关系，从而确定土的最大干密度和最优含水率，为施工控制填土密度提供设计依据。

10.3.2　试验内容

试样粒径应小于 20mm，求出试样的最大干密度和最佳含水率。

10.3.3　试验方法

击实试验根据土颗粒的大小采用不同的击实功，分为轻型击实试验和重型击实试验。其中小于 5mm 的黏性土采用轻型击实试验；不大于 20mm 的土采用重型击实试验。轻型击实试验的单位体积击实功约 592.2kJ/m³，重型击实试验的单位体积击实功约 2684.9kJ/m³。

10.3.4　试验仪器设备

（1）击实仪，有轻型击实仪和重型击实仪两类，如下图所示，其击实筒（如图 10-4 所示）、击锤（图 10-5）和导筒等主要部件的尺寸应符合表 10-6 的规定；

（2）击实仪的击锤应配导筒，击锤与导筒间应有足够的间隙使锤能自由下落；电动操作的击锤必须有控制落距的跟踪装置和锤击点按一定角度（轻型 53.5°，重型 45°）均匀分布的装置（在中心点每圈要加一击）。

（3）天平：称量 200g，最小分度值 0.01g。

（4）台秤：称量 10kg，最小分度值 5g。

（5）标准筛：孔径为 20mm、40mm 和 5mm。

（6）试样推出器：宜用螺旋式千斤顶或液压千斤顶，如无此类装置，亦可用刮刀和修土刀从击实筒中取出试样。

（7）其他：喷雾器、盛土容器和修土刀等。

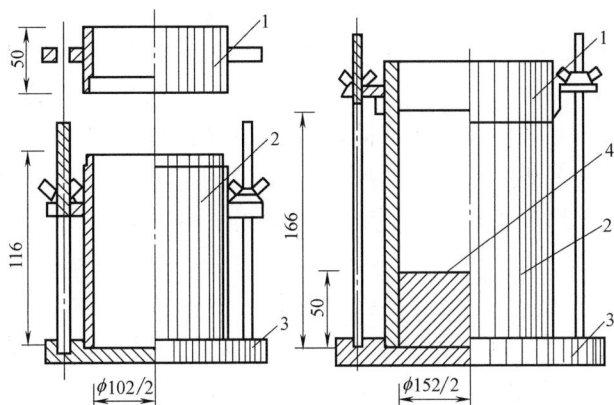

图 10-4　击实筒

1—套筒；2—击实筒；3—底板；4—垫块

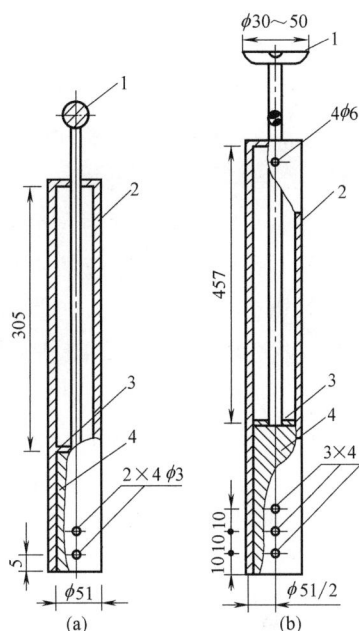

图 10-5　击锤与导筒

（a）2.5kg 击锤；（b）4.5kg 击锤

1—提手；2—导筒；3—硬橡皮垫；4—击锤

击实仪主要部件尺寸规格表　　　　　　　表 10-6

试验方法	锤底直径（mm）	锤质量（kg）	落高（mm）	层数	每层击数	击实筒			护筒高度（mm）
						内径(mm)	筒高(mm)	容积(cm³)	
轻型	51	2.5	305	3	25	102	116	947.4	≥50
				3	56	152	116	2103.9	
重型		4.5	457	3	42	102	116	947.4	
				3	94	152	116	2103.9	
				5	56				

10.3.5　试验步骤

1. 土样的制备

（1）干法制备试样应按下列步骤进行：取代表性土样 20kg（重型为 50kg），风干碾碎，过 5mm（重型过 20mm 或 40mm）筛，将筛下土样测定风干含水率。根据土的塑限预估最优含水率，按依次相差约 2% 的含水率制备 5 个（一组试验不少于 5 个）试样，其中应有 2 个含水率大于塑限，2 个含水率小于塑限，1 个含水率接近塑限，具体的加水量按式（10-7）计算。然后用喷雾器将计算所得的水量均匀喷洒于 5 份平铺于搪瓷盘内的风干土样上，充分拌匀后装入盛土容器内盖紧，润湿一昼夜，砂土的润湿时间可酌减。测定润湿土样不同位置处的含水率，不应少于 2 点，含水率差值不得大于 ±1%。

$$m_w = \frac{m_0}{1+0.01\omega_0} \times 0.01(\omega - \omega_0) \tag{10-7}$$

式中　m_w——所需的加水量（g）；

　　　ω_0——风干含水率（%）；

　　　m_0——风干含水率 ω_0 时土样的质量（g）；

　　　ω——要求达到的含水率（%）。

（2）湿法制备试样应按下列步骤进行：取天然含水率的代表性土样 20kg（重型为 50kg），碾碎，过 5mm 筛（重型过 20mm 或 40mm），将筛下土样拌匀，并测定土样的天然含水率。根据土样的塑限预估最优含水率，制备 5 个不同含水率的一组试样，相邻 2 个含水率的差值宜为 2%，其中应有 2 个大于塑限，2 个小于塑限，一个接近塑限。这 5 个土样分别为将天然含水率的土样风干或加水进行制备的，应使制备好的土样水分均匀分布。

（3）将击实仪平稳置于刚性基础上，击实筒与底座连接好，安装好护筒，在击实筒内壁均匀涂一薄层润滑油。称取一定量的试样，倒入击实筒内，分层击实，轻型击实试样为 2～5kg，分 3 层，每层 25 击；重型击实试样为 4～10kg，分 5 层，每层 56 击，若分 3 层，每层 94 击。每层试样高度宜相等，两层交界处的土面应刨毛，击实完成时，超出击实筒顶的试样高度应小于 6mm。

（4）卸下护筒，注意勿使筒内试样带出，用直刮刀修平击实筒顶部的试样，拆除底板，若试样底面高出筒外或有孔洞，也应小心修平或填补，擦净筒外壁，称筒与试样的总质量，准确至 1g，并计算试样的湿密度。

（5）用推土器将试样从击实筒中推出，取两个代表性试样（每个试样约 30g）测定含水率，2 个含水率的差值应不大于 1%。

（6）对不同含水率的试样依次击实，一般不重复使用土样。

2. 试验成果整理

（1）击实试验的记录格式见表 10-7。

（2）击实后试样的含水率按式（10-8）计算：

$$\omega = \left(\frac{m}{m_d} - 1\right) \times 100 \tag{10-8}$$

式中　ω——含水率（%）；

　　　m——湿土质量（g）；

　　　m_d——干土质量（g）。

击实试验记录计算表　　　　　　　　　　　　　　　　表 10-7

工程名称_____　　　　试验编号_____　　　　试验日期_____

　　计算者_____　　　　试验者_____　　　　校核者_____

试验仪器	土样说明	土粒比重
击实筒容积 1000cm³	原有含水率	每层击数
	估计最佳含水率	

试验序号	加水量	干密度					含水率							平均含水率（%）
		筒＋土质量（g）	筒质量（g）	湿土质量（g）	湿密度 g/cm³	干密度 g/cm³	盒号	盒＋湿土质量（g）	盒＋干土质量（g）	盒质量（g）	湿土质量（g）	干土质量（g）	含水率（%）	
1														
2														
3														

（3）击实后试样的干密度按式（10-9）计算：

$$\rho_d = \frac{\rho}{1+0.01\omega} \tag{10-9}$$

式中 ω——含水率（%）；

ρ——试样的湿密度（g/cm³）；

ρ_d——试样的干密度（g/cm³）。

（4）以干密度为纵坐标，含水率为横坐标，在直角坐标纸上绘制干密度和含水率的关系曲线，如图 10-6 所示。取曲线峰值点相应的纵坐标为击实试样的最大干密度，相应的横坐标为击实试样的最优含水率。当关系曲线不能绘出峰值点时，应进行补点，土样不宜重复使用。

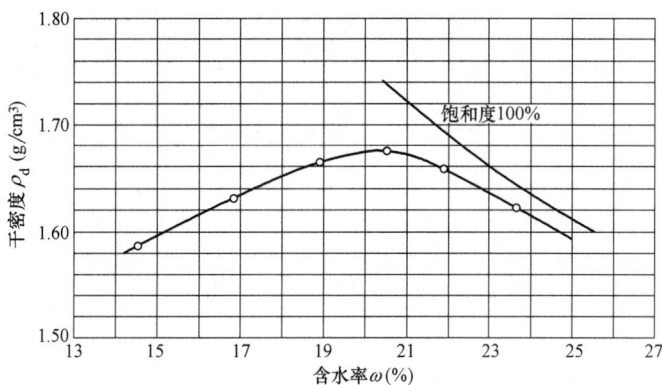

图 10-6　ρ_d-w 关系曲线

（5）试样的饱和含水率应按式（10-10）计算，并应将计算值绘于图 10-6。

$$\omega_{sat} = \left(\frac{\rho_\omega}{\rho_d} - \frac{1}{d_s}\right) \times 100 \tag{10-10}$$

式中 ω_{sat}——试样的饱和含水率（%）；

ρ_d——试样的湿密度（g/cm³）；

ρ_ω——4℃时纯水的密度（g/cm³）；

d_s——土粒比重。

10.4 土的渗透试验

土的渗透为在压力差的作用下，水流通过土体中的孔隙流动的现象。渗透性质是土体的重要的工程性质，决定土体的强度性质和变形、固结性质。渗透问题与强度问题、变形问题合称为土力学的三大主要研究问题。

1. 试验目的

渗透试验主要是测定土体的渗透系数，渗透系数的定义是单位水力坡降的渗透流速，常以 cm/s 作为单位。

2. 试验方法

渗透试验根据土颗粒的大小可以分为常水头渗透试验和变水头渗透试验，对于粗粒土常采用常水头渗透试验，细粒土常采用变水头渗透试验。

3. 一般要求

1）试验用水宜采用实际作用于土中的天然水。有困难时，可用纯水或经过滤的清水。在试验前必须用抽气法或煮沸法进行脱气。试验时的水温宜高于室温 3～4℃。

2）渗透系数的最大允许差值应为：$\pm 2.0 \times 10^n$ cm/s，在测得的结果中取 3～4 个在允许差值范围内的数据，求得其平均值，作为试样在该孔隙比 e 时的楼透系数。

3）本试验以水温 20℃ 为标准温度，计算标准温度下的渗透系数。

10.4.1 常水头渗透试验

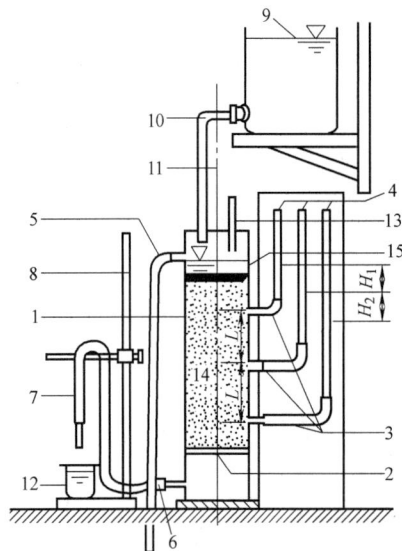

图 10-7 常水头渗透仪装置
1—封底金属圆筒；2—金属孔板；3—测压孔；
4—玻璃测压管；5—溢水孔；6—渗水孔；
7—调节管；8—滑动支架；9—供水瓶；
10—供水管；11—止水夹；12—量筒；
13—温度计；14—试样；15—砾石层

1. 仪器设备

常水头渗透仪装置：由金属封底圆筒、金属孔板、滤网、测压管和供水瓶组成，如图 10-7 所示。金属圆筒内径为 10cm，高 40cm。当使用其他尺寸的圆筒时，圆筒内径应大于试样最大粒径的 10 倍。

天平：称量 5000g，分度值 1.0g。

温度计：分度值 0.5℃。

其他附属设备：木槌和秒表等。

2. 试验步骤

（1）按如图 10-7 所示装好仪器，量测滤网至筒顶的高度，将调节管和供水管相连。从渗水孔向圆筒充水至高出滤网顶面。

（2）取具有代表性的风干土样 3～4kg，测定其风干含水率。将风干土样分层装入圆筒内，每层厚度 2～3cm，根据要求的孔隙比，控制试样厚度。当试样中含黏粒时，应在滤网上铺 2cm 厚的粗砂作为过滤层，以防止细粒被水冲走，造成流失。

（3）每层试样装完后，从渗水孔向圆筒渗入至试样顶面，最后一层试样应高出测压管3～4cm，并在试样顶面铺 2cm 砾石作为缓冲层。当水面高出试样顶面时，应继续充水至溢水孔有水溢出。

（4）量试样顶面至筒顶高度，计算试样高度，称剩余土样的质量，计算试样质量。

（5）检查测压管水位是否齐平，当测压管与溢水孔水位不平时，用吸球调整测压管水位，直至两者水位齐平。

（6）将调节管提高至溢水孔以上，将供水管放入圆筒内，开止水夹，使水由顶部注入圆筒，降低调节管至试样上部 1/3 高度处，形成水位差使水渗入试样，经过调节管流出。调节供水管止水夹，使进入圆筒的水量多于溢出的水量，溢水孔始终有水溢出，保持圆筒内水位不变，试样处于常水头下渗透。

（7）当测压管水位稳定后，测记水位。并计算各测压管之间的水位差。开动秒表，按规定时间记录渗出水量，接取渗出水量时，调节管口不得浸入水中，测量进水和出水处的水温，取平均值。

（8）降低调节管至试样的中部和下部 1/3 处，按（5）～（6）的步骤重复测定渗出水量和水温，当不同水力坡降下测定的数据接近时，结束试验。

（9）根据工程需要，改变试样的孔隙比，继续试验。

注：本试验采用的为纯水，应在试验前用抽气法或煮沸法脱气。试验时的水温宜高于试验室温度 3～4℃。

3. 成果整理

（1）常水头渗透试验的记录格式见表 10-8。

常水头渗透试验记录　　　　　　　　　表 10-8

工程编号_____　　试验者_____　　试验编号_____　　计算者_____

试验日期_____　　校核者_____　　仪器编号_____　　孔隙比_____

试验次数	经过时间 t (s)	测压管水位(cm)			水位差(cm)			水力坡降 J	渗透水量 Q (cm³)	渗透系数 k_T (cm/s)	平均水温 (℃)	校正系数 $\dfrac{\eta_T}{\eta_{20}}$	水温20℃渗透系数 k_{20} (cm/s)	平均渗透系数 (cm/s)
		Ⅰ	Ⅱ	Ⅲ	H_1	H_2	平均 H							
	(1)	(2)	(3)	(4)	(5)=(2)-(3)	(6)=(3)-(4)	(7)=[(5)+(6)]/2	(8)=(7)/L	(9)	(10)=(9)/[A×(8)×(1)]	(11)	(12)	(13)=(10)×(12)	(14)

（2）试样的干密度 ρ_d 及孔隙比 e 按下列公式计算：

$$m_d = \frac{m}{1+0.01\omega} \tag{10-11}$$

$$\rho_d = \frac{m_d}{Ah} \tag{10-12}$$

$$e = \frac{d_s \rho_w}{\rho_d} - 1 \tag{10-13}$$

式中 m_d——试样干质量（g）；

m——风干试样总质量（g）；

ω——风干含水率（%）；

ρ_d——试样干密度（g/cm^3）；

A——试样断面面积（cm^2）；

h——试样高度（cm）；

e——试样孔隙比；

d_s——土粒比重。

（3）常水头渗透系数应按下式计算：

$$k_T = \frac{QL}{AHt} \tag{10-14}$$

$$k_{20} = k_T \frac{\eta_T}{\eta_{20}} \tag{10-15}$$

式中 k_T——水温 T℃时试样的渗透系数（cm/s）；

Q——时间 t 秒内的渗透水量（cm^3）；

L——两测压管中心间的距离；

H——平均水位差 $\dfrac{(H_1 + H_2)}{2}$（cm）；（H_1、H_2 如图10-8所示）；

t——时间（s）；

k_{20}——标准温度（本试验以水温20℃为标准温度）时试样的渗透系数（cm/s）；

η_T——T℃时水的动力黏滞系数（kPa·s）；

η_{20}——20℃时水的动力黏滞系数（kPa·s）。

黏滞系数比 η_T/η_{20} 查表10-9。

水的动力黏滞系数、黏滞系数比、温度校正值　　　　　　表10-9

温度（℃）	动力黏滞系数 $\eta(\times10^{-6}\text{kPa·s})$	η_T/η_{20}	温度校正系数 T_D	温度（℃）	动力黏滞系数 $\eta(\times10^{-6}\text{kPa·s})$	η_T/η_{20}	温度校正系数 T_D
5.0	1.516	1.501	1.17	10.5	1.292	1.279	1.38
5.5	1.493	1.478	1.19	11.0	1.274	1.261	1.40
6.0	1.470	1.455	1.21	11.5	1.256	1.243	1.42
6.5	1.449	1.435	1.23	12.0	1.239	1.227	1.44
7.0	1.428	1.414	1.25	12.5	1.223	1.211	1.67
7.5	1.407	1.393	1.27	13.0	1.206	1.19	1.48
8.0	1.387	1.373	1.28	13.5	1.188	1.176	1.50
8.5	1.367	1.353	1.30	14.0	1.175	1.163	1.52
9.0	1.347	1.334	1.32	14.5	1.160	1.148	1.54
9.5	1.328	1.315	1.34	15.0	1.144	1.133	1.56
10.0	1.310	1.297	1.36	15.5	1.130	1.119	1.58

续表

温度(℃)	动力黏滞系数 $\eta(\times 10^{-6}kPa \cdot s)$	η_T/η_{20}	温度校正系数 T_D	温度(℃)	动力黏滞系数 $\eta(\times 10^{-6}kPa \cdot s)$	η_T/η_{20}	温度校正系数 T_D
16.0	1.115	1.104	1.60	23.0	0.941	0.932	1.89
16.5	1.101	1.090	1.62	24.0	0.919	0.910	1.94
17.0	1.088	1.077	1.64	25.0	0.899	0.890	1.98
17.5	1.074	1.066	1.66	26.0	0.879	0.870	2.03
18.0	1.061	0.050	1.68	27.0	0.859	0.950	2.07
18.5	1.048	1.038	1.70	28.0	0.841	0.833	2.12
19.0	1.035	1.025	1.72	29.0	0.823	0.815	2.16
19.5	1.022	1.021	1.74	30.0	0.806	0.798	2.21
20.0	1.010	1.000	1.76	31.0	0.789	0.781	2.25
20.5	0.998	0.988	1.78	32.0	0.773	0.765	2.30
21.0	0.986	0.976	1.80	33.0	0.757	0.750	2.34
21.5	0.974	0.964	1.83	34.0	0.742	0.735	2.39
22.0	0.963	0.953	1.85	35.0	0.727	0.720	2.43
22.5	0.952	0.943	1.87				

在测得的试验结果中取 3～4 个在允许差值范围以内的数值,求其平均值,作为试样在该孔隙比 e 时的渗透系数(允许差值不大于 2×10^{-n}cm/s)。

(4) 如工程需要,可以在装样时控制不同孔隙比,测定不同孔隙比下的渗透系数,绘制孔隙比与渗透系数的关系曲线。

10.4.2 变水头渗透试验

1. 仪器设备

(1) 渗透容器:由环刀、透水石、套环、上盖和下盖组成。环刀内径 61.8mm,高 40mm;透水石的渗透系数应大于 10^{-3}cm/s。

(2) 变水头装置,如图 10-8 所示:由渗透容器、变水头管、供本瓶和进水管等组成。变水头管的内径应均匀,管径不大于 1cm,管外壁应有最小分度为 1.0mm 的刻度,长度宜为 2m 左右。

(3) 其他:切土器、防水填料(如石蜡、油灰或沥青混合剂等),100mL 量筒、秒表、温度计、修土刀、凡士林和钢丝锯等。

2. 试验步骤

(1) 根据需用环刀切取原状试样或扰动土,制备成给定密度的试样,并测定试样的含水率。切土时,应尽量避免结构扰动,并禁止用削土刀反复涂抹试样表面。

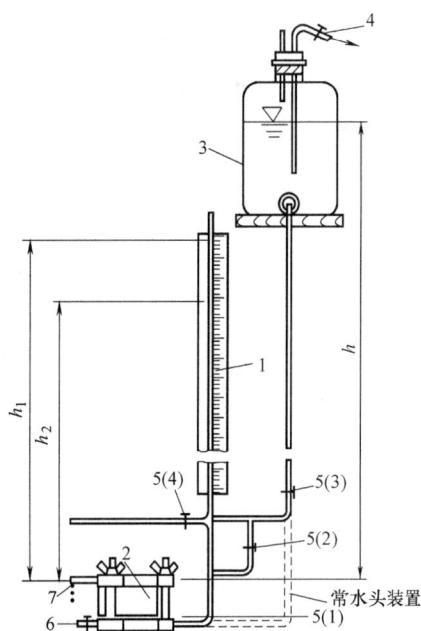

图 10-8 变水头渗透仪装置
1—变水头管;2—渗透容器;3—供水瓶;
4—接水源管;5—进水管夹;6—排气管;7—出水管

（2）将装有试样的环刀装入渗透容器，用螺母旋紧，要求密封至不漏水、不透气。对不易透水的试样，需进行抽气饱和；对饱和试样和较易透水的试样，直接用变水头装置的水头进行试样饱和。

（3）将渗透容器的进水口与变水头管连接，利用供水瓶中的纯水向进水管注满水，并渗入渗透容器，开排气阀，排除渗透容器底部的空气，直至溢出水中无气泡，关闭排水阀，放平渗透容器，关进水管夹。

（4）向变水头管注入纯水。使水升至预定高度，水头高度根据试样结构的疏松程度确定，一般不应大于 2m，待水位稳定后切断水源，开进水管夹，使水通过试样，当出水口有水溢出时，即认为试样已达饱和，开始测记变水头管中起始水头高度和起始时间，按预定时间间隔测记水头和时间的变化，并测记出水口的水温。

（5）将变水头管中的水位变换高度，待水位稳定再进行测记水头和时间变化，重复 5～6 次，当不同开始水头下测定的渗透系数在允许差值范围内时，结束试验。

3. 成果整理

（1）变水头渗透试验的记录格式见表 10-10。

（2）变水头渗透系数应按式（10-16）计算：

$$k_T = 2.3 \times \frac{aL}{A(t_2-t_1)} \lg \frac{h_1}{h_2} \tag{10-16}$$

式中　2.3——ln 和 lg 的换算系数；

a——变水头管的截面面积（cm^2）；

L——渗径，等于试样高度（cm）；

A——试样的断面面积（cm^2）；

t_1——测读水头的起始时间（s）；

t_2——测读水头的终止时间（s）；

h_1——起始水头（cm）；

h_2——终止水头（cm）。

（3）标准温度下的渗透系数按式（10-15）计算。

变水头渗透试验记录表　　　　　　　　　　　　表 10-10

工程名称＿＿＿＿＿＿＿＿　　　　试样面积＿＿＿＿＿＿＿＿　　　　试验者＿＿＿＿＿＿＿＿

试验编号＿＿＿＿＿＿＿＿　　　　试样高度＿＿＿＿＿＿＿＿　　　　计算者＿＿＿＿＿＿＿＿

仪器编号＿＿＿＿＿＿＿＿　　　　测压管断面积＿＿＿＿＿＿　　　　校核者＿＿＿＿＿＿＿＿

开始时间 t_1(s)	终了时间 t_2(s)	经过时间 t(s)	开始水头 H_1(cm)	终了水头 H_2(cm)	$2.3\frac{a \times L}{A \times t}$	$\lg\frac{H_1}{H_2}$	水温 T℃时的渗透系数(cm)	水温（℃）	校正系数 $\frac{\eta_T}{\eta_{20}}$	水温20℃时渗透系数(cm)	平均渗透系数（cm/s）
(1)	(2)	(3)=(2)-(1)	(4)	(5)	(6)	(7)	(8)=(6)×(7)	(9)	(10)	(11)=(8)×(10)	(12)

10.5　土的固结（压缩）试验

土的压缩性是土体在外荷载作用下，水和空气逐渐被挤出，土体孔隙逐渐减少，土的骨架颗粒相互挤紧，从而引起土的压缩变形过程。在一般工程荷载范围内，土颗粒和孔隙水本身的变形忽略不计，因此土体的压缩主要是因为土骨架重新排列、排水和排气。对于饱和土体常称为固结试验，对于非饱和土体常称为压缩试验。

10.5.1　试验目的

利用土的固结（压缩）试验结果，绘制孔隙比与压力之间的关系曲线，从而得到土的压缩系数与压缩模量，为估算建筑物的沉降量提供依据。

10.5.2　试验方法

常用试验方法有标准固结（压缩）试验和应变控制连续加荷固结试验。本试验仅介绍标准固结（压缩）试验方法。

10.5.3　仪器设备

（1）固结容器：有环刀、护环、透水板、水槽和加压上盖组成，如图 10-9 所示。环刀：内径为 61.8mm 和 79.8mm，高度为 20mm。环刀应具有一定的刚度，内壁应保持较高的光洁度，宜涂一薄层硅脂或聚四氟乙烯；透水板：氧化铝或不受腐蚀的金属材料制成，其渗透系数应大于试样的渗透系数。用固定式容器时，顶部透水板直径应小于环刀内径 0.2～0.5mm；用浮环式容器时上下端透水板直径相等，均应小于环刀内径。

（2）加压设备：可采用杠杆式加压设备，应能垂直地瞬间施加各级压力，且没有冲击力，压力准确度应符合现行国家标准《土工仪器的基本参数及通用技术条件》GB/T 15406 的规定。

（3）变形量测设备：量程 10mm，最小分度值为 0.01mm 的百分表或准确度为全量程 0.2% 的位移传感器。

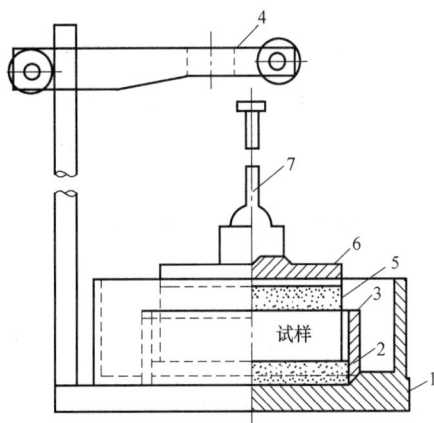

图 10-9　固结容器示意图

1—水槽；2—护环；3—环刀；4—加压上盖；
5—透水板；6—量表导杆；7—量表架

（4）其他：修土刀、钢丝锯、滤纸、天平、秒表、烘箱、凡士林和称量铝盒等。

10.5.4　试验步骤

（1）按工程需要，取原状土或制备所需状态的扰动土，整平土样两端。在环刀内壁抹一薄层凡士林，刃口向下，放在土样上。如系原状土样，切土的方向应使试样在试验时的受力情况与土的天然状态一致。用修土刀或钢丝锯将土样上部修成略大于环刀直径的土柱，然后垂直压下环刀，将一端余土修平，注意不能用修土刀往复涂抹土面。擦净环刀外壁，称环刀加土的质量，准确至 0.1g。

（2）在固结容器内放置护环、透水板和薄型滤纸，将带有试样的环刀装入护环内，放上导环、试样上依次放上薄型滤纸、透水板和加压上盖，并将固结容器置于加压框架正中，使加压上盖与加压框架中心对准，安装百分表或位移传感器。

注：滤纸和透水板的湿度应接近试样的湿度。

（3）施加 1kPa 的预压力使试样与仪器上下各部件之间接触，将百分表或传感器调整到零位或测读初读数。

（4）确定需要施加的各级压力，压力等级宜为 12.5kPa、25kPa、50kPa、100kPa、200kPa、400kPa、800kPa、1600kPa 和 3200kPa。第一级压力的大小应视土的软硬程度而定，宜用 12.5kPa、25kPa 或 50kPa。最后一级压力应大于土的自重压力与附加压力之和。只需测定压缩系数时，最大压力不小于 400kPa。

（5）需要确定原状土的先期固结压力时，初始段的荷重率应小于1，可采用 0.5 或 0.25，施加的压力应使测得的 $e \sim \lg p$ 曲线下端出现直线段。对超固结土，应进行卸压、再加压来评价其再压缩特性。

（6）对于饱和试样，施加第一级压力后应立即向水槽中注水浸没试样。非饱和试样进行压缩试验时，需用湿棉纱围住加压板周围。

（7）需要测定沉降速率、固结系数时，施加每一级压力后宜按下列时间顺序测记试样的高度变化。时间为 6s、15s、1min、2min15s、4min、6min15s、9min、12min15s、16min、20min15s、25min、30min15s、36min、42min15s、49min、64min、100min、200min、400min、23h 和 24h，至稳定为止。不需要测定沉降速率时，则施加每级压力后 24h 测定试验高度变化作为稳定标准，只需测定压缩系数的试样，施加每级压力后，每小时变形达 0.01mm 时，测定试样高度变化作为稳定标准。按此步骤逐级加压至试验结束。

注：测定沉降速率仅适用饱和土。

（8）需要进行回弹试验时，可在某级压力下固结稳定后退压，直至退到要求的压力，每次退压至 24h 后测定试样的回弹量。

（9）试验结束后吸去容器中的水，迅速拆除仪器各部件，取出整块试样，取试样中部约 40g 土样，并将其分为两块测量压缩后土样的含水率，清洗并整理仪器。

10.5.5　成果整理

（1）固结试验的记录格式见表 10-11。

固结试验记录表　　　　　　　　　　　　　　　　　　表 10-11

工程名称_____　　　　试验编号_____　　　　试验日期_____

计算者_____　　　　　试验者_____　　　　　校核者_____

经过时间 \ 压力	50kPa		100kPa		200kPa		400kPa		…kPa	
	时间	变形读数	时间	变形读数	时间	变形读数	时间	变形读数	时间	变形读数
0										
0.1										
0.25										

续表

压力 经过时间	50kPa		100kPa		200kPa		400kPa		…kPa	
	时间	变形 读数	时间	变形 读数	时间	变形 读数	时间	变形 读数	时间	变形 读数
1										
2.25										
4										
6.25										
9										
12.25										
16										
20.25										
25										
……										
总变形量(mm)										
仪器变形量(mm)										
试样变形量(mm)										
试样相对沉降量										
试样变形后孔隙比										

（2）试样的初始孔隙比 e_0，应按式（10-17）计算：

$$e_0 = \frac{\rho_w d_s (1+\omega_0)}{\rho_0} - 1 \qquad (10\text{-}17)$$

式中　e_0——试样的初始孔隙比；

　　　d_s——试样的土粒比重；

　　　ρ_w——4℃时纯水的密度；

　　　ρ_0——试样的初始密度；

　　　ω_0——试样的初始含水率。

（3）各级压力下试样固结稳定后的单位沉降量，应按式（10-18）计算：

$$S_i = \frac{\sum \Delta h_i}{h_0} \times 10^3 \qquad (10\text{-}18)$$

式中　S_i——某级压力下的单位沉降量（mm/m）；

　　　h_0——试样的初始高度；

　　$\sum \Delta h_i$——某级压力下试样固结稳定后的总变形量（mm）（等于该级压力下固结稳定
　　　　　　读数减去仪器变形量）。

（4）各级压力下试样固结稳定后的孔隙比应按式（10-19）计算：

$$e_i = e_0 - (1+e_0)\frac{\sum \Delta h_i}{h_0} \qquad (10\text{-}19)$$

式中　e_i——某级压力下试样固结稳定后的孔隙比；

e_0——试样的初始孔隙比；

$\sum \Delta h_i$——某级压力下试样稳定后的总变形量减去仪器变形量（mm）；

h_0——试样初始高度（mm）。

（5）某一压力范围内的压缩系数，应按式（10-20）计算：

$$a_v = \frac{e_i - e_{i+1}}{p_{i+1} - p_i}$$ （10-20）

式中　a_v——压缩系数（MPa^{-1}）；

e_i——某级压力下试样固结稳定后的孔隙比；

p_i——某级压力值（MPa）。

（6）某一压力范围内的压缩模量，应按式（10-21）计算：

$$E_s = \frac{1 + e_0}{a_v}$$ （10-21）

式中　e_0——试样的初始孔隙比；

a_v——压缩系数（MPa^{-1}）。

（7）某一压力范围内的体积压缩系数，应按式（10-22）计算：

$$m_v = \frac{1}{E_s} = \frac{a_v}{1 + e_0}$$ （10-22）

式中　m_v——体积压缩系数（MPa^{-1}）；

a_v——压缩系数（MPa^{-1}）。

（8）以孔隙比 e 为纵坐标，压力 p 为横坐标，绘制孔隙比与压力的关系曲线。

10.6　土的直接剪切试验（快剪）

土的抗剪强度是土在外力作用下，其中一部分土体相对于另一部分土体滑动时所具有的抵抗剪切破坏的极限强度。直接剪切试验是测定土的抗剪强度的一种常用方法。通常采用至少 4 个试样，分别在不同的垂直压力 p 下，施加水平剪切力进行剪切，求得破坏时的剪应力 τ。然后根据库仑定律确定土的抗剪强度参数：内摩擦角 φ 和黏聚力 c。土的抗剪强度参数是土坝、土堤、路基、岸坡稳作用定性分析及地基承载力、土压力等计算中的重要指标。

土体的抗剪强度受到试验设备和试验方法的影响，测定土体的抗剪强度的室内试验方法主要有直接剪切试验（也称直剪试验）、三轴压缩试验和无侧限压缩试验，其中直接剪切试验和三轴压缩试验应用最为广泛。

10.6.1　试验目的

测定土的抗剪强度指标，即土的内摩擦角和黏聚力，为获得工程和科学研究领域所需的土体强度参数提供依据。

10.6.2　试验方法

直接剪切试验分别适用于细粒土和砂类土，对于细粒土一般可根据工程实际情况选用以下 3 种试验方法：

（1）快剪试验：用原状土样或制备尽量接近现场情况的扰动土样，在试样施加竖向应力后，立即快速施加水平剪应力使试样在较短时间内剪切破坏。一般适用于渗透系数小于 10^{-6}cm/s 的细粒土。

（2）固结快剪试验：先使土样在某荷重下固结，待固结稳定后，再以较快速度施加水平剪应力，直至试样剪切破坏。一般适用于渗透系数小于 10^{-6}cm/s 的细粒土。

（3）慢剪试验：先使土样在某荷重下固结，待固结稳定后，再以缓慢速度施加水平剪应力，直至试样剪切破坏。

10.6.3　仪器设备

（1）应变控制式直剪仪如图 10-10 所示：由剪切盒（水槽、上剪切盒和下剪切盒）、垂直加压设备、剪切传动装置、测力计以及位移量测系统组成。

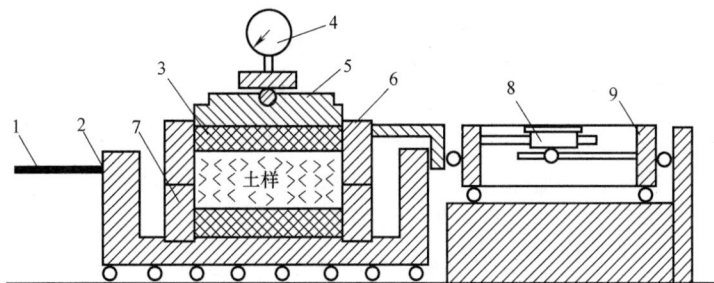

图 10-10　应变控制式直剪仪
1—螺杆；2—底样；3—透水石；4—量表；5—传压板；
6—上盒；7—下盒；8—量表；9—量力环

（2）环刀：内径 61.8mm，高度 20mm。

（3）位移量测设备：量程为 10mm，分度值为 0.01mm 的百分表；或准确度为全量程 0.2% 的传感器。

（4）其他：饱和器、削土刀（或钢丝锯）、秒表和滤纸等。

10.6.4　试验步骤

1. 黏性土性土试样制备

从原状土样中切取原状土试样或制备给定干密度及含水率的扰动土试样。按《土工试验方法标准》GB/T 50123—2019 有关条款进行原状土、扰动土和饱和土的制备，每组试样不得少于 4 个。

2. 砂类土试样制备

1）取过 2mm 筛孔的代表性风干砂样 1200g 备用。按要求的干密度称每个试样所需风干砂量，准确至 0.1g；

2）对准上下盒，插入固定销，将洁净的透水板放入剪切盒内；

3）将准备好的砂样倒入剪力盒内，抚平表面，放上一块硬木块，用手轻轻敲打，使试样达到要求的干密度。然后取出硬木块。

3. 垂直压力应符合下列规定：每组试验应取 4 个试样，在 4 种不同垂直压力下进行剪切试验。可根据工程实际和土的软硬程度施加各级垂直压力，垂直压力的各级差值要大致相等。也可取垂直压力分别为 100kPa、200kPa、300kPa、400kPa，各个垂直压力，可一次轻轻施加，若土质松软，也可分级施加以防试样挤出。

4. 快剪试验

1）对准上下盒，插入固定销。在下盒内放不透水板。将装有试样的环刀平口向下，对准剪切盒口，在试样顶面放不透水极，然后将试样徐徐推入剪切盒内，移去环刀。对砂类土，按上述第 2 条砂类土制备进行；

2）转动手轮，使上盒前端钢珠刚好与负荷传感器或测力计接触。调整负荷传感器或测力计读数为零。顺次加上加压盖板、钢珠、加压框架，安装垂直位移传感器或位移计，测记起始读数；

3）应按荷载要求施加垂直压力；

4）施加垂直压力后，立即拔去固定销。开动秒表，宜采用 0.8～1.2mm/min 的速率剪切，每分钟 4～6 转的均匀速度旋转手轮，使试样在 3～5min 内剪损。当剪应力的读数达到稳定或有显著后退时，表示试样已剪损，宜剪至剪切变形达到 4mm。当剪应力读数继续增加时，剪切变形应达到 6mm 为止，手轮每转一转，同时测记负荷传感器或测力计读数并根据需要测记垂直位移读数，直至剪损为止；

5）剪切结束后，吸去剪切盒中积水，倒转手轮，移去垂直压力、框架、钢珠、加压盖板等，取出试样。需要时，测定剪切面附近土的含水率。

5. 固结快剪试验

1）试样安装和定位按快剪试验进行。试样上下两面的不透水板改放湿滤纸和透水板；

2）当试样为饱和样时，在施加垂直压力 5min 后，往剪切盒水槽内注满水，当试样为非饱和土时，仅在活塞周围包以湿棉花，防止水分蒸发；

3）在试样上施加规定的垂直压力后，测记垂直变形读数。当每小时垂直变形读数变化不大于 0.005mm 时，认为已达到固结稳定。试样也可在其他仪器上固结，然后移至剪切盒内，继续固结至稳定后，再进行剪切；

4）试样达到固结稳定后，剪切应快剪试验进行，剪切后取试样测定剪切面附近试样的含水率。

6. 慢剪试验

1）安装试样按固结快剪试验进行；待试样固结稳定后进行剪切，剪切速率应小于 0.02mm/min。也可按下式估算剪切破坏时间：

$$t_f = 50t_{50}$$

式中　t_f——达到破坏所经历的时间（min）；

　　t_{50}——固结度达到 50% 的时间（min）；

2）剪损标准按快剪试验选取；

3）剪切后取试样测定剪切面附近试样的含水率。

10.6.5 成果整理

（1）试验记录格式见表 10-12。

直接剪切试验记录计算表 表 10-12

工程名称＿＿＿＿＿＿＿＿　　试验编号＿＿＿＿＿＿＿＿　　试验日期＿＿＿＿＿＿＿＿

试验者＿＿＿＿＿＿＿＿＿　　计算者＿＿＿＿＿＿＿＿＿　　校核者＿＿＿＿＿＿＿＿＿

仪器号＿＿＿＿＿＿＿＿＿　　应力环系数＿＿＿＿＿＿＿　　土号＿＿＿＿＿＿＿＿＿＿

手轮转速＿＿＿＿＿＿＿＿　　试验方法＿＿＿＿＿＿＿＿　　土壤类别＿＿＿＿＿＿＿＿

手轮转数	量表读数				手轮转数	量表读数			
	100kPa	200kPa	300kPa	400kPa		100kPa	200kPa	300kPa	400kPa
抗剪强度									
剪切历时									
固结时间									
剪切前压缩量									

（2）剪应力应按式（10-23）计算：

$$\tau = \frac{CR}{A_0} \times 10 \tag{10-23}$$

式中　τ——试样所受的剪应力（kPa）；

　　　R——测力计量表读数。

（3）以剪应力为纵坐标，剪切位移为横坐标，绘制剪应力与剪切位移关系曲线如图 10-11 所示，取曲线上剪应力的峰值为抗剪强度，无峰值时，取剪切位移 4mm 对应的剪应力为抗剪强度。

（4）以抗剪强度为纵坐标，垂直压力为横坐标，绘制抗剪强度与垂直压力关系曲线如图 10-12 所示，直线的倾角为摩擦角，直线在纵坐标上的截距为黏聚力。

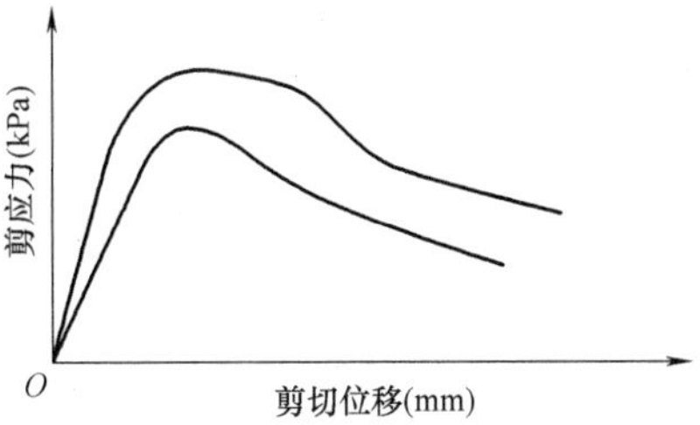

图 10-11　剪应力与剪切位移关系曲线

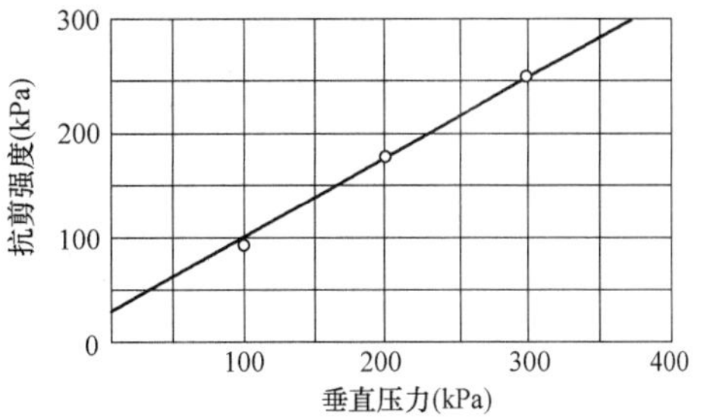

图 10-12　抗剪强度与垂直压力位移关系曲线

例表如下：

（1）剪切过程

工程名称＿＿＿＿＿＿＿＿＿＿　　计算者＿＿＿＿＿＿＿＿＿＿＿＿＿

试验编号＿＿＿＿＿＿＿＿＿＿　　校核者＿＿＿＿＿＿＿＿＿＿＿＿＿

试验方法＿＿＿＿＿＿＿＿＿＿　　试验日期＿＿＿＿＿＿＿＿＿＿＿＿

试样编号：　　　　　　　　　　　　剪切前固结时间：min

仪器编号：　　　　　　　　　　　　剪切前压缩量：mm

垂直压力：kPa　　　　　　　　　　剪切历时：min

测力计率定系数：$C=N/0.011$mm　　抗剪强度：kPa

手轮转数 （转） （1）	测力计读数 （0.01mm） （2）	剪切位移 （0.01mm） （3）＝（1）×20—（2）	剪应力 （kPa） $(4)=\dfrac{(2)\times C}{A_0}\times 10$	垂直位移 （0.01mm）
1				
2				
3				
4				
5				
6				
7				
8				
…				
32				

（2）成果汇总

垂直荷载 （kPa）	抗剪强度 （kPa）	剪切前					
		含水率	饱和前容重	饱和后容重	孔隙比	干容重	饱和后饱和度
土粒比重							

（3）抗剪强度曲线（略）

10.7　土的三轴剪切试验

三轴剪切试验（或称三轴压缩试验）是测定土体的抗剪强度的室内试验方法之一。三轴剪切试验能够对圆柱状土体施加两向应力增量，能够模拟轴对称条件下土体的应力状态的变化，所以不仅可以获得土体抗剪强度参数，而且能够得到土体的应力-应变关系。三轴压缩试验能够克服直接剪切试验不能控制排水、不能量测孔隙水压力的缺点，但同样具有试验设备复杂、操作较繁杂、排水路径长等缺点。

10.7.1 试验目的

测定土的抗剪强度指标、孔隙水压力系数及土体的应力-应变关系，为获得土体强度参数、孔隙水压力系数，研究土体的本构模型及土体的三向变形特性提供依据。

10.7.2 试验方法

根据工程要求，有3种试验方法：不固结不排水剪（UU）试验、固结不排水剪（CU）和固结排水剪（CD）试验。适用于细粒土和粒径小于20mm的粗粒土。

10.7.3 仪器设备

（1）应变控制式三轴仪：如图10-13所示，由压力室、反压力控制系统、周围压力控制系统、轴向加压设备、孔隙水压力量测系统、轴向变形和体积变化量测系统等组成。

（2）附属设备：包括击样器、饱和器、切土盘、切土器和切土架、承膜筒、对开圆膜以及原状土分样器。

（3）天平：称量200g，最小分度值0.01g；称量1000g，最小分度值0.1g。

（4）量表：量程30mm，分度值0.01mm。

（5）橡皮膜：橡皮膜在使用前应做仔细检查，防止漏气。

（6）透水板：直径与试样直径相等，其渗透系数宜大于试样的渗透系数，使用前在水中煮沸并泡于水中。

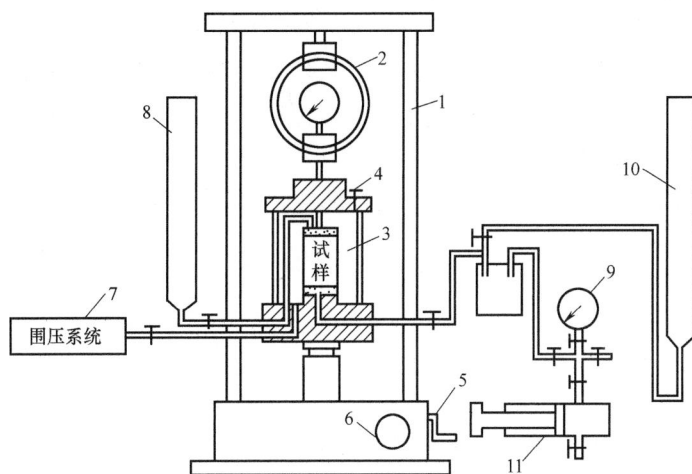

图 10-13 三轴压缩仪

1—轴向加压设备；2—量力环；3—压力室；4—排气孔；5—手轮；6—微调手轮；
7—围压系统；8—排水管；9—孔隙水压力表；10—量管；11—调压筒

10.7.4 试验步骤

1. 试样制备

（1）采用的试样最小直径为 35mm，最大直径为 101mm，试样的高度宜为试样直径的 2～2.5 倍。当试样直径小于 100mm 时，试验允许最大粒径为试样直径的 1/10；当试样直径大于 100mm 时，试验允许最大粒径为试样直径的 1/5。对于有裂缝、软弱面和构造面的试样，试样直径宜大于 60mm。

（2）原状土试样制备应按试验要求，将土样切成圆柱形试样。

1）对于较软的土样，先用钢丝锯或切土刀切取一稍大于规定尺寸的土柱，放在切土盘上下圆盘之间，用钢丝锯或切土刀紧靠侧板，由上往下细心切削，边切削边转动圆盘，直至土样被削成规定的直径为止。试样切削时应避免扰动，当试样表面遇有砾石或凹坑时，允许用削下的余土填补。

2）对较硬的土样，先用切土刀切取一稍大于规定尺寸的土柱，放在切土架上，用切土器切削土样，边削边压切土器，直至切削到超出试样高度约 2cm 为止。

3）取出试样，按规定的高度将两端削平，称量。并取余土测定试样的含水率。

4）对于直径大于 10cm 的土样，可用分样器切成 3 个土柱，按上述方法切取直径为 39.1mm 的试样。

（3）扰动土试样制备。

1）选取一定数量的代表性土（对直径 39.1mm 试样约取 2kg；61.8mm 和 101mm 试样分别取 10kg 和 20kg），经风干、碾碎和过筛，测定风干含水率，按要求的含水率算出所需加水量。

2）将需加的水量喷洒到土料上拌匀。取出土料复测其含水率。测定的含水率与要求的含水率的差值应小于 ±1%。否则需调整含水率至符合要求为止。

3）击样筒壁在使用前应洗擦干净，涂一薄层凡士林。根据要求的干密度，称取所需土质量。按试样高度分层击实，粉质土分 3～5 层，黏质土分 5～8 层击实。各层土料质量相等。每层击实至要求高度后，将表面刨毛，然后再加第 2 层土料。如此继续进行，直至击完最后一层。将击样筒中的试样两端整平，取出称其质量，一组试样的密度差值应小于 0.02g/cm³。

4）对制备好的试样，应量测其直径和高度。试样的平均直径应按式（10-24）计算：

$$D_0 = \frac{D_1 + 2D_2 + D_3}{4} \tag{10-24}$$

式中　　　D_0——试样平均直径（mm）；

D_1，D_2，D_3——试样上、中、下部位的直径（mm）。

2. 试样饱和

（1）抽气饱和：将装有试样的饱和器放入真空缸内，真空缸和盖之间涂一薄层凡士林，盖紧。将真空缸与抽气机接通，启动抽气机，当真空压力表读数接近当地一个大气压力值时（抽气时间不少于 1h），微开管夹，使清水徐徐注入真空缸，在注水过程中，真空压力表读数宜保持不变。待水淹没饱和器后停止抽气。开管夹使空气进入真空缸，静止一段时间，细粒土宜为 10h，使试样充分饱和。

（2）水头饱和：将试样按（3）的步骤安装于压力室内。试样周围不贴滤纸条。施加 20kPa 周围压力。提高试样底部量管水位，降低试样顶部量管的水位，使两管水位差在 1m 左右，打开孔隙水压力阀、量管阀和排水管阀，使纯水从底部进入试样，从试样顶部溢出，直至流入水量和溢出水量相等为止。当需要提高试样的饱和度时，宜在水头饱和前，从底部将二氧化碳气体通入试样，置换孔隙中的空气。二氧化碳的压力以 $5\sim10kPa$ 为宜，再进行水头饱和。

（3）反压力饱和：试样要求完全饱和时，应对试样施加反压力。反压力系统和周围压力系统相同（对不固结不排水剪试验可用同一套设备施加），但应用双层体变管代替排水量管。试样装好后，调节孔隙水压力等于大气压力，关闭孔隙水压力阀、反压力阀、体变管阀以及测记体变管读数。开周围压力阀，先对试样施加 20kPa 的周围压力，开孔隙水压力阀，待孔隙水压力变化稳定，测记读数，关孔隙水压力阀。反压力应分级施加，同时分级施加周围压力，以尽量减少对试样的扰动。周围压力和反压力的每级增量宜为 30kPa。开体变管阀和反压力阀，同时施加周围压力和反压力，缓慢打开孔隙水压力阀，检查孔隙水压力增量，待孔隙水压力稳定后，测记孔隙水压力和体变管读数，再施加下一级周围压力和孔隙水压力。计算每级周围压力引起的孔隙水压力增量，当孔隙水压力增量与周围压力增量之比大于 0.98 时，认为试样饱和。

3. 试样安装（固结不排水剪）

（1）开孔隙水压力阀和量管阀，对孔隙水压力系统及压力室底座充水排气后，关孔隙水压力阀和量管阀。压力室底座上依次放上透水板、湿滤纸、试样、湿滤纸和透水板，试样周围贴浸水的滤纸条 $7\sim9$ 条。将橡皮膜用承膜筒套在试样外，并用橡皮圈将橡皮膜下端与底座扎紧。打开孔隙水压力阀和量管阀，使水缓慢地从试样底部流入，排除试样与橡皮膜之间的气泡，关闭孔隙水压力阀和量管阀。打开排水阀，使试样帽中充水，放在透水板上，用橡皮圈将橡皮膜上端与试样帽扎紧，降低排水管，使管内水面位于试样中心以下 $20\sim40cm$，吸除试样与橡皮膜之间的余水，关排水阀。需要测定土的应力-应变关系时，应在试样与透水板之间放置中间夹有硅脂的两层圆形橡皮膜，膜中间应留有直径为 1cm 的圆孔排水。

（2）将压力室罩顶部，活塞提高，放下压力室罩。将活塞对准试样中心，并均匀地拧紧底座连接螺母。向压力室内注满清水，待压力室顶部排气孔有水溢出时，拧紧排气孔，并将活塞对准测力计和试样顶部。

（3）将离合器调至粗位，转动粗调手轮，当试样帽与活塞及测力计接近时，将离合器调至细位，改用细调手轮，使试样帽与活塞及测力计接触，装上变形指示计，将测力计和变形指示计调至零位。

4. 试样排水固结（固结不排水剪）

（1）调节排水管使管内水面与试样高度的中心齐平，测记排水管水面读数。

（2）开孔隙水压力阀，使孔隙水压力等于大气压力，关孔隙水压力阀，记下初始读数。当需要施加反压力时，应按（3）的步骤进行。

（3）将孔隙水压力调至接近周围压力值，施加周围压力后，再打开孔隙水压力阀，待孔隙水压力稳定后测定孔隙水压力。

（4）打开排水阀。当需要测定排水过程时，应测记排水管水面及孔隙水压力读数，直至孔隙水压力消散 95％以上。固结完成后，关闭排水阀，测记孔隙水压力和排水管水面读数。

（5）微调压力机升降台，使活塞与试样接触，此时轴向变形指示计的变化值为试样固结时的高度变化。

5. 剪切试样（固结不排水剪）

（1）剪切应变速率黏土宜为每分钟应变 0.05%～0.1%；粉土宜为每分钟应变 0.1%～0.5%。

（2）将测力计、轴向变形指示计及孔隙水压力读数均调整至零。

（3）启动电动机，合上离合器，开始剪切。试样每产生 0.3%～0.4% 的轴向应变（或 0.2mm 变形值），测记一次测力计读数和轴向变形值。当轴向应变大于 3% 时，试样每产生 0.7%～0.8% 的轴向应变（或 0.5mm 变形值），测记 1 次。

（4）当测力计读数出现峰值时，剪切应继续进行到轴向应变为 15%～20%。

（5）试验结束，关闭电动机，关闭各阀门，脱开离合器，将离合器调至粗位，转动粗调手轮，将压力室降下，打开排气孔，排除压力室内的水，拆卸压力室罩，拆除试样，描述试样的破坏形状，称量试样质量，并测定试样的含水率。

6. 成果整理

（1）固结不排水剪试验的记录格式见表 10-13。

（2）试样固结后的高度，应按式（10-25）计算：

$$h_c = h_0 \left(1 - \frac{\Delta V}{V_0}\right)^{\frac{1}{3}}$$ （10-25）

式中　h_c——试样固结后的高度（cm）；

　　　ΔV——试样固结后与固结前的体积变化（cm^3）；

　　　V_0——试样固结前的体积（cm^3）。

三轴试验（固结不排水剪）记录表　　　　　表 10-13

工程名称＿＿＿＿＿＿＿　　　试验编号＿＿＿＿＿＿＿　　　试验日期＿＿＿＿＿＿＿

试验者＿＿＿＿＿＿＿　　　　计算者＿＿＿＿＿＿＿　　　　校核者＿＿＿＿＿＿＿

1. 含水率

盒号	盒质量（g）	盒＋湿土质量（g）	盒＋干土质量（g）	水质量（g）	干土质量（g）	含水率（%）	平均含水率（%）

2. 密度

试样高度(cm)	试样体积(cm^3)	试样质量(g)	密度(g/cm^3)	试样破坏描述
（起始）				
（固结后）				

3. 反压力饱和

周围压力(kPa)	反压力(kPa)	孔隙水压力(kPa)	孔隙水压力增量(kPa)

4. 固结排水

周围压力：_____ kPa；　反压力：_____ kPa；　孔隙水压力：_____ kPa

经过时间(h min s)	孔隙水压力(kPa)	量管读数(mL)	排出水量(mL)

5. 三轴剪切试验（一）

工程名称_____　　　　　试验者_____

试验编号_____　　　　　计算者_____

土样说明_____　　　　　校核者_____

试验方法_____　　　　　试验时间_____

试　样　状　态				周围压力 σ_3(kgf/cm^2)	
	起始的	固结后	剪切后		
直径 D(cm)				反压力 u_a(kgf/cm^2)	
高度 h_0(cm)				周围压力下的孔隙压力 u	
面积 A(cm^2)					
体积 V(cm^3)				孔隙压力系数 $B=\dfrac{u}{\sigma_3}$	
重量(g)					
密度 ρ(g/cm^3)				破损应变 ε_f(%)	
干密度 ρ_d(g/cm^3)				破损主应力差 $(\sigma_1-\sigma_3)$,(kgf/cm^2)	
试　样　含　水　量				破损大主应力 σ_{1f}(kgf/cm^2)	
	起始的	固结后	剪切后		
盒号				破损孔隙压力系数 $\overline{B}=\dfrac{u_f}{\sigma_{1f}}$	
盒重(g)				相应的有效大主应力 σ'_1(kgf/cm^2)	
盒加湿土重(g)					
湿土重(g)				相应的有效小主应力 σ'_3(kgf/cm^2)	
盒加干土重(g)				最大有效主应力比 $\left[\dfrac{\sigma'_1}{\sigma'_3}\right]_{max}$	
干土重(g)					
水重(g)					
含水率 w(%)				孔隙压力系数 $A_f=\dfrac{u_f}{B(\sigma_1-\sigma_3)_f}$	
饱和度 Sr					
试样破损情况的描述				呈鼓状破坏　　 6.8cm	
备注				本试验施加反压力 2.5kgf/cm^2	

6. 三轴剪切试验（二）

试验编号：_____ 固结周围压力：_____ 试验者：_____

计算者：_____ 校核者：_____ 日期：_____

加 反 力 过 程				试样体积变化	
周围压力(kPa)	反压力(kPa)	孔隙水压力(kPa)	孔隙水压力增量(kPa)	读数(cm³)	体变量(cm³)

7. 三轴剪切试验（三）

试验编号：_____ 固结周围压力：_____ 试验者：_____

计算者：_____ 校核者：_____ 日期：_____

剪切速率：_____ 试验方法：_____ 量力环校正系数：_____

轴向变形(1) (0.01mm)	轴向应变 (%)	校正面积 (cm²)	量力环读数 (0.01mm)	主应力差(kPa)	孔隙压力 (kPa)

（3）试样固结后的断面面积，应按式（10-26）计算：

$$A_c = A_0 \left(1 - \frac{\Delta V}{V_0}\right)^{\frac{2}{3}} \tag{10-26}$$

式中 A_c——试样固结后的断面面积（cm²）。

（4）轴向应变计算式（10-27）：

$$\zeta_1 = \frac{\Delta h}{h_c} \tag{10-27}$$

式中 ζ_1——轴向应变（%）；

Δh——试样剪切时高度变化，由轴向位移计测得（cm）；

h_c——试样的固结后高度（cm）。

（5）试样断面面积的校正，应按式（10-28）计算：

$$A_a = \frac{A_c}{1 - \zeta_1} \tag{10-28}$$

式中　A_a——试样固结后的断面面积（cm^2）。

（6）主应力差应按式（10-29）计算：

$$\sigma_1 - \sigma_3 = \frac{CR}{A_a} \times 10 \tag{10-29}$$

式中　σ_1——大主应力（kPa）；

　　　σ_3——小主应力（kPa）；

（7）测力计率定系数，N/0.01mm；R—测力计读数，0.01mm。

（8）以主应力差为纵坐标，轴向应变为横坐标，绘制主应力差（$\sigma_1 - \sigma_3$）与轴向应变 ξ_1 的关系曲线如图 10-14 所示。取曲线上主应力差的峰值作为破坏点，无峰值时，取 15%轴向应变时的主应力差值作为破坏点。

（9）以剪应力 τ 为纵坐标，法向应力 σ 为横坐标，在横坐标轴以破坏时的（σ_{1f}＋σ_{3f}）/2 为圆心，以（$\sigma_{1f} - \sigma_{3f}$）/2 为半径，下破坏应力圆的包线，包线的倾角为内摩擦角 φ_{cu}，包线在纵轴上的截距为黏聚力 c_{cu}。

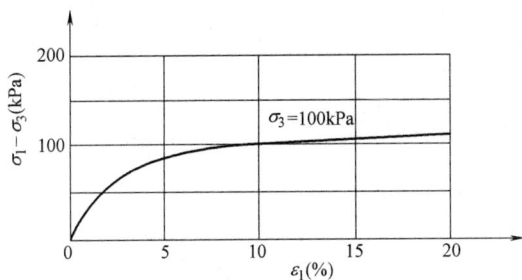

图 10-14　主应力差与轴向应变关系曲线

7. 制图

（1）根据需要分别绘制主应力差（$\sigma_1 - \sigma_3$）与轴向应变 ε_1 的关系曲线，有效主应力比 $\frac{\sigma_1'}{\sigma_3'}$ 与轴向应变 ε_1 的关系曲线，孔隙压 μ 与轴向应变 ε_1 的关系曲线，用 $\frac{(\sigma_1' - \sigma_3')}{2}$ $\left[\frac{(\sigma_1 - \sigma_3)}{2}\right]$ 与 $\frac{(\sigma_1' + \sigma_3')}{2}$ $\left[\frac{(\sigma_1 + \sigma_3)}{2}\right]$ 作坐标的应力路径关系曲线。

（2）破坏点的取值可以（$\sigma_1 - \sigma_3$）或 $\frac{\sigma_1'}{\sigma_3'}$ 的峰点值作为破坏点。如（$\sigma_1 - \sigma_3$）和 $\frac{\sigma_1'}{\sigma_3'}$ 均无峰值，应以应力路径的密集点或按一定轴向应变（一般可取 $\varepsilon_1 = 15\%$，经过论证也可根据工程情况选取破坏应变）相应的（$\sigma_1 - \sigma_3$）或 $\frac{\sigma_1'}{\sigma_3'}$ 为破坏强度值。

（3）应按下列规定绘制强度包线：

1）对于不固结不排水剪切试验及固结不排水剪切试验，以法向应力 σ 为横坐标，剪应力 τ 为纵坐标，在横坐标上以 $\frac{(\sigma_{1f} + \sigma_{3f})}{2}$ 为圆心，$\frac{(\sigma_{1f} - \sigma_{3f})}{2}$ 为半径（f 注脚表示破坏时的值），绘制破坏总应力圆后，作诸圆包线。该包线的倾角为内摩擦角 φ_u 或 φ_{cu}，包线在纵轴上的截距为黏聚力 c_u 或 c_{cu}；

2) 在固结不排水剪切中测孔隙压力，则可确定试样破坏时的有效应力。以有效应力 σ' 为横坐标，剪应力 τ 为纵坐标，在横坐标轴上以 $\dfrac{(\sigma'_{1f}+\sigma'_{3f})}{2}$ 为圆心，以 $\dfrac{(\sigma_{1f}-\sigma_{3f})}{2}$ 为半径，绘制不同周围压力下的有效破坏应力圆后，作诸圆包线，包线的倾角为有效内摩擦角 φ'，包线在纵轴上的截距为有效黏聚力 c'；

3) 在排水剪切试验中，孔隙压力等于零，抗剪强度包线的倾角和在纵轴上的截距分别以 φ_d 和 c_d 表示；

4) 如各应力圆无规律，难以绘制各圆的强度包线，可按应力路径取值，即以 $\dfrac{(\sigma'_1-\sigma'_3)}{2}\left[\dfrac{(\sigma_1-\sigma_3)}{2}\right]$ 为纵坐标，以 $\dfrac{(\sigma'_1+\sigma'_3)}{2}\left[\dfrac{(\sigma_1+\sigma_3)}{2}\right]$ 为横坐标，绘制应力圆，作通过各圆之圆顶点的平均直线。根据直线的倾角及在纵坐标上的截距，应按下列公式计算 φ' 和 c'：

$$\varphi'=\sin^{-1}\tan\alpha \tag{10-30}$$

$$c'=\frac{d}{\cos\varphi'} \tag{10-31}$$

式中　α——平均直线的倾角（°）；

　　　d——平均直线在纵轴上的截距（kPa）。

参 考 文 献

[1] 中华人民共和国国家标准. 建筑地基基础设计规范（GB 50007—2011）. 北京：中国建筑工业出版社，2011.

[2] 中华人民共和国行业标准. 建筑基桩技术检测规范（JGJ 106—2014）. 北京：中国建筑工业出版社，2014.

[3] 中华人民共和国行业标准. 建筑桩基技术规范（JGJ 94—2008）. 北京：中国建筑工业出版社，2008.

[4] 中华人民共和国国家标准. 建筑地基基础工程施工质量验收标准（GB 50202—2018）. 北京：中国建筑工业出版社，2018.

[5] 中华人民共和国行业标准. 建筑地基处理技术规范（JGJ 79—2012）. 北京：中国建筑工业出版社，2012.

[6] 中华人民共和国行业标准. 建筑地基检测技术规范（JGJ 340—2015）. 北京：中国建筑工业出版社，2015.

[7] 中华人民共和国行业标准. 建筑变形测量规范（JGJ 8—2016）. 北京：中国建筑工业出版社，2016.

[8] 中华人民共和国国家标准. 工程测量标准（GB 50026—2020）. 中国计划出版社，2020.

[9] 中华人民共和国国家标准. 建筑边坡工程技术规范（GB 50330—2013）. 北京：中国建筑工业出版社，2013.

[10] 中华人民共和国国家标准. 建筑边坡工程鉴定与加固技术规范（GB 50843—2013）. 北京：中国建筑工业出版社，2012.

[11] 中华人民共和国国家标准. 岩土工程勘察规范（GB 50021—2001）（2009 年版）. 北京：中国建筑工业出版社，2009.

[12] 中华人民共和国行业标准. 建筑基坑支护技术规程（JGJ 120—2012）. 北京：中国建筑工业出版社，2012.

[13] 中华人民共和国国家标准. 建筑基坑工程监测技术规范（GB 50497—2019）. 北京：中国建筑工业出版社，2019.

[14] 中华人民共和国国家标准. 民用建筑可靠性鉴定标准（GB 50292—2015）. 北京：中国建筑工业出版社，2015.

[15] 中华人民共和国行业标准. 危险房屋鉴定标准（JGJ 125—2016）. 北京：中国建筑工业出版社，2016.

[16] 中华人民共和国国家标准. 岩土锚杆与喷射混凝土支护工程技术规范（GB 50086—2015）. 北京：中国建筑工业出版社，2015.

[17] 中华人民共和国行业标准. 高层建筑岩土工程勘察规程（JGJ 72—2017）. 北京：中国建筑工业出版社，2017.

[18] 中华人民共和国国家标准. 复合地基技术规范（GB/T 50783—2012）. 北京：中国计划出版社，2012.

[19] 贵州省工程建设标准. 基桩承载力自平衡检测技术规程（DBJ 52/T079—2016）. 武汉：武汉理工大学，2017.

[20] 中华人民共和国行业标准. 既有建筑地基基础加固技术规范（JGJ 123—2012）. 北京：中国建筑工业出版社，2012.

[21] 中华人民共和国国家标准. 建筑地基基础工程施工规范（GB 51004—2015）. 北京：中国计划出版社，2015.

[22] 中华人民共和国行业标准. 建筑基桩自平衡静载试验技术规程（JGJ/T 403—2017）. 北京：中国建筑工业出版社，2017.

[23] 中国工程建设标准化协会标准. 超声法检测混凝土缺陷技术规程（CECS 21：2000）. 北京：中国计划出版社，2000.

[24] 罗骐先主编. 桩基工程检测手册. 北京：人民交通出版社，2004.

[25] 陈凡，徐天平，陈久照，关立军编著. 基桩质量检测技术. 北京：中国建筑工业出版社，2014.

[26] 石中林主编. 地基基础检测. 武汉：华中科技大学出版社，2013.

[27] 杨永波主编. 地基基础工程检测技术. 武汉：2019.

[28] 魏钱钰，方云飞等. CFG桩复合地基承载力检测方法讨论与实例分析. 建筑结构，2016.

[29] 赵明华主编. 土力学与基础工程. 武汉：武汉理工大学出版社，2014.

[30] 陈仲颐，周景星，王洪瑾. 土力学. 北京：清华大学出版社，1994.

[31] 李广信，张丙印，于玉贞. 土力学. 北京：清华大学出版社，2013.

[32] 卢廷浩. 土力学. 南京：河海大学出版社，2005.

[33] 吴庆曾主编. 基桩声测与动测技术. 北京：中国电力出版社，2009.

[34] 刘明主编. 土木工程结构试验与检测. 北京：高等教育出版社，2008.

[35] 徐宏，何森主编. 公路基础工程试验检测技术手册. 北京：人民交通出版社，2009.

[36] 林宗元主编. 岩土工程试验监测手册. 北京：中国建筑工业出版社，2005.

[37] 中华人民共和国国家标准. 混凝土强度检验评定标准（GB/T 50107—2010）. 北京：中国建筑工业出版社，2010.

[38] 中国工程建设标准化协会标准，钻芯法检测混凝土强度技术规程（CECS 03：2007）. 北京：中国计划出版社，2007.

[39] 史佩栋. 实用桩基工程手册. 北京：中国建筑工业出版社，1995.

[40] 周东泉. 基桩检测技术. 北京：中国建筑工业出版社，2010.

[41] 徐攸在主编. 桩的动测新技术. 北京：中国建筑工业出版社，2002.

[42] 中华人民共和国行业标准. 公路工程基桩动测技术规程（JTG/T F 81-01—2004）. 北京：人民交通出版社，2004.

[43] 何玉珊，章关永主编. 桥梁（公路工程试验检测人员考试用书）. 北京：人民交通出版社，2012.

[44] 刘尧军主编，叶朝良副主编. 岩土工程测试技术. 重庆：重庆大学出版社，2013.

[45] 吴佳晔主编，张志国、高峰副主编. 土木工程检测与测试. 北京：高等教育出版社，2015.

[46] 韩爱国等编著. 岩土工程钻进原理. 北京：中国地质大学出版社，2000.

[47] 刘俊岩主编，应惠清、孔令伟、陈善雄副主编. 建筑基坑工程监测技术规范实施手册. 北京：中国建筑工业出版社，2010.

[48] 中华人民共和国行业标准. 《建筑与市政工程地下水控制技术规范》（JGJ/T 111—2016）. 北京：中国建筑工业出版社，2017.

[49] 林鸣，徐伟. 深基坑工程信息化施工技术. 北京：中国建筑工业出版社，2006.

[50] 龚晓南等. 深基坑工程设计施工手册. 北京：中国建筑工业出版社，1998.

[51] 王晓谋主编. 基础工程. 北京：人民交通出版社，2003.

[52] 中华人民共和国国家标准. 土工试验方法标准（GB/T 50123—2019）. 北京：中国计划出版社，2019.